Reiner Anderl · Pablo Castro

CAD/CAM

Auf dem Weg zu einer branchenübergreifenden Integration

Mit 147 Abbildungen

Springer-Verlag
Berlin Heidelberg NewYork London
Paris Tokyo Hong Kong Barcelona 1990

Dr.-Ing. Reiner Anderl
Institut für Rechneranwendung
in Planung und Konstruktion
Universität Karlsruhe
Postfach 6980
7500 Karlsruhe

Dipl.-Inform. Pablo Castro
Institut für Rechnerentwurf und Fehlertoleranz
Universität Karlsruhe
Postfach 6980
7500 Karlsruhe

ISBN-13: 978-3-540-53056-5   e-ISBN-13: 978-3-642-93473-5
DOI: 10.1007/978-3-642-93473-5

CIP-Titelaufnahme der Deutschen Bibliothek
Anderl, Reiner:
CAD/CAM: auf dem Weg zu einer branchenübergreifenden Integration/
R. Anderl; P. Castro.
Berlin ; Heidelberg ; New York ; London ; Paris ; Tokyo ; Hong Kong ; Barcelona :
Springer, 1990
  ISBN-13: 978-3-540-53056-5

NE: Castro, Pablo:

2160/3020-543210 – Gedruckt auf säurefreiem Papier

Geleitwort

Die CAD/CAM-Technologie prägt zunehmend die Innovation und Qualität neuer Produkte. Sie bestimmt damit Wettbewerbsvorteile. Diese werden wesentlich vom Entwicklungs- und Konstruktionsprozeß beeinflußt. Dabei werden aufbauend auf den Forderungen des Marktes neue Produktlösungen erarbeitet. Der Erfolg wird um so größer sein, je schneller man sich auf Marktänderungen einstellen kann. Die CAD/CAM-Technologie hat weiterhin zum Ziel, automatisierte Produktionsinseln untereinander zu einem rechnerintegrierten Produktionssystem zu vereinen und damit die Flexibilität bei der Produktherstellung zu verbessern.

Die industrielle Anwendung der CAD/CAM-Technologie fordert geeignete CAD/CAM-Systeme wie auch qualifizierte Mitarbeiter, die deren Einsatz im Produktentstehungsprozeß effizient gestalten. Wichtige Voraussetzung für eine effiziente Nutzung dieser Technologie ist die Kenntnis ihres Einsatzes in den Phasen des Produktentstehungsprozesses. Ebenso müssen Einflüsse auf die Produktentwicklung und -konstruktion berücksichtigt werden, die aus dem Produktlebenszyklus resultieren.

Aus oben genannten Gründen initiierte das Land Baden-Württemberg an der Universität Karlsruhe den Schwerpunkt CAD/CAM. Ziel ist es, eine interdisziplinäre Zusammenarbeit auf diesem Gebiet zu etablieren und den Transfer der Forschungsergebnisse insbesondere in die mittelständische Industrie zu unterstützen.

Dieses Buch faßt die wesentlichen Ergebnisse der Forschungsprojekte des Schwerpunktes zusammen und richtet sich an alle, die sich mit CAD/CAM-Systemen oder -Teilsystemen befassen. Es bietet gleichzeitig eine anschauliche Darstellung der in verschiedenen Branchen üblichen Vorgehensweisen bei der Produktentstehung und zeigt Einsatzbereiche von CAD/CAM-Systemen auf.

o. Prof. Dr.-Ing. Dr. h.c. H. Grabowski

Vorwort

Heute entstehen zunehmend branchenübergreifende Projektgruppen, welche gemeinsame Lösungen für komplexe, technische Produkte erarbeiten. Sie sind dabei angewiesen auf ein einheitliches Verständnis der grundlegenden Begriffe und Verfahren zur Produktentwicklung und -konstruktion sowie der dazu einzusetzenden Werkzeuge, insbesondere der rechnerunterstützten Systeme. Die Notwendigkeit der Nutzung von Synergieeffekten auf Grund von Erfahrungsaustausch und grundlegender Betrachtungen von CAD/CAM-Systemen sind unerläßlich, um künftige Produktinnovationen zu garantieren. Deshalb wurde 1985 an der Universität Karlsruhe der *Schwerpunkt CAD / CAM* eingerichtet, um erstmalig die CAD/CAM-Technologie nicht nur anwendungsbezogen, sondern auch anwendungsübergreifend und in interfakultativer Zusammenarbeit zu erforschen. Zum Erreichen dieser strategischen Ziele trägt der Schwerpunkt CAD/CAM durch folgende Aufgaben bei:

* *Erforschung* und *Weiterentwicklung* von Systemen und Methoden zur rechnerunterstützten Entwicklung und Konstruktion von technischen Produkten

* *Transfer* der Ergebnisse und Erkenntnisse in die Industrie

* Verbesserung der studentischen *Ausbildung* zum Verständnis der Informationsverarbeitung im rechnerintegrierten Produktentstehungsprozeß

* Vereinheitlichung der branchenspezifischen Lösungen zur Entwicklung von durchgängigen *branchenunabhängigen* Methoden

An diesem interfakultativen Schwerpunkt für Forschung und Lehre sind folgende Institute der Universität Karlsruhe beteiligt:

* Das Institut für Baugestaltung, Fakultät für Architektur

* Das Institut für Massivbau und Baustofftechnologie, Fakultät für Bauingenieur- und Vermessungswesen

* Das Institut für Prozeßrechentechnik und Robotik und
das Institut für Rechnerentwurf und Fehlertoleranz, Fakultät für Informatik

* Das Institut für Rechneranwendung in Planung und Konstruktion und
das Institut für Werkzeugmaschinen und Betriebstechnik, Fakultät für Maschinenbau

Die immer stärkere Spezialisierung in den Ingenieurwissenschaften führt dazu, das technische Lösungen aus dem Blickwinkel verschiedener Branchen erarbeitet werden. Diese branchenbezogenen Lösungen stehen einer integrierenden, ganzheitlichen Betrachtung vielfach entgegen. Hieraus resultieren Verständigungsprobleme bei der Zusammenarbeit von Ingenieuren verschiedener Fachrichtungen. Für einen integrierten Einsatz von Rechnersystemen im Produktentstehungsprozeß erfordern jedoch gerade komplexe, branchenübergreifende Produkte gemeinsame, einheitliche Methoden und Schnittstellen. Diese sind notwendig, um alle Produkteigenschaften rechnerintern darzustellen und verarbeiten zu können. Ziel ist es dabei, das Produkt nicht nur unter bestimmten, branchenspezifischen bzw. technischen Sichten, sondern auch unter Berücksichtigung aller seiner Einflußgrößen zu entwickeln und konstruieren.

Wenn das mit der Einführung rechnerunterstützter Verfahren einhergehende Integrationsdenken gefordert und dessen Auswirkungen auf die Effektivität des Produktentstehungsprozesses sowie die Qualität der Produkte in den einzelnen Branchen angestrebt wird, so müssen branchenübergreifende, ganzheitliche Ansätze zur Rechnerunterstützung im Produktentstehungsprozeß erarbeitet werden. Dieses Buch soll dazu beitragen, die grundlegenden Anforderungen an eine branchenübergreifende Rechnerunterstützung aufzuzeigen und die Möglichkeiten ganzheitlicher Ansätze zu verdeutlichen. Besondere Berücksichtigung findet dabei die Integration der Informationsverarbeitung in allen Phasen des Produktentstehungsprozesses.

Unser Dank gilt den Mitarbeitern am Schwerpunkt CAD/CAM und den Autoren dieses Buches, die erst durch ihre intensive und engagierte Diskussionen, geprägt von der Bereitschaft, Terminologien anderer Fachgebiete verstehen zu lernen und eigene Terminologien verständlich darzustellen, diese Veröffentlichung ermöglichten. Im Namen der Autoren möchten wir weiterhin den Herren cand. wirtsch.-ing. Christian Müller, cand. ing. Werner Haas, cand. ing. Ralf Mendgen und cand. ing. Peter Eichhorn danken, die die mühsamen Aufgaben der Korrekturen und Bilderstellung übernommen haben.

Vor allem danken wir Herrn Dipl.-Ing. Wolfgang Schellhammer, der durch stete Unterstützung am Zustandekommen dieses Buches großen Anteil hat.

Besonders hervorheben möchten wir auch, daß die Arbeiten zum Schwerpunkt CAD/CAM durch die ideelle und finanzielle Förderung des Ministeriums für Wissenschaft und Kunst des Landes Baden-Württemberg erst ermöglicht wurden. Hierfür bedanken wir uns im Namen aller am Schwerpunkt CAD/CAM beteiligten Mitarbeiter.

Karlsruhe, im Juli 1990   R. Anderl, P. Castro

Inhaltsverzeichnis

Autoren

Zu diesem Buch haben in den unten angeführten Abschnitten folgende Mitarbeiter der Universität Karlsruhe beigetragen:

Kapitel 1:   Reiner Anderl

Kapitel 2:   Reiner Anderl
Wolfgang Schellhammer

Kapitel 3:   Reiner Anderl
Pablo Castro
Wolfgang Schellhammer

Kapitel 4:
4.1   Rüdiger Dillmann
Martin Huck
Albrecht Swietlik
4.2   Bruno Schilli

Kapitel 5:
5.1   Reiner Anderl
Rüdiger Dillmann
Martin Huck
Wolfgang Schellhammer
5.2   Pablo Castro
Wolfgang Eppler
5.3   Josef Gauchel
5.4   Raimar Scherer
5.5   Thomas Bock

Kapitel 6:
6.1   Josef Gauchel
6.2.1   Josef Gauchel
6.2.2   Raimar Scherer

Kapitel 7:
7.1   Manfred Rohr
7.2   Klaus Bös
7.3   Rüdiger Dillmann
Bernhard Hornung
Martin Huck
Stefan Schneider

Kapitel 8:   Reiner Anderl

1 Einleitung

Die Unterstützung der Entwicklung und Konstruktion neuer Produkte durch den Einsatz von Rechnersystemen gewinnt zunehmend an Bedeutung. Der Einsatz von CAD/CAM-Systemen (CAD = Computer Aided Design, dt.: Rechnerunterstütztes Konstruieren, CAM = Computer Aided Manufacturing, dt.: Rechnerunterstütztes Fertigen) ist dabei schon heute in vielen Branchen zu einer Voraussetzung für die Durchführung von Entwicklungs- und Konstruktionsarbeiten geworden, da diese einerseits eine effiziente Entwicklung und Konstruktion erlauben und andererseits die Innovation von Produkten verstärken. Manche Produktspektren wie z.B. in der Elektronik sind ohne den Einsatz von CAD/CAM-Systemen nicht mehr entwickel- und herstellbar. Der internationale Wettbewerb fordert zunehmend eine flexible Anpassung an die Marktbedürfnisse und immer kürzer werdende Zeiten für die Umsetzung von Produktideen in marktreife Produkte (time to market), was nur durch den Einsatz von CAD/CAM-Systemen zu erreichen ist.

Die Technologie der CAD/CAM-Systeme hat in den letzten Jahren verschiedene Entwicklungsstufen durchlaufen. Zunächst wurden CAD-Systeme für die Erstellung technischer Unterlagen verwendet. Heute werden sie in zunehmendem Maße als Entwicklungs- und Planungswerkzeug eingesetzt. Ziel ist es, CAD/CAM-Systeme nicht nur als Hilfsmittel zur Darstellung einer technischen Produktlösung einzusetzen, sondern auch den Ingenieur bei der Entwicklung der Produkte zu unterstützen. Auf Grund der im CAD/CAM-System gespeicherten Daten können sowohl Synthese- als auch Analyseverfahren automatisch oder teilautomatisch unter verschiedenen Aspekten der Planung und Realisierung durchgeführt und ausgewertet werden. Hierin liegt das Innovationspotential von CAD/CAM Systemen der Zukunft.

Künftige Entwicklungen von CAD/CAM-Systemen sehen vor, Entwicklung, Konstruktion und Planung der Herstellung von Produkten durchgängig zu unterstützen. Dies bedeutet, daß neben der Produktgeometrie auch weitere Produktmerkmale wie z.B. die Produktstruktur (Teileauflösung, Teileverwendungsnachweis) enthalten sind, wie auch das physikalische Verhalten von Produkten aus den rechnerinternen Modellen simuliert werden kann. Diese Entwicklung führt zu sogenannten Produktmodellierungssystemen oder kurz Produktmodellierern. Ziel ist eine Produktentwicklung, -konstruktion und Planung der Produktherstellung unter Einbeziehung aller Phasen des Produktlebenszyklus zu ermöglichen. Es muß auch berücksichtigt werden, daß Produkte nicht nur branchenbezogen sind, sondern vielmehr aus Komponenten verschiedener Branchen wie z.B. Maschinenbau, Elektrotechnik und Bauwesen bestehen. Für die Entwicklung von Produktmodellierungssystemen ist es daher von essentieller Wichtigkeit, einen branchenübergreifenden Ansatz zu finden und Entwickler aus verschiedenen Branchen zu beteiligen. An der vorliegenden Ausarbeitung waren daher Wissenschaftler aus der Informatik, der Architektur, dem Bauingenieurwesen und dem Maschinenbau beteiligt.

Es hat sich bei der Analyse der methodischen Vorgehensweisen in den einzelnen Fachdisziplinen gezeigt, daß sehr viele Analogien bestehen und oft ähnliche Verfahren zur Lösungsfindung eingesetzt werden. Dabei ist das anzuwendende Fachwissen natürlich branchenspezifisch. Auf Grund der verschiedenen Sichtweisen ergaben sich Probleme in bezug auf eine einheitliche Terminologie. Häufig wurde auch unkritisch und selbstverständlich die Übertragbarkeit der Konzepte einer branchenspezifischen Lösung auf eine andere vorausgesetzt. Dies zeigt sich z.B. an einer noch nicht verfügbaren, branchenübergreifenden Spezifikation eines Produktmodells, obwohl die Notwendigkeit unumstritten ist.

Anforderungen an künftige CAD/CAM-Systeme resultieren aus der zunehmenden Komplexität von Produkten, die immer mehr fachübergreifende, interdisziplinäre Lösungen beinhalten. Das derzeitige Spektrum an CAD/CAM-Systemen zeigt, daß sie, aufbauend auf dem Anforderungsprofil einer Anwendung (z.B. Maschinenbau, Elektrotechnik, Elektronik, Architektur, Bauwesen), entwickelt wurden. Die Zielsetzung, CAD/CAM-Systeme für die Modellierung von Produkten zu entwickeln, macht anwendungsübergreifende und branchenübergreifende Entwicklungskonzepte erforderlich. Die einheitliche Verfügbarkeit von anwendungsspezifischem Wissen (Konstruktionsregeln, Lösungsfindungsverfahren, Produkt-Know-How) ist dabei von besonderer Bedeutung. Eine wichtige Aufgabe kommt daher einer einheitlichen Terminologie für die verschiedenen Anwendungen, sowie einem ganzheitlichen Ansatz zur Entwicklung von CAD/CAM-Systemen zu.

Diese Ausarbeitung zeigt noch keine Lösung für ein integriertes, branchenübergreifendes CAD/CAM-System zur Produktmodellierung. Vielmehr dokumentiert sie den Stand der Forschungsarbeiten auf diesem Gebiet, wie er im Rahmen des Schwerpunktes CAD/CAM an der Universität Karlsruhe erarbeitet wurde, und zeigt damit die künftigen Entwicklungsansätze auf. Wesentliche Ergebnisse, die damit vorgestellt werden, liegen im Verständnis für eine einheitliche Terminologie, im Aufzeigen von Analogien in den verschiedenen Branchen und im gemeinsamen Verständnis für den Beitrag, den die CAD/CAM-Technologie bei der Produktentwicklung und -konstruktion sowie der Planung der Produktherstellung leisten kann. Es sollen somit Strukturen verdeutlicht werden, die für einen ganzheitlichen Ansatz zur Entwicklung integrierter und branchenübergreifender CAD/CAM-Systeme unabdingbar sind.

Ein wesentlicher Ansatz zur Entwicklung solcher CAD/CAM-Systeme liegt in einem abgestimmten Verständnis des Produktentstehungsprozesses. Dieser wird als Teil des Produktlebenszyklus aufgefaßt. Damit wird eine ganzheitliche Sichtweise zugrunde gelegt, die Einflüsse auf die Produktentstehung aus allen Phasen des Produktlebenszyklus zuläßt. In Kapitel 2 werden sowohl Begriffsdefinitionen für den Rechnereinsatz als auch des Produktlebenszyklus vorgestellt. Die Produktentwicklung und -konstruktion unterstützt durch CAD/CAM-Systeme wird wesentlich durch die Verfahren zur Beschreibung von Produkteigenschaften, der sogenannten Produktmodellierung, geprägt. Daneben haben jedoch weitere Merkmale von CAD/CAM-Systemen einen hohen Stellenwert, insbesondere in bezug auf deren Einbettung in den betrieblichen Ablauf. Zu diesen Merkmalen zählen das branchenspezifische Umfeld (z.B. Normen und Regelwerke), die Ablauforganisation und die Benutzeroberfläche. Die Ausführungen in Kapitel 3 sollen aufzeigen, daß CAD/CAM-Systeme in den Informationsfluß des Unternehmens eingebettet werden müssen und sich flexibel an sich ändernde Anforderungen anpassen lassen müssen.

Hierbei ist auch die Verbindung von CAD/CAM-Systemen mit anderen rechnerunterstützten Systemen über eine Datenintegration wesentlich. Die Integration über Datenbanken und die Integration über Schnittstellen, insbesondere über genormte Schnittstellen, sind Hauptthema von Kapitel 4. Im folgenden Kapitel wird die Wichtigkeit der Integrationskonzepte, besonders durch die Analyse der CAD/CAM-Anwendungsgebiete Maschinenbau, Elektronik, Architektur und Bauwesen, verdeutlicht. Diese Analyse zeigt wie CAD/CAM-Systeme im Entwicklungs- und Konstruktionsprozeß in diesen Disziplinen eingesetzt werden. Besonders hervorzuheben ist dabei der Einfluß von nachgelagerten Prozessen wie die der Fertigung und Montage auf die Produktentwicklung und -konstruktion.

Um die vielfältigen Einflüsse auf die Produktentwicklung und -konstruktion zu berücksichtigen, bauen Funktionen von CAD/CAM-Systemen zunehmend auf formalisiertem Wissen auf. Diese wissensbasierten Methoden dienen den anwendungsbezogenen Lösungsansätzen. In Kapitel 6 werden ausgewählte wissensbasierte Anwendungen vorgestellt.

Liegt die Konstruktion einer technischen Produktlösung vor, so erfolgt in der Planung der Herstellung des Produktes die Erarbeitung von Fertigungs-, Montage- und Prüfplänen sowie die Erstellung von Steuerdaten für numerisch gesteuerte Maschinen.

Für eine durchgängige, bereichsübergreifende Produktdatennutzung ist die Einrichtung von CAD/CAM-Prozeßketten erforderlich. Sie werden in Kapitel 7 an Beispielen zur Kopplung von CAD-Systemen mit numerisch gesteuerten Fertigungs-, Prüf- und Robotersystemen veranschaulicht.

2 CAD/CAM-Systeme im Produktentstehungsprozeß

Der Rechnerunterstützung im Produktentstehungsprozeß liegen branchenübergreifende Gemeinsamkeiten bzw. Lösungsansätze zugrunde. Gemeinsamkeiten bestehen in grundlegenden Verfahren der Informationsverarbeitung und Methodiken für die Aufgabenerfüllung. Voraussetzung für eine einheitliche Betrachtung ist die Definition von Begriffen und Beschreibung von Tätigkeiten innerhalb der Abläufe im Produktentstehungsprozeß. Dadurch werden die Gemeinsamkeiten transparenter und die Vorteile einer Zusammenarbeit deutlich. Auf der Basis dieser Begriffe und deren Bedeutungsinhalte kann dann eine Betrachtung des Produktenstehungsprozesses als Teil des Produktlebenszyklus erfolgen.

Betrachtet man die Aufgaben innerhalb der Produktentstehung, so kann man zwischen :

- planenden,

- steuernden,

- durchführenden,

- überwachenden und

- aufbereitenden Tätigkeiten unterscheiden.

Für diese Tätigkeitsklassen haben sich spezielle aufgabenspezifische, rechnerunterstützte Verfahren herausgebildet. Diese sind in Abhängigkeit von deren Systematisierbarkeit unterschiedlich entwickelt.

Grundsätzlich kann der Einsatz von CAD/CAM-Systemen mit der Erstellung und Verwaltung von Produktdaten gleichgesetzt werden. Innerhalb eines Unternehmens unterscheidet man im allgemeinen zwischen:

- produktbeschreibenden,

- organisatorischen und

- dispositiven Produktdaten.

Mit CAD/CAM-Systemen erzeugt und verarbeitet man im besonderen die produktbeschreibenden Daten. Unter produktbeschreibenden Daten versteht man die Daten, welche ein Produkt in funktionaler, physikalischer, technologischer, fertigungstechnischer und geometrischer Hinsicht beschreiben. Diese können das Produkt direkt beschreiben wie z.B. die Gestaltsbeschreibung des Produktes oder in einem generischen Zusammenhang mit diesem stehen wie z.B. Werkzeugdaten. Organisatorische Daten sind Daten, welche innerhalb des Lebenszyklus eines Produktes die Baugruppen und Einzelteile klassifizieren oder identifizieren und für die Verwaltung des Datenbestandes benötigt werden. Dispositive Daten sind jene Daten, mit deren Hilfe im Entstehungsprozeß eines Produktes dessen Beschaffung oder Teilen davon und der zeitliche Verlauf der Verwendung gesteuert und überwacht wird.

Man kann in Abhängigkeit vom Betrachter drei wesentliche Sichten auf das Produkt angeben:

- die Sicht des Produzenten auf das Produkt als ein Wirtschaftsgut, welches sich auf dem Markt durchsetzen und behaupten muß und die notwendigen Erträge zur Deckung der Kosten für die Entwicklung, Konstruktion und die Herstellung einbringen muß,

- die Betrachtung als ein technisches System aus der Sicht des Entwicklers und Erzeugers und

- die Betrachtung als ein technisches System aus der Sicht des Anwenders.

Innerhalb dieser Sichten werden spezifische Darstellungen (sog. rechnerinterne Modelle) des Produktes gebildet, an Hand derer man das Verhalten des Produktes analysiert und synthetisiert. Je nach struktureller und funktionaler Beschaffenheit des technischen Informationswesens in einem Unternehmen können die Informationsinhalte dieser rechnerinternen Darstellungen lokal (d.h. begrenzt auf einen Unternehmensbereich) oder bereichsübergreifend genutzt werden. Der wesentliche Vorteil einer bereichsübergreifenden Datenverarbeitung besteht in der gemeinsamen Nutzung von Datenbeständen und Verfahren der Datenverarbeitung. Dadurch können Fehler durch eine mehrfache Datenhaltung oder eine fehlerhafte Konvertierung vermieden werden.

Für die wesentlichen Tätigkeitsbereiche innerhalb der rechnerintegrierten Produktionstechnik soll eine Begriffsbestimmung und somit eine Abgrenzung erfolgen.

2.1 Begriffsdefinitionen für den Rechnereinsatz im Produktentstehungsprozeß

Für die Realisierung eines Produktes werden umfangreiche Informationen benötigt und verarbeitet. Da CAD/CAM-Systeme Teil des betrieblichen Informationswesens sind, wird zunächst eine Einordnung in die Systemumgebung vorgenommen.

Die Abkürzung **CIM** steht für Computer Integrated Manufacturing und beinhaltet als Leitgedanken die Schaffung einer rechnerintegrierten Produktionstechnik mit langfristigem Ausbau der Rechnerunterstützung und die Integration aller am Produktentstehungsprozeß beteiligter Informationsverarbeitungsprozesse. Ziel ist vor allem nach /HAES-89/:

- die Verringerung der Durchlaufzeit,
- die Erhöhung der Flexibilität am Markt,
- die Reduzierung der Lagerbestände,
- die Steigerung der Termintreue und
- die Erhöhung der Produktqualität.

Durch diese hauptsächlichen Gründe für ein Vorantreiben des Integrationsgedankens wird der Wunsch der Unternehmen sowohl nach einem schnellen Reagieren des Gesamtsystems auf sich ändernde Marktanforderungen als auch nach leistungsfähigeren und innovativen Funktionen zur Unterstützung des Produktentstehungsprozesses deutlich.

Das Gesamtkonzept CIM gliedert sich nach dem Ausschuß für wirtschaftliche Fertigung (**AWF**) in die Funktionen zur Produktionsplanung und -steuerung und die Funktionen des CAD/CAM-Prozesses.

Für die Produktionstechnik wurden die wesentlichen Begriffe im Jahre 1986 vom AWF für das betriebliche Informationswesen festgelegt und gegeneinander abgegrenzt. Abbildung 2.1 zeigt die wichtigsten Einsatzbereiche rechnerunterstützter Verfahren im Produktentstehungsprozeß.

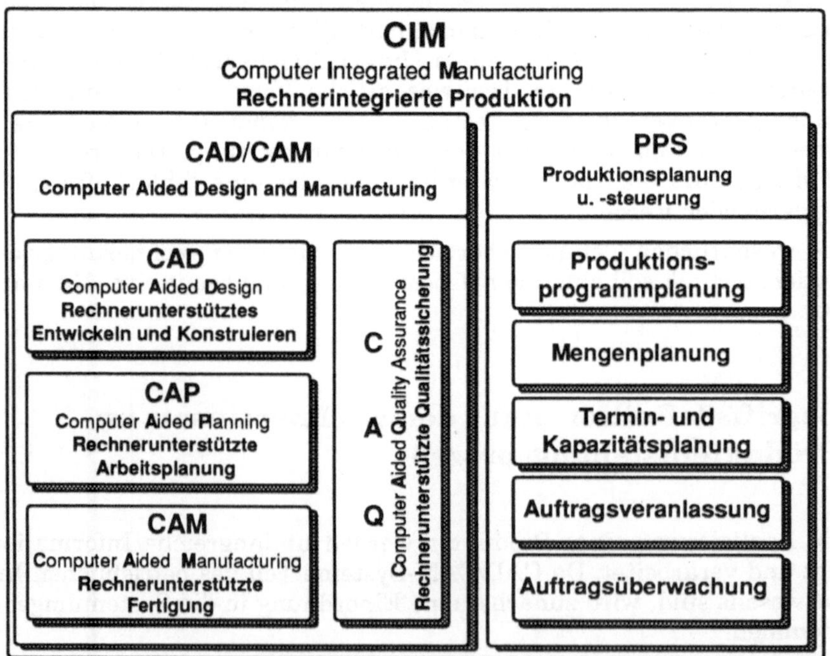

Abb. 2.1.   Rechnerunterstützte Verfahren im Produktentstehungsprozeß nach /AFWF-85/

Die Begriffsabgrenzungen und -definitionen wurden in Zusammenarbeit mit einer Reihe von Unternehmen und Forschungsinstituten entwickelt. Die Begriffsabgrenzung stützt sich im wesentlichen auf die Empfehlungen dieses Ausschusses.

Die Funktionen der **Produktionsplanung und -steuerung** (**PPS-Funktionen**) beinhalten alle rechnerunterstützten Aktivitäten zur organisatorischen Planung, Steuerung und Überwachung der Abläufe im Rahmen der produktionstechnischen Auftragsabwicklung. Dabei geht es insbesondere um eine konsistente Datenhaltung im Hinblick auf die Planung und Steuerung von Mengen, Terminen und Kosten. Mit den Verfahren dieses Aufgabenbereiches kann der Produktionsprozeß besser koordiniert und die Fertigungsmittel besser ausgelastet werden. Zum Teil werden hier gleiche Daten (z.B. Produktstrukturdaten) wie in den Aufgabenbereichen von CAD/CAM-Systemen verwendet.

Der Begriff **CAD** ist eine Abkürzung des in den fünfziger Jahren geprägten Begriffes für Computer Aided Design. Dieser bedeutet übersetzt rechnerunterstütztes Konstruieren. Bei den weiteren Betrachtungen soll allerdings das rechnerunterstützte Entwickeln in diesen Begriff mit einbezogen werden. Dieser Gesamtbegriff grenzt sich dann gut von der rechnerunterstützten Fertigungsplanung (CAP) und der rechnerunterstützten Fertigung (CAM) ab. Im folgenden wird daher unter CAD nicht nur die Unterstützung des Systemanwenders bei der Gestaltsbeschreibung und Erstellung von Ausführungsunterlagen verstanden, sondern auch solche Funktionen, die den Ingenieur in allen Planungsphasen bei der Analyse und Synthese der technischen Produktlösung unterstützen.

Weiterhin sind im Aufgabenbereich von CAD/CAM-Systemen noch die Methoden des **CAP** (Computer Aided Planning) und des **CAQ** (Computer Aided Quality Assurance) enthalten. Mit dem Begriff CAP werden die Tätigkeiten bezeichnet, welche bei der Planung von Arbeitsvorgängen und Arbeitsvorgangsfolgen, bei der Auswahl von Betriebsmitteln sowie bei der Erstellung von Daten für die Steuerung von numerisch gesteuerten Maschinen rechnerunterstützt durchgeführt werden. Der Begriff CAQ wird für die rechnerunterstützte Planung und Durchführung der Qualitätssicherung verwendet. In diesen Aufgabenbereich fällt das Erstellen von Prüfplänen, Prüfprogrammen und Kontrollwerten. Darunter fällt auch die rechnerunterstützte Ausführung der Messung und Prüfung von Produktteilen.

Die Abkürzung **CAM** steht für Computer Aided Manufacturing und beinhaltet nach /GEIT-87/ die vier Funktionen der rechnerunterstützten Produktherstellung wie:

- die Fertigung,
- den Transport,
- die Lagerung und
- die Handhabung.

Die Verfahren in diesem Bereich befassen sich mit der Unterstützung des eigentlichen Fertigungsprozesses. CAM grenzt sich von CAP durch den direkten Bezug zum eigentlichen Betriebsmittel ab. Betriebsmittel sind nach /REFA-76/

im weiteren Sinne alle Geräte, Maschinen, Anlagen und Arbeitsunterlagen, die in irgendeiner Weise in einem System daran beteiligt sind, die Arbeitsaufgabe zu erfüllen.

Der Begriff des **CAE** steht für Computer Aided Engineering und beinhaltet die Unterstützung des Ingenieurs bei technischen Planungsaufgaben in den Unternehmensbereichen Entwicklung, Konstruktion, Fertigungsplanung und Qualitätssicherung und stellt daher einen bereichsübergreifenden Begriff für Ingenieuranwendungen dar.

Sollen nun mit Hilfe von CAD/CAM-Systemen Aufgaben der Produktentwicklung und -konstruktion, der Planung und der Durchführung des Fertigungsprozesses gelöst werden, ist die Art und der Umfang der Abbildung von Produktmerkmalen aus allen Lebensphasen des Produktentstehungsprozesses in rechnerinterne Modelle von besonderer Bedeutung. Es dient dazu, Erkenntnisse über die bestehende oder eine noch zu schaffende Realität zu gewinnen. Man spricht von der Anwendung des Modellprinzips, wenn reale Sachverhalte abstrahiert und deren wesentlichen Merkmale im Hinblick auf ein zu lösendes Problem als Modell definiert und formal spezifiziert werden.

Die Verfahren zur Erzeugung und Modifizierung der aufgabenspezifischen Datenstrukturen werden Modellierungsverfahren genannt.

Mit diesen Modellierungsverfahren beschreibt man dann strukturelle, verhaltens- und entstehungsspezifische Eigenschaften im Rahmen des Produktlebenszyklus.

2.2 Der Produktlebenszyklus

Alle Produkte durchlaufen im Sinne technischer Systeme einen Lebenszyklus. Dieser erstreckt sich von der Ideenfindung bis hin zur Entsorgung des Produktes und durchläuft dabei verschiedene Phasen. Wie bereits beschrieben, lassen sich drei wesentliche Sichten auf das Produkt angeben, auf die im folgenden kurz eingegangen werden soll.

2.2.1 Das Produkt aus der Sicht des Produzenten

Die Betrachtung eines Produktes beim Durchlaufen der Lebensphasen unter der Berücksichtigung von Aufwand und Nutzen charakterisieren den Produktlebenszyklus aus der Sicht des Produzenten. Die Kosten für die Entwicklung, die Planung und die Durchführung des Produktionsprozesses, zusammengefaßt in den Realisierungskosten, müssen für eine Wirtschaftlichkeitsbetrachtung dem Produktgewinn gegenübergestellt werden. Im Zentrum der Betrachtungen stehen daher Planungs- und Kontrollverfahren, welche zeitliche und finanzielle Planungsdaten verarbeiten und bereitstellen können. Diese betriebswirtschaftliche Funktionen sind nicht Teil von CAD/CAM-Systemen und sollen daher nicht weiter behandelt werden. Entscheidend ist bei dieser Betrachtung der Einfluß, der sich durch den Einsatz und Ausbau solcher Systeme ergibt. Denn durch die Erhöhung der Flexibilität und die Beschleunigung der Entwicklungsphase lassen sich der Verlauf der Gewinnkurve und die Dauer der einzelnen Phasen beeinflussen.

Die Kenntnis der spezifischen Lebenszyklen von Produktspektren ist von Bedeutung für den Innovationsprozeß technischer Systeme. Abbildung 2.2 zeigt den idealisierten Verlauf der Umsatz- und der Kosten- bzw Ertragskurve eines Produktes /VDIT-76/.

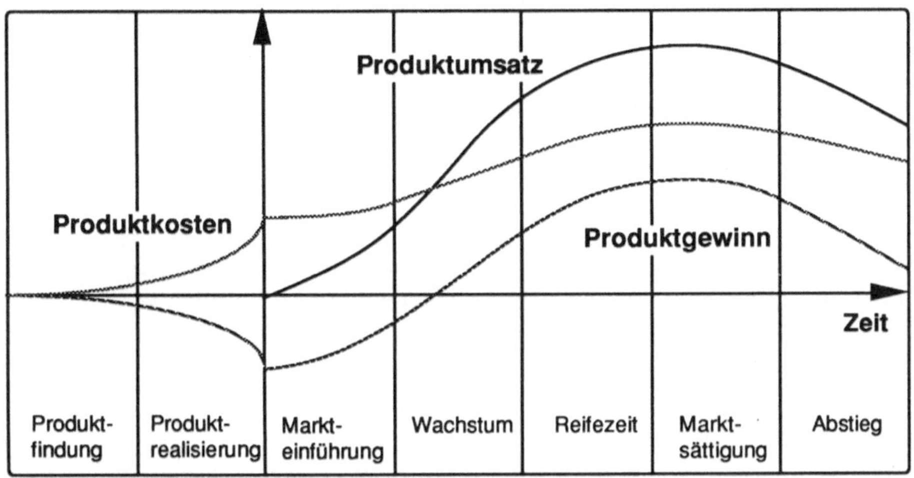

Abb. 2.2. Schematische Darstellung der Lebensphase und Ertragskurve eines Produktes aus der Sicht des Produzenten nach VDI

Für den Produzenten eines Produktes steht bei dieser Art der Betrachtung die Planung des Produktionsprogramms (rechtzeitige Planung von Nachfolgeprodukten, Durchführung von Produktänderungen) und das Erkennen von betriebswirtschaflichen Entwicklungen im Vordergrund. An Hand dieser Daten können dann mittel- und langfristige Produktionsentscheidungen getroffen werden.

Das Produkt durchläuft bei Betrachtung als Wirtschaftsgut folgende sieben charakteristische Phasen :

- Produktfindung
  In dieser Phase wird ermittelt, welche Produkte unter Berücksichtigung der unternehmerischen Zielsetzung zukünftig entwickelt werden sollen. Dazu ist es erforderlich, neue Produktideen zu finden und deren Realisierungschancen zu bewerten. Schon in dieser Phase kann mit Hilfe von Datenverarbeitungsverfahren die Kostenschätzung für die Realisierung durch die Aufbereitung von Vergleichsdaten verbessert werden.

- Produktrealisierung
  Diese Phase beinhaltet den eigentlichen Produktherstellungsprozeß. In ihr wird die Beschreibung der technischen Produktlösung unter Berücksichti-

gung der Ressourcen in reale Produkte umgesetzt. CAD/CAM-Systeme
können diese Umsetzung, d.h. die Produktrealisierung, wesentlich unterstützen und prägen vielfach die Qualität und die Dynamik dieser Phase.

- Markteinführung
  Die durch die Verwendung rechnerunterstützter Verfahren verkürzte
  Phase der Produktrealisierung kommt dem Produkt bei der Marktein-
  führung auf Grund geringerer Konkurrenz zugute. Durch die erhöhte
  Flexibilität ist der Produzent in der Lage, kurzfristig auf Kundenwünsche
  einzugehen.

- Wachstum
  Diese Phase ist gekennzeichnet durch Produktvariationen und -modifika-
  tionen. Dabei ist die Minimierung des Aufwandes zur Durchführung dieser
  Änderungen wichtig, um die Existenz eines Produktes und dessen Wirtschaftlichkeit zu sichern.

- Reifezeit
  Von nun an nimmt die Ertragssteigerung ab und der Konkurrenzdruck
  wird größer. Hier kommt es besonders auf einen zuverlässigen Service
  unter Minimierung des hierfür erforderlichen Aufwandes (z.B. Organisation des Ersatzteilwesens) an.

- Marktsättigung
  Bei nahezu konstantem Umsatz zeigt sich die Erschöpfung der Aufnahme-
  fähigkeit des Marktes.

- Abstieg
  Als letzte Phase ist eine starke Abnahme der Verkaufszahlen, des
  Umsatzes und somit des Gewinns zu verzeichnen, welche unter Umständen die Wirtschaftlichkeit des Produktes in Frage stellt. Selbst in
  dieser Phase zeigen sich die Stärken eines integrierten Informations-
  verarbeitungsprozesses, da der Aufwand für die Datenverwaltung gesenkt
  werden kann.

Eine umweltgerechte Auflösung bzw. Aufbereitung des Produktes nach Ende
seiner Nutzungszeit wird wohl in Zukunft einen zunehmend stärkeren Stellenwert bei Wirtschaftlichkeitsbetrachtungen einnehmen.

2.2.2 Das Produkt aus technischer Sicht

Betrachtet man das Produkt als ein technisches System, so steht die Beschreibung der Struktur, des Verhaltens und der Realisierung im Vordergrund.
Diese Betrachtungsform ist die eigentliche Domäne von CAD/CAM-Systemen.

Das Produkt nimmt hierbei innerhalb der Produktentstehung und -nutzung
verschiedene Entwicklungszustände ein. Für diese Zustände hat man für die
Planung und die Überwachung des Systemverhaltens entsprechende Verfahren und Methodiken entwickelt. Ausgehend von den in Abbildung 2.3 auf

der linken Seite dargestellten sieben Systemlebensphasen, lassen sich aus technisch-organisatorischer Sicht die in der Abbildung auf der rechten Seite dargestellten Lebensphasen eines Produktes zuordnen.

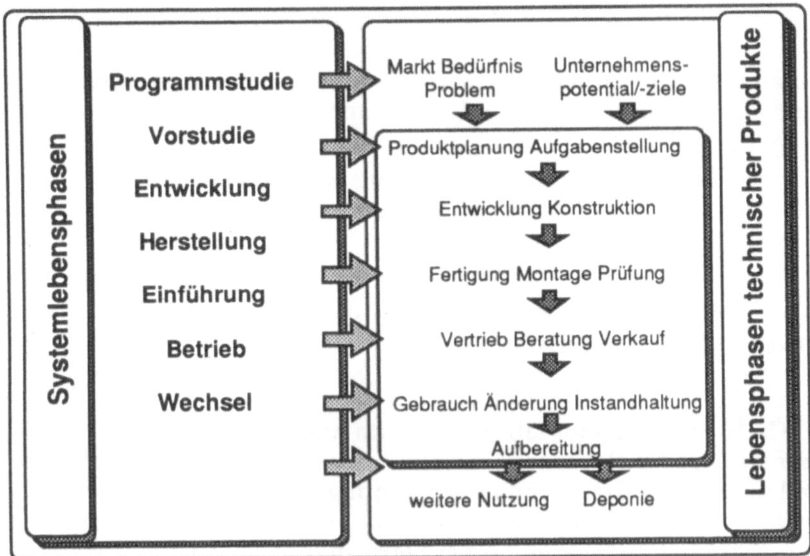

Abb. 2.3. Lebensphasen eines Produktes bei technischer Betrachtung nach VDI 2221

Diese Phasenbeschreibung orientiert sich an der in VDI-Richtlinie 2221 angegeben Phaseneinteilung /VDIR-86/ im Rahmen einer Methodik zum Entwickeln und Konstruieren technischer Systeme und Produkte. Diese Methodik hat eine branchenübergreifende Zielsetzung. Die technisch-organisatorische Phasenbeschreibung allerdings orientiert sich an den in Produktionsunternehmen gebräuchlichen Begriffen.

2.2.3 Das Produkt aus der Sicht des Anwenders

Bei der Sicht des Anwenders auf das Produkt steht neben den eigentlichen Funktionsanforderungen an das Produkt die Betrachtung des Produktes als eine Investition im Vordergrund.

Für den Systemnutzer sind folgende Phasen maßgeblich:

* die Planung des Rahmens für die Investition,

* die Konfigurierung und die Auswahl des Systems unter den Anbietern,

* die Entstehung bzw. Einführung des Produktes in seine Nutzungsumgebung,

* die eigentliche Nutzung einschließlich der Instandhaltung und

* die Entfernung des Produktes aus seiner Nutzungsumgebung.

Die Investitions- und die Betriebskosten müssen im Laufe der Nutzungszeit den Erträgen gegenübergestellt werden.

Bei der Einführung von CAD/CAM-Systemen verbessert sich in der Investitionsgüterindustrie die Zusammenarbeit zwischen Anbieter und Anwender in der Phase der Systemauswahl. Im allgemeinen wird durch die gesteigerte Flexibilität seitens des Anbieters die kundenspezifische Konfigurierung und Anpassung erleichtert. Zusätzlich wird die Qualität der Angebotsunterlagen erhöht und der Planungsprozeß für die Systemeinführung dadurch verbessert.

Während der eigentlichen Systemnutzung kann durch das Bestehen produktbeschreibender Modelle und die Aufbereitung der Daten für den Anwender der eigentliche Nutzungsprozeß verbessert werden.

2.3 Der Produktentstehungsprozeß als Teil des Produktlebenszyklus

Die CAD/CAM-Systeme müssen, wie bereits angesprochen, nahezu während des gesamten Produktlebenszyklus Daten des Produktes verarbeiten und bereitstellen können. Der Produktentstehungsprozeß ist Teil des Produktlebenszyklus eines Produktes und wird, da er den Anwendungsbereich von CAD/CAM-Systemen beinhaltet, näher betrachtet (Abb. 2.4.).

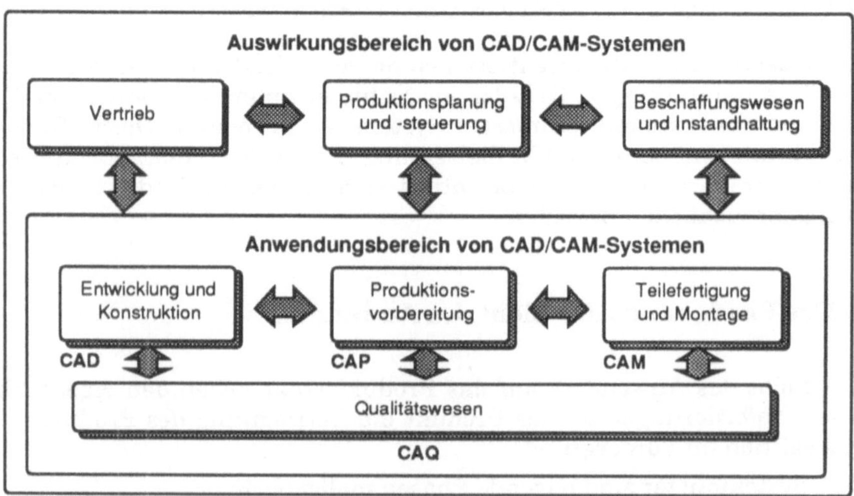

Abb. 2.4. Anwendungs- und Auswirkungsbereich von CAD/CAM-Systemen

Direkte Anwender von CAD/CAM-Systemen sind innerhalb eines Unternehmens die organisatorischen Bereiche (gegliedert nach /WARN-84/):

• Entwicklung und Konstruktion

für die technische Beschreibung eines Produktes durch die Erstellung der produktdefinierenden Daten,

- die Produktionsvorbereitung

als Überbegriff für die Aufgaben der Fertigungs-, Montage- und Prüfplanung,

- die Fertigung und die Montage

als eigentliche Nutzer der erstellten Produktionsinformation und

- das Qualitätswesen

mit den Aufgaben der Qualitätsplanung, -lenkung und -überwachung.

Wie in Abbildung 2.4 dargestellt, bleiben die Auswirkungen solcher Systeme nicht nur auf die direkten Anwendungsbereiche in einem Unternehmen beschränkt. Auswirkungen zeigen sich vielmehr auch auf die Bereiche, die mit der Erstellung von Angeboten, der zeitlichen Organisation des Auftragsdurchlaufs und der Disposition von Rohstoffen und der Wartung der Produktionsressourcen betraut sind.

Innerhalb des Produktentstehungsprozesses treten vielfältige Aufgaben und Problemstellungen auf, deren Lösung durch die Unterstützung von CAD/CAM-Systemen erarbeitet werden können. Eine Systematisierung und Strukturierung der Vorgehensweise im Produktentstehungsprozeß ist hierzu erforderlich.

Betrachtet man den Produktentstehungsprozeß als eine Folge von Problemlösungsprozessen mit unterschiedlichen Methoden der Systemgestaltung und der Steuerung des Systemablaufs, so kommt man zu der ganzheitlich ausgelegten Methodik des Systems-Engineering /DAEN-88/. Diese Methodik baut auf Verfahren der Systemanalyse auf und erlaubt die Beschreibung realer Systeme durch abstrakte Ersatzsysteme. Ein Problemlösungsprozeß wird hier allgemein durch die Teilphasen:

- Zielsuche,

- Lösungssuche und

- Auswahl beschrieben.

Hieraus ergeben sich die in Abbildung 2.5 dargestellten Tätigkeiten und Ablauffolgen.

Der gesamte Produktentstehungsprozeß läßt sich also in Abhängigkeit von den einzelnen Entstehungsphasen eines Produktes in eine strukturierte Menge von Problemen und Teilproblemen zerlegen.

Die Teilprobleme sollten systematisch nach der oben beschriebenen Vorgehensweise durch Aufspaltung in Teilprobleme gelöst werden (Methodik der schrittweisen Verfeinerung oder Top-Down-Ansatz genannt).

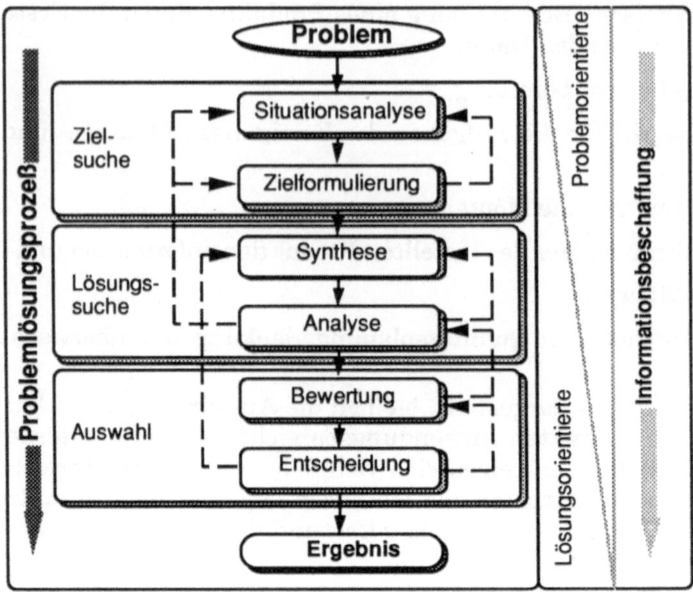

Abb. 2.5.   Problemlösungszyklus beim Systems-Engineering nach /DAEN-88/

2.4 Branchenspezifische Vorgehensweisen bei der Produktentwicklung

In den einzelnen Branchen und Produktbereichen haben sich für die Unterstützung des Entstehungsprozesses auf Grund der hieraus ableitbaren Aufgabenfelder unterschiedliche Vorgehensweisen entwickelt. Es wird daher einleitend auf die hierfür bestehenden Methodiken im Bauwesen, in der Mikroelektronik und im Maschinenbau kurz eingegangen.

Eine detailliertere Beschreibung der bei der Produktentstehung durchgeführten Tätigkeiten findet sich in Kapitel 5.

Vorgehensweise im Bauwesen

Die Arbeiten im Bauwesen werden teilweise von Architekten, teilweise von Bauingenieuren übernommen. Der Schwerpunkt liegt für den Architekten in den Aufgabenbereichen, in denen gestalterische Gesichtspunkte im Vordergrund stehen, für den Bauingenieur in den Bereichen, in denen technische und betriebswirtschaftliche Aspekte dominieren. Entsprechend gibt es Bauwerke, die ausschließlich von Bauingenieuren bearbeitet werden, wie Brücken, Verkehrsanlagen, Küstenbauwerke und Kraftwerksanlagen, während beim Großteil der Wohnungs- und Industriegebäude eine Arbeitsteilung zwischen Architekten und Bauingenieuren stattfindet.

Die Vorgehensweise für Architekten ist verständlicherweise sehr ähnlich und hat in Abhängigkeit von der Produktklasse (Wohngebäude, Brücken, Industriebauten, Versorgungs- und Verkehrssysteme) und vom Auftraggeber unterschiedliche Schwerpunkte (Gestalt, Statik, Ausstattung).

Die Aufgabenbereiche orientieren sich am gesamten Lebenszyklus eines Gebäudes. In dieser Darstellung wird besonders bei der projektbegleitenden Dokumentation und Kalkulation der phasenübergreifende Aspekt deutlich. Hieraus läßt sich der Bedarf nach einer integrierten Datennutzung ableiten.

Im Bereich des Bauwesens werden für die Auftragsverwaltung und -steuerung die Methoden des Projektmanagements eingesetzt. Man möchte hier ebenso wie im Maschinenbau und in der Elektrotechnik durch eine integrierte Verwaltung von Produktdaten eine konsistente Datenhaltung realisieren. Den Bedarf nach Datenintegration findet man ebenso in der aktuellen Entwicklung von CAD/CAM-PPS-Kopplungen. Man kann also sagen, daß neben den produktbeschreibenden Tätigkeiten projektüberwachende und organisatorische Tätigkeiten den Ablauf beeinflussen.

Die zukünftige Automatisierung des Produktionsprozesses im Bereich des Bauwesens erfordert dessen Um- und Neugestaltung. Es werden dadurch rechnerintegrierte Systeme zur Unterstützung des Fertigungsplanungsprozesses auch für diese Branche notwendig. Die Beiträge in Kapitel 5 machen dies deutlich.

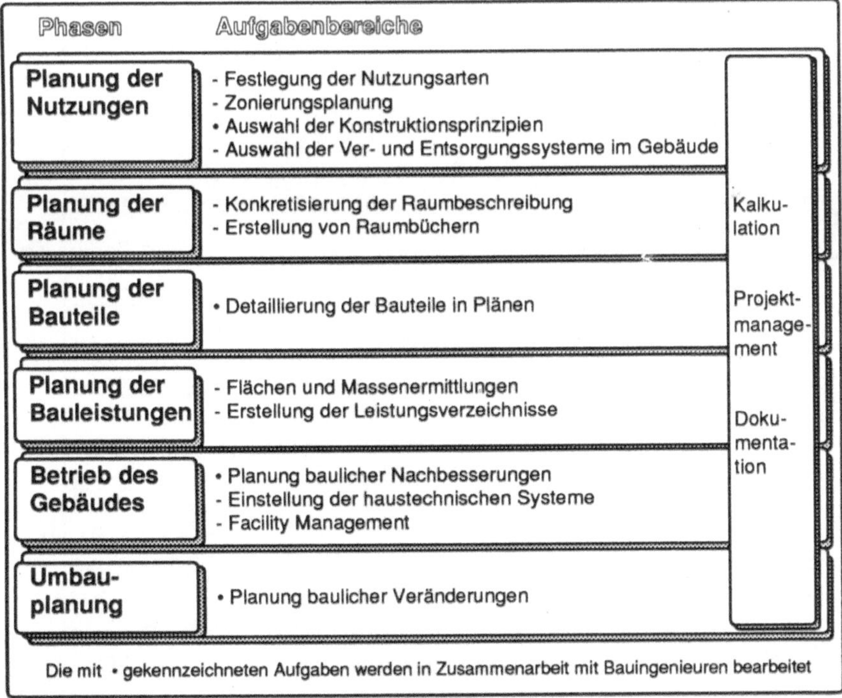

Abb. 2.6. Vorgehensweise in der Architektur bezogen auf Gebäude

Die Vorgehensweise eines Architekten ist von seinem Aufgabenspektrum her im wesentlichen durch die in Abbildung 2.6 links dargestellten Planungsaspekte geprägt.

Das Bauingenieurwesen hat im Vergleich zur Architektur seine Schwerpunkte bei technischen Fragestellungen und der Bauausführung. Daher muß für die Berechnung das Gestaltsmodell, das im Wohn- und Industriebau vom Architekten erstellt wird in ein Tragwerkmodell überführt werden. Im Vordergrund steht hier ähnlich wie im konstruktiven Bereich des Maschinenbaus nach dem Finden des statischen und dynamischen Wirksystems die endgültige gestalterische Ausbildung. Vergleichbar mit dem Maschinenbau, wo man eine organisatorische Trennung zwischen Erzeugnis- und Fertigungsplanung eingeführt hat, finden sich auch hier die Verfahren für die Kontrolle des Herstellungsprozesses wieder. Abbildung 2.7 zeigt zusammenfassend die Phasen im Bauingenieurwesen ohne die Phasen, die schon in Abbildung 2.6 dargestellt sind.

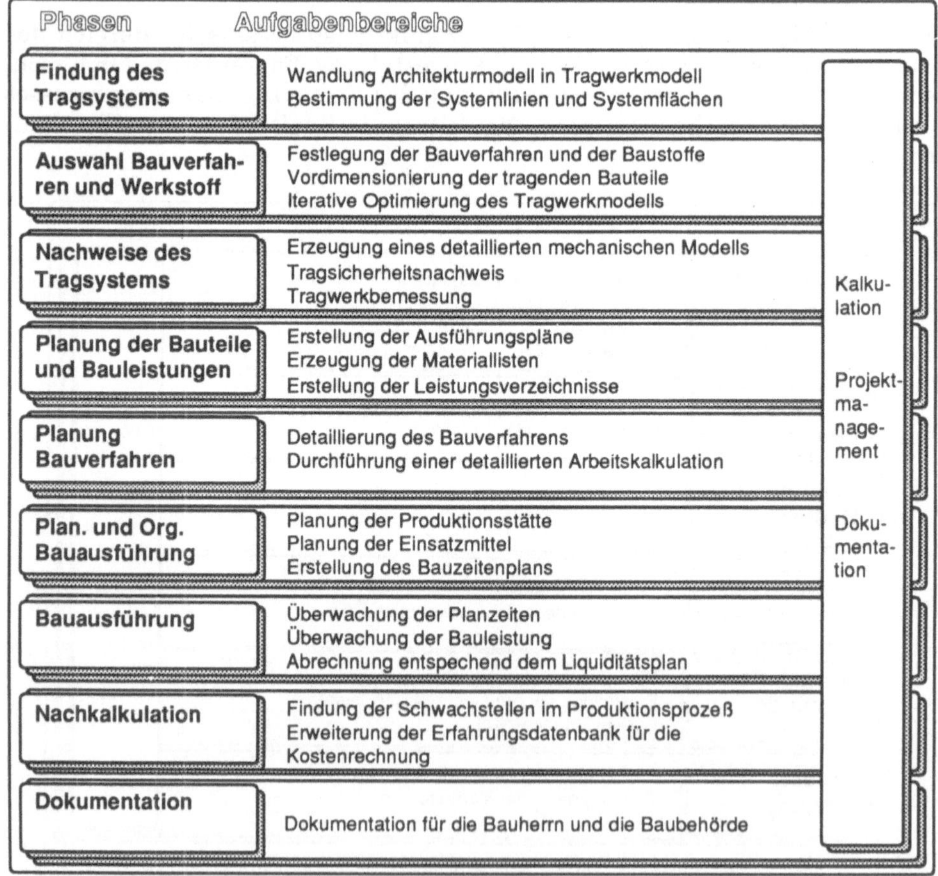

Abb. 2.7. Vorgehensweise im Bauingenieurwesen bezogen auf Gebäude

Vorgehensweise in der Mikroelektronik

In der Mikroelektronik besteht für den Entwurf integrierter Schaltungen ebenfalls eine produktspezifische Vorgehensweise (Abb. 2.8.).

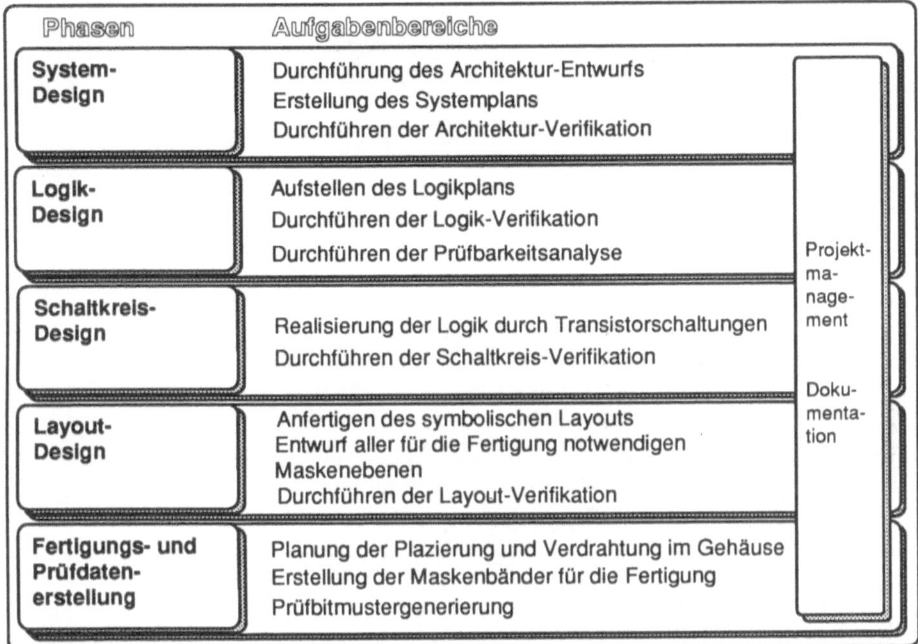

Abb. 2.8. Vorgehensweise in der Mikroelektronik

Diese wird geprägt von den Funktionsanforderungen an zu realisierende Produkte. Die einzelnen Phasen stellen jeweils eine Abstraktion des Produktes dar. Da der Entwurfsprozeß aber einen sehr starken iterativen Charakter besitzt und sich die Sicht auf das Produkt (Logische Sicht, Physikalische Sicht, Layoutbetrachtung) ständig ändert, würde eine phasenbezogene Unterlagenerstellung mit eigenständigen Modellen zu großen Problemen bei der Konsistenzwahrung führen, da sich die Merkmale in den einzelnen Sichten auf das Produkt gegenseitig beeinflussen. Wie in Abschnitt 5.2.2 beschrieben und dargestellt, hat sich für den Entwurfsprozeß eine integrierte Vorgehensweise und ein entsprechendes Produktmodell entwickelt. Hier wird über drei wesentliche Zielgrößen (Spezifikationen für Struktur, Verhalten und Geometrie), welche iterativ in unterschiedlichen Konkretisierungsstufen durchlaufen werden, das Produkt modelliert.

Vorgehensweise im Maschinenbau

Im Maschinenbau durchläuft man in Produktionsbetrieben die in Abbildung 2.9 dargestellten Phasen.

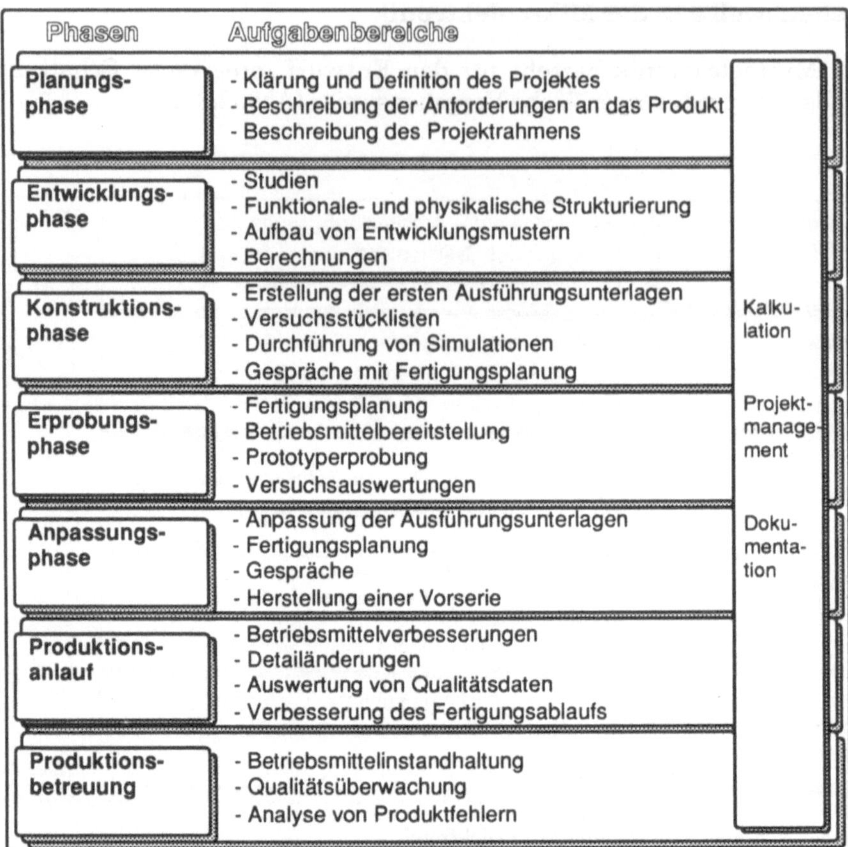

Abb. 2.9. Vorgehensweise im Maschinenbau

Wesentliches Merkmal bei dieser Vorgehensweise ist die schrittweise und systematische Produktentwicklung ausgehend von der Planung der Produktentstehung bis hin zur Betreuung der laufenden Produktion. Innerhalb dieser Phasen gibt es spezielle Produktversionen, d.h. Realisierungen und Zustandsbeschreibungen. An Hand dieser realen und rechnerinternen Modelle wird innerhalb der Produktentwicklung über die weitere Vorgehensweise entschieden (Reviewmechanismus).

In den einzelnen Phasen werden die nachfolgenden Produktbeschreibungen und Muster für die Synthese und Analyse herangezogen:

- Die Formulierung der Anforderungen an das Produkt und die Rahmenbedingungen für die zeitliche Entwicklung sowie die Festlegung der Projektorganisation erfolgt in der Planungsphase.

- Die Beschreibung der funktionalen Struktur auf Grund funktionaler Basiselemente (z.B. Trennen, Leiten, Vereinigen, Wandeln), die Zuordnung der physikalischen Wirkprinzipien zu den Funktionselementen und die Strukturierung zu einer Wirkstruktur sind die Voraussetzung für den Bau von Labor- oder Entwicklungsmustern. Diese können dann für prinzipielle Funktionsbetrachtungen oder detailliertere Berechnungen und Messungen herangezogen werden. Die Gestalt steht hier noch im Hintergrund.

- In der Konstruktionsphase schließlich werden zunächst die maßgeblichen Gestaltungszonen festgelegt (ausgehend von der Wirk- bzw. Prinzipstruktur) und das Produkt in sinnvolle konstruktive Einheiten zerlegt. Diese werden nach Auswahl der Materialien unter Berücksichtigung der statischen und dynamischen Randbedingungen dimensioniert.

- Nach Ausgestaltung und Erstellung der vorläufigen Ausführungsunterlagen werden in der Erprobungsphase in Zusammenarbeit mit der Fertigungsplanung die hierfür erforderlichen Fertigungsplanungsvorgänge (Arbeitsplanerstellung, NC-Programmerstellung, Betriebsmittelbereitstellung) durchgeführt und ein erster Prototyp gefertigt.

- Die sich bei der Herstellung des Prototyps ergebenden Anpassungen müssen nun in die für das Produkt bestehenden Unterlagen der Konstruktion und Fertigungsplanung eingearbeitet werden (Anpassung von Zeichnungen, Programmen, Arbeitsplänen, Betriebsmitteln). Hierauf kann eine Vorserie gefertigt und letzte Anpassungen, bedingt durch den Serienfertigungsprozeß, eingebracht werden.

- Selbst während der laufenden Produktion werden noch ständig Verbesserungen am Produkt vorgenommen, die sich aus der Aufbereitung von Qualitätsdaten ergeben.

Bezeichnend ist auch hier, daß am Ende jeder Phase produkt- und produktionsbeschreibende Dokumente, d.h. Sichten, auf das Produkt erstellt werden. In der Realität wechselt der Entwickler z.B. in der Produktfindungsphase häufig zwischen diesen Sichten (Funktion, Wirkprinzip, Gestalt, Herstellung).

Während des gesamten Entstehungsprozesses werden Daten für die Kostenrechnung erfaßt, Dokumente erstellt und verwaltet und der Verlauf der Entwicklung mit Projektplanungsmethoden verfolgt. Zwischen den Phasen befindet sich jeweils eine Bewertung der Phasenergebnisse und die Entscheidung für den Übergang in die nächste. Die Zustimmung der in dieser Phase der Entwicklung mitarbeitenden Abteilungen erfolgt bei bestimmten Entwicklungszuständen (Meilensteine) durch Entscheidungsgespräche (Reviews).

2.5 Literatur zu Kapitel 2

/AFWF-85/   N.N.: Integrierter EDV-Einsatz in der Produktion -Begriffe, Definitionen, Funktionszuordnungen-; Ausschuß für wirtschaftliche Fertigung e.V. (AWF); Eschborn, 1985.

/DAEN-88/   Daenzer, W.F.: Systems-Engineering -Leitfaden zur methodischen Durchführung umfangreicher Planungsvorhaben-; 6. Auflage; Verlag Industrielle Organisation; Zürich, 1988.

/GEIT-87/   Geitner, U.W.: Betriebsinformatik für Produktionsbetriebe; Hrsg.: REFA-
               Verband für Arbeitsstudien und Betriebsorganisation e.V.; Reihe Produk-
               tionsinformatik; Band 5; 2. Auflage; Hanser-Verlag; München, 1987.

/HAES-89/   Hackstein, R.; Esser, U.: Stand und Trends auf dem Wege zu CIM -Ergebnissen
               einer Expertenbefragung; in: Gestaltung CIM-fähiger Unternehmen; Hrsg.:
               Prof. Wildemann; Forschungsbericht 1 ff. 15-42; gfmt - Gesellschaft für
               Management und Technologie-; München, 1989.

/REFA-76/   N.N.: REFA-Lexikon -Betriebsorganisation-; Beuth-Verlag, Berlin, Köln, 1976.

/VDIR-86/   N.N.: VDI-Richtlinie 2221 - Methodik zum Entwickeln und Konstruieren
               technischer Systeme und Produkte; in: VDI-Handbuch Konstruktion; VDI-
               Verlag, Düsseldorf, 1986.

/VDIT-76/   N.N.: Systematische Produktplanung -Ein Mittel zur Unternehmenssicherung-;
               VDI-Verlag, Düsseldorf, 1976.

/WARN-84/   Warnecke, H.-J.: Der Produktionsbetrieb -Eine Industriebetriebslehre für
               Ingenieure-; Springer-Verlag, Berlin, Heidelberg, New-York, 1984.

3 Merkmale der CAD/CAM-Technologie

Nachdem der Produktlebenszyklus und die verschiedenen branchenspezifischen Vorgehensweisen bei der Produktentwicklung- und Konstruktion im Vordergrund standen, wird nun auf die strukturellen Merkmale von CAD/CAM-Systemen und die Abbildung bzw. Verarbeitung von Produktinformation innerhalb dieser eingegangen. Die Rechnerunterstützung für den Produktentstehungsprozeß ist für die zu betrachtenden Produktklassen (Maschinen, Mikroprozessoren und Bauwerke) unterschiedlich ausgeprägt und strukturiert.

Eine wesentliche Kenngröße für den Einsatz der CAD/CAM-Technologie im Produktentstehungsprozeß ist der Integrationsgrad. Er ergibt sich aus der Menge der integriert verarbeitbaren Daten im Verhältnis zu der Gesamtmenge der zu verarbeitenden Daten.

Die CAD/CAM-Technologie wird durch folgende Parameter in ihrer Entwicklung beeinflußt:

- Komplexität der zu erzeugenden technischen Produktlösungen

  Da komplexe Produkte in der Regel aufwendige Repräsentationen und Strukturierungsverfahren erforderlich machen, hat dies Einfluß auf die Anforderungen an die Teilkomponenten für die Modellierung. Das zeigt sich z.B. im Bereich des Entwurfs mikroelektronischer Schaltungen, der ohne eine Unterstützung durch CAD-Systeme nicht mehr durchführbar wäre. Ein weiterer großer Vorteil der Verwendung von CAD/CAM-Technologie stellt die Möglichkeit der Simulation und Analyse des Systemverhaltens bei komplexen Systemen dar. Dadurch werden schon im Entwicklungsprozeß Fehler erkannt und vermieden. Diese Maßnahme verkürzt die Entwicklungszeiten erheblich.

- Menge der zu verarbeitenden Daten

  Die Datenmenge stellt, insbesonders bei hohem Wiederholungsgrad, die Basis für den wirtschaflichen Erfolg des CAD/CAM-Systems dar, da sich durch den Einsatz rechnergestützter Verfahren die Prozeßschritte um ein Vielfaches beschleunigen lassen. Ebenso bietet hier der Ausbau der CAD/CAM-Technologie die Möglichkeit zur Verbesserung der Datenqualität.

- Grad der organisatorischen Formalisierung

  Diese Kenngröße beeinflußt den Grad der Systematisierbarkeit des Ablaufs. Dadurch sind die organisatorischen Voraussetzungen und Formalismen für die Datenaufbereitung und -weitergabe vorhanden und vereinfachen die Realisierung des CAD/CAM-Systems. Diese Größe hat ebenso Einfluß auf die anwendbaren Verfahren der Steuerung und der Überwachung des Produktentstehungsprozesses.

- Menge an gleichartigen Aufträgen

  Diese Eigenschaft des in einem Unternehmen gefertigten Auftragsspektrums bietet die Möglichkeit zur Gruppenbildung und somit Systematisierung von Abläufen bei der Produktplanung und -realisierung und rechtfertigt unter wirtschaflichen Gesichtspunkten die Entwicklung gruppenspezifischer Verfahren mit rechnerunterstützten Systemen.

- Systematisierbarkeit des Produktionsablaufs

  Sie hat Einfluß auf die Menge der anwendbaren Verfahren für die Planung des Produktionsablaufs.

- Steuerungsverfahren für Betriebsmittel

  Die Menge der Steuerungsverfahren und die Normung der zur Verfügung stehenden Sprachen zur Beschreibung des dynamischen Verhaltens von Betriebsmitteln (z.B. Werkzeugwegbeschreibung von Fräswerkzeugen und Bahnbeschreibung von Robotern) bestimmen die Möglichkeiten zur Gestaltung des Fertigungsplanungsprozesses. Erst durch diese Voraussetzungen ist eine Planung und Simulation des eigentlichen Fertigungsprozesses sinnvoll bzw. möglich.

- Änderungshäufigkeit der produktbeschreibenden Daten

  Die Anzahl der innerhalb der Produktlebenszeit erforderlichen Änderungen und Verbesserungen des Produktes erfordern häufig einen erheblichen Aufwand für die Anpassung und Verwaltung der Produktdaten. Der Aufwand wird hier durch die Einführung der CAD/CAM-Technologie in erheblichem Maße gesenkt.

- Konkurrenzdruck am Markt

  Die Motivation für den Ausbau der CAD/CAM-Technologie entsteht zumeist aus dem entstehenden Wettbewerbsvorteil durch eine verkürzte Entwicklungsphase und die dadurch mögliche frühe Einführung des Produktes am Markt.

3.1 Eigenschaften von CAD/CAM-Systemen

Unter dem Begriff CAD/CAM-System versteht man eine Konfiguration von Programmsystemen und Rechnern zum Zwecke der Produktdatenerstellung und -verwaltung. Die Programme können auf einem lokalen Rechner lauffähig sein oder werden in den Verbund von Rechnersystemen eines Unternehmens eingebunden. Für die Realisierung solcher Systeme müssen nicht nur die Voraussetzungen für die Modellierung geschaffen werden, sondern auch die damit verbundenen Fragen der Kommunikation und der Datenaufbereitung gelöst werden.

Auf Grund der unterschiedlichen Aufgabenschwerpunkte innerhalb der Planungs- und Realisierungsphasen bei der Produktentstehung sind für die verschiedenen Branchen unterschiedliche CAD/CAM-Architekturen entstanden. Dieser Begriff repräsentiert eine Konfiguration von rechnerunterstützten Einzelkomponenten. Abbildung 3.1 zeigt diese Einzelkomponenten in vereinfachter Form und deren Verknüpfungsmöglichkeiten.

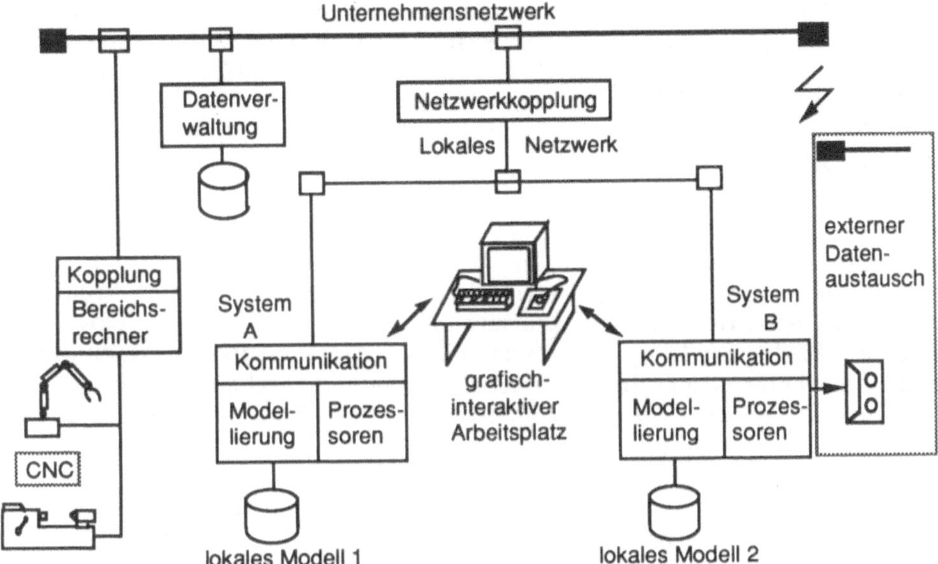

Abb. 3.1. Beispielhafte Konfiguration eines CAD/CAM-Gesamtsystems

Die Einzelkomponenten besitzen im allgemeinen folgende Teilfunktionen:

- Modellierung von Produktdaten

  Die Funktionalität dieser Komponenten ist die eigentliche Aufgabe von CAD/CAM-Systemen.

- Kommunikation mit dem Benutzer und mit anderen Programmsystemen

  Diese sichern die Kommunikation mit dem Benutzer und die Datenübertragung innerhalb des Gesamtsystems. Die Möglichkeiten des Dialogs mit dem Benutzer werden in Kapitel 3.3 näher beschrieben.

- Verwaltung der Produktdaten

  Diese Komponenten bestimmen die Art der Abbildung (siehe Abschnitt 4.1) und die Verwaltung der innerhalb des Gesamtsystems anfallenden Produktdaten.

- Wandlung bestehender Datenstrukturen

  Diese Teilfunktion ist unter technologischem Aspekt mit Fragen der Schnittstellen zwischen den Komponenten und der Wandlung der Modelldaten über Prozessoren in anwendungsspezifische Modellstrukturen verbunden. Abschnitt 4.2 gibt einen Überblick über dieses Thema.

Bei komplexen CAD/CAM-Systemen besteht die Verbindung der Komponenten aus einem unternehmensspezifischen Rechnernetz einschließlich der Kopplungsmöglichkeiten für den externen Datenaustausch (z.B. über Datennetze der Post oder über Datenträger wie Magnetbänder oder Magnetkassetten). Da sich die Architekturen zumeist durch eine Weiterentwicklung von alten und Einbindung von neuen Systemkomponenten entwickeln, ist die Architektur als ein dynamisches System zu betrachten. Hierfür können, wie in /SCHÄ-90/ beschrieben, Vorgehensmodelle für die Planung von CAD/CAM-Gesamtkonzepten in Abhängigkeit von Unternehmens- und Produktmerkmalen entwickelt werden.

Gemeinsamkeiten für alle Branchen sind in der grundlegenden Hardware- und Softwarearchitektur, und in den Bestrebungen hinsichtlich einer Methoden- und Datenintegration erkennbar. Die Vorgehensweise bei der Erstellung von Produkt- und Produktionsinformation beinhaltet im wesentlichen kreative, planerische, beschreibende, strukturierende und dokumentierende bzw. darstellende Tätigkeiten. Diese werden zumeist in unterschiedlichen Abteilungen eines Unternehmens oder unternehmensübergreifend durchgeführt. Diese Aufgabenverteilung (z.B. Entwicklung, Konstruktion, Fertigungsplanung) bestimmt die Systemstruktur.

CAD/CAM-Systeme besitzen folgende Merkmale:

Grafisch-interaktiver Arbeitsplatz

Ein grafisch-interaktiver Arbeitsplatz besteht aus einer Konfiguration von grafischen Ein- und Ausgabegeräten, die zusammen mit einer Zentraleinheit zu einem Arbeitsplatz konfiguriert werden. Diese Systeme basieren auf leistungsfähigen Standardprozessoren und sind für Anwendungen im Ingenieurbereich ausgelegt. Sie besitzen daher auf Grund ihrer Systemarchitektur die erforderlichen Voraussetzungen wie z.B.:

- Benutzerdialog über Mehrfenstertechnik (Multiwindowing), die einen schnellen Wechsel zwischen verschiedenen Anwendungsprogrammen innerhalb einer Benutzeroberfläche erlaubt und unterschiedliche Möglichkeiten für anwendungsspezifische Dialogformen mit dem Benutzer.

- Verwendung grafischer und mathematischer Coprozessoren für die Beschleunigung der Verarbeitung.

- Schnelle Netzwerkfähigkeit, die eine Auswahl zwischen einer lokalen und verteilten Datenhaltung ermöglicht. Bei der Anwendung von CAD/CAM-Systemen ist es auf Grund des umfangreichen Datenvolumens von Produktdaten nicht möglich alle verfügbaren Daten im Direktzugriff zur Verfügung zu stellen. Man kann daher nur die aktuellen und die häufig verwendeten Modelldateien dem Benutzer im direkten Datenzugriff zur Verfügung stellen. In der aktuellen Situation hält man daher nur die organisatorischen und klassifizierenden bzw. strukturierenden Daten in

Datenbanken. Man verwendet diese für die Verwaltung und die Wiederholteilsuche im Modelldatenbestand. Dies macht die Notwendigkeit einer umfangreichen Merkmalbeschreibung und Klassifizierung deutlich. In großen Unternehmen bindet man in die Gesamtstruktur eigenständige lokale und unternehmensweite Datenverwaltungssysteme ein, auf die dann über das Netzwerk zugegriffen werden kann. Selten verwendete Modelldaten werden auf Magnetbändern oder Magnetkassetten gespeichert oder im Rechnerverbund auf die Datenspeicher von Großrechnern ausgelagert. Diese Art der Datenhaltung und Archivierung benötigt eine entsprechende Datenorganisation.

- Unterstützung der Unterlagenerstellung durch Bereitstellung von Software-Werkzeugen und Schnittstellen für die rechnerunterstützte Dokumentation (Desktop Publishing oder abgekürzt DTP).

Modell- und Modellierungskonzept

Die in ein CAD/CAM-System abbildbaren Produktmerkmale, die hierauf anwendbaren Systemfunktionen für die Modellierung des anwendungsspezifischen Produktmodells und die zur Verfügung stehenden Prozessoren für die Datenwandlung charakterisieren das Modellierungskonzept. Die Effektivität eines CAD/CAM-Systems wird vom Aufwand für die Informationseinbringung in ein System geprägt. Da innerhalb des Produktentstehungsprozesses die bestehenden Modelle, d.h. die bestehenden Produktdaten, ohne Informationsverluste zwischen den Teilsystemen ausgetauscht werden sollten, haben die Systeme die bestehenden Normen für den Informationsaustausch zu erfüllen. Dies geschieht zumeist über spezielle Softwarebausteine, sogenannte Prä- und Postprozessoren (siehe 4.2). Dies erleichtert auch die Einbindung neuer Systemkomponenten in ein bestehendes Modellierungskonzept.

3.2 Daten im CAD/CAM-Prozeß

Merkmale des Produktes werden unter Berücksichtigung verschiedener technischer Aspekte in die Modelle für den CAD/CAM-Prozeß abgebildet. Die technischen Aspekte ergeben sich aus den im Rahmen der Produktentstehung durchzuführenden Aufgaben und der damit verbundenen Anforderungen. Diese Aufgaben können lösungsfindender oder beschreibender Art sein. Sie werden für die Analyse oder die Synthese von Sachverhalten herangezogen. Die technische Sicht wird von den Eigenschaften des Produktes (Komplexität, physikalische Wirkprinzipien) und der für dieses Produkt charakteristischen Vorgehensweise zur Produktentwicklung (Auftragsfertigung, Serienfertigung) bestimmt (siehe 2.4).

Für die Anforderungen, die an Modelle im Bereich der Produktentwicklung gestellt werden, ist es nützlich, zunächst die abzubildenden Produktmerkmale zu charakterisieren und die datentragenden Dokumente zu beschreiben bevor eine Einordnung in unterschiedliche Merkmalsklassen erfolgt.

Für die weiteren Betrachtungen ist es wichtig die in den einzelnen Phasen bei der Produktentstehung erstellten und verwendeten Unterlagen zu beschreiben, da diese die für die Produktmodellierung wichtigen Merkmale in textueller oder grafischer Form enthalten. Abbildung 3.2 stellt eine Sammlung von Dokumenten dar. Diese Aufzählung soll die innerhalb eines CAD/CAM-Gesamtsystems zu verarbeitenden Produktmerkmale und damit Daten veranschaulichen. Die Phaseneinteilung wurde nach der in Abbildung 2.3 beschriebenen Einteilung gewählt.

Während des Produktentstehungsprozesses wächst die Menge an produktbeschreibenden Daten. Dabei wird die Produktbeschreibung in zunehmendem Maß detailliert und konkretisiert. Im Verlauf des Produktlebenszyklus müssen durch Änderungen an der Produktbeschreibung, Produktalternativen und -varianten berücksichtigt werden.

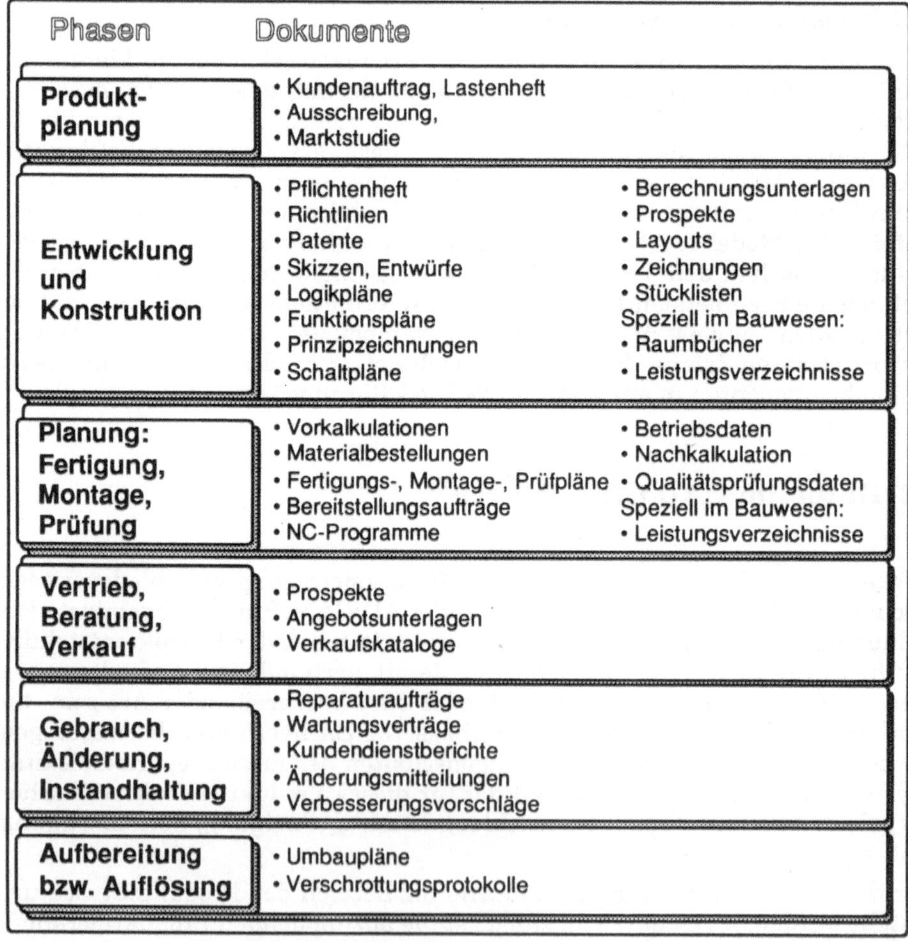

Abb. 3.2.   Dokumente im Produktentstehungsprozeß

Ein integriertes Gesamtsystem müßte die in den oben aufgezählten Dokumenten beinhalteten direkten Produktdaten aufnehmen, verarbeiten und verwalten können. Da ein Merkmal in mehreren Dokumenten enthalten sein kann (z.B. Teilebenennung, Teilenummer), muß bei der Bildung der für den Prozeß notwendigen Datenmodelle darauf geachtet werden, daß über die klassifizierenden und identifizierenden Produktmerkmale die Konsistenz des produktbeschreibenden Datenbestandes gewährleistet wird. Wird man bei der Systemgestaltung und bei der Gestaltung der Datenmodelle und der Datenorganisation diesem Anspruch gerecht, können die für die Schaffung eines CAD/CAM-Systems notwendigen Investitionen sich für ein Unternehmen sehr schnell von Nutzen erweisen. Der in der Praxis meist hohe Aufwand für die Einbringung von Änderungen in die unterschiedlichen Dokumente, d.h. die Verwaltung der Daten, sinkt dann auf ein Minimum.

Die Notwendigkeit einer allgemeingültigen Darstellung von Produktinformation zu verschiedenen Zeiten des Produktlebenszyklus gewinnt zunehmend an Bedeutung und es werden im Rahmen internationaler, branchenübergreifender Normungsaktivitäten die hierfür notwendigen Produktmodelle definiert.

Bestehende Produktmodellansätze versuchen diese Integration auf verschiedenen Wegen zu realisieren /ANDE-89, KRAU-88/. Man möchte dies durch folgende drei Vorgehensweisen erreichen:

- die Erweiterung von Geometriemodelle um geometriebezogene Attribute, wobei sich diese im wesentlichen auf fertigungstechnische bzw. technologische Informationen beziehen,

- die Kopplung von Modellierern, die unterschiedliche Produktdaten in verschiedenen Teilbereichen des Produktentstehungsprozesses erstellen und

- die Integration von Produktdaten einschließlich deren Beziehungen in einem integrierten Produktmodell.

Das Produktmodell enthält die rechnerintegrierte strukturierte Zusammenfassung aller Einzelinformationen über ein bestimmtes Produkt, die in einem Unternehmen erforderlich sind. Ferner können Produktmodelle auch Prozeßbeschreibungen über die Herstellung der Produkte enthalten. Wesentliches Merkmal integrierter Produktmodelle stellt die Zuordnung von Informationen zu unterschiedlichen Informationsschichten dar.

Der Ansatz eines integrierten Produktmodells findet sich auch im Rahmen von Entwicklungsarbeiten der Schnittstelle STEP (**S**tandard for the **E**xchange of **P**roduct Model Definition Data) zum Produktdatenaustausch zwischen unterschiedlichen Teilkomponenten eines CAD/CAM-Systems wieder /GRAN-89/. Inhaltliche Basis ist die formale Spezifikation eines Produktmodells. Dieses Produktmodell enthält die vollständige und eindeutige Information eines Produktes über den gesamten Lebenszyklus betrachtet. Unter Vollständigkeit wird in diesem Zusammenhang die direkte Verfügbarkeit oder Ableitbarkeit erforderlicher Informationen für allgemeine und spezielle Anwendungsbereiche verstanden. Während die Zielsetzungen der meisten Entwicklungen von Modellen für Schnittstellen auf die Verknüpfung von Teilbereichen für eine bestimmte Klasse von Produkten beschränkt ist, ist hier eine Möglichkeit für den branchenübergreifenden Datenaustausch geschaffen worden.

3.2.1 Abbildung von Produktmerkmalen

Geht man davon aus, daß es für alle Produkte gemeinsam grundlegende Klassen von Merkmalen für deren Beschreibung gibt, muß man von der jeweiligen technischen Betrachtung abstrahieren, um zu einer übergreifenden Betrachtung zu kommen, da die jeweilige technische Sicht vom Produkt und den hierfür üblichen Vorgehensweisen zur Realisierung bestimmt wird.

Branchenunabhängig werden bei der Produkt- und Produktionsbeschreibung folgende wesentlichen Merkmalsklassen für die Abbildung in ein Modell verwendet:

Strukturelle Beschreibung

Innerhalb dieser Klasse werden die Elemente des Systems über Relationen miteinander in Beziehung gesetzt. Eine Strukturierung und die Ableitung von Informationen aus der Struktur steht hier im Vordergrund. Modelle werden für solche Systeme durch die Bereitstellung von Methoden zur Elementbeschreibung (z.B. verschiedene Möglichkeiten zur Definition von geometrischen Elementen) und -modifikation beschrieben. Die Eigenschaften (Attribute) der Elemente sind im Gegensatz zu den Verhaltensmerkmalen zeitunabhängig.

Beispiele hierfür sind:

- Modelle für die Abbildung der Funktionsstruktur

  Sie dienen der Beschreibung der strukturellen Anordnung von Teilfunktionen innerhalb einer Gesamtfunktion. Diese können auf Grund einer logischen Betrachtung die Basisfunktionen Verknüpfen, Trennen und Leiten sein, oder auf Grund einer allgemeinen Betrachtung in die Funktionen Wandeln, Verknüpfen Leiten und Speichern eingeteilt werden. Erfüllt man diese Funktionen durch eine Menge auf physikalischen Gesetzen beruhenden physikalischen Effekten, so ergeben sich auf Grund der Verknüpfung funktionale Abhängigkeiten zwischen den Ein- und Ausgangsgrößen der Teilfunktionen.

- Modelle zur Beschreibung der technischen Struktur

  Bei dieser Art von Modellen werden z.B. für die Erstellung von Stücklisten, d.h. die Beschreibung der Produktstruktur, Datenmodelle entwickelt, welche eine produktspezifische Strukturierung zulassen. Ebenso bildet man Elementgruppierungen mit technischem Bezug in diese Modelle ab (z.B. Baugruppenstrukturen und Formelemente). Diese werden technische Formelemente genannt. Sie dienen der Strukturierung der Gestalt eines Produktes.

- Modelle zur Beschreibung der geometrischen Struktur

  Hier beschreibt man die Anordnung geometrischer Elemente (Volumina,
  Flächen, Linien, Punkte) zueinander. Diese Elemente bilden bei heutigen
  CAD-Systemen meistens den Kern der Beschreibung, da in der Mehrzahl
  der Fälle für die eigentliche Herstellung die Gestaltsbeschreibung im
  Vordergrund steht.

Die Modelle zur Strukturbeschreibung dienen in der Mehrzahl der Fälle als
Repräsentation der Produktbeschreibung. Aus diesen Modellen werden die
erforderlichen Darstellungen, wie z.B. in Form von technischen Zeichnungen,
Stücklisten oder Schemaplänen abgeleitet.

Beschreibung des Verhaltens

Verhaltensmodelle sind Modelle, dessen Analogie zum Original sich auf die
Gleichheit des Verhaltens und nicht notwendig auch auf der Struktur, der
Funktion und der stofflichen und energetischen Beschaffenheit bezieht. Diese
dienen zumeist Analysezwecken. Mit dieser Merkmalklasse werden im
allgemeinen dynamische Eigenschaften eines Produktes oder Rahmenbedingungen für die Systementwicklung abgebildet.

Beispiele hierfür sind:

- Physikalische Modelle

  Sie beschreiben das dynamische Verhalten des Systems durch die Kopplung von physikalischen Basiselementen. Mit diesen Modellen werden
  meist Berechnungen oder Simulationen durchgeführt. Anwendungen hierfür wären zum Beispiel thermodynamische Berechnungen.

- Rahmenmodelle für einen Entwicklungsauftrag

  Diese Modelle beschreiben meist in textueller Form den Entwicklungs-
  rahmen mit den Anforderungen an das zu schaffende Produkt. Diese Modelle können nach den Begriffen der Systemtechnik als Zielsystembeschrei-
  bungen verstanden werden. Allgemeine Datenmodelle und rechnerunterstützte Formalismen für die Beschreibung solcher Modelle sind noch wenig
  entwickelt.

Beschreibung von Aktivitäten

Bei dieser Merkmalsklasse steht nicht das Verhalten des Systemes selbst, son-
dern die Aktivitäten und die Zustände während der Realisierung eines
Produktes im Vordergrund. Daher stellen die Elemente Zustände eines
Systems dar und die Beziehungen zwischen diesen beschreiben die
Operationen für den Zustandsübergang. Unter Aktivitäten sollen alle
Operatoren zur Produktion eines Systems verstanden werden.

Beispiele hierfür sind:

- Planungsmodelle für die Produktion

  In diese Modelle werden zumeist Vorgangsfolgen aus den Bereichen Fertigungs-, Montage- und Prüfplanung abgebildet. Dies entspricht in seiner einfachsten Form dem Informationsgehalt und der Struktur von Arbeitsplänen.

- Projektplanungsmodelle

  In Projektplanungsmodelle werden zumeist Vorgangsfolgen und die damit verbundenen Aktivitäten abgebildet. Der Produktentstehungsprozeß wird hier als eine Menge von Tätigkeiten gesehen, welche im Rahmen eines Projektes durchgeführt und koordiniert werden müssen.

- Modelle für Informations- und Materialflüsse

  Modelle für die Beschreibung von Informations- und Materialflüssen dienen der Betrachtung eines Gesamtsystems. Der Schwerpunkt liegt hier nicht in der Simulation eines zeitlich kontinuierlichen Verhaltens. In diesem Falle stehen zeitlich diskrete Zustände und diskrete Objekte (Marken) bzw. der Durchlauf dieser durch ein Gesamtsystem im Vordergrund. Die Modelle dienen bei der Systemplanung und -analyse dem Entwurf und der Beschreibung von Aktivitäten zur Erzeugung des Produktes.

3.2.2 Randbedingungen für die Abbildung von Produktmerkmalen

Im vorigen Abschnitt wurden die fundamentalen Merkmalsklassen zur Abbildung von Struktur, Verhalten und Aktivitäten innerhalb des Produktlebenszyklus als branchenunabhängige Basismerkmale zur Beschreibung von Produkt und Produktrealisierung gezeigt. Erst durch die sich aus dem technischen Anwendungsumfeld ergebenden Anforderungen lassen sich die Verfahren für eine anwendungsspezifische Modellierung ableiten.

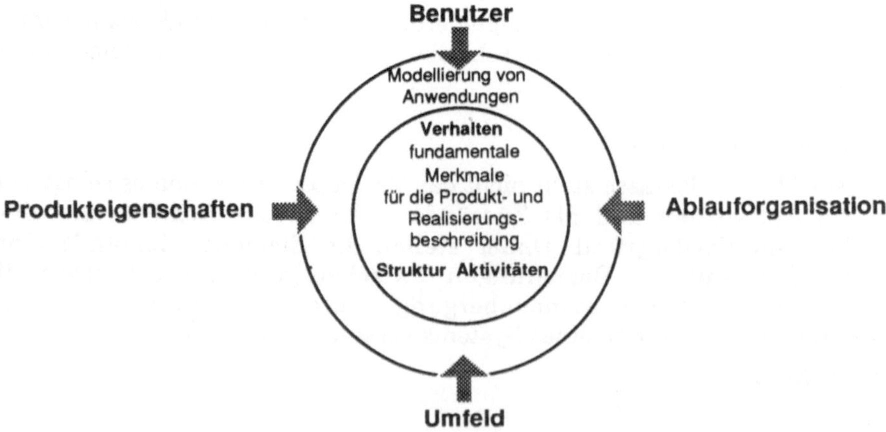

Abb. 3.3. Randbedingungen für die Abbildung von Produktmerkmalen.

Die Anforderungen werden durch folgende und in Abbildung 3.3 dargestellten Einflußgrößen bestimmt:

- Die Ablauforganisation innerhalb des Produktentstehungsprozesses

  Diese prägt die Art der Weitergabe und die bestehenden Konventionen für die Dokumentation. Die Modellierung muß daher diese Formalismen unterstützen. In einem Unternehmen findet man spezielle Formulare und Vereinbarungen für den Ablauf und die Projektorganisation bei der Produktentwicklung. Diese müssen bei der Realisierung berücksichtigt werden.

- Die Produkteigenschaften

  Das Produkt bestimmt durch seine maßgebliche Funktion und die damit verbundenen Wirkprinzipien und Wirkstrukturen die für eine Modellierung notwendigen Verfahren. Als Beispiel wären hier die Systeme zur Rohrleitungsplanung zu nennen. Für diese Aufgabenstellung wurden spezielle Methoden und Modellbeschreibungen entwickelt, welche den sich aus den anwendungsspezifischen Randbedingungen ergebenden Anforderungen gerecht werden.

- Das Umfeld und die sich hieraus ergebenden Restriktionen

  Die für ein Produktspektrum bestehenden Normen und Richtlinien beeinflussen die für die einzelnen Branchen vorgeschriebenen Methoden für die Teileauswahl und die Produktbeschreibung. Da die Vorgehensweise regional unterschiedlich sein kann, muß bei der Auswahl eines Systems geprüft werden, ob dieses den Anforderungen in dieser Hinsicht gerecht wird. Hier können die gesetzlich geregelten Abläufe im Bauwesen für die Abwicklung von Aufträgen als Beispiel genannt werden.

- Der Anwender als Nutzer des Systems

  Da Konstrukteure ihre Probleme in einem technischen Zusammenhang formulieren, müssen die Verfahren eine Modellierung auf diesem Niveau zulassen um den Bedürfnissen des Benutzers gerecht zu werden. Ebenso wird durch die Bereitstellung benutzerdefinierter Dialoge die Handhabung des Systems vereinfacht und dadurch die Akzeptanz erhöht.

Aus den oben genannten Gründen ist es daher notwendig auf eine an alle Einflußgrößen angepaßte Form der anwendungsspezifischen Modellierung zu achten, da nur durch die Beachtung dieser Größen das CAD/CAM-System als ein nutzbringendes Werkzeug eingesetzt werden kann.

3.3 Kommunikation mit CAD/CAM-Systemen

Für die Akzeptanz eines CAD/CAM-Systems sind die verfügbaren Verfahren der Kommunikation des Systems mit seiner Umwelt ausschlaggebend. Der Informationsaustausch eines Modellierers mit seiner Umgebung erfolgt entweder über den Austausch mit anderen Programmsystemen (Interprozeßkommunikation) oder mit dem Anwender über die Benutzeroberfläche (Abb.3.4.).

Je nach Anwendung tauscht der Benutzer über die Benutzeroberfläche Informationen mit dem System aus. Die im folgenden betrachteten Verfahren und Hilfsmittel beziehen sich auf den Dialog mit dem Benutzer an grafisch-interaktiven Arbeitsplätzen.

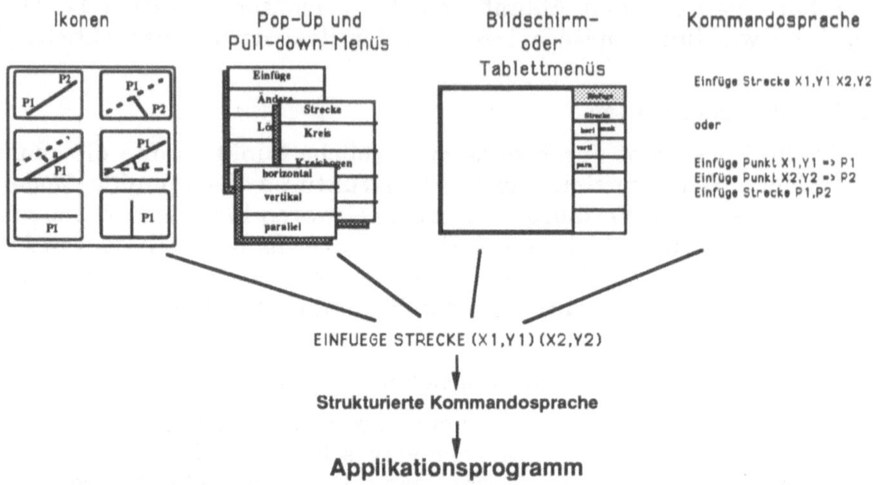

Abb. 3.4. Kommunikation mit einem CAD/CAM-System

Die Eingaben können über die Tastatur (hiermit werden alphanumerische Zeichenketten und somit Auswahlelemente, Befehle, Textvariablen und Werte eingegeben) oder über speziellen Eingabegeräte erfolgen. Diese für den grafisch-interaktiven Dialog geeigneten Geräte im Rahmen von CAD/CAM-Systemen sind:

- das Tablett für die Eingabe von Positionen und damit implizit die Auswahl von Systemfunktionen und Menüs,

- die Maus für die Eingabe von Bildschirmpositionen über die Bewegung eines Cursors im Bildfeld und damit die implizite Auswahl von Systemfunktionen und Menüs,

- die Funktionstastatur, welche zumeist zur Laufzeit mit einen aktuellen kontextspezifischen Funktionssatz belegt werden kann,

- der Funktionsgeber (z.B.Drehpotentiometer) für die Eingabe von Werten aus einem analogen Wertebereich,

- das Digitalisiergerät, welches durch eine hohe Auflösung die direkte Eingabe von Positionen (z.B. aus Zeichnungen) ermöglicht und

- der Scanner für die Digitalisierung von Unterlagen.

Im CAD/CAM-Bereich werden primär folgende Ausgabegeräte eingesetzt:

- Bildschirme für den grafisch-interaktiven Dialog,

- Plotter verschiedener Bauart (Stiftplotter, Rasterplotter, usw.) für die Erstellung der Ausführungsunterlagen,

- Drucker (Nadeldrucher, Ink-Jet-Drucker) für die Ausgabe von alphanumerischen Dokumenten und

- Laserplotter für die Erstellung von Repräsentationsgrafiken und Folien.

In Abhängigkeit von der speziellen Anwendung und den Bedürfnissen des Systembenutzers werden unterschiedliche Verfahren für die Dateneingabe und die Datenaufbereitung eingesetzt.

Für die Eingabeverfahren sind folgende Merkmale prägend:

- die Routine des Systembenutzers (systemgeführter, benutzergeführter Dialog),

- die Art der zu beschreibenden Elemente der Modellierung (Geometrie incl. Dimensionalität der Elemente, Physik, elektronische Bauelemente, Funktionselemente),

- die Menge und der Wiederholungsgrad der einzugebenden Daten (Dateieingabe),

- der Wechsel des Typs der Eingabevariablen (Text, Position, Wert, usw.),

- die Zusammengehörigkeit von Eingabedaten (Eingabemasken),

- der iterative Charakter der Eingabe (Makros),

- die Häufigkeit des Wechsels von Anwendungen (Berechnung, grafische Eingabe, Stücklistenerstellung) und

- die Geschwindigkeit der Methodenabarbeitung (Pufferung).

Für die Ausgabeverfahren sind folgende Merkmale prägend:
- die Routine des Benutzers (Art der Dialogführung),

- der Modelltyp (Geometrisches Modell, Ablaufmodell, Entscheidungsmodell, usw.),

- die Art der Modellabbildung, d.h. die Modellsicht (Werkstattzeichnungen, Repräsentationsgrafiken, Listen usw.) und

- das Spektrum der unterschiedlichen Tätigkeiten am System (Zeichnen, Dokumentieren, Analysieren, Berechnen, usw.).

Für den Dialog ist eine Syntax der vereinbarten Kommandos hinterlegt. Ein Software-Baustein, der sogenannte Kommandointerpreter, wird von den Ausprägungen des Dialogs (z.B. Ikonen, Pop-Up-Menüs, Tablettmenüs) mit den notwendigen Zeichenketten für die Entschlüsselung versorgt. Befehlsworte und Spezifikationen werden herausgefiltert (Ein Befehl besteht aus

Befehlsworten und Ein- bzw. Ausgabevariablen). Nach Komplettierung eines Befehls werden die Daten an das Applikationsprogramm weitergeleitet.

Wichtig sind in diesem Zusammenhang die mit der Zunahme der Routine des Benutzers sich ändernden Ansprüche an das System bezüglich systemgeführter Dialoganteile. Komfortable Systeme müssen sich daher an die jeweiligen Bedürfnisse des Benutzers anpassen lassen, da nur so eine langfristige Akzeptanz des Systems gewährleistet werden kann. Durch die Möglichkeiten einer benutzerdefinierten Gestaltung des Dialogs kann dieser Forderung nachgekommen werden.

In diesem Fall kann die Benutzeroberfläche dynamisch an die Anforderungen des Benutzers und der Anwendung angepaßt werden, d.h. sie ist von der Anwendung entkoppelt.

Die Aufbereitung von Modelldaten und Abbildung dieser in grafische Darstellungen erfolgt durch die Methoden der Computergrafik. Dies wird auf Basis von Grafikpaketen, wie X-Windows, PEX, Motif, u.a. implementiert. Grundlegende Literatur hierzu findet man in /FODA-84/ und /NESP-86/.

Auf diese Basispakete für die Abbildung von grafischen Grundelementen kann man sogenannte UIMS (User Interface Management Systems) aufbauen. Diese erleichtern die Realisierung anwendungsspezifischer Benutzeroberflächen durch die Bereitstellung eines Baukastensystems für Basiselemente und die Koordinierung des Interaktionsprozesses (Eventhandling). Für die Strukturierung der Benutzeroberfläche stehen Basiselemente, wie Auswahlmenüs, grafische Ikonen und Eingabefelder für Zeichenketten und Werte zur Verfügung.

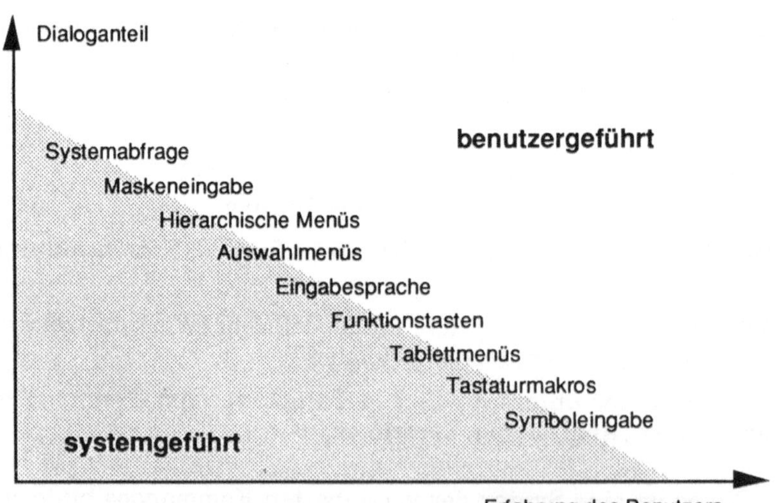

Abb. 3.5. Arten des Dialogs in Abhängikeit von der Erfahrung des Benutzers

Der Benutzer wird, wenn dies möglich ist, den Grad der Systemführung bei Zunahme der Routine in bestimmten Arbeitsbereichen senken und zum benutzergeführten Dialog übergehen (Abb. 3.5.). Bei dieser Art des Dialogs ist der Grad der Informationsverdichtung am höchsten, d.h. der Aufwand für die Eingabe am geringsten.

3.4 Literatur zu Kapitel 3

/ANDE-89/   Anderl, R.: Integriertes Produktmodell; ZwF Zeitschrift für wirtschafliches Fertigen; Heft 10, 1989.

/FODA-84/   Foley J.D.; van Dam A.: Fundamentals of Interactive Computer graphics; Addison-Wesley; Reading Mass., 1984.

/GRAN-89/   Grabowski, H.; Anderl, R.; Schmitt, M.: Das Produktmodellkonzept von STEP; VDI-Z; Bd. 131; Nr. 12; ff. 84-96, 1989.

/KRAU-88/   Krause, F.-L.: Informationstechnische Integrationsmodelle für Konstruktion und Arbeitsplanung; ZwF-Sonderausgabe zum 60. Geburtstag von Prof. Dr.-Ing. G. Spur, 1988.

/NESP-86/   Newman W.M.; Sproull R.F.: Grundzüge der interaktiven Computergraphik; Mc Graw Hill, Hamburg, 1986.

/SCHÄ-90/   Schäfer, H.: CAD/CAM-Planung langfristiger Gesamtkonzeptionen; VDI-Verlag, Düsseldorf, 1990.

4 Datenintegration

Die Kommunikation im Unternehmen zwischen verschiedenen Unternehmensbereichen erfolgt heute durch die Beschreibung anwendungsspezifischer Probleme und ihrer Lösungen mittels konventioneller Hilfsmittel wie technischen Zeichnungen, Texten und graphischen Darstellungen und selbstverständlich durch mündliche Kommunikation. Im idealen Fall bezieht sich die Kommunikation auf das zu produzierende Produkt. Wesentliche Voraussetzung der Kommunikation ist daher die Beschreibung des zu produzierenden Produktes, wobei diese Beschreibung je nach Anwendung in unterschiedlicher Form erfolgt. Die Menge der zur Produktion eines Produktes notwendigen Informationen kann eingeteilt werden in produktdefinierende Daten und produktbezogene Daten. Produktdefinierende Daten sind die Beschreibung der Produktgestalt, der fertigungsbedingten zulässigen Abweichungen des Produktes von der konstruierten Idealgestalt, die Güte der zu erzeugenden Oberflächen und die Materialeigenschaften des fertigen Produktes /GRAN-89/, ANDE-89/, /GRSC-90/. Zusätzlich zu diesen auf das Endprodukt bezogenen Daten entstehen bei der Konstruktion, Planung, Fertigung und dem Vertrieb des Produktes weitere Informationen, wie beispielsweise die Beschreibung von Produktzwischenzuständen, von zur Fertigung notwendigen Werkzeugen oder Simulationsdaten. Diese Daten sind als produktbezogene Daten zu bezeichnen. Für eine Kommunikation, die zwischen rechnerunterstützten Systemen aufgebaut wird, ist der Austausch dieser Daten von essentieller Bedeutung.

Die Unterstützung verschiedenster Bereiche im Unternehmen durch Rechnersysteme erfordert eine rechnerbezogene Verknüpfung dieser Bereiche. Hierzu sind gerichtete Kommunikationsflüsse zwischen Systemen zu realisieren. Eine solche Realisierung erfordert die Verknüpfung der Unternehmensbereiche sowohl auf Hardware-, als auch auf Software-Ebene. Die Verknüpfung auf Hardware-Ebene wird im allgemeinen über Rechnernetze realisiert. Zum Betrieb dieser Netze ist spezielle Software erforderlich, die als Industrienorm allgemein zur Verfügung steht und Bestandteil der Vernetzung ist. Diese Softwarebausteine werden als Protokolle bezeichnet. Die Softwaretechnische Verknüpfung erfolgt über den Austausch von digitalen Daten, denen eine semantische Bedeutung zugewiesen wird. Die semantische Bedeutung von Daten wird in einem sogenannten semantischen Modell festgelegt /EIGN-80/. Eine software-technische Verknüpfung ist somit einem Austausch von semantischen Modellen gleichzusetzen.

Die Abbildung von semantischen Modellen auf Rechner kann nach verschiedenen Verfahren erfolgen.

Ein Verfahren ist die Abbildung in ein alle notwendigen Daten umfassendes Referenzmodell, auch kohärentes Produktmodell genannt /SEIL-85/. Idee dieser Abbildung ist die Summierung aller entstehenden Informationen zu einem Gesamtmodell, bestehend aus Datentypen und diese verbindenden Assoziationen. Dieses Verfahren wird auch Modellfortschreibung genannt. Hierzu müssen alle Anwendungen im Hinblick auf entstehende Datenstrukturen, Datentypen und darauf anwendbarer Algorithmen analysiert werden und zu einem umfassenden Referenzmodell zusammengestellt werden. Ein Datenaustausch erfolgt im allgemeinen durch Zugriff auf eine zentral gespeicherte Datenstruktur, die beispielsweise auf einer Datenbank permanent gespeichert wird.

Ein weiteres Verfahren ist die Verwendung verschiedener Referenzmodelle für spezielle Anwendungen und die Definition von Abbildungsmechanismen zwischen den Referenzmodellen, auch Modelldatenwandlung genannt /SEIL-85, ANDE-89/. Zur Realisierung eines Datenverbunds können verschiedene Abbildungen der Referenzmodelle auf digitale Medien verwendet werden. Hierfür ist eine Absprache über zugelassene Datentypen, -strukturen und ihre Darstellung in Dateien sowie die physikalischen Randbedingungen der Abspeicherung auf Datenträger erforderlich. Derartige Absprachen werden als Schnittstellen zum Austausch produktdefinierender Daten bezeichnet. Voraussetzung einer Realisierung solcher Schnittstellen ist die Fähigkeit der Schnittstelle zur Handhabung der erforderlichen Modelle. Zur Modelltransformation sind spezielle Transformationsprogramme erforderlich, die Schnittstellenprozessoren genannt werden.

Gemeinsam ist beiden Verfahren, daß zunächst ein Referenzmodell, ein sogenanntes Schema, erstellt werden muß, das als Grundlage der entsprechenden Implementierung dient. Dieser Prozeß kann nach ANSI/SPARC (**A**merican **N**ational **S**tandardization **I**nstitute/**S**ystem **P**lanning **a**nd **R**equirement **C**ommitee) in verschiedene Ebenen eingeteilt werden, die jeweils verschiedene Sichten auf die Problemstellung repräsentieren /TSKL-78/. Sichten sind hierbei die externe Sicht, die konzeptionelle und die interne Sicht. Welche Bedeutung diese Sichten haben, wird bei der Beschreibung der beiden Verfahren näher erläutert.

4.1 Integration über Datenbanken

4.1.1 Systemarchitektur von Datenbanken

Die Verwaltung großer und integrierter Datenbestände kann heute in effizienter Weise von Datenbanksystemen bewältigt werden. Datenbanksysteme werden in großer Anzahl auf dem Markt angeboten. Jeder große Rechnerhersteller vertreibt mindestens zwei auf die eigene Hardware zugeschnittene Datenbanksysteme, hinzu kommen noch in weitaus größerer Anzahl die Produkte aus Softwarehäusern. Die Mehrheit der kommerziellen Systeme lassen sich der 1975 entwickelten ANSI/SPARC-Architektur zuordnen. Diese Architektur kann als eine Art Referenzmodell für Datenbank-

Systemarchitekturen angesehen werden. Sie beschreibt die Struktur von Datenbanksystemen auf drei Ebenen, der externen, der internen und der konzeptionellen Ebene. Die Ebenen repräsentieren unterschiedliche Sichten auf die zu verwaltenden Daten. Die ANSI/SPARC-Architektur ist in Abbildung 4.1. dargestellt.

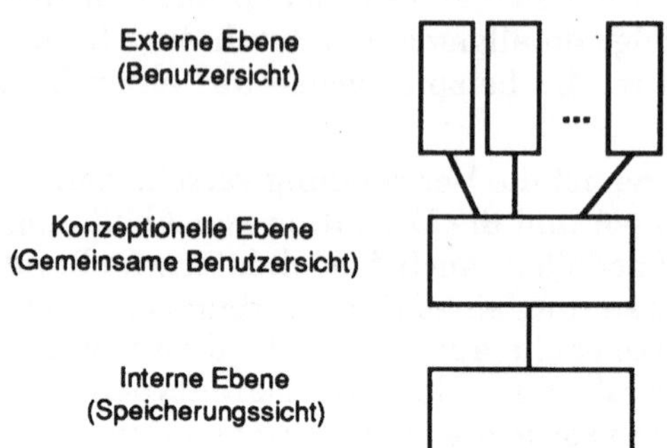

Abb. 4.1.   ANSI/SPARC-Architektur

Daten werden von ANSI/SPARC auf der Basis von Datensätzen beschrieben. Ein Datensatz ist aufzufassen als eine endliche Menge von Werten, die ein Objekt der externen, konzeptionellen oder internen Ebene beschreibt. Die Datensätze der drei Ebenen stimmen im allgemeinen nicht überein. Dieser Sachverhalt soll an Hand eines Beispiels verdeutlicht werden, das einen Industrieroboter in vereinfachter Form beschreibt (Abb. 4.2.).

Eine solche Beschreibung bezeichnet man als Schema. Je nachdem, welche Sicht wiedergegeben wird, spricht man vom externen, internen oder konzeptionellen Schema. Die externe Sicht auf die Daten wird am Beispiel eines PASCAL-Records demonstriert, dessen Felder den Roboter durch den Typ, den Hersteller und die Positioniergenauigkeit beschreiben. Dieser Record repräsentiert einen externen Datensatz. Das konzeptionelle Schema besteht ebenfalls aus nur einem Datensatz, der große Ähnlichkeit mit dem externen aufweist. Dennoch besteht ein grundlegender Unterschied, der später noch deutlich gemacht wird. Das interne Schema beschreibt den Roboter durch einen internen Datensatz. Die darin enthaltene Information definiert die Speicherstruktur, in der die Daten abgelegt werden. Der interne Datensatz ist in mehrere Abschnitte gegliedert. Ein 6-Byte langer Präfix kann zur Speicherung von Kontrollinformation dienen. Für jedes Datenfeld ist durch Angabe der Länge und der Verschiebung zum Satzanfang eine logische Adresse spezifiziert. Für das Feld r_typ ist ein Index definiert, der den effizienten Zugriff auf den Datensatz unterstützt.

Auf der externen Ebene ist die Zugriffsschnittstelle des Datenbanksystems angesiedelt. Der Datenzugriff erfolgt entweder interaktiv über eine Datenbankanfragesprache oder mit Hilfe eines Anwendungsprogramms, das in einer höheren Programmiersprache geschrieben ist. Im letzteren Fall hat der Benutzer nur indirekten Umgang mit dem Datenbanksystem. Der Zugriff eines Anwenderprogramms auf die Datenbank wird durch eine Schnittstelle

realisiert, die in der Programmiersprache eingebettet ist, in der das
Anwenderprogramm geschrieben ist. Die Schnittstelle umfaßt eine Menge von
Befehlen, die den Umgang mit Objekten der Datenbank erlauben. Diese
Befehlsmenge wird von ANSI/SPARC als DATA SUBLANGUAGE bezeichnet.
Auf der externen Ebene des Architekturmodells nach ANSI/SPARC werden
externe Sichten durch externe Schemata definiert. Jedem Benutzer wird
genau eine externe Sicht zugeordnet. Das externe Schema beschreibt die
Daten so, wie der Benutzer sie zu sehen wünscht.

Externes Schema

```
type roboter_extern = record
     typ : array[1..20] of char;
     Hersteller : array[1..20] of char;
     anz_achsen : integer;
     pos_Genauigkeit : real;
     end;
```

Konzeptionelles Schema

```
roboter_konzeptionell
     rob_type : character(20);
     rob_hersteller : character(20);
     rob_anz_achsen : numeric;
     rob_pos_genau : numeric;
```

Internes Schema

```
roboter_intern              Länge = 58
     präfix                 type = byte(6), Verschiebung = 0
     r_typ                  type = byte(20), Verschiebung = 6, Index =
idx_rob
     r_hersteller           type = byte(20), Verschiebung = 26
     r_anz_achsen           type = byte(4), Verschiebung = 30
     r_pos_genau            type = byte(8), Verschiebung = 38
```

Abb. 4.2. Beschreibung eines Industrieroboters auf externer, konzeptioneller und interner
Ebene

Das konzeptionelle Schema beschreibt den Inhalt der Datenbank auf logischer
Ebene, völlig unabhängig von den Gesichtspunkten der Datenverarbeitung.
Das konzeptionelle Schema stellt den Bezugspunkt für alle Anwendungen und
die damit verbundenen externen Sichten dar. Die konzeptionelle Sicht kann
erheblich von einer der Benutzersichten abweichen.

Durch die interne Ebene der ANSI/SPARC-Architektur wird die in der Datenbank gespeicherte Information auf einer niedrigeren Abstraktionsebene beschrieben. Das wird an dem Beispiel in Abbildung 4.2 deutlich. Die interne
Sicht wird durch das interne Schema beschrieben, das die Speicherstrukturen
der verschiedenen internen Datensätze festlegt und auch Zugriffspfade auf
diese Datensätze definiert. Dennoch abstrahiert die interne Sicht von der

konkreten physischen Repräsentation der Datensätze auf dem Speichermedium, denn das interne Schema bezieht sich nicht auf hardwarespezifische Einheiten wie beispielsweise Spur- oder Blockadressen. Damit ist eine weitgehende Unabhängigkeit von dem zugrundeliegenden Speichermedium gegeben.

Durch die Architektur nach ANSI/SPARC sind Schnittstellen zwischen der konzeptionellen und der externen Ebene einerseits sowie zwischen der konzeptionellen und der internen Ebene anderseits gegeben. Die Schnittstellen definieren Abbildungen zwischen den benachbarten Ebenen. Die Abbildungen zwischen der konzeptionellen und der internen Ebene beschreiben, wie konzeptionelle Datensätze auf der internen Ebene repräsentiert werden. Beispielsweise kann ein konzeptioneller Datensatz aus Effizienzgründen auf mehrere interne Datensätze abgebildet werden. Die Abbildungen zwischen der konzeptionellen und der externen Ebene beschreiben, wie die Benutzersichten aus der konzeptionellen Sicht hervorgehen. Es sind viele unterschiedliche Abbildungen möglich, etwa die Beschränkung einer Benutzersicht auf einige wenige konzeptionelle Datensätze oder die Bildung externer Datensätze durch Anwendung mengenalgebraischer Operationen auf konzeptionelle Datensätze.

4.1.2 Datenbankentwurf

Ausschlaggebend für den Entwurf einer Datenbank ist in vielen Fällen das Bedürfnis von Anwendern nach Unterstützung ihrer Programme durch ein Datenbanksystem. Der Datenbankentwurf ist ein Prozeß, der sämtliche Aktivitäten zur Entwicklung einer an die Erfordernisse der Anwendungen angepaßten Datenbank umfaßt. Der Entwurfsprozeß läßt sich in mehrere Schritte gliedern, die gegebenenfalls wiederholt durchlaufen werden müssen. Diese Entwurfsschritte sind in Abbildung 4.3 dargestellt.

Nach dem Schema in Abbildung 4.3 gliedert sich der Datenbankentwurfsprozeß in die Entwurfsschritte:

- Informationsbedarfsanalyse,

- Konzeptioneller Entwurf,

- Logischer Entwurf und

- Physischer Entwurf.

Diese vier Entwurfsschritte sind in der Abbildung durch rechteckige Kästchen repräsentiert, von denen Pfeile ausgehen bzw. in die Pfeile einmünden. Die einmündenden bzw. ausgehenden Pfeile kennzeichnen Information und Dokumente, die in dem betreffenden Entwurfsschritt verarbeitet bzw. erzeugt werden. Der Entwurfsprozeß ist jedoch nicht als eine feste Folge von vier Entwurfsschritten aufzufassen. Vielmehr können einzelne oder mehrere Entwurfsphasen wiederholt durchlaufen werden. Nach jeder Phase werden die Ergebnisse einer Überprüfung unterzogen. Damit soll festgestellt werden, ob die an den Entwurfsschritt gestellten Kriterien erfüllt wurden oder nicht.

Werden dabei Fehler oder Mängel aufgedeckt, müssen unter Umständen vorangegangene Entwurfsentscheidungen überdacht und revidiert werden. Dieser Sachverhalt wird durch die gestrichelten Pfeile verdeutlicht.

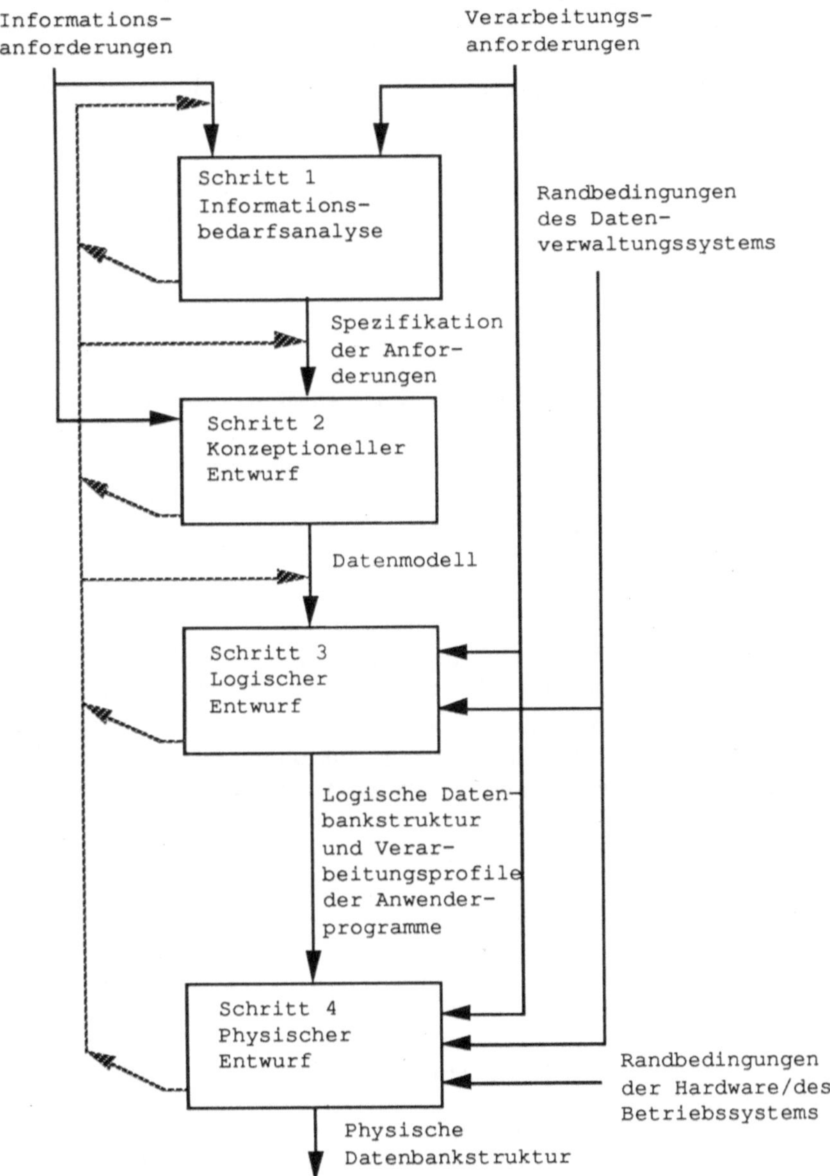

Abb. 4.3. Datenbankentwurfsschritte (entnommen aus /TEFR-82/)

Im folgenden sollen nun die einzelnen Entwurfsschritte genauer betrachtet werden.

4.1.2.1   Informationsbedarfsanalyse

Die Formulierung von Anforderungen an die Datenbank sowie die Analyse
dieser Anforderungen schafft die Basis für einen erfolgreichen Datenbankentwurf. Unter Anforderungen wird verstanden:

- Anforderungen an den Informationsgehalt der Datenbank und

- Anforderungen an die Datenbank, die sich aus den Benutzerprofilen der
  Anwendungsprogramme ergeben.

Der erste Typ von Anforderungen legt im wesentlichen fest, welche Informationen in der Datenbank enthalten sein müssen. Eine Datenbank repräsentiert immer einen Ausschnitt der realen Welt, im Datenbankjargon 'Miniwelt' genannt. Daher ist es notwendig, den Informationsgehalt dieser Miniwelt
möglichst genau und vollständig zu beschreiben. Im einzelnen erfordert diese
Aktivität die Bestimmung aller interessierenden Gegenstände der Umwelt,
das Aufdecken von Beziehungen zwischen diesen Gegenständen sowie die
Erfassung von Randbedingungen wie z.B. Datenschutz- oder Zuverlässigkeits-
anforderungen.

Die Anforderungen vom zweiten Typ sind dynamischer Natur. Jede Anwendung besitzt ein bezüglich der Verarbeitung von Information individuelles
Profil. Es beschreibt, welche Information verarbeitet wird, wie häufig und
durch welche Operationen (Lesen, Schreiben) auf bestimmte Informations-
objekte zugegriffen wird und unter welchen Zeitbedingungen ein Zugriff
erfolgt.

Die bisher skizzierten Aktivitäten dieser ersten Entwurfsphase können durch
unterschiedliche Techniken und Werkzeuge unterstützt werden.

Für das Sammeln von Information werden üblicherweise Schriftdokumente
und Interviewtechniken verwendet. Zur Dokumentation von Ergebnissen
bieten sich textuelle Darstellungen, Tabellen, Grafiken und formale Sprachen
an.

4.1.2.2   Konzeptioneller Entwurf

Als Grundlage für den nächsten Entwurfsschritt liegen die Ergebnisse der
Anforderungsanalyse in Form einer oder mehrerer Dokumente vor. Es ist
jedoch schwierig, im nächsten Entwurfsschritt direkt ein Datenbankschema zu
entwickeln. Zum einen enthalten die Dokumente der Anforderungsanalyse oft
noch widersprüchliche und redundante Informationen. Dies gilt besonders für
natürlichsprachliche Darstellungen. Diese können auf Grund der Redundanz
der natürlichen Sprache auch noch Mehrdeutigkeiten enthalten. Zum anderen
werden in den Dokumenten häufig verschiedene Darstellungstechniken verwendet, etwa eine Mischung aus Text, Grafiken und Tabellen. Es empfiehlt
sich daher, die Ergebnisse der Anforderungsanalyse zu überarbeiten und in
eine formale Darstellung zu überführen. Dieser Schritt kann ebenfalls durch

Entwurfswerkzeuge unterstützt werden. Am häufigsten werden *semantische Datenmodelle* eingesetzt. Semantische Datenmodelle erlauben die Beschreibung von Gegenständen und deren Beziehungen zueinander auf einer logischen, d.h. von jeder systemspezifischen Datenbeschreibungssprache unabhängigen Ebene. Der wohl bekannteste Vertreter der semantischen Datenmodelle ist das *Entity-Relationship-Modell* (ER-Modell). Dieses Modell soll im folgenden erläutert werden.

Es sei jedoch an dieser Stelle darauf hingewiesen, daß das ER-Modell wie auch andere semantische Datenmodelle nur bedingt ausreichen, um sämtliche Informationen über die Miniwelt aufzunehmen. Die Verarbeitungsanforderungen der Anwendungen sowie die damit zusammenhängenden Aussagen über die Konsistenz der Datenbasis können nicht im ER-Modell repräsentiert werden. Diese Art von Information muß also direkt in die folgenden Entwurfsschritte mit einfließen.

Das im deutschen Sprachraum als Gegenstands-Beziehungs-Modell bezeichnete **semantische Datenmodell** basiert auf der Identifikation der Gegenstände oder besser der Objekte der Anwendungswelt und der zwischen ihnen bestehenden Beziehungen. Für gleichartige Objekte und Beziehungen werden Objekttypen und Beziehungstypen gebildet /LOSC-87/. Die Objekttypen und in erweiterten ER-Modellen auch die Beziehungstypen lassen sich durch Attribute im erforderlichen Detail konkretisieren. Wesentliches Merkmal des ER-Modells ist die grafische Repräsentation der Modellierkonstrukte. Mit dem ER-Modell entworfene Schemata lassen sich durch einheitliche grafische Strukturdiagramme darstellen.

Auf der Grundlage des ER-Modells von Chen entstanden erweiterte ER-Modelle /CHEN-76/. Für das im folgenden benutzte ER-Modell /TEYA-86/ werden die Modellierkonzepte und in Abbildung 4.4 die grafischen Symbole eingeführt.

Objekte sind Ausprägungen physikalischer Komponenten oder abstrakter Sachverhalte. Gleichartige Einzelobjekte (entities) werden generalisiert und bilden einen **Objekttyp** (entity set), der grafisch durch eine Rechteckbox mit dem eindeutigen Bezeichner dargestellt wird. Abbildung 4.4 zeigt die grafische Repräsentation des Objekttyps 'Greifer'.

Die Wechselwirkungen und Abhängigkeiten zwischen Objekten werden durch **Beziehungen** (relationships) erfaßt. Die Zusammenfassung gleichartiger Beziehungen zwischen Objekten erfolgt durch die Einführung von **Beziehungstypen** (relationship type). In der grafischen Darstellung kennzeichnet eine Raute mit dem eindeutigen Bezeichner einen solchen Beziehungstyp. Die Raute verbindet die über den Beziehungstyp verknüpften Objekttypen. Es sind auch sogenannte rekursive Beziehungstypen erlaubt, die Beziehungen zwischen Objekten eines Objekttyps beschreiben.

Der Beziehungstyp 'hat_achse' in Abbildung 4.4 verdeutlicht die Abhängigkeit zwischen den Objekttypen 'Roboter' und 'Achse'. Eine konkrete Beziehung dieses Beziehungstyps würde beispielsweise dem Roboterobjekt 'Puma260' das Achsenobjekt 'P260_Achse1' zuordnen. Über den Beziehungstyp 'folgeachse' wird durch eine rekursive Beziehung die kinematische Kette aus einzelnen Achsenobjekten aufgebaut.

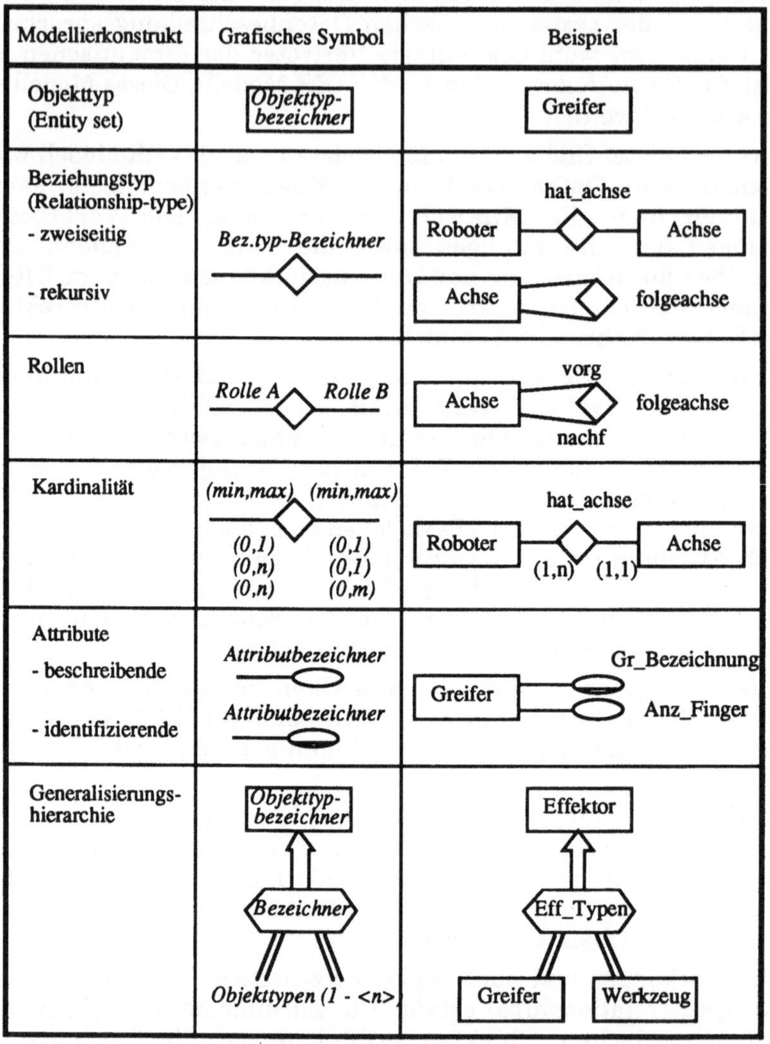

Modellierkonstrukt	Grafisches Symbol	Beispiel
Objekttyp (Entity set)	*Objekttyp-bezeichner*	Greifer
Beziehungstyp (Relationship-type) - zweiseitig - rekursiv	*Bez.typ-Bezeichner*	hat_achse Roboter — Achse ; Achse — folgeachse
Rollen	*Rolle A* *Rolle B*	vorg Achse — folgeachse nachf
Kardinalität	*(min,max) (min,max)* *(0,1) (0,1)* *(0,n) (0,1)* *(0,n) (0,m)*	hat_achse Roboter — Achse (1,n) (1,1)
Attribute - beschreibende - identifizierende	*Attributbezeichner* *Attributbezeichner*	Greifer — Gr_Bezeichnung, Anz_Finger
Generalisierungs-hierarchie	*Objekttyp-bezeichner* ⟨*Bezeichner*⟩ *Objekttypen (1 - <n>)*	Effektor ⟨Eff_Typen⟩ Greifer Werkzeug

Abb. 4.4. Grafische Symbole für das Modellierungskonzept

Kommt ein Objekttyp in einem Beziehungstyp mehrfach vor (rekursiver Beziehungstyp), werden die **Rollen**, die der Objekttyp in der Beziehung übernimmt, zusätzlich durch Rollennamen konkretisiert. In der Beziehung 'folgeachse' in Abbildung 4.4 spielt jedes Achsenobjekt die Rolle des Vorgängers ('vorg') und die Rolle des Nachfolgers ('nachf').

Ein weiteres Modellierkonstrukt zur Konkretisierung der Beziehungstypen ist ihre **Kardinalität** bzw. ihre **Komplexität**. Die Kardinalität gibt an, mit wievielen anderen Objekten ein Objekt eines bestimmten Objekttyps in einer konkreten Beziehung stehen darf bzw. stehen muß /STSC-83/.

Die Kardinalitätsangabe erfolgt in der **(min,max)-Notation**. Sie besagt, in wieviel konkret vorhandenen Beziehungen ein Objekt eines Objekttyps mindestens (min) und höchstens (max) vorkommt. Die Angabe der Kardinalität erfolgt durch je ein Zahlenpaar an beiden Seiten der Raute. Das dem Objekttyp A zugeordnete Paar gibt die minimale und die maximale Anzahl an Objekten des Objekttyps B an, mit denen ein Objekt des Objekttyps A eine Beziehung eingehen kann.

4.1.2.3   Logischer Entwurf

Das in der konzeptionellen Entwurfsphase spezifizierte semantische Datenmodell beschreibt die Miniwelt in einer Form, die von einem konkreten Datenbanksystem nicht verarbeitet werden kann. Somit ergibt sich die Aufgabenstellung, aus dem vorliegenden semantischen Datenmodell eine rechnerunterstützte, interpretierbare Darstellung abzuleiten. Diese Tätigkeit bezeichnet man als logischen Entwurf. Das Ergebnis des logischen Entwurfs ist ein Datenbankschema, das in der Datendefinitionssprache des zur Verfügung stehenden Datenbanksystems beschrieben ist. Die einzelnen Aktivitäten des logischen Entwurfs hängen von dem logischen Datenmodell ab, das durch das Datenbanksystem unterstützt wird. Im kommerziellen Bereich sind das relationale, das hierarchische und das Netzwerk-Datenmodell am weitesten verbreitet. Im folgenden werden das relationale und das Netzwerk-Datenmodell kurz vorgestellt und erläutert. Das hierarchische Datenmodell wird nicht näher betrachtet, weil es als ein Spezialfall des Netzwerk-Datenmodells aufgefaßt werden kann und sich daher konzeptionell von diesem nicht unterscheidet. Daher erfolgt beispielsweise die Abbildung eines semantischen Datenmodells auf ein relationales Datenbankschema nach einem anderen Verfahren als die auf ein Netzwerkschema. Entwurfsverfahren werden in der einschlägigen Datenbankliteratur vorgestellt, z.B. in /LOSC-87/.

Das Netzwerk-Datenmodell

Eine Netzwerk-Datenbank wird durch eine Menge von Sätzen und Beziehungen zwischen Sätzen beschrieben. Durch die Verbindung unterschiedlicher Sätze durch Beziehungen entsteht eine Netzstruktur. Beziehungen werden im Datenbankschema durch Beziehungstypen und Sätze durch Satztypen definiert. Das Netzwerk-Datenmodell berücksichtigt nur binäre Beziehungstypen, d.h. konkrete Beziehungen können nur zwischen Sätzen zweier Satztypen bestehen. An Hand eines kleinen Beispiels soll nun das Verständnis der eingeführten Begriffe erarbeitet werden. In Abbildung 4.5 ist ein kleines Netzwerk-Datenbankschema gegeben, das die COBOL-Notation verwendet.

```
1        Schema Name is Roboterstruktur.
2        Record Name is Roboter.
3        Location Mode is Calc Using Rob_Typ.
4        02     Rob_Typ       Pic x(20).
5        02     hersteller  pic x(20).
6        02     anz_achsen          pic x(5).
7
8        Record Name is achse.
9        02     achs_nr       pic x(6).
10       02     max_winkelgeschw  pic x(12).
11       02     max_winkelbeschl  pic x(12.
12
13       set name is Hat_arm.
14       owner is roboter.
15       member is achse mandatory automatic
16              ascending key is achs_nr.
```

Abb. 4.5. Netzwerk-Datenbankschema

Das Schema in Abbildung 4.5 spezifiziert zwei Satztypen und einen
Beziehungstypen. Der Satztyp Roboter ist durch drei Felder gegeben, die den
Typ und den Hersteller des Roboters sowie die Anzahl der Achsen definieren.
Der Satztyp Achse ist durch eine Nummer, die maximale Winkelgeschwin-
digkeit und die maximale Winkelbeschleunigung einer Achse beschrieben. Der
Beziehungstyp (SET) HAT_ARM definiert eine Beziehung zwischen den Satz-
typen ROBOTER und ACHSE. Das Netzwerkmodell erlaubt ausschließlich
solche binäre Beziehungen. Der Beziehungstyp HAT_ARM drückt aus, daß ein
Roboterarm mehrere translatorische und/oder rotatorische Achsen besitzt. Die
Satztypen ROBOTER bzw. ACHSE sind durch die Schlüsselworte OWNER
bzw. MEMBER gekennzeichnet. Das bedeutet, daß jede Beziehung vom Typ
HAT_ARM aus genau einem Satz vom Typ ROBOTER und einer geordneten
Menge von Sätzen des Typs ACHSE besteht. Für eine konkrete Beziehung
vom Typ HAT_ARM gelten zusätzlich folgende Einschränkungen:

1. Jeder Satz vom Typ ROBOTER ist Owner-Satz in genau einer Beziehung
   vom Typ HAT_ARM.

2. Jeder Satz vom Typ ACHSE ist Member-Satz in höchstens einer Beziehung
   vom Typ HAT_ARM.

In Abbildung 4.6 sind in Teil a die beiden Satztypen und der Beziehungstyp
grafisch repräsentiert. Teil b derselben Abbildung enthält Beispiele für konkrete Beziehungen vom Typ HAT_ARM.

Jeder Satztyp kann entweder Owner oder Member in einem oder mehreren
Beziehungstypen sein, aber er kann nicht beide Funktionen innerhalb eines
Beziehungstyps übernehmen.

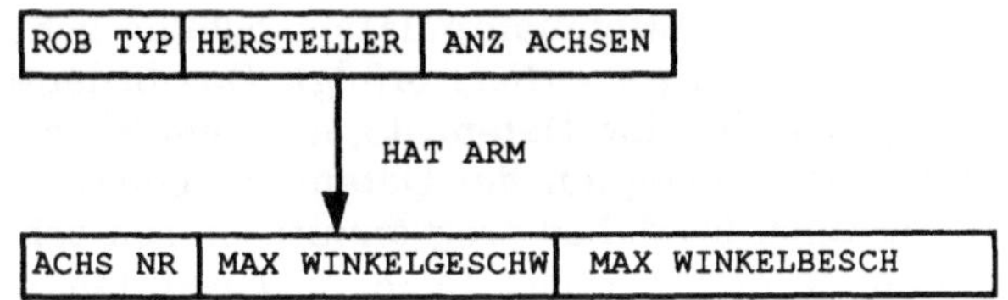

a.Beziehungstyp HAT ARM

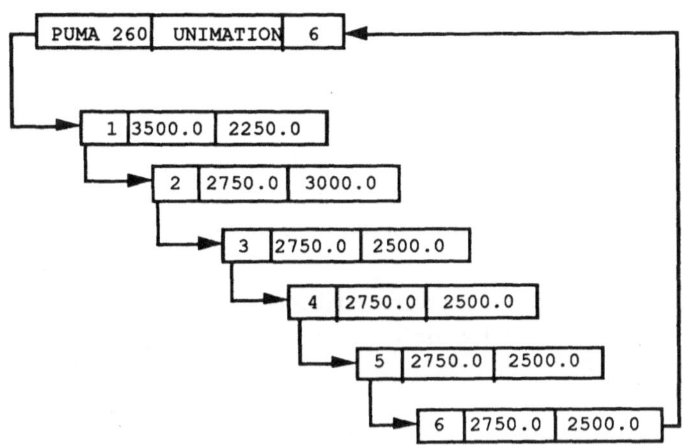

b.Konkrete Beziehung vom Typ HAT ARM

Abb. 4.6.   Beziehungstyp und konkrete Beziehung am Beispiel HAT_ARM

Das Schema einer Netzwerk-Datenbank kann also schon mit wenigen Satz-
und Beziehungstypen in ein komplexes Netzwerk ausarten. Entsprechend
komplex ist auch die Benutzerschnittstelle einer Netzwerk-Datenbank. Sie
stellt dem Benutzer vordefinierte Zeiger auf Beziehungen und Sätze zur
Verfügung, mit deren Hilfe dieser durch das Netz manövrieren und die
gesuchten Sätze ausfindig machen muß. Die wichtigsten Datenmanipulations-
Befehle einer Netzwerk-Datenbank sind (nach /STSC-83/):

- **FIND:**   Auffinden eines Satzes, direkt über Schlüssel oder
  über Set-Beziehungen

- **GET:**   Übergabe eines Satzes an das Anwendungsprogramm

- **STORE:**   Abspeichern eines Satzes in der Datenbank

- **ERASE:**   Entfernen eines Satzes aus der Datenbank

- **CONNECT:**   Einfügen eines Satzes in einen Set

- **DISCONNECT:**   Entfernen eines Satzes aus einem Set

- **RECONNECT:**   Umhängen eines Satzes von einem Set in einen
  anderen

- **MODIFY:**   Verändern des Satzes

Aus der Beschreibung der Datenmanipulationsbefehle geht hervor, daß die Verarbeitung von Daten *satzorientiert* erfolgt. Das bedeutet z.B. für einen Suchvorgang, daß jeder einzelne Datensatz, der dem Suchkriterium genügt, durch eine explizite Anweisung aus der Datenbank gelesen werden muß. Die Erstellung von Anfragen ist daher programmtechnisch sehr aufwendig und wegen der Handhabung verschiedener Zeiger auch sehr fehleranfällig.

Das relationale Datenmodell

Im Relationenmodell stehen für die Modellbildung ausschließlich Relationen der Form

$R_i (A_{i1},...,A_{in})$ mit $i, ij < \infty$

zur Verfügung. Ein Relation R_i wird durch seine Attribute A_{ij} definiert. Zu jedem Zeitpunkt existiert in der Datenbasis für jeden Relationentyp genau ein Exemplar (Relation), das durch einen Namen identifiziert ist. Dabei gilt:

$R_i \ D_{i1} {}^x...{}^x D_{in,}$

wobei die D_{ij} die Wertebereiche der Attribute sind. Die Bezeichnung Relation ergibt sich aus der Tatsache, daß die Bildung eines Kreuzproduktes über Wertemengen (hier: $D_{i1},...,D_{in}$) als Relation über diese Mengen aufgefaßt werden kann.

Diese formale Einführung in die Terminologie des relationalen Datenmodells soll nun an einem Beispiel verständlich gemacht werden (Abb. 4.7.).

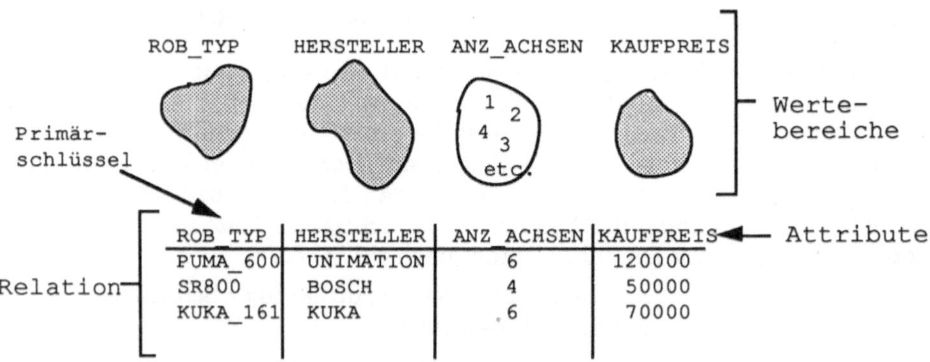

Abb. 4.7. Die Relation ROBOTER

In der Abbildung ist eine Relation ROBOTER dargestellt, die durch vier Attribute und die in der Relation gespeicherten Attributwertekombinationen beschrieben ist. Eine Attributwertekombination enthält für jedes Attribut einen Wert und wird als *Tupel* bezeichnet. Die in Abbildung 4.7 dargestellte Relation enthält drei Tupel. Für jedes Attribut der Relation ist ein Wertebereich definiert, der alle möglichen Werte für das Attribut enthält. Eine Relation besitzt eine Reihe wichtiger Eigenschaften /DATE-86/:

1. Jedes Tupel tritt in einer Relation genau einmal auf.

2. Die Reihenfolge von Tupeln in einer Relation unterliegt keiner Ordnung.

3. Die Attribute einer Relation sind nicht geordnet.

4. Alle Attributwerte sind atomar.

Um sicherzustellen, daß jedes Tupel in einer Relation genau einmal vorkommt, enthält das Relationenmodell ein Konzept zur eindeutigen Identifikation von Tupeln innerhalb einer Relation. Dieses Konzept sieht vor, daß unter den Attributen einer Relation eins existiert, in dessen Wert zu jedem Zeitpunkt keine zwei Tupel übereinstimmen. Dieses Attribut wird als *Primärschlüssel* bezeichnet.

Die Implementierung von konzeptionellen Entities im Relationenmodell ist naheliegend: Jedes Entity wird durch eine Relation repräsentiert, die Attribute eines Entities werden auf die Attribute einer Relation abgebildet. Für Beziehungen zwischen Entities gibt es jedoch keinen entsprechenden Konstrukt im Relationenmodell. Somit müssen Beziehungen ebenfalls mit Hilfe von Relationen modelliert werden. Dabei übernehmen die oben vorgestellten Primärschlüssel eine wichtige Aufgabe, nämlich die der Identifizierung von Zeilen einer Relation. Eine ausführliche Darstellung von Techniken zur Modellierung von Beziehungen im Relationenmodell wird in /LOSC-87/ gegeben.

Eine relationale Datenbank stellt dem Benutzer eine Schnittstelle zur Verfügung, die es ihm ermöglicht,

- gewünschte Relationen oder Mengen zu beschreiben, die aus den vorhandenen Relationen ableitbar sind,

- vorhandene Relationen zu verändern und

- neue Relationen einzuführen.

Ein Beispiel für eine relationale Datenbankschnittstelle ist die Sprache SQL (**S**tructured **Q**uery **L**anguage). Auf Grund ihrer weiten Verbreitung kann diese Sprache als Standardschnittstelle für relationale Datenbanksysteme angesehen werden. An Hand einiger Beispiele wird ein Überblick über die Sprache SQL gegeben.

Datendefinition mit SQL

Das obige Beispiel verdeutlicht, daß eine Relation durch eine Tabelle dargestellt werden kann, deren Spalten den Attributen der Relation zugeordnet sind. Jede Zeile in der Tabelle entspricht einem Relationentupel.

Eine relationale Datenbank besteht also, anschaulich formuliert, aus einer Menge von Tabellen. Mit Hilfe der SQL-Anweisung CREATE können neue Tabellen angelegt werden. Eine SQL-Definition der in Abbildung 4.7 skizzierten Relation ROBOTER könnte wie folgt aussehen:

```
CREATE TABLE Roboter
    Rob_Typ            CHAR(20)
    Hersteller         CHAR(20)
    Anz_Achsen         SMALLINT
    Kaufpreis          INTEGER
```

Durch diese Beschreibung wird eine Tabelle mit dem Namen "Roboter" in der Datenbank definiert, deren Spalten gerade die vier Attribute "Rob_Typ", "Hersteller", "Anz_Achsen" und "Kaufpreis" repräsentieren. SQL enthält weitere Anweisungen, die Änderungen der Tabellendefinitionen bewirken. Damit können einzelne Attribute gelöscht, neue Attribute hinzugefügt, und Attributtypen verändert werden.

Datenmanipulation mit SQL

SQL stellt Kommandos für den Lese- und Schreibzugriff zur Verfügung. Ein Lesezugriff wird mit Hilfe der SELECT-Anweisung durchgeführt. Die allgemeine Form der SELECT-Anweisung ist:

```
SELECT <Wertebereich>
FROM <Definitionsbereich>
WHERE <Bedingungen>
```

Durch eine SELECT-Anweisung wird eine Abbildung definiert. Der Definitionsbereich der Abbildung ist im einfachsten Fall eine Tabelle. Die Abbildungsvorschrift besteht aus einer Auswahl (SELECT...) eines oder mehrerer Attribute aus jedem Tupel des Definitionsbereiches (FROM...), wodurch dann auch der Wertebereich festgelegt wird. Der Wertebereich kann durch Angabe einer oder mehrerer Bedingungen (WHERE...) noch weiter eingeschränkt werden. Im Gegensatz zum Netzwerk-Datenmodell ist der Zugriff auf Daten über relationale Schnittstellen wie SQL *mengenorientiert*. Sowohl der Definitionsbereich als auch der Wertebereich einer SELECT-Anweisung bilden Mengen von Datensätzen. Diese Sichtweise stellt für den Benutzer eine wesentliche Erleichterung im Umgang mit der Datenbank dar, weil das Bestimmen der Ergebnismenge einer Anfrage vom System übernommen wird. Die Wirkung einer SELECT-Anweisung soll nun an Hand von zwei einfachen Beispielen erläutert werden. Mit der Anweisung:

```
SELECT Rob_Typ
FROM Roboter
WHERE Kaufpreis > 50000
```

werden alle Zeilen der Tabelle Roboter selektiert, deren Eintrag in der Spalte "Kaufpreis" einen größeren Wert als 50000 hat. Die Ergebnismenge der Anweisung enthält wegen der Einschränkung "SELECT Rob_Typ" jedoch nur die Werte für die Spalte "Rob_Typ". Die Anweisung:

```
SELECT *
FROM Roboter
WHERE Anz_Fhg = 6;
```

führt zur Auswahl aller Zeilen, deren Wert in der Spalte Anz_Fhg gleich 6 ist. Das Symbol "*" bedeutet, daß alle Attributwerte der ausgewählten Zeilen die Ergebnismenge bilden. Die Select-Anweisung ist ein sehr mächtiger Konstrukt. Select-Anweisungen können nicht nur auf einer, sondern auch auf mehreren Tabellen ausgeführt werden, die mindestens einen Attributtyp gemeinsam haben müssen. Besonders komplexe Anfragen können durch Schachtelung von SELECT-Anweisungen realisiert werden. Die maximale Schachtelungstiefe hängt von der konkreten SQL-Implementierung ab. In der WHERE-Klausel können auch sehr komplexe boolesche, arithmetische oder mengenalgebraische Ausdrücke ausgewertet werden.

Für den Schreibzugriff auf eine relationale Datenbank stehen folgende SQL-Anweisungen zur Verfügung:

- INSERT (Einfügen einer Tabellenzeile)

   Bsp.:   INSERT INTO Roboter (Rob_Typ, Hersteller, Anz_Achsen,
           Kaufpreis)
           VALUES ("Puma_200", "Unimation", 6, 90000);

   In die Tabelle ROBOTER wird eine neue Zeile mit den in der VALUES-Klausel angegebenen Werten eingefügt.

- UPDATE (Ändern von einem oder mehreren Werten in einer
   Tabellenzeile)

   Bsp.:   UPDATE Roboter
           SET Kaufpreis = 100000
           WHERE Rob_Typ = "Kuka_161";

   Mit dieser Anweisung wird der Kaufpreis des Roboters vom Typ "Kuka_161" aus 100000 gesetzt.

- DELETE (Löschen einer Tabellenzeile)

   Bsp.:   DELETE Roboter
           WHERE Hersteller = "Unimation";

   Diese Anweisung bewirkt das Löschen aller Roboter, deren Hersteller   die Firma "Unimation" ist.

4.1.2.4   Physischer Entwurf

Unter dem physischen Entwurf versteht man alle Maßnahmen, welche die physische Struktur der in einem logischen Datenbankschema beschriebenen Datenstrukturen festlegen bzw. verändern. Das Hauptziel der Entwurfs-aktivitäten liegt darin, eine möglichst effiziente, d.h. eine im Hinblick auf ein gutes Leistungsverhalten für sämtliche Benutzer optimierte physische Repräsentation der Daten zu erzeugen. Der Begriff Effizienz bezieht sich in diesem Zusammenhang nur auf die physischen Gegebenheiten, d.h. die vorhandenen Betriebsmittel, das Betriebssystem sowie die Geräte-

konfiguration. Entwurfsfehler, die beim logischen Entwurf entstanden sind
und zu Effizienzverlusten führen, können durch die Maßnahmen des physischen Entwurfs nicht mehr behoben werden.

Nach /TEFR-82/ werden von den meisten der heute kommerziell verfügbaren
Datenbanksystemen folgende Maßnahmen des physischen Entwurfs unterstützt:

1. Festlegen der Formate für die gespeicherten Sätze

   Diese Tätigkeit umfaßt die Festlegung des Satzaufbaus, der Feldtypen und
   -formate, die Einführung redundanter Daten oder virtueller Felder sowie
   das Zerlegen oder Zusammenfassen logischer Sätze.

2. Bilden von Satzbündeln

   Zu beantworten ist die Frage, welche Sätze in physischer Nachbarschaft
   angeordnet werden sollten. Weiterhin ist auch die Art der Speicherzu-
   weisung und die Blockgröße festzulegen.

3. Zuordnung von Zugriffsmethoden

   Es wird festgelegt, nach welcher Methode auf Sätze zugegriffen wird,
   welche Schlüssel für den Zugriff verwendet werden und welche
   Zugriffspfade einzurichten sind.

Oft entsteht die Notwendigkeit, die oben aufgeführten Maßnahmen nach Inbetriebnahme einer Datenbank wiederholt durchzuführen, um die physische
Struktur der Datenbank an veränderte Gegebenheiten, wie z.B. neue Benut-
zerprofile oder ein stark vergrößes Datenvolumen, anpassen zu können.

Im folgenden wird die Abbildung von semantischen Modellen auf Rechner über
neutrale Schnittstellen behandelt.

4.2 Integration über Schnittstellen zum Austausch produktdefinierender Daten

Zur Realisierung eines Austauschs produktdefinierender und -bezogener
Daten liegen genormte, neutrale Schnittstellen vor. Hierfür existiert eine
Reihe von Normungsvorschlägen, die im folgenden kurz erläutert werden. Die
Realisierung erfordert eine Implementierung der Schnittstelle, für die einige
Konzepte kurz erläutert werden.Zunächst werden allerdings einige Begriffe
aus dem Umfeld der Schnittstellennormung definiert.

Eine Schnittstelle bezeichnet eine Berührungsstelle zweier zusammen-
wirkender Systeme. Zur Kopplung von rechnerunterstützten Systemen ist die
Berührungsstelle zusammenwirkender Systeme die Hardware und die
Software /GRSC-90/. Bestandteile einer Schnittstelle sind Bedingungen,
Regeln und Vereinbarungen zur Abstraktion einer realen Gegebenheit in ein
Modell zum Zwecke des Datenaustausches.

Bestandteile dieses Referenzmodells für rechnerunterstützte Anwendungen sind die möglichen Informationseinheiten und Assoziationen zwischen Informationseinheiten. Das Modell wird unter dem Gesichtspunkt der Anwendungen gegliedert in Partialmodelle, deren Informationseinheiten jeweils paarweise disjunkt sind /SEIL-85/.

Zur Realisierung eines Informationsverbunds in Unternehmen wurden Schnittstellen zum Austausch produktdefinierender Daten genormt. Bisher entstand eine Anzahl von genormten Schnittstellen mit unterschiedlicher Zielsetzung. Im folgenden werden die existierenden Schnittstellen zum Austausch produktdefinierender Daten analysiert und Konzepte der Implementierung aufgezeigt.

4.2.1 Entwicklung von Schnittstellen

Der Austausch produktdefinierender Daten mittels genormter Schnittstellen läßt sich zurückverfolgen bis hin zu den Anfängen der CAD-System-Entwicklung. Historisch bedingt galt das Interesse einer Schnittstellennormung zunächst der Normung von Geräten- und Grafikschnittstellen. Schon sehr bald wurde allerdings die Notwendigkeit, produktdefinierende Daten anderer Struktur mit anderen Systemen austauschen zu können, erkannt /WILS-87/. Da sich der Funktionsumfang von CAD-Systemen zu diesem Zeitpunkt auf die Erstellung von technischen Zeichnungen bezog, wurde bei der ersten Schnittstelle zum Austausch produktdefinierender Daten IGES (Initial Graphics Exchange Specification) sehr starkes Gewicht auf die Darstellung von zeichnungsbezogenen Attributen gelegt. Allerdings entstand gleichzeitig der Gedanke an eine Möglichkeit zum Austausch weiterführender Modelle /WILS-87/.

In Folge der Erfahrungen mit IGES entstand eine Reihe von Schnittstellen, die sich entweder an IGES anlehnten oder als Konkurrenz zu IGES konzipiert waren, aber zumeist eine andere Zielsetzung hatten und andere Anwendungsbereiche unterstützten. Abbildung 4.8 zeigt, wie diese Entwicklung bis heute verlief. In Abbildung 4.9 werden die verwendeten Abkürzungen erläutert.

Parallel zur IGES-Entwicklung wurden in den USA Schnittstellen wie XBF (Experimental Boundary File) und ESP (Experimental Solids Proposal) zur Handhabung von Volumeninformationen entwickelt. Mit PDDI (Product Definition Data Interface) wurde eine Schnittstelle zur Handhabung fertigungsbezogener Informationen veröffentlicht. Die Ergebnisse dieser Entwicklungen sind teilweise in IGES-Weiterentwicklungen eingeflossen, teilweise als Konkurrenzentwicklungen zu selbständigen Normen herangereift.

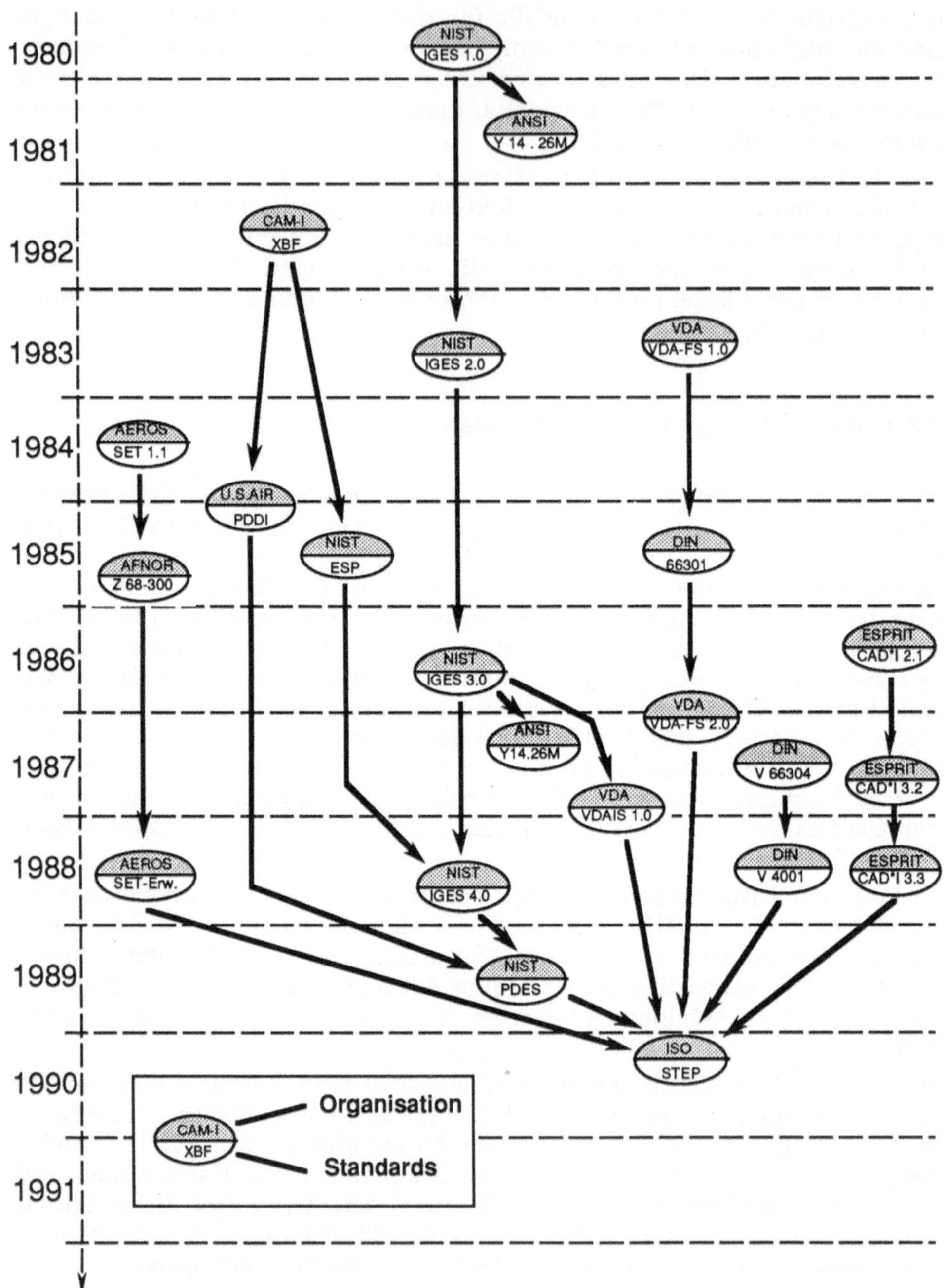

Abb. 4.8. Schnittstellenentwicklung (Teil 1)

Organisationen		**Standards**	
NIST	: National Institute for Standards and Technology	IGES	: Initial Graphics Exchange Specification
ANSI	: American National Standards Institute	XBF	: Experimental Boundary File
CAM-I	: Computer Aided Manufacturing-International	VDA-FS	: VDA-Flächenschnittstelle
		SET	: Standard d'Echange et de Transfert
VDA	: Verband der Automobilindustrie	SET-Erw.	: Solid, Scientific Data, FEM
AEROS	: Aerospatiale	ESP	: Extended Solids Proposal
U.S.AIR	: U.S. Air Force	PDDI	: Product Data Definition Interface
DIN	: Deutsches Institut für Normung	PDES	: Product Data Exchange Specification
ISO	: International Organisation for Standardization	STEP	: Standard for the Exchange of Product Model Data
AFNOR	: Association Francaise de Normalisation		
ESPRIT	: European Strategic Program for Research and Development in Information Technology	CAD*I	: CAD Interfaces
		V66304	: VDA-Programmschnittstelle
		V4001	: Sachmerkmalleiste

Abb. 4.9.   Schnittstellenentwicklung (Teil 2)

Diese als amerikanische Linie zu bezeichnende Entwicklung hat einige parallele Aktivitäten in Europa beeinflußt. An erster Stelle muß hier die französische Entwicklung SET (Standard d'Echange et de Transfert) genannt werden. Dies zeigt sich in der Ähnlichkeit der Leistungsfähigkeit der Schnittstelle hinsichtlich der Modellinhalte und der als Verbesserung gegenüber IGES zu bewertenden, besseren objektorientierten Strukturierung der Daten im Datei-Format.

Eine weitere anwendungsbetonte Linie ist die in Deutschland genormte Schnittstelle VDAFS (**VDA-F**lächenschnittstelle) zum Austausch flächenbezogener Daten, die von Seiten der Automobilindustrie gefordert und entwickelt wurde.

Die Problematik der Speicherung von Norm- und Zukaufteilen in rechnerunterstützten Systemen wird ebenfalls führend in der Bundesrepublik Deutschland bearbeitet. Konzepte sind die Speicherung von Sachmerkmalen in Form von rechnerverarbeitbaren Sachmerkmalsdateien (DIN V 4001) und die Speicherung der Erzeugungslogiken für die grafische Darstellung von Normteilen implementiert in FORTRAN 77-Programmen. Diese Programme wiederum setzen auf der prozeduralen VDA-Programmschnittstelle (VDAPS) auf, die als DIN V 66304 bereits als Vornorm zur Verfügung steht. Die Ergebnisse der deutschen Normteilaktivitäten werden über europäische Gremien in die internationale Entwicklung von Schnittstellen eingesteuert /FB15-87/.

Die Entwicklungslinien IGES, SET, VDAFS und DIN V4001 und VDAPS stellen die Menge der heute im Bereich Maschinenbau praktisch eingesetzten Schnittstellen dar.

Eine zu Forschungszwecken konzipierte Schnittstelle stellt die auf europäischer Ebene im ESPRIT-Projekt Nr. 322 entwickelte CAD*I-Schnittstelle (**CAD**-Interfaces) dar. Diese Schnittstelle verhalf zu Erkenntnissen über Spezifikationsmethoden und die Implementierung von Schnittstellen. Mit CAD*I wurde intensiv der Austausch von Volumenmodellen vollzogen, so daß wertvolle Erkenntnisse über Konvertierung von Modellen verschiedener Topologie gewonnen wurden /WEIC-89/. Die Forschungsergebnisse von CAD*I stellen einen nicht unerheblichen Beitrag zur internationalen Normung dar /BEY-89/.

Im Bereich Elektronik existieren eine ganze Reihe von Austauschformaten, die für ganz spezielle Problemstellungen zum Datenaustausch verwendet werden. Da dieser Zustand unbefriedigend ist, wurde mit der Entwicklung einer Beschreibungssprache zur Darstellung von elektrotechnischen/elektronischen Produkten im Rahmen des EDIF-Projektes (Electronic Design Interchange Format) ein Vorstoß zur Normung einer alle Anwendungen dieser Branche umfassenden Schnittstelle gemacht. Die Entwicklung ist als wesentlicher Beitrag zu einem internationalen Normenwerk zum Produktdatenaustausch zu sehen und ist bereits seit 1987 ANSI/EIA RS548-1987 Norm.

Diese Entwicklung hin zu verschiedenen Schnittstellen unterschiedlicher Funktionalität widerspricht per definitionem dem Zweck von neutralen Schnittstellen. Daher strebt man an, die bisher mit allen Schnittstellen gesammelte Erfahrung in eine Schnittstelle zu vereinen. Zur Realisierung verschiedenster, größerer, von der US-Regierung geförderter militärischer Projekte wurde als Randbedingung der Austausch und die Archivierung aller Informationen mittels Rechner gesetzt. Dies bedeutet, daß alle im Lebenszyklus eines Produktes anfallenden Daten unter Einbeziehung aller in Produktionsbetrieben mit einbezogenen, verschiedenen Disziplinen wie Maschinenbau, Elektrotechnik, Physik und Bauwesen mit einer einzigen Schnittstelle austauschbar sein müssen.

Im folgenden sollen die wichtigsten Konzepte der im Überblick gezeigten Schnittstellen behandelt werden. Hierbei wird systematisch das bei der Konzipierung der Schnittstelle zugrunde gelegte Ziel der Entwicklung und der derzeitige Entwicklungsstand aufgezeigt werden. Schwerpunkte sind hierbei die Spezifikationsmethode, die für den Austausch spezifizierten Dateiformate, die zugrundeliegenden Referenzmodelle und die Leistungsfähigkeit und Anwendungsbereiche der Schnittstellen.

4.2.2 Industriell genutzte Schnittstellen

Von den aufgeführten Schnittstellen werden IGES, SET und VDAFS industriell genutzt. Daher werden diese Schnittstellen im folgenden näher erläutert.

4.2.2.1 Initial Graphics Exchange Specification (IGES)

IGES liegt derzeit als Version 4.0 vor /IGES-88/. Version 3.0 der Spezifikation wurde, wie bereits die Version 1.0, als ANSI-Norm Y14.26M genormt.

Ziel von IGES ist die Darstellung von technischen Zeichnungen, dreidimensionalen Kanten-, Flächen- und Volumenmodellen, FEM-Modellen und symbolischen Darstellungen in einer Austauschdatei.

Die Spezifikation von Dateiformat, Informationseinheiten (entities) und Attributen erfolgt verbal in englischer Sprache. Die für jede Informationseinheit gültigen Attribute werden tabellarisch dargestellt. Für jede Informationseinheit existieren grafische Darstellungen, die die verbalen Definitionen verdeutlichen.

IGES definiert 3 verschiedene Darstellungen der Daten in einer Datei. Allgemein gebräuchlichstes Format ist das fest formatierte Standardformat. Weitgehend ungenutzt sind die komprimierte IGES-Datei und die binäre Darstellung einer IGES-Datei. Jede IGES-Datei läßt sich in sechs Sektionen gliedern (Abb. 4.10.), wobei allerdings die meisten IGES-Dateien, weil sie im Standardformat sind, nur fünf Sektionen beinhalten, da die 1. Sektion als Dateitypanzeige optional ist.

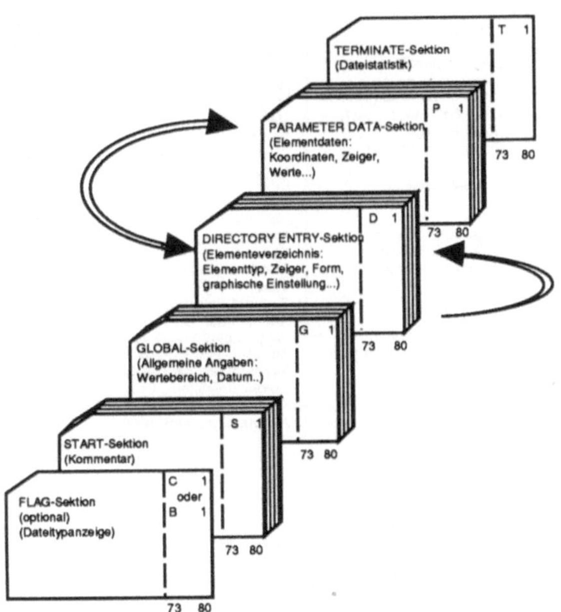

Abb. 4.10. Sektionen der IGES-Datei (Quelle:NIST)

Merkmal einer IGES-Datei im Standardformat ist ein festes Dateiformat mit einem auf 80 Zeichen pro Zeile festgelegten Satzformat. IGES-Standarddateien beinhalten die 5 Sektionen START-Sektion, GLOBAL-DATA-Sektion, DIRECTORY-ENTRY-Sektion, PARAMETER-DATA-Sektion und TERMINATE-Sektion, wobei die Zugehörigkeit jeder Zeile zu einer Sektion an Hand einer Kennung in Spalte 73 erkennbar ist. In jeder Sektion werden die Zeilen von 1 beginnend durchnummeriert, so daß jede Zeile eindeutig in der Datei positionierbar ist. Jede Sektion beinhaltet spezifische Daten in einem spezifischen Format.

Informationseinheit einer IGES-Datei ist das "Entity". Die Beschreibung der in der Zielsetzung genannten Modelle erfolgt durch Ausprägungen von "Entities" in einer IGES-Datei. Jedes "Entity" ist durch eine 3-stellige Ziffernfolge, der Entity-Nummer, zu identifizieren.

Die "Entities" von IGES lassen sich nach Abbildung 4.11 klassifizieren in Elemente zur Beschreibung der Objektgestalt, Strukturelemente, Bemaßungselemente und vordefinierte Assoziationen. Die Beschreibung der Objektgestalt kann mittels einfacher Geometrieelemente, FEM-Elemente oder mittels CSG-Modelle erfolgen. Zur Beschreibung von technischen Zeichnungen können Bemaßungselemente verwendet werden. Die Strukturierung einer Zeichnung kann mittels Strukturierungselementen realisiert werden. Dies ist allerdings keine bindende Vorschrift. Es liegt also die Semantik der Daten nicht eindeutig fest.

Objektbeschreibung		Strukturelemente	Vordef. Assoz.
Geometrie	**FEM-Modell**		Group w/o Backpointers
			Extern. Ref. File Index
Circular Arc	Finite Element	Associativity Definition	Views Visible
Composite Curve	Nodal	Associativity Instance	Views Visible,Color,
Conic Arc	Displacement/Rotation	Drawing	Line Weight
Copious Data	Offset Surface	Line Font Definition	Entity Label Display
Plane	Curve on a Param. Surface	Macro Definition	Single Parent Ass.
Line	Trimmed (Param.) Surface	Macro Instance	Extern. Ref. File Index
Parametric Spline Curve	Nodal Results	Property	Dimensional Geometry
Parametric Spline Surface	Element Results	Subfigure Definition	Ass.
Point		Network Subfigure Definition	Ordered Group w/o Backp.
Ruled Surface	**CSG-Modell**	Singular Subfigure Instance	Planar Ass.
Surface of Revolution		Rectangular Array Subfigure	Flow
Tabulated Cylinder	Block	Instance	**Bemaßung**
Transformation Matrix	Right Ang. Wedge	Circular Array Subfigure Instance	
Flash	Right Circ. Cylinder	Network Subfigure Instance	Angular Dimension
Rational B-Spline Curve	Right Circ. Cone	Text Font Definition	Centerline
Rational B-Spline Surface	Frustum	View	Diameter
Offset Curve	Sphere	External Reference	Dimension
Connect Point	Torus	Nodal Load/Constraint	Flag Note
	Solid of Revolution	Text Display Template	General Label
	Solid of Linear Extrusion	Absolute Text Display Template	General Note
	Ellipsoid	Incremental Text Display Template	Leader (Arrow)
	Boolean Tree	Colour Definition	Linear Dimension
	Solid Instance	Attribute Table Definition	Ordinate
	Solid Assembly	Attribute Table Instance	Dimension
			Point Dimension
			Radius Dimension
			General Symbol
			Sectionated Area
			Section
			Witness Line

Abb. 4.11. Elemente in IGES Version 4.0 (Quelle: NIST)

Zur Übertragung anwendungsspezifischer Informationen ist es erforderlich, die möglichen Anwendungen in Referenzmodellen zu spezifizieren. IGES bietet derartige Referenzmodelle nicht explizit an. Zwar existieren Elemente, die als Bestandteile von Referenzmodellen denkbar sind, ihre Verwendung wird aber nur in Form von Beispielen dargestellt. Hierdurch wird eine Implementierung erschwert. IGES erlaubt die Übertragung technischer Zeichnungen, bestehend aus den Elementen "Drawing", "View", 2D-Geometrie- und Bemaßungselementen, die Übertragung von Schaltplänen mittels Strukturierungs- und symbolerzeugenden Elementen und die Übertragung von Objektgeometrie mittels FEM-, CSG- und flächenbeschreibenden Elementen.

Um die vielfachen Möglichkeiten und Freiheiten, die die IGES-Spezifikation für die Implementierung von Prä- und Postprozessoren gewährt, einzuschränken, wurde vom Verband der deutschen Automobilindustrie eine Strukturierung der IGES-Spezifikation vorgenommen. Diese Einschränkungen sind in der VDAIS (**VDA-IGES Subset**) als Untermenge zu IGES spezifiziert /VDAI-89/. Eine wesentliche Verbesserung stellt diese Subsetbildung für die Implementierung und Zertifizierung von Prozessoren dar. Durch eine Zertifizierung von Prozessoren wird eine Beurteilung einer geplanten Kopplung zweier Systeme sehr erleichtert, da der Funktionsumfang der beteiligten Prozessoren besser beurteilt werden kann.

Die VDAIS liegt als Version 2.0 vor und beinhaltet Subsets für Geometrieelemente, für Bemaßungselemente und für Anwendungen für Freiformflächen.

Aus den USA liegen vergleichbare Subsets vor. Für Belange der NC-Fertigung existiert ein NC-Subset /NCIG-88/. Dieser Subset dient zur Übertragung von NC-Informationen an NC-Maschinen. Hierfür wird in zwei Subsets zur Übertragung von 2D- und 3D-Daten unterschieden. Mittels zusätzlicher Bemaßung ist die Möglichkeit der Definition von Formelementen gegeben.

Für militärische Anwendungen wurde eine Subsetbildung der IGES-Spezifikation nach der US-Norm MIL-D-28000 definiert /MILD-87/. Dieser Subset definiert die Übertragung bildhafter Darstellungen mit Hilfe einer IGES-Datei in den 3 Klassen technische Abbildungen, technische Zeichnungen und elektrische/elektronische Anwendungen.

Für jede Klasse werden nur bestimmte IGES-Elemente in bestimmter Ausprägung zugelassen. Für die spezifizierten Klassen existiert somit quasi ein Referenzmodell zur Übertragung von Daten bestimmter Anwendungen.

4.2.2.2   Standard d'Echange et de Transfert (SET)

Die Schnittstelle SET ist eine französische Entwicklung. SET Version 1.1 wurde als AFNOR-Norm Z 68-300 /SET-85/ französische Norm. Es liegen inzwischen weitere Dokumente vor, die eine Erweiterung der SET-Norm auf Beschreibung von Volumeninformationen /SETV-88/, Finite-Element-Modelldaten /SETF-88/ und physikalisch/mathematischer Daten /SETS-88/ vorsehen.

Ziel von SET ist es, die Übertragung von CAD/CAM-Daten zu unterstützen. Herausragende Unterschiede gegenüber IGES sind ein kompaktes Dateiformat, die Vermeidung starrer Dateibereiche mit starker Verzeigerung untereinander und die Anwendung von Vererbungsmechanismen. Bei Spezifizierung der Elemente und Festlegung der Funktionalität der Schnittstelle orientierten sich die Entwickler an Anforderungen des Flugzeugbaus.

Die Spezifikation der Schnittstelle liegt als verbale Spezifikation sowohl in französischer als auch in englischer Sprache vor. Durch tabellarische und grafische Darstellung wird deren Verständnis verdeutlicht.

SET definiert keinerlei Restriktionen der Übertragungsdateien hinsichtlich Dateistruktur und Dateiformat. Damit kann eine recht kompakte Darstellung der Daten in Dateien erfolgen. Durch Definition von Bereichen, die hierarchisch strukturiert werden, kann mittels Vererbungsmechanismen eine bedeutende Reduzierung des Datenvolumens im Vergleich zu IGES erzielt werden.

Innerhalb einer SET-Datei kann zwischen 3 verschiedenen Hierarchiestufen unterschieden werden, der SET-Datensektion, dem Ensemble und dem Subensemble (Abb. 4.12.). Die grundlegende Informationseinheit von SET ist der Block, der Unterblöcke enthalten kann. Mit Hilfe spezieller Blöcke werden auch die SET-Hierarchiestufen durch Definitionen von Anfang und Ende der Stufen festgelegt.

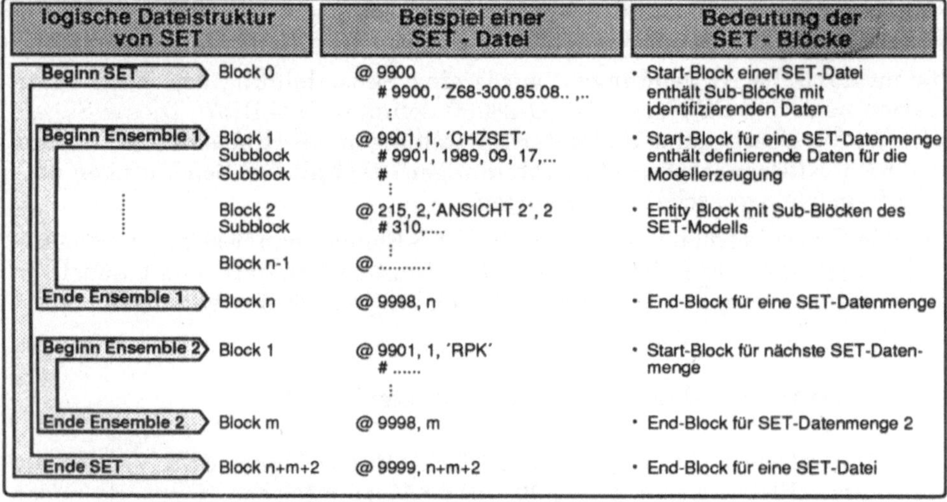

Abb. 4.12. Aufbau einer SET-Datei /GRAN-90/

In jeder dieser Hierarchiestufen kann die Information mittels tieferliegender Hierarchiestufen beschrieben werden. Die Gliederung in Hierarchiestufen erlaubt die Vererbung von Informationen an tiefer liegende Stufen. Werden beispielsweise in einem Ensemble Darstellungsattribute für Kurven definiert, sind diese Attribute in darunterliegenden Informationseinheiten bekannt. Daher müssen diese Attribute nicht Element für Element neu definiert werden.

Jeder Block beinhaltet einen Verwaltungsteil (Block Header), der die eindeutige Identifizierung der Informationseinheit erlaubt und allgemein gültige Parameter für diesen Block definiert. Die Identifizierung der Informationseinheit erfolgt über eine Kennung (Block-typ) und eine Sequenznummer

(Blocknummer). Die allgemeingültigen Parameter können entweder direkt oder über Referenzen zu einem Data Dictionary definiert werden, das die Voreinstellung häufig benötigter Informationen erlaubt. Jeder Block kann mehrere Unterblöcke enthalten, die die blockspezifischen Daten beinhalten. Auch bei diesen Unterblöcken kann auf Inhalte des Data Dictionary verwiesen werden.

Mögliche Einstellparameter des Data Dictionary sind die Definitionen von Koordinatensystemen, Layern, Darstellungseigenschaften von Linien (wie beispielsweise Farbe, Linientyp oder Strichstärke), von Texten (wie beispielsweise Schrifttyp und -größe), Textjustierung und -lage, oder von Symbolen (wie beispielsweise Pfeilspitzen). Diese Voreinstellungen lassen sich jederzeit lokal auf beliebiger Hierarchiestufe ändern.

Die Informationseinheiten werden in SET systematisch in Klassen eingeteilt. Abbildung 4.13 zeigt die Gesamtheit der in SET definierten Klassen und Elemente.

CLASS 0: GEOMETRIC PRIMITIVES	CLASS 1: COMPOSITE GEOMETRIC ENTITIES	CLASS 3: GENERAL BLOCKS	CLASS 5: STRUCTURAL RELATIONS
POINT LINE LINEAR STRING VECTOR CIRCULAR ARC ELLIPTICAL ARC PARABOLIC ARC HYPERBOLIC ARC PARAMETRIC CURVE PLANE SURFACE OF REVOLUTION TABULATED CYLINDER RULED SURFACE PARAMETRIC SURFACE PARAMETRIC PLANE CYLINDRICAL SURFACE CONICAL SURFACE SPHERICAL SURFACE TOROIDAL SURFACE PRIMITIVE SOLID SET OF POINTS	COMPOSITE CURVE COMPLEX SOLID BREP SHELL FACE FACET SET OF COMPOSITE POINTS	COORDINATE TRANSFORM. LEVEL LIST SCALAR SERIES GENERAL MATRIX ARRAY OF ORDER N TEXT TABULATED FUNCTION HISTRORICAL INFORMATION PHYS. QUATITTIES AND UNITS ANALYTICAL FUNCTIONS MATERIAL PROPERTIES	CALLING BLOCK GROUP ATTRIBUT HOMOGENEOUS GROUP

CLASS 2: GRAPHICAL REPRESENTATION	CLASS 4: DRAFTING APPLICATION	CLASS 7: FEM
VIEW BLOCK DEFINITION DRAWING BLOCK DEF. LINE FONT GRAPH. SYMBOL CHARACTER FONT DEF. SYMBOL CROSS HATCHING	TNOTE TEXT NOTE LINEAR DIMENSION ANGULAR DIMENSION RADIAL DIMENSION DIAMETER DIMENSION LABEL CENTER LINE COORDINATE AXIS SYMBOL CROS HATCHING	FINITE ELEMENT MODELING MODEL OF ONE ELEMENT SUPER ELEMENTS FINITE ELEMENTS COMPUTATIONS DEF OF COMPUTATION LOADS DAMPING EIGENVALUE KNOT RENUMBERING

CLASS 99: SET MANGEMENT
SET HEADER ASSEMBLY HEADER SUB ASSEMBLY HEADER END OF SUBASSEMBLY END OF ASSEMBLY END OF SET

Erweiterungen zur Z 68300

Abb. 4.13. Klassen und Elemente der SET-Norm (Quelle: AFNOR)

Klasse 0 (Geometrische Elemente) beinhaltet die Elemente zur Beschreibung zwei- und dreidimensionaler geometrischer Information. Darin sind Elemente zur Beschreibung von Kanten, analytische und approximierte Flächen und Volumenprimitiva beinhaltet.

Klasse 1 (Komplexe geometrische Elemente) beinhaltet geometrische, mit Hilfe der Elemente der Klasse 0 gebildete Objekte, wie beispielsweise die Beschreibung eines Volumenmodells mittels Volumenprimitiva und Verknüpfungsbaum (CSG-Modell).

Klasse 2 (Grafische Darstellungen) beinhaltet Elemente zur Abbildung von geometrisch beschreibbaren Produktinformationen auf technische Darstellungen. Hierzu zählt die Definition von Ansichten, deren Anordnung in Zeichnungsformaten und Erscheinungsattribute für Texte und Linien.

Klasse 3 (Allgemeine Blöcke) beinhaltet Gruppierungsmechanismen und auf sie anwendbare Operatoren. Beispiele sind Layer, wie sie bei CAD-Systemen üblich sind, und Transformationen.

Klasse 4 (Technische Zeichnung) beinhaltet Elemente zur Beschreibung von technischen Maßdarstellungen und Beschreibung weiterer Produkteigenschaften, die sich mit darstellerischen Mitteln auf Zeichnungen abbilden lassen. Beispiele hierfür sind Schraffur zur Darstellung von stofflichen Eigenschaften oder Bemaßungselemente zur Definition von Oberflächeneigenschaften.

Klasse 5 (Strukturelle Elemente) beinhaltet Gruppierungselemente.

Klasse 6 (Verbindungselemente) beinhaltet Elemente zum Aufbau von logischen Beziehungen zwischen beliebigen Elementen anderer Klassen.

Klasse 7 (Finite Elemente) beinhaltet alle zur Beschreibung von FEM-Modellen spezifischen Elemente wie Knoten, Last, Dämpfungs- und Federwerte.

Klasse 80 (Benutzerspezifische Elemente) erlaubt die Spezifikation benutzerspezifischer, speziell zwischen Austauschpartnern abgesprochener Information.

Klasse 99 (SET Verwaltungselemente) beinhaltet Elemente zur Strukturierung einer SET-Datei in logische Blöcke wie Kopf- und Datenbereiche.

Die mit SET übertragbaren Modelle sind Kanten- und Flächenmodelle, B-rep-Modelle, Finite-Element-Modelle, technische Zeichnungen und wissenschaftliche Daten. Toleranzangaben, Materialeigenschaften und organisatorische Angaben können mit SET nicht über eigene Modelle beschrieben werden, sondern werden als Bestandteil einer technischen Zeichnung in Form von Bemaßung gehandhabt.

4.2.2.3   Flächenschnittstelle des Verbands der Automobilindustrie (VDAFS)

Die VDAFS liegt derzeit als Version 2.0 vor /MUND-87/. Die Version 1.0 wurde als DIN 66301 genormt.

Die VDAFS dient zur Beschreibung und Übertragung von Freiformkurven und -flächen beliebiger Ordnung in Polynomdarstellung. Die VDAFS entstand auf Betreiben der Automobilindustrie. Neben der Anforderung beliebiger Ordnung von Kurven und Flächen waren Ziele bei der Entwicklung der Schnittstelle eine einfache Implementierbarkeit und eine hohe Effizienz hinsichtlich des Dateivolumen.

Bei der Spezifikation wurde daher auf eine eindeutige und kompakte Dokumentation geachtet. Die Spezifikation von Datei- und Datenformat erfolgte verbal und wurde grafisch an Hand von Beispielen verdeutlicht.

Das Dateiformat einer VDAFS-Datei wurde mit einer festen Satzlänge von 80 Zeichen definiert. Eine VDAFS-Datei ist in einen Kopfbereich (Header) und einen Datenbereich aufgeteilt

Informationsinhalt des Kopfbereichs sind Senderfirma, Projekt-/Dateiname, Gültigkeitsdatum, Erstellungsdatum, erzeugendes System sowie Ansprechpartner/ -adresse.

Im Datenbereich werden die zu beschreibenden Flächeninformationen mit Hilfe von Entities beschrieben. Hierbei ist die Reihenfolge der Elemente begrenzt durch ein Verbot einer Verzeigerung auf nachfolgende Elemente. Geometrische Elemente können mit Hilfe von Gruppierungsmechanismen strukturiert werden. VDAFS Version 2.0 beinhaltet geometrische und nichtgeometrische Elemente (Abb. 4.14.).

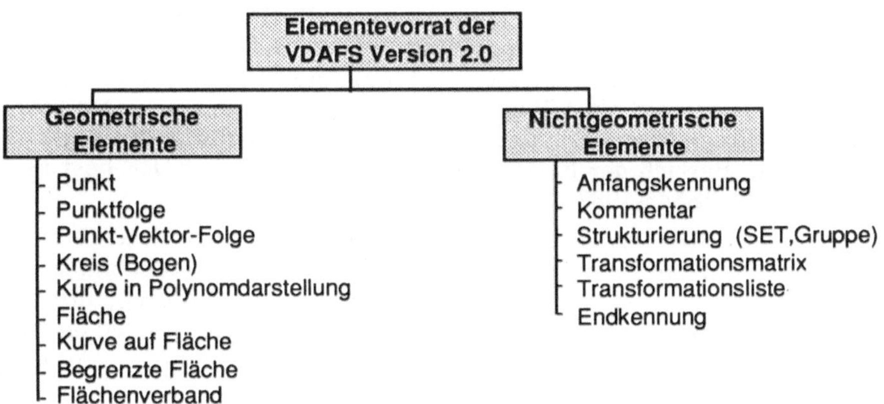

Abb. 4.14. Elemente in VDAFS 2.0

Mit Hilfe der Elemente Punkt (Point), Punktfolge (PSET) und Punktfolge mit Richtungsvektoren (MDI) werden die Stützpunkte von Kurven beschrieben. Durch Referenzieren auf diese Elemente erfolgt die Beschreibung von Kurven und darauf referenzierend die Beschreibung von Flächen. Mit Hilfe der durch Version 2.0 zusätzlich definierten topologischen Elemente können Teilbereiche auf diesen Flächen und ein Verband von Flächen beschrieben werden.

Die Beschreibung von Bauteilen mit Elementen der VDAFS erlaubt die Übertragung von Objekten mit beliebig gekrümmten Oberflächen, einschließlich der Definition der Werkzeugorientierung für die Bearbeitung. Weitere Informationen wie Toleranzen, Materialeigenschaften und organisatorische Angaben können mit VDAFS nicht beschrieben werden.

4.2.3 Weitere Schnittstellenentwicklungen

Die Probleme /GRGL-86/, die sich mit den bisher behandelten Schnittstellen
ergaben, führten zu einer intensiven Arbeit auf diesem Gebiet und neuen
Schnittstellenspezifikationen. Insbesondere die Unterstützung verschiedenster
Anwendungen war ein Ziel dieser Entwicklungen. Im folgenden werden Konzepte innovativer Schnittstellen erläutert.

4.2.3.1   Electronic Design Interchange Format (EDIF)

Der Austausch produktdefinierender und produktionsbezogener Daten für
elektronische bzw. elektrotechnische Produkte wird mit einer ganzen Reihe
von neutralen Schnittstellen realisiert, die spezielle Problembereiche der
Produktion bzw. spezielle Produktklassen abdecken. Die Schnittstelle EDIF
wurde entworfen, um einen neutralen Datenaustausch elektrotechnischer
Produkte zu realisieren /EDIF-87/. EDIF unterstützt zur Zeit in erster Linie
den Entwurf integrierter Schaltungen, soll aber zukünftig für alle
Anwendungen im Bereich der Elektronik verwendet werden. EDIF liegt seit
1987 als ANSI/EIA RS545-1987 Norm vor.

Grundkonzept von EDIF ist die objektorientierte, LISP-artige, Beschreibung
hierarchischer Strukturen, welche die Abstraktionsebenen elektronischer/
elektrotechnischer Produkte repräsentieren. Hierbei wird die eigentliche
Produktinformation in der Abstraktionsebene "CELL" beschrieben, die die mit
dem Objekt verknüpften Eigenschaften beinhaltet. Den prinzipiellen Aufbau
der Hierarchie zeigt Abbildung 4.15.

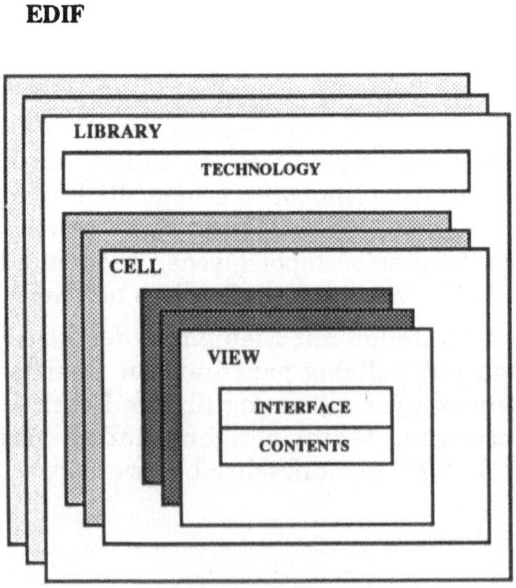

Abb. 4.15. Hierarchische Struktur von EDIF /EDIF-87/

EDIF definiert Objektklassen mit Beschreibungssätzen in LISP-ähnlicher Syntax. Jeder Beschreibungssatz besteht aus einem Schlüsselwort und einer Liste mit beschreibenden Attributen, die als Identifikator, symbolische Konstante, Zeichenkette, boole'scher Ausdruck, Zahl oder ein weiterer EDIF-Satz ausgebildet sein können. Im folgenden werden die Objektklassen aufgeführt, die in EDIF spezifiziert sind /CHAL-88a/:

- Das Objekt "CELL" dient zur Beschreibung fundamentaler Objekte (beispielsweise ein CHIP) und ist blockbildende Klammer zur hierarchischen Strukturierung der mit dem Objekt verknüpften Eigenschaften. Es ist nicht festgeschrieben, was eine "CELL" ist, so daß das Objekt flexibel eingesetzt werden kann.

- Das Objekt "VIEW" dient zur Beschreibung von Eigenschaften unter bestimmten Gesichtspunkten (Beispiele sind Layout-Geometrie, funktionale Zusammenhänge, usw.).

- Das Objekt "PORT" beschreibt die Eingangs- und Ausgangsgrößen einer "CELL" unter dem spezifizierten Gesichtspunkt (Beispiele sind geometrische Anschlußpunkte, funktionale Größen).

- Das Objekt "INSTANCE" definiert Ort und Lage einer bereits definierten "CELL" im aktuellen Zusammenhang (beispielsweise einen Schaltungsbaustein in einer Schaltung).

- Das Objekt "NET" bildet die Beschreibung aller miteinander verbundenen "CELLS" in einem Netz (Beispiel ist eine Schaltung).

- Das Objekt "LIBRARY" dient zur Bildung von Klassen von "CELLS" mit ähnlicher Charakteristik (beispielsweise alle Addierer in einer Schaltung).

- Das Objekt "FIGUREGROUP" dient zur Beschreibung geometrischer Basisobjekte, die zur Darstellung einer Schaltung benutzt werden (Beispiel ist ein Symbol für einen Transistor).

Das Format, mit dem diese Informationen übertragen werden, ist eine frei formatierte ASCII-Datei. Nachteil der EDIF-Spezifikation ist das fehlende Referenzmodell, das einen Rahmen für mögliche übertragbare Inhalte bilden soll. Allerdings wurde als Entwicklungsbasis ein solches erstellt /CHAL-88b/, das aber noch nicht in die Spezifikation integriert ist. Die EDIF-Entwicklung soll mit der STEP-Entwicklung harmonisiert werden /FB15-87/.

4.2.3.2   Product Definition Data Interface (PDDI)

Die PDDI-Schnittstelle /WEIS-84/ wurde in den USA zur Produktdatenübertragung zwischen CAD-Systemen und Fertigungssystemen entwickelt. Hierbei war ein aus den Bedürfnissen der Flugzeugbauindustrie abgeleitetes Bauteilspektrum Grundlage der Entwicklung.

Wesentliches Merkmal der PDDI-Schnittstelle ist die formale Spezifikation eines Produktmodells mit den Partialmodellen für die Darstellung von

Volumeninformation, Toleranzen, fertigungstechnischen Informationen und organisatorischen Daten und die Spezifikation der Software-Architektur für Prä- und Postprozessoren. Zur Definition fertigungstechnischer Informationen wurden im Partialmodell Form-Features Teilmodelle zur Abbildung von Blechteilen, fertigungstechnischen Features (Gewinde, Einstich, Fase usw.), Rotationsteilen und Bauteile in Wabenbauweise entwickelt.

Die PDDI-Daten werden in einer sequentiellen Datei im freien Format abgespeichert. Die Datei ist hierbei logisch in Sektionen geteilt.

Die PDDI-Schnittstelle wurde aus Forschungsgesichtspunkten entwickelt. Die Erfahrungen mit PDDI fließen über die PDES-Aktivitäten in die internationale Entwicklung von STEP ein.

4.2.3.3   CAD Interfaces (CAD*I)

Die CAD*I-Schnittstelle /SCHL-88/, /SCHL-89/ wurde im Rahmen des ESPRIT-Projektes CIM Nr.322 entwickelt. Ziel des ESPRIT-Projektes war die Entwicklung einer Schnittstelle zur Übertragung von Kanten-, Flächen-, und Volumenmodellen, von FEM-Modellen, die Abbildung integrierter Modelle auf eine Datenbank und die Entwicklung fortgeschrittener Modellierungstechniken.

Merkmale der entwickelten Schnittstelle sind eine formale Spezifikation der Modelle und Austauschformate, die Spezifikation der zur Realisierung benötigten Software und die Entwicklung von Software-Bausteinen für Prozessoren.

Für eine Realisierung eines Datenaustausches wurden Referenzmodelle für Kanten- und Flächenmodelle, CSG- und B-rep-Volumenmodelle und für FEM-Anwendungen spezifiziert. Die Abbildung der spezifizierten Datenstruktur auf eine CAD*I-Datei wurde in mehreren Schichten vorgenommen. Die Spezifikationssprache wird dadurch in Stufen von der rein formalen Sprachdefinition bis zu einer Folge von Zeichen abgebildet, die dann auf der formal definierten Dateistruktur erscheinen.

4.2.3.4   Product Data Exchange Specification (PDES)

Ziel der Entwicklung der Schnittstelle PDES ist der Austausch von Daten des gesamten Produktlebenszyklus eines Produktes zwischen CAD-Systemen und Anwendungssystemen /PDES-85/. Die Ergebnisse der PDES-Entwicklung fließen in STEP ein.

Merkmal der Schnittstellenentwicklung ist die Verwendung der formalen Sprache EXPRESS zur Informationsmodellierung. Ergebnis der Informationsmodellierung ist die Definition von Referenzmodellen für Gestaltsbeschreibung, Toleranzen, Oberflächen und Materialeigenschaften und Modellen für spezielle Anwendungen wie FEM, Bauwesen, Elektrik/Elektronik, Schiffsbau und Zeichnungswesen.

Das Dateiformat von PDES wird ebenfalls formal spezifiziert. Mit Hilfe der formalen Spezifikation ist die Generierung von Softwaretools und Prozessoren geplant.

4.2.3.5 Standard for the Exchange of Product Model Data (STEP)

Die bisher veröffentlichten und genormten Schnittstellen zur Übertragung produktdefinierender Daten sind auf Grund ihrer Konzepte und angestrebten Modellinhalte nicht zur Realisierung eines alle Anwendungsmöglichkeiten und alle Erfordernisse befriedigenden Informationsflusses geeignet. Allerdings sind in der Entwicklung Tendenzen erkennbar, die konzeptionell und inhaltlich eine Zusammenführung der bisherigen Erfahrungen erwarten lassen. Diese Erwartungen zielen auf eine international gültige Schnittstelle STEP, deren wichtigsten Konzepte /STEP-88/, /WIKE-88/, /GRAN-89/

- die Entwicklung einer formalen Spezifikationssprache,

- die formale Spezifikation einer Informationsstruktur,

- die Bildung von Referenzmodellen für Basis- und Anwendungssysteme,

- die Entwicklung von Implementierungsbausteinen,

- die Entwicklung von Testmethoden und -Software,

- die Abbildung aller im Zusammenhang mit einer Produktion entstehenden Informationen auf ein konzeptionelles Schema und

- die Ermöglichung einer langfristigen Speicherung von Daten, d.h. ihre Archivierung sind.

Im folgenden soll auf diese Konzepte näher eingegangen werden.

Ziel der STEP-Entwicklung ist es, den Austausch von produkt- und produktionsbezogenen Daten des gesamten Produktlebenszyklus für alle Anwendungen in einem Unternehmen zu ermöglichen (Abb. 4.16.).

Randbedingungen sind hierbei die Minimierung des Speicherbedarfs, die Effizienz der Umsetzung rechnerintern gespeicherter Daten in extern gespeicherte Daten, die Allgemeingültigkeit und Korrektheit der Modelle, die logische Spezifikation von Zusammenhängen und die Unterstützung der Entwicklung und Implementierung der Schnittstelle durch Konzepte und Software.

Die Entwicklung der Informationsmodelle erfolgt in drei Schichten (layern), die bei Einhaltung der Vorgehensweise Garant für eine kontinuierliche und fehlerfreie Entwicklung sein sollen. Die drei Schichten werden "Application Layer", "Logical Layer" und "Physical Layer" genannt (Abb. 4.17.).

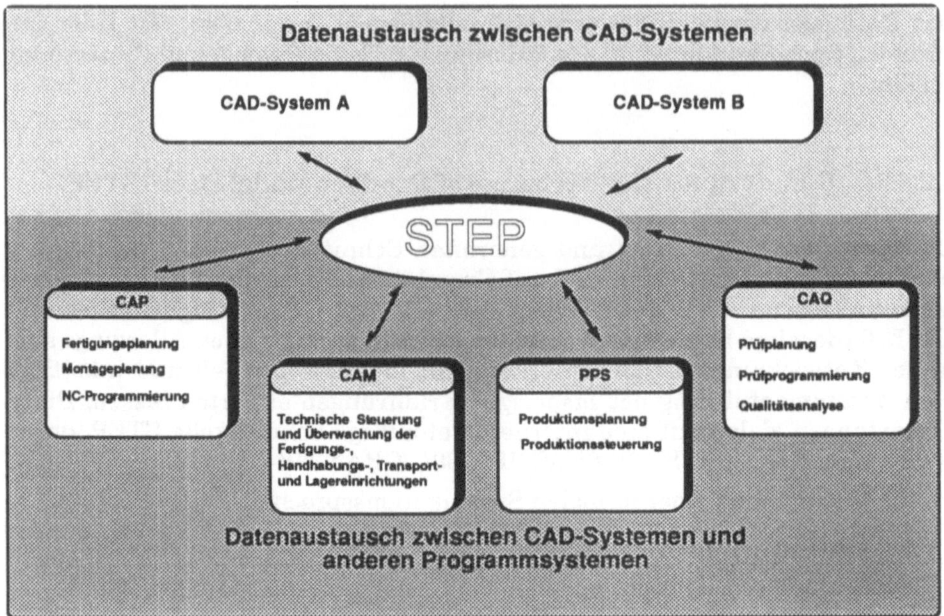

Abb. 4.16. STEP - die Schnittstelle zum Produktdatenaustausch /GRAN-89/

Im "Application Layer" sollen Anforderungen an die zu entwickelnden
Schemata aus Anwendungssicht spezifiziert werden. Zu klären ist deshalb,
welche Anwendungen unterstützt werden sollen, zum anderen aber auch,
welche Funktionalität und welche Informationseinheiten erforderlich sind.
Dies erfordert eine schrittweise Konkretisierung von Informationsverar-
beitungsprozessen. Die Hilfsmittel für diese Vorgehensweise sind überwiegend
grafischer Art. Angewandt werden bei der STEP-Entwicklung die NIAM-
Methode und die IDEF-Methode, wobei für letztere die Weiterentwicklung
IDEF1X verwendet wird. Die Anforderungen müssen daraufhin in eine
allgemeine Informationsstruktur umgesetzt werden, zu deren Spezifikation
formale Hilfsmittel notwendig sind. Diese Schicht der Spezifikation wird
"Logical Layer" genannt. Für STEP und PDES wurde eigens hierfür die
Sprache EXPRESS entwickelt /SCHE-89/, die die objektorientierte Definition
von Informationsstrukturen erlaubt. Nun ist der Anwender, der beispielsweise
einen Datenaustausch realisieren soll, nicht an der Spezifikation interessiert,
sondern an Ausprägungen, die entsprechend dieser Spezifikation zu interpretieren sind. Hierfür ist es erforderlich, die Abbildung dieser Informationsstruktur auf der physikalische Ebene, dem "Physical Layer" zu definieren. Die
Abbildung kann hierbei auf eine Datei, eine Datenbank oder ein wissensbasiertes System erfolgen. Auch in dieser Ebene werden formale Hilfsmittel
eingesetzt. Beispielsweise ist die Spezifikation einer Austauschdatei in erwei-
terter Backus-Naur-Form (BNF) erfolgt.

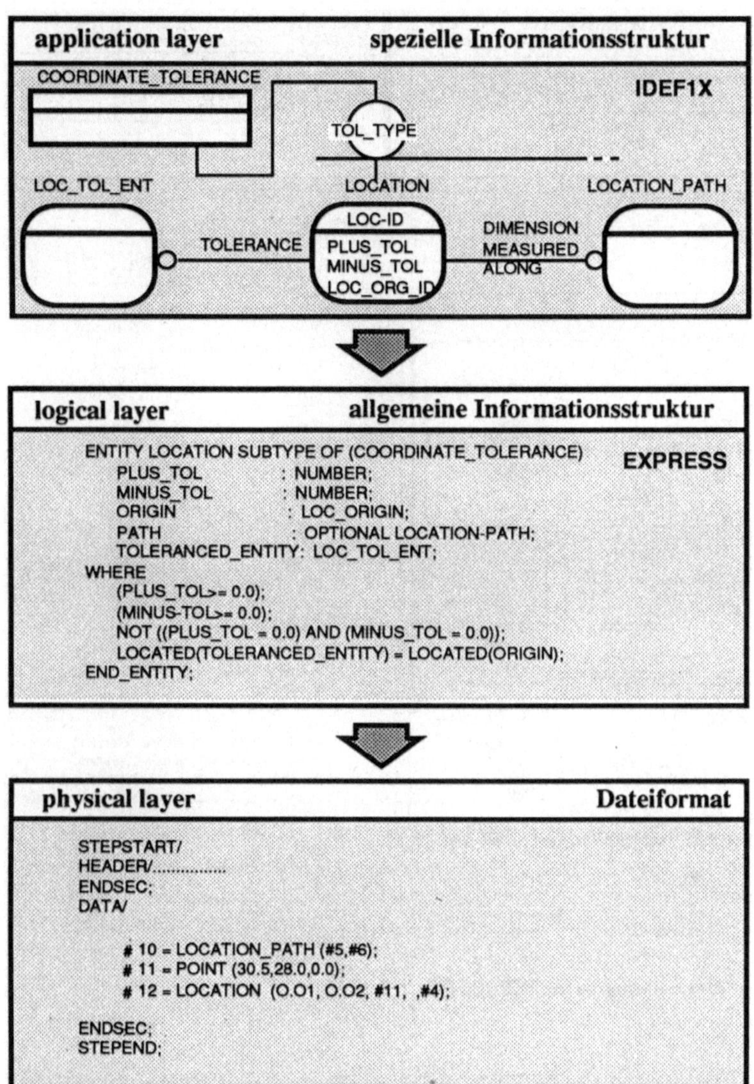

Abb. 4.17. Schichtenkonzept von STEP /ANSC-88/

Die in STEP entwickelte formale Sprache EXPRESS besitzt Eigenschaften, die die Modellierung von Informationsstrukturen beliebiger Anwendungen objektorientiert erlaubt. Abbildung 4.18 zeigt einige der wichtigsten EXPRESS-Strukturen und ihre Anwendungen.

Die Sprache selbst ist formal in BNF-Notation definiert. Allerdings folgt die veröffentlichte Spezifikation /SCHE-89/ nicht einer regulären Grammatik, wie sie zur Generierung von endlichen Automaten erforderlich und für Implementierungszwecke wünschenswert wäre /GRSC-90/.

SCHEMA END_SCHEMA	Definition eines EXPRESS-Schemas	SUPERTYPE/SUBTYPE	Vererbungstyp
TYPE END_TYPE	Definition von Datentypen	ENUMERATION	Aufzählungstyp
ENTITY END_ENTITY	Definition einer Informationsstruktur	Constraints	Einschränkung bei Entity-Definitionen: UNIQUE, WHERE, DERIVE

Beispiel:

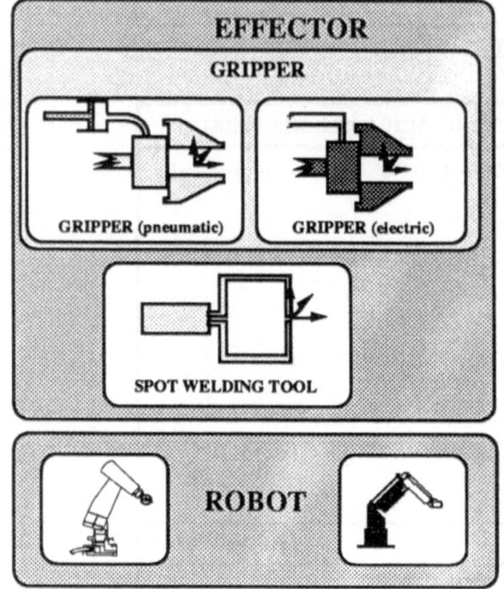


```
SCHEMA demonstration;
 TYPE
  frame = ARRAY[1:4] OF ARRAY[1:4] OF REAL;
  gripper_system = ENUMERATION OF (pneumatic, electric);
 END_TYPE;
ENTITY effector;
   SUPERTYPE OF ( gripper XOR spot_welding_tool);
   name : STRING (20);
   tcp : frame;  -- tool-center-point
   pos_accuracy : REAL;
 UNIQUE
   name;
 END_ENTITY;
ENTITY gripper;
   SUBTYPE OF (effector);
   payload : REAL;
   gs : gripper_system;
   max_position : REAL;
   act_position : REAL;
 WHERE
   act_position ≥ 0;
   act_position ≤ max_position;
 END_ENTITY;
ENTITY spot_welding_tool;
   SUBTYPE OF (effector),
   diameter : REAL;
END_ENTITY;
ENTITY robot;
   name : string (20);
   robot_effector : OPTIONAL effector;
   power_supply_eff : gripper_system;
 END_ENTITY;
RULE gripper_compatibility FOR (robot, gripper);
   LOCAL
       r : LOGICAL;
   END_LOCAL;
   r := robot.power_supply_eff = gripper.gs;
   IF NOT r
    THEN VIOLATION;
   END_IF;
 END_RULE;
END_SCHEMA;
```

Abb. 4.18. Sprachelemente in EXPRESS

Die Spezifikation von STEP sieht momentan Referenzmodelle zur Beschreibung der Gestalt, für Toleranzen, für Oberflächen- und Materialeigenschaften vor. Diese Basismodelle sollen spezielle Anwendungen wie FEM, Bauwesen, Elektrik/Elektronik, Schiffsbau, Präsentation und Zeichnungswesen unterstützen. Die Abbildungen 4.19 und 4.20 zeigen in einer Kurzform, wie die STEP-Spezifikation (IPIM - Integrated Product Information Model) aufgebaut ist und welche Inhalte die verschiedenen Abschnitte haben /WIKE-88/.

Bezeichnung	Inhalt
Introduction	Einführung in IPIM, Integrationsansatz für STEP Partialmodelle über Schemata und Sub-Schemata
Resource Schema	Formaler Aufruf aller im IPIM enthaltenen Schemata ASSUME (..., IPIM_Topology-Schema,...)
Types and Functions	Definition von Datentypen und -funktionen für das STEP Schema
Miscellaneous Resources	Sammlung von allgemeinen Entitydefinitionen, wie z.B. Datum, Zeit, externe Referenzen, etc.
Geometry	STEP-Partialmodell für Geometrie mit der Spezifikation von Punkten-, Linien-, Flächen-, Volumentypen und -entities
Topology	Nachbarschaftsbeziehungen des zu beschreibenden Objektes mittels Grundelementen, basierend auf den Elemente des Geometriemodells (B-REP-Beschreibung)
Shape Representation (Design Shape)	Beschreibung der verschiedenen möglichen Sichten auf Bauteile (Konstruktions-, Bauteile- und Baugruppenmodell)
Shape Representation (Shape Model)	Beschreibung von technischen Objekten durch Verknüpfungsmodelle (CSG) und durch Beschreibung der verschiedenen möglichen Sichten auf Teilbereiche einer über Nachbarschaftsbeziehungen definierten Modellbeschreibung (Kanten- und Flächenmodell)
Features	Beschreibung wiederkehrender Teilbereiche eines Objektes durch Beschreibung eines Gestaltmusters (explizite Darstellung) oder einer Vorschrift zur Erzeugung einer Einzelheit (implizite Darstellung)
Shape Representation Interface	Schnittstellenmodell zwischen Grundmodellen und Anwendungsmodellen. Erlaubt die Verwendung von Grundmodellen durch Anwendungsmodelle, ohne Kenntnis der Grundmodelle
Tolerancing	Beschreibung der möglichen Toleranzen eines Produkts (Form- , Lage- und Abmessungstoleranzen)
Material	Modell zur Beschreibung von Materialeigenschaften, einschließlich der Spannungs- und Belastungscharakteristiken des Werkstoffes
Presentation	Beschreibung der Eigenschaften zur Visualisierung eines Produkts (Farben, Beleuchtungsvorschriften, Textfonts, Blickrichtung, Clipping-Ebenen, Oberflächenstruktur)

Abb. 4.19. Inhalt der STEP-Spezifikation (Teil 1) (Quelle: ISO)

Im Lauf der Entwicklung der Spezifikation hat sich gezeigt, daß eine Entwicklung ohne unterstützende Software nicht sinnvoll ist, da zu viele syntaktische Fehler bei der formalen Spezifikation möglich sind. Daher wurden von verschiedener Seite Syntaxprüfer entwickelt, über die ein Überblick in Abbildung 4.21 gegeben wird.

Bezeichnung	Inhalt
Drafting	Beschreibung eines Partialmodells, das die Übertragung von Zeichnungen unterstützt. Definiert wurden Datentypen und -strukturen, die das Zeichnungslayout, die Darstellung von technischen Objekten in verschiedenen Ansichten, die Bemaßung und Toleranzierung dieser Objekte und den Aufbau organisatorischer Daten erlauben.
PSCM	Beschreibung der Informationen, die zur Handhabung von Strukturinformationen notwendig sind. Dies beinhaltet die Bezeichnung zwischen physikalischen Komponenten und Baugruppen.
AEC (core model)	High-level Modell für die Anwendungen aus dem Bauwesen. Spezielle Entities wie Fundament, Wand, Tür wurden bisher nicht definiert.
AEC (ship model)	Modell zur Übertragung strukturierter Daten für Schiffe. Der Schwerpunkt liegt bei der Beschreibung der Struktur der verschiedenen Systeme eines Schiffes. Hierbei werden schiffsspezifische Entities für Geometrie, Topologie und Eigenschaften definiert.
Electrical	Modelle zur Beschreibung der Funktionsstruktur von elektrischen/ elektronischen Bauteilen. Drei Betrachtungsebenen werden beschrieben: Die funktionale Hierarchie (Topologie), Charakteristik und Verhalten (Layered Electrical Product) und die logische Verknüpfung von Bauteilen (Printed Wiring Bord)
Analysis Application (FEM)	Modell zur Beschreibung von Bauteilen durch Finite Element Netze. Beschrieben werden Geometrie-, Material-, Feder- und Dämpfungseigenschaften, Belastungen, Spannungen und Verschiebungen.
Data Transfer Applications	Unterstützung von externen Referenzen und Tabellen

Abb. 4.20. Inhalt der STEP-Spezifikation (Teil 2) (Quelle: ISO)

Anzumerken ist, daß die Namensgebung Compiler nicht der zu vermutenden Funktionalität der Werkzeuge entspricht. Es handelt sich tatsächlich nur um Programme, die eine syntaktische Prüfung von EXPRESS-Spezifikationen zulassen.

4.2.4 Vergleich der Schnittstellenkonzepte

Abschließend sollen die bisher behandelten Schnittstellen verglichen werden. Abbildung 4.22 zeigt Ziele und Merkmale der Spezifikation von Schnittstellen zum Austausch produktdefinierender Daten.

Werkzeug	Entwickler	Bemerkungen	Bausteine/Fähigkeiten
EXPRESS-Compiler	General Electric	- Report Writer - Fortran 77 - DEC VMS - Basis N224	EXPRESS: -Liest ASCII-File mit EXPRESS-Quellcode -Erzeugt ASCII-File mit EXPRESS-Quellcode und Kommentare CEXP: -Liest ASCII-File mit EXPRESS-Quellcode -Erzeugt ASCII-File mit Ergebnis eines Parserlaufs (Namen von SCHEMA, ASSUME, USES, FUNCTION, PROCEDURE, RULE, ENUMERATION TYPE, SELECT TYPE, anderen Typen und Namen von ENTITY, SUBTYPE, SUPERTYPE, ATTRIBUT) LEXP: -Liest Ausgabefile von CEXP und erzeugt eine Reihe von Ergebnisprotokollen (ASCII-File)
EXPRESS	Mc Donnell Douglas	- Syntaxchecker - IBM DOS , DEC - VMS - Basis N307	EXPRESS: -Liest ASCII-File mit EXPRESS-Quellcode -Erzeugt Ausgabefile mit EXPRESS-Quellcode und lexikalischen und syntaktischen Fehlern -Statistische Angaben -Cross Referenz Tabellen -Erzeugung eines Objectfiles des EXPRESS-Quellcodes
LUPINE EXPRESS-Parser (Leeds University Parser for Interpreting EXPRESS)	Leeds University	Syntaxchecker	LUPINE: -Liest ASCII-File mit EXPRESS-Quellcode -Überprüft Syntax und gibt Syntaxfehler aus -Erzeugt Symboltabelle , die zum Cross-Referencing und zur Entity-Namensüberprüfung dient -Benutzbar im Batchbetrieb und zum interaktiven Experimentieren mit EXPRESS-Sprachausdrücken
EXPRESS	Rutherford Appleton Laboratory	- EXPRESS Writer - Syntaxchecker - Report Writer - Basis für funktionalen EXPRESS Compiler - Fortran 77 - PRIMOS, 2D, UNIX 4.2 - Basis N224	EXPRESS: -Eingabedatei ist ein ASCII-File mit EXPRESS Quellcode und Kommentaren -Syntaxfehler werden durch lexikalische Analyse und Parser ermittelt -Parser Generator erzeugt FORTRAN DATA statements, die in EXPRESS Sourcecode eingefügt werden

Abb. 4.21. Verfügbare EXPRESS-Interpreter (Quelle: ISO)

Die Entwicklungstendenz zu immer komplexeren Referenzmodellen und das Fortschreiten der Spezifikationsmethoden ist klar erkennbar. Während bei den ersten Schnittstellen die Ziele bei der Übertragung von geometrischen Daten (Kanten-, Flächen- und Volumenmodelle, von Berechnungsmodellen (FEM) und technischen Zeichnungsdaten lagen, begann mit Entwicklung der Schnittstelle PDDI das Streben nach fertigungstechnischen Referenzmodellen, die die Übertragung von Toleranzen, Materialeigenschaften und Oberflächeneigenschaften erlauben. Mit STEP soll die Beschreibung aller im Produktlebenszyklus anfallenden Daten möglich sein. Das Fortschreiten der Spezifikationsmethoden ist erkennbar am zunehmenden Einsatz formaler Hilfsmittel zur Beschreibung von Modellen und von Dateiformaten und die Verfügbarkeit von Softwarekonzepten und -bausteinen.

		IGES	SET	VDAFS	PDDI	CAD*I	STEP
Ziele	Kantenmodelle	•	•		•	•	•
	analytische Flächen	•	•		•	•	•
	Freiformflächen	•		•	•	•	•
	Volumenmodelle(CSG)	•	•		•	•	•
	Volumenmodelle (B_Rep)				•	•	•
	Berechnungsmodelle	•	•			•	•
	technische Zeichnungen	•	•				•
	elektrische Schaltpläne	•	•				•
	Fertigungstechnik				•		•
	Produktlebenszyklus						•
Merkmale	formale Sprachen				•	•	•
	Partialmodelle				•	•	•
	formal definiertes Dateiformat				•	•	•
	Prozessorarchitektur				•	•	•
	Softwarebausteine				•	•	•
	definierte Sytemschnittstelle				•		•

Abb. 4.22. Vergleich der Zielsetzung und Konzepte von Schnittstellen

Die Schnittstelle STEP ist hinsichlich der Unterstützung einer Informationsverarbeitung in einem Unternehmen als universeller Ansatz sehr hoch zu
bewerten. Durch Verwendung formaler Beschreibungsmethoden ist schon in
der Spezifikationsphase eine Unterstützung durch Software gegeben. Dies läßt
eine schnelle Implementierung erwarten, insbesondere da die Entwicklung von
Implementierungskonzepten zum Aufgabenbereich der Schnittstellennormung
gehört. Allerdings ist die Normung der Spezifikationssprache und der
zentralen Basismodelle Voraussetzung für eine gute Akzeptanz durch die
Systemanbieter.

Einen Vergleich der mit den aufgeführten Schnittstellen beschreibbaren produktbezogenen und vom Produkt ableitbaren Informationen zeigt Abbildung 4.23.

		IGES	SET	VDAFS	PDDI	CAD*I	STEP
produktbezogene Information	Gestalt-beschreibung	- Kanten - Flächen - CSG	- Kanten - Flächen - CSG/B-rep	- Flächen mit Topologie	- Kanten - Flächen - B- rep	- Kanten - Flächen - CSG/B-rep	- Kanten - Flächen - CSG/B-rep
	Form-ele-mente	-	-	-	- Sandwichteile - Fertigung - Blechteile - Rotationsteile	-	Fertigung
	Toleranz-/Oberflächen-angabe	- Geometrie - Bemaßung	- Geometrie - Bemaßung	-	Toleranzen	-	Toleranzen
	Material-eigen-schaften	Text	Text	-	-	-	Material
	Lebens-zyklus	-	-	-	-	-	Lebens-Zyklus
abgeleitete Information	Produkt-dar-stellung	- Geometrie - Bemaßung	- Geometrie - Bemaßung	-		-	Zeichnung
	Berech-nung	FEM	FEM	-	-	FEM	FEM
	Ver-waltung	Text	Text	-	Adminis-trative Daten	-	PSCM

Abb. 4.23. Produktbezogene Information bei Schnittstellen

Auffallend ist die bisher zu beobachtende Konzentrierung auf die Beschreibung von geometrischer und zeichnungsbezogener Information. Die über Geometrie hinausgehenden Produktinformationen konnten bisher nur mittels zeichnungsbezogener Bemaßung beschrieben werden. Mit STEP wird in Zukunft insbesondere die Beschreibung von Produkteigenschaften wie Toleranzen, Oberflächen und Materialverhalten sowie fertigungsbezogener Informationen innerhalb des Lebenszyklusmodells möglich sein.

Mit Ausnahme der textuellen Beschreibung eines Produktes sieht die STEP-Entwicklung spezielle Modelle zur Ableitung von Darstellungs, Berechnungs-, Planungs- und Verwaltungsunterlagen vor.

4.2.5 Implementierungskonzepte für Schnittstellen

Die Realisierung von Schnittstellen für CAD-Systeme bedeutet, daß eine Umsetzung von digital gespeicherten Modelldaten unterschiedlicher Darstellung auf unterschiedlichen Medien stattfinden muß. Da ein gerichteter Datenfluß zwischen Systemkomponenten realisiert werden muß, ist es erforderlich, die in einem System gespeicherte Information über ein

Transformationsprogramm in die neutrale Darstellung zu überführen
(Abb. 4.24.).

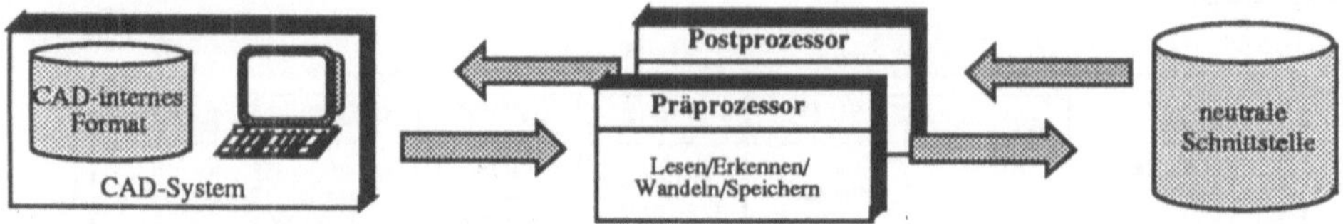

Abb. 4.24. Prozessoren zur Verarbeitung neutraler Schnittstellen

Dieses Transformationsprogramm wird "Präprozessor" genannt, der Vorgang
der Transformation "Preprocessing". Die neutrale Darstellung der Informationen erfolgt zum einen durch Einhaltung vorgegebener Forma-
tierungsregeln für Daten, die als Dateiformat bezeichnet werden, zum anderen
durch Definition der semantischen Bedeutung digitaler Daten in einem
Referenzmodell. Die in neutraler Form vorliegenden Ausprägungen des
Referenzmodells werden nun durch ein weiteres Transformationssystem in die
Darstellung des Zielsystems gewandelt. Dieses Transformationssystem wird
"Postprozessor" genannt, das Vorgehen "Postprocessing". Die Kopplung zweier
Systeme erfordert daher bei Verwendung neutraler Schnittstellen stets die
zweifache Überführung von Referenzmodellen und ihrer Darstellung in
Systemen.

Vielfach wird diese zweifache Konvertierung von Daten als zu aufwendig
betrachtet. Dieser Einwand ist berechtigt, wenn an eine Kopplung lediglich
zweier Systeme gedacht wird, da in diesem Fall eine direkte Kopplung der
Systeme effizienter ist. Die Verwendung einer neutralen Schnittstelle zur
Übertragung von Produktinformationen wird allerdings in dem Augenblick
effizienter, wenn mehrere Systeme miteinander gekoppelt werden müssen. Bei
direkter Kopplung von n-Systemen werden $2n*(n-1)$ Prozessoren benötigt,
während bei Verwendung einer neutralen Schnittstelle immer nur $2n$
Prozessoren benötigt werden. Dies bedeutet, daß neutrale Schnittstellen für
Kopplungen mit mehr als drei unterschiedlichen Systemen wirtschaftlicher als
spezielle Kopplungen sind.

Die Implementierung von Schnittstellen kann nach verschiedenen Methoden
erfolgen. Unterscheidungskriterien sind hierbei die Implementierungsmethoden für die Schnittstellenprozessoren, ihre Steuerung und ihre Anwendungsmöglichkeiten. Implementierungsmethoden sind die konventionelle
Programmierung, die compilerorientierte Programmierung und die Prozessor-
generierung. Unter dem Gesichtspunkt der Steuerung von Prozessoren sind
die tabellen- und sprachgesteuerten Prozessoren zu unterscheiden.

Die konventionelle Programmierung von Prozessoren wird bestimmt von der
gedanklichen Überführung der im CAD-System und in der Schnittstelle
dargestellten Modelle und Erstellung eines Programmes mit konventionellen
Methoden. Die Überführung der Modelle in die Realisierung vollzieht sich
hierbei in mehreren Stufen:

- Die gedankliche Überführung der Modelle der neutralen Schnittstelle und des rechnerunterstützten Systems in eine vom Menschen lesbare Darstellung,

- das Vergleichen und die Überführung der Modelle in diese Darstellung und daraus Ableiten einer Wandlungsvorschrift unter Berücksichtigung von Programmierschnittstellen und

- die Umsetzung dieser Algorithmen in einen Programm-Code.

Merkmale der auf diese Weise entstandenen Prozessoren sind:

- Deutliche Trennung von Pre- und Postprozessoren,

- Festlegung der Algorithmen auf spezielle Anwendungen,

- verminderte Flexibilität bei Änderung der Anforderungen an die Schemawandlung, bei Änderung der Schemaspezifikation oder bei Erweiterung um neue Anwendungen,

- allgemeingültige Module für Transformationsoperationen, Datenzugriffe und Datenspeicherung und Einbindung systemspezifischer Programmierschnittstellen,

- separate Module für separate Informationseinheiten.

Compilerorientierte Prozessoren weisen Funktionen, die analog denen eines Compilers sind, auf. Aufgabe eines Compilers ist die Übersetzung einer Eingabesprache in eine Ausgabesprache. Betrachtet man die in einem Modell gespeicherte Information als eine Folge von Symbolen, kann eine Ausprägung eines Modells sowohl als Eingabe- als auch als Ausgabesprache eines Compilers verstanden werden. In diesem Sinn sind Schnittstellenprozessoren als Compiler zwischen den Modellen der neutralen Schnittstelle und der rechnerinternen Darstellung in rechnerunterstützten Systemen zu verstehen. Aufbauend auf den Grundlagen des Compilerbaus können leistungsfähige Prozessoren entwickelt werden. Somit hat man die Möglichkeit schon erprobte Algorithmen aus diesem Gebiet verwendet zu können. Hauptkomponenten eines Compilers sind die lexikalische Analyse, syntaktische Analyse, semantische Analyse, Code-Optimierung und Code-Generierung /AHUL-77/. Compilerorientierte Prozessoren zur Realisierung von neutralen Schnittstellen bestehen aus den Komponenten Scanner/Parser zur lexikalischen und syntaktischen Analyse, einem Modul, das aus erkannten Sätzen eine Zwischendarstellung generiert und einem Modul, das nach semantischer Analyse eine Wandlung der Daten vornimmt, um einen Ziel-Code zu erzeugen. Ähnlich wie bei Compilern /WIRT-84, AHUL-77/ können die Zwischendarstellungen in Tabellen gespeichert werden. Daher werden solche Prozessoren auch als tabellen- oder listengesteuerte Prozessoren bezeichnet. Ein Beispiel derartig erzeugter Prozessoren sind die für die CAD*I-Schnittstelle entwickelten Prozessoren /WEIC-89, SCHL-89, GRSC -90/. Hierbei wurden Postprozessoren generiert.

4.2.6 Normteile

Die Bereitstellung von Normteilen in CAD-Systemen stellt eine wesentliche Voraussetzung für den wirtschaftlichen Einsatz von CAD-Systemen dar. Begründet ist diese Notwendigkeit durch vielfachen Einsatz genormter Bauteile in Maschinen und Apparaten. Ein Problem stellt dabei die von Land zu Land verschiedene Normung von Normteilen dar. Um Normteile in CAD-Systemen verwenden zu können, muß die bisher für die konventionelle Verarbeitung, d.h. für die Interpretation durch den Menschen, in Normen dargestellte Information CAD-gerecht aufbereitet werden. Die aufzubereitenden Informationen betreffen die Geometrie von Normteilen, die Normteilgrafiken, Normtabellen, Benennungen, Texte, Verweise auf andere Normen, Diagramme und Berechnungsvorschriften.

Für den Austausch derartiger Normen gelten zusätzliche Bedingungen, wie:

- die Darstellung von Normteilgeometrie und Bauteilcharakteristik in neutraler Form,

- die Beschreibung nicht genormter Bauteile, die auf Grund von starker Verbreitung in der Industrie quasi Norm sind,

- die Verfügbarkeit aller Norminformationen,

- die Möglichkeit, anwendungsspezifische Information hinzuzufügen,

- die Unterstützung verschiedener nationaler Normen,

- effiziente Einbindung in CAD-Systeme und

- benutzerfreundliche Systemoberfläche.

Die Aufbereitung in CAD-gerechter Form erfolgt durch Beschreibung von Sachmerkmalen in CAD-gerechter Form (DIN V 4001) und Erzeugung von Variantenlogik mittels genormter Programmbibliotheken (VDAPS DIN V 66304). Die Übertragung von Normteilen bzw. ihre Realisierung in CAD-Systemen kann durch Einbindung von Variantenprogrammen in CAD-Systeme und Speicherung von Sachmerkmalen in speziellen Dateien erfolgen.

Die Beschreibung von Sachmerkmalen erfolgt für 4 Klassen:

- Klasse der in konventionellen Normen gespeicherten Informationen,

- Klasse zusätzlicher Sachmerkmale zur Erzeugung von genormten Darstellungen in CAD-Systemen,

- Sachmerkmale zur Spezifizierung der Implementierungsebenen und

- Sachmerkmale, die von anderen Sachmerkmalen abgeleitet werden.

Die DIN V 66304 "Rechnerunterstütztes Konstruieren: Format zum Austausch von Normteildaten" beschreibt Syntax und Semantik einer prozeduralen Programmierschnittstelle in FORTRAN 77, die die Erzeugung von Normteildarstellungen erlaubt. Die Beschreibung der darzustellenden Geometrie erfolgt über sachmerkmalabhängige Makros, sogenannte

Geometriebausteine, die die Darstellung in verschiedenen Ansichten unterstützen.

Die Problematik der Speicherung von Sachmerkmalen ist Ziel einer Normungsbestrebung, die in Europa sehr stark forciert wird. Über europäische Vorhaben (CEN/CENELEC) sollen die Konzepte in die internationale Entwicklung einfließen /FB15-87, FB20-89/.

4.3 Literatur zu Kapitel 4

/AHUL-77/   Aho, A. V.; Ullmann, J. D.: Principles of Compiler Design; Addison-Wesley; Massachusetts, 1977.

/ANSC-88/   Anderl, R.; Schilli, B.: STEP-Eine Schittstelle zum Austausch integrierter Modelle; in: CAD-Datenaustausch und Datenverwaltung - Schnittstellen in Architektur, Bauwesen und Maschinenbau; Herausgeber: Weber ZGDV-Zentrum für graphische Datenverwaltung; Springer-Verlag, 1988.

/BEY-89/   Bey, I., u.a.(Herausgeber): CIM-Europe Workshop on Data Exchange and Communication Interfaces, Processors, Standardization and Certification; Workshop Proceedings October 1989; Kernforschungszentrum Karlsruhe, 1989.

/CHAL-88a/   Chalmers, D.L.: A High Level Model of EDIF; in: Using EDIF V200, Part 1- EDIF V200 Tutorial Material; The UK EDIF Support Project; Ref.: 031/MAN/001/A4-1; Manchester, 1988.

/CHAL-88b/   Chalmers, D.L.: Overview of EDIF V200; in: Using EDIF V200, Part 1- EDIF V200 Tutorial Material The UK EDIF Support Project; Ref.: 031/MAN/001/A4-1; Manchester, 1988.

/CHEN-76/   Chen, P.P.: The Entity-Relationship-Model Toward A Unified View of Data; ACM Trans. on Database Systems 1:1; 1976.

/DATE-86/   Date, C.J.: An Introduction to Database Systems; Vol.I; Addison Wesley, 1986.

/EDIF-87/   N. N.: EDIF Electronic Design Interchange Format Version V2.00; Electronic Industries Association EDIF Steering Committee; Washington; Mai 1987.

/EIGN-80/   Eigner, M.: Semantische Datenmodelle als Hilfsmittel der Informationshandhabung in CAD-Systemen und deren programmtechnische Realisierung auf Kleinrechnern; Fortschrittberichte der VDI Zeitschriften; Reihe: Angewandte Informatik, Nr. 9; VDI-Verlag; Düsseldorf, 1980.

/FB15-87/   N.N.: Normung von Schnittstellen für die rechnerintegrierte Produktion (CIM) Standortbestimmung und Handlungsbedarf; DIN-Fachbericht Nr. 15; Beuth Verlag; Berlin, 1987.

/GRAN-89/   Grabowski, H.; Anderl, R.; Schmitt, M.: Produktmodellkonzept von STEP; VDI-Z; Nr.12, 1989.

/GRAN-90/   Grabowski, H.; Anderl, R.: Produktdatenaustausch und CAD-Normteile; Expert-Verlag; 1990.

/GRGL-86/   Grabowski, H.; Glatz, R.: Schnittstellen zum Austausch produktdefinierender Daten. Auf dem Weg zum internationalen Standard STEP; VDI-Z; Nr.10, 1986.

/GRSC-90/   Grabowski, H.; Schilli, B.: Konzepte zur Realisierung genormter Schnittstellen zum Austausch produktdefinierender Daten; Informatik, Forschung und Entwicklung, 1990.

/IGES-88/   N. N.: Initial Graphics Exchange Specification (IGES), Version 4.0; National Institute of Standards and Technology; Washington D.C., USA, 1988.

/LOSC-87/   Lockemann, P.C., Schmidt, J.W. (Hrsg.): Datenbankhandbuch; Springer Verlag, 1987.

/MILD-87/   N.N.: Military Standard Automated Interchange of Technical Information MIL-D-28000; Department of Defense of the United States of America; Washington D.C., USA, 1987.

/MUND-87/   Mund, A.; u.a.: VDA-Flächenschnittstelle (VDAFS), Version 2.0; VDA-Arbeitskreis 'CAD/CAM'; Verband der Automobilindustrie e.V. (VDA) Frankfurt; Januar 1987.

/NCIG-88/   N.N.: NC Manufacturing Subset of IGES 2.0; Manufacturing Technology Commitee, National Institute of Standards and Technology (NIST); Washington D.C., USA, 1988.

/PDES-85/   N. N.: The Content, Plan and Schedule for the First Version of the Product Data Exchange Specification (PDES); National Bureau of Standards Gaithersburg; Maryland, USA; September 1985.

/SCHE-89/   Schenk, D.: Information Modeling Language EXPRESS; ISO TC184/SC4/WG1 N362.

/SCHL-88/   Schlechtendahl, E. G.(editor): Specification of a CAD*I Neutral File for CAD Geometry Wireframes, Surfaces, Solids Version 3.3; Third, Revised Edition; Research Reports ESPRIT Project 322, CAD Interfaces (CAD*I); Volume 1; Springer Verlag; Berlin, 1988.

/SCHL-89/   Schlechtendahl, E. G. (Editor): CAD Interfaces Results of ESPRIT Project 322 (CAD*I); Volume 1: CAD Data Transfer; Springer Verlag, 1989.

/SEIL-85/   Seiler, W.: Technische Modellierungs- und Kommunikationsverfahren für das Konzipieren und Gestalten auf der Basis der Modellintegration; Fortschrittberichte VDI; Reihe 10, Nr.49; VDI-Verlag; Düsseldorf, 1985.

/SET-85/   N. N.: Automatisation industrielle Représentation externe des données de définition de produits Spécification du standard d'échange et de transfert (SET); Version 85-08 Z68-300; Association française de normalisation (afnor) Paris; August 1985.

/SETF-88/   N.N.: Standard d'Echange et de Transfert (SET) - Elements Fini - G.O. SET; Paris, 1988.

/SETS-88/   N.N.: Standard d'Echange et de Transfert (SET) - Scientific Data - G.O. SET; Paris 1988.

/SETV-88/   N.N.: Standard d'Echange et de Transfert (SET) - Solide - G.O. SET; Paris, 1988.

/STEP-88/   N.N.: STEP Preliminary Design; ISO TC184/SC4/WG1 N 208; May 1988.

/STSC-83/   Stucky, W.; Schlageter, G.: Datenbanksysteme: Konzepte und Modelle; Teubner Verlag, 1983.

/TEFR-82/   Teorey, T.J.; Fry, J.P.: Design of Database Structures; Prentice Hall INC., 1982.

/TEYA-86/   Teorey, T.J.; Yang, D.; Fry, J.P.: A Logical Design Methodology for Relational Databases Using the Extended Entity-Relationship Model; Computing Surveys; Vol.18, No.2; June 1986.

/TSKL-78/   Tsichritzis, D.C.; Klug, A.: The ANSI/X3/SPARC DBMS framework report of the study group on database management systems; Information Systems 3:3; 1978.

/VDAI-89/   N.N.: Festlegung einer Untermenge von IGES Version 3.0 (VDAIS), Version 2.0; VDMA/VDA-Einheitsblatt; VDMA/VDA 66319, 1989.

/WEIC-89/   Weick, W.: Die Problematik des Datenaustausches zwischen 3D-CAD-Systemen über eine neutrale Schnittstelle; Dissertation an der Ruhr-Universität Bochum; Lehrstuhl für Maschinenelemente und Konstruktionslehre; Schriftenreihe, Heft 89.2; Bochum, 1989.

/WEIS-84/   Weiss, J. A.: Product Definition Data Interface: The Solution ICAM-Projekt; Unterlage, Okt. 1984.

/WIKE-88/   Wilson, P. R.; Kennicott, P. R.: ISO STEP Baseline Requirements Document (IPIM); ISO TC184/SC4/WG1 N284; ISO-Draft Proposal No. 10103, 1988.

/WILS-87/   Wilson, P. R.: A Short History of CAD Data Transfer Standards; IEEE Computer Graphics and Applications; Juni 1987.

/WIRT-84/   Wirth, N.: Compilerbau: Eine Einführung; 3. überarbeitete und erweiterte Auflage; Teubner Verlag; Stuttgart, 1984.

5 CAD/CAM-Anwendungen

Die Betrachtung der Anwendungen zeigt Einsatzfelder von CAD/CAM-Systemen auf und ordnet deren Einsatz in den Produktentstehungsprozeß unterschiedlicher Anwendungsbranchen ein.

Betrachtet man die einzelnen Branchen und deren Vorgehensweisen bei der Planung, Realisierung und Pflege eines Produktes, so stellen sich branchenübergreifend folgende wesentlichen Aufgabenbereiche und somit Einsatzfelder von CAD/CAM-Systemen im Produktentstehungsprozeß heraus:

- Planung der Randbedingungen und Anforderungen an das Produkt,
- Erstellung von Angeboten bei auftragsgebundener Fertigung,
- Abstraktion der Aufgabenstellung, Bildung eines logischen oder funktionalen Modells und Beschreibung der Wirkstrukturen,
- Modellierung der geometrischen und topologischen Struktur eines Produktes,
- Modellierung unter den für das Produkt bzw. für die Branche relevanten technischen Aspekten,
- Simulation des physikalischen Systemverhaltens an Hand der gebildeten Modelle,
- technisch-wirtschafliche Nutzenanalyse,
- Erstellung der Ausführungsunterlagen,
- Planung und Betreuung des Herstellungs- und Qualitätssicherungsprozesses,
- Simulation von Produktionsvorgängen und
- Pflege des Produktes.

Ebenso werden bei den einzelnen Beschreibungen die Möglichkeiten der Verwendung von Produktdaten für Aufgaben des Projektmanagements bzw. der Produktionsplanung und -steuerung, wie z.B. bei der Kalkulation und Auftragsterminierung, aufgezeigt.

5.1 Maschinenbau

Im Maschinenbau hat sich in der Produktentstehung ein immer höherer Grad der Arbeitsteilung und eine zunehmend komplexere Systematik für die Erzeugung der produkt- und produktionsbeschreibenden Vorgaben entwickelt. Ebenso entstanden für die Vielzahl der in einem Unternehmen gleichzeitig durchzuführenden und konkurrierenden Aufträge umfangreiche Verfahren für die Überwachung und Steuerung des Durchlaufs.

In der kontinuierlichen Entwicklung rechnerunterstützter Verfahren in den Unternehmen des Maschinenbaus standen nach den zuerst entwickelten Verfahren für eine Verwaltungsabrechnung in den fünfziger Jahren die Verfahren für die Steuerung der innerbetrieblichen Abläufe im Vordergrund. Erste Ansätze zur Unterstützung der Detaillierungsphase im Konstruktionsprozeß (SKETCHPAD-System von Ivan Sutherland, entwickelt am Massachusetts Institute of Technology) entstanden Anfang der sechziger Jahre in den USA. Diesem System war Ende der fünfziger Jahre die Entwicklung einer numerisch gesteuerten Drehbank am gleichen Institut vorausgegangen.

Erst durch die Schaffung und Weiterentwicklung der für CAD/CAM-Systeme so wichtigen Voraussetzungen wie:

- leistungsfähige grafisch-interaktive Arbeitsplätze,

- genormte Datenformate für den Datenaustausch und die Steuerung von Maschinen,

- genormte Netzwerke und

- ein breites Angebot an numerisch gesteuerten Betriebsmitteln

war die Grundlage für einen breiten Einsatz von CAD/CAM-Systemen geschaffen. Dadurch war man in der Lage, komplexe und integrierte Gesamtsysteme für den Produktionsprozeß zu schaffen.

Die im Maschinenbau am CAD/CAM-Prozeß beteiligten organisatorischen Bereiche eines Unternehmens werden zunächst kurz beschrieben und die Aufgabenbereiche hieraus abgeleitet. Aus dem Tätigkeitsspektrum innerhalb der einzelnen Bereiche lassen sich wiederum die für den Maschinenbau spezifischen Verfahren der Modellierung ableiten.

Unternehmen des Maschinenbaus besitzen im allgemeinen die in Abbildung 5.1 dargestellten organisatorischen Bereiche zur Planung und Durchführung des Produktentstehungsprozesses.

Für die Erstellung und Verwaltung der Produktinformation ist der Bereich der **Produktentwicklung** zuständig.

Hier gibt es bei größeren Unternehmen Forschungs- und im allgemeinen Entwicklungs- und Konstruktionsabteilungen. Den Entwicklungsabteilungen kommt die Aufgabe zu, die im Bereich der Grundlagenforschung und der angewandten Forschung beobachteten und beschriebenen Phänomene und Experimentalergebnisse in neue Produkte und deren Struktur einfließen zu lassen /WARN-84/. In diesen Abteilungen wird in engerem Sinne die nach VDI-Richtlinie 2222 /VDIR-77/ beschriebene Konzipierungsphase mit den Aufgabenbereichen *Funktionsfindung* und *Prinziperarbeitung* durchlaufen.

Den Rahmen für die Entwicklung bilden die in der Anforderungsliste beschriebenen Zielfunktionen und Randbedingungen für das zu entwickelnde Produkt.

Üblicherweise werden schon hier Prototypen oder Labormuster angefertigt, besonders wenn die zu entwickelnden Systeme viele unterschiedliche Wirkprinzipien für die Informationsverarbeitung (z.B. Geräteindustrie) beinhalten. Zur Vermeidung gravierender Produktmängel während der Produktlebenszeit wird daher in immer stärkerem Maße das physikalische Verhalten eines Systems in seiner späteren Umgebung rechnerunterstützt simuliert. Die hierauf folgende konstruktive Ausarbeitung des Produktes beinhaltet die Phasen der *Gestaltung* und der *Detaillierung*. Bei jedem Gestaltungsvorgang steht neben der Aufgabe zur Umsetzung der Funktion in eine räumliche Gestalt die Einhaltung der Prinzipien und Leitlinien der Gestaltung im Vordergrund. Der Konstrukteur ist hier neben den Anforderungen an das Produkt an allgemeine Vorschriften und unternehmensinterne Richtlinien gebunden. Diese Richtlinien beinhalten Leitlinien für die Teileauswahl zur Beschränkung der Teilevielfalt, Anforderungen bezüglich der Umweltverträglichkeit, Regeln zur Gewährleistung der Betriebssicherheit und Regeln für die fertigungs-, montage- und prüfgerechte Auslegung. Hier zeigt sich ein weites Anwendungsfeld rechnerunterstützter Verfahren für die Informationsverwaltung und -bereitstellung.

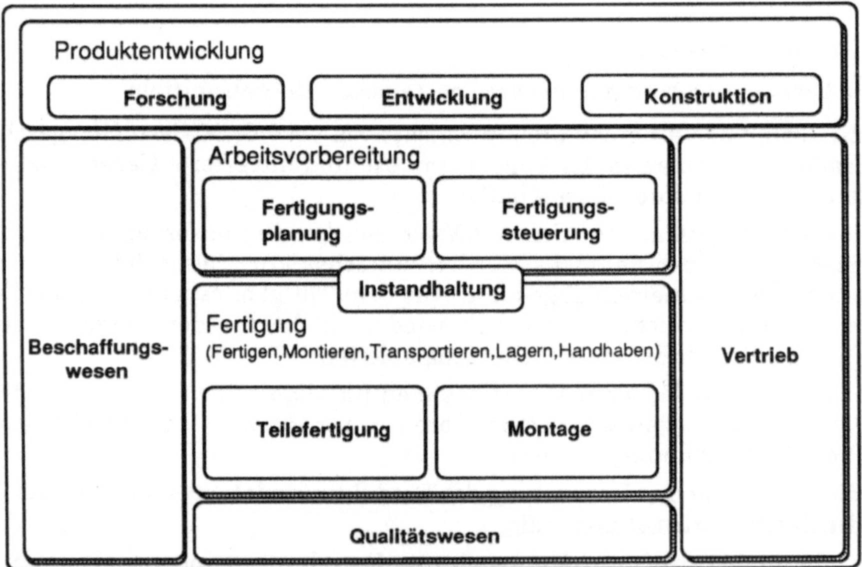

Abb. 5.1.   Organisatorische Bereiche im Produktentstehungsprozeß

Der Bereich **Arbeitsvorbereitung,** manchmal auch Fertigungsvorbereitung genannt, gliedert sich in die Aufgabenbereiche *Fertigungsplanung* (CAP) und die *Fertigungssteuerung*. In der Fertigungssteuerung werden im wesentlichen PPS-Systeme eingesetzt. Die wesentlichen Aufgaben der Fertigungsplanung sind die Planung neuer Technologien, die Erstellung von Arbeitsplänen, die Beschaffung oder Konstruktion von Werkzeugen und Vorrichtungen und die Erstellung von Programmen für numerisch gesteuerte Betriebsmittel.

Im Bereich der **Fertigung** (bzw. Produktion in engerem Sinne) werden die in der Fertigungsvorbereitung erstellten Steuerinformationen an die dafür vorgesehenen Betriebsmittel (Fertigungsmittel, Prüfmittel, Lagermittel, Transportmittel) zusammen mit den Roh- und Hilfsstoffen bzw. Zukaufteilen übertragen und die geplanten Arbeitsvorgangsfolgen ausgeführt und überwacht.

Die **Instandhaltung** plant und überwacht die Beschaffung von Ersatzteilen und -stoffen für die Fertigung und den Zustand der eingesetzten Betriebsmittel. Dies sind alle Geräte, Maschinen und Anlagen, die in irgend einer Weise in einem System daran beteiligt sind, die Arbeitsaufgabe zu erfüllen. Für diesen Bereich werden insbesondere Systeme für die Verwaltung des Betriebsmittelbestandes und die Überwachung der Standzeiten von Werkzeugen eingesetzt.

Das **Beschaffungswesen** hat die Aufgabe des Erwerbs aller für das Unternehmen notwendigen Stoffe und Güter. Man unterscheidet hier nach Gütern für die Aufnahme der Produktion, für die laufende Produktion und für das Produkt selbst. Es hat zusätzlich Pufferfunktionen zu erfüllen.

Das **Qualitätswesen** umfaßt den Bereich des Unternehmens, der die Qualität eines Produktes sicherstellt. Da Qualitätsmerkmale von allen am Produktentstehungsprozeß beteiligten Abteilungen beeinflußt werden, besteht die Aufgabe dieses Bereiches darin, in Zusammenarbeit mit den Abteilungen Maßnahmen zur Verbesserung der Produktqualität zu erreichen. Neben der eigentlichen Erfassung von Qualitätsmerkmalen innerhalb der Qualitätsprüfung (mit den Unteraufgaben der Prüfplanung, der Prüfausführung und der Prüfdatenverarbeitung) existieren zusätzlich die Aufgabenbereiche der Qualitätsplanung und der Qualitätslenkung. Innerhalb der Qualitätsplanung werden die Qualitätsmerkmale ausgewählt und die erforderlichen Meßgrößen und Toleranzbereiche in Produktion und Gebrauch festgelegt. Der Qualitätslenkung kommt die Aufgabe der Beeinflussung der Qualitätsmerkmale schon im Vorfeld der Entstehung (z.B. bei Lieferanten) zu.

Der **Vertrieb** hat die Aufgabe der technischen Durchführung des Produktabsatzes. Ein wichtiges Merkmal bei Unternehmen des Maschinenbaus stellt neben der Art des gefertigten Produktes und der gefertigten Stückzahl der Auftragstyp und somit die Art des Vertriebs dar (Abb. 5.2.).

Man unterscheidet zwischen einer kundenauftragsorientierten Fertigung (Einzelfertigungscharakter) und einer an den Bedürfnissen des Marktes ausgerichteten Serienfertigung, welche durch Betriebsaufträge ausgelöst wird. Bei beiden Auftragstypen bestehen umfangreiche Möglichkeiten für eine durchgängige, integrierte Datenverarbeitung mit Hilfe von CAD/CAM-Systemen. Im ersten Fall kann durch eine integrierte Bearbeitung von Angeboten der in den meisten Unternehmen erhebliche Aufwand für eine Angebotserstellung gesenkt und die Flexibilität gegenüber dem Kunden gesteigert werden. Die anschließende Auftragsabwicklung mit dem Durchlaufen der Produktkonstruktion, Arbeitsvorbereitung und Fertigung erlaubt durch den Einsatz von Rechnersystemen und den Aufbau von Prozeßketten die Vermeidung von Mehrfacharbeit, die Vermeidung von Fehlern und die Verkürzung der Dauer der Auftragsbearbeitung. Im zweiten Fall kommt ein schnelles Durchlaufen

des Produktentwicklungs-, Konstruktions- und Arbeitsvorbereitungsprozesses
dem Produkt als Wettbewerbsvorteil zugute.

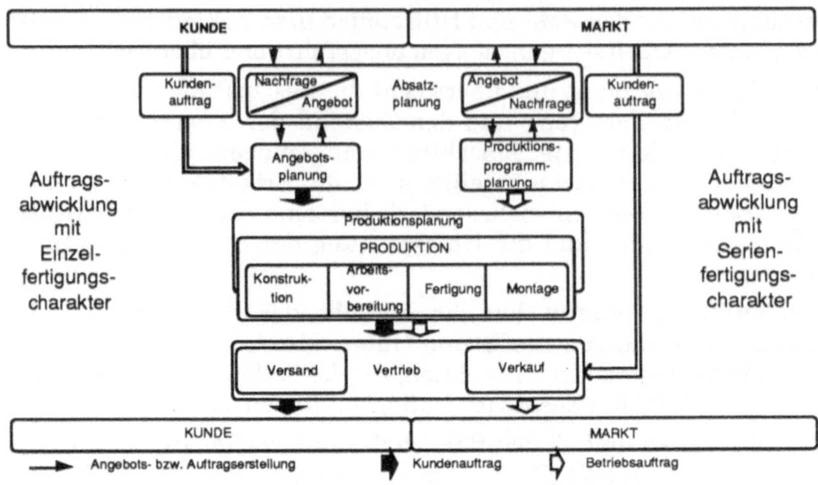

Abb. 5.2. Ablauf von Kunden- und Betriebsaufträgen nach /JUNG-76/

Betrachtet man den Bereich der Produktion im Maschinenbau unter einem
technischen Aspekt, so lassen sich folgende, wesentliche Aufgabenbereiche für
die Datenverarbeitung ableiten:

- Anforderungsbeschreibung für die Produktentwicklung,

- Funktions-, Prinzip-, Gestalts- und Technologiebeschreibung,

- Strukturierung und Verwaltung der Produktinformation,

- Erstellung der Ausführungsunterlagen,

- Planung des Produktionsprozesses,

- Erstellung von Steuerinformation für numerisch gesteuerte Maschinen,

- Durchführung und Überwachung des eigentlichen Produktionsprozesses,

- Planung, Überwachung und Lenkung der für die Einhaltung der System-
  funktion notwendigen Qualitätsmerkmale und die

- Bereitstellung von Produktdaten für die nicht direkt am Entwicklungs-
  und Realisierungsprozeß beteiligten Abteilungen.

Bei Betrachtung der obigen Aufgabenbereiche wird deutlich, daß bei allen
Bereichen das Produkt und die verschiedenen Sichten auf das Produkt im
Mittelpunkt stehen. Für das Durchlaufen des Produktenstehungsprozesses ist
es daher von entscheidender Bedeutung, ob ein Modellierungskonzept auf
einer Verkettung von heterogenen DV-Systemen oder auf integrierten Systemen basiert. Das Modellierungskonzept beschreibt die Strukturierung von
unterschiedlichen Methoden der Modellierung. In technischem Sinne spiegelt

sich dies in der Systemarchitektur und dem Datenaustausch zwischen den innerhalb eines CAD/CAM-Systems existierenden Teilsystemen wider.

Im ersten Fall ergibt sich ein wesentlicher Nachteil durch die notwendigen Modellkonvertierungen und die Redundanz der Datenhaltung. Mit der Modellkonvertierung ist zumeist ein Informationsverlust verbunden. Ebenso steigt durch die mehrfache Bildung von Modellen der Aufwand für die Datenhaltung an. Die mehrfache Haltung von Produktinformation führt in den meisten Fällen zu einer Inkonsistenz und fehlenden Transparenz des Datenbestandes. Auf Grund einer aufgabenspezifischen Organisationsstruktur mit klar abgegrenzten Bereichen und lokalen Verfahren für die Rechnerunterstützung findet man jedoch in der Mehrzahl der Fälle diese Form der Datenverarbeitung.

Um diese Nachteile zu vermeiden, wird die Entwicklung integrierter CAD/CAM-Systeme angestrebt. Nur durch die Integration wird eine zuverlässige, konsistente Nutzung des Datenbestandes erreicht. Für diese Systeme müssen allerdings geeignete Verfahren der Datenverwaltung (Technische Datenbanken) und der Datenmanipulation (lokale Modellierung) entwickelt werden.

Bei der nachfolgenden Beschreibung der Bereiche innerhalb des Produktenstehungsprozesses soll zunächst deutlich gemacht werden, welche Informationen für die Aufgabenerfüllung notwendig und welche Dokumente in den einzelnen Abteilungen zu bearbeiten sind. Die ganzheitliche Betrachtung der für ein CAD/CAM-System notwendigen Daten führt zu der für ein integriertes Produktmodell notwendigen Merkmalsmenge und der hierfür erforderlichen Funktionalität für die Modellierung.

5.1.1 Produktentwicklung (CAE/CAD)

Die bereits beschriebene Forderung nach einer schnellen Markteinführung bei immer kürzer werdenden Produktlebenszyklen muß in Einklang stehen mit einer raschen, gesicherten Umsetzung von Forschungsergebnissen in marktfähige Produkte.

Im Unternehmensbereich Produktentwicklung für Produkte des Maschinenbaus findet man ausgehend vom Phasenmodell der VDI-Richtlinie 2222 /VDIR-77/ die in Abbildung 5.3 dargestellten Produktsichten, Aufgaben und Dokumente.

Aus dieser von einer Rechnerunterstützung unabhängigen Darstellung lassen sich die Anforderungen an die anwendungsspezifische Modellierung innerhalb der Entwicklung und Konstruktion mit einem CAD/CAM-System ableiten.

Der Begriff technische Modellierung bedeutet die Bereitstellung von anwendungsbezogenen Funktionen, basierend auf grundlegenden Verfahren der Modellierung. Die technischen Funktionen ergeben sich aus der Produktklasse (z.B. Fahrzeuge, Laborgeräte, Anlagen, usw.), den Produktmerkmalen (z.B. Art der Oberflächen, Anzahl unterschiedlicher Wirkprinzipien, Fertigungsmerkmale, usw.) und den Unternehmens- bzw. Branchenmerkmalen (z.B. Betriebsgröße, Vertriebsart, Organisationsstruktur, usw.).

Phasen	Produktsichten	Aufgaben	Dokumente
Planung	Systemumgebung Systemanforderungen	Konstruktions- management	Kundenanfrage Pflichtenheft Systembeschreibung
Konzipierung	Funktion	Modellierung von Produktsichten für die funktionale, physikalische, technische, technologische und produktionstechnische Modellierung	Anforderungsliste Funktionsplan
Entwurf	phys./chem. Wirkprinzip		Prinzipskizze
	geometrische Gestalt		Entwurfsskizze Auslegungsberechnung Nutzenanalyse
	Fertigung	Datenbereitstellung Lösungsbewertung und Simulation	
Ausarbeitung	lokale Gestalt und Mikrogeometrie	Produktstrukturierung Unterlagenerstellung Produktdatenverwaltung	Zeichnung Stückliste Anweisung
	techn. Darstellung		

Abb. 5.3.   Sichten, Aufgaben und Dokumente bei der Produktentwicklung

Der Anwendungsbereich von CAD/CAM-Systemen umfaßt folgende Hauptaufgaben:

- die Modellierung in den beschriebenen Modellierungssichten,

- die Datenorganisation (Archivierung, Klassifikation),

- die Datenaufbereitung (Wiederholteilsuche, Auswertungen) und die

- Datenbereitstellung (Normteilkataloge, Werkstoffkatalog, Betriebsmitteldatenbanken).

Diese Hauptaufgaben ergeben sich aus dem Tätigkeitsspektrum in den Entwicklungs- und Konstruktionsabteilungen. Die Produktsicht entspricht hier den einzelnen Arbeitsabschnitten beim Konstruieren unter Verwendung von CAD-Systemen. In diesen Arbeitsabschnitten werden spezielle Arbeitsschritte durchgeführt, für die man rechnerunterstützte Verfahren entwickelt hat. Entsprechend erscheint es zweckmäßig, die bestehenden CAD-Verfahren und die hierfür verwendeten Techniken zur Informationsverarbeitung und -bereitstellung vorzustellen. Ein Überblick zeigt die nach /PABE-86/ im Konstruktionsprozeß verwendeten Verfahren und die hierfür zur Verfügung stehenden Techniken (siehe Abb. 5.4.).

Mit diesen Verfahren modelliert man im allgemeinen Produktdaten, welche in dafür geeignete Modelle abgebildet werden. Bei der Anwendung eines bestimmten Modelltyps ist die rechnerinterne Darstellung mit einem aus der

Abstraktion resultierenden Informationsverlust verbunden. Dieser tritt im allgemeinen besonders bei Änderungsfunktionen zutage. Da die Objekte, wie sie der Konstrukteur verwendet, bei der Beschreibung eines Produktes meist technischer Natur sind und bestehende Systeme meist nur eine geometrisch orientierte Beschreibung zulassen, ist dies ein Hindernis für die Akzeptanz solcher Systeme.

Funktion	Unterfunktionen	CAD-Verfahren
Aufgabe **Klären und präzisieren der Aufgabenstellung** Anforderungsliste	Ergänzung, Präzisierung und Strukturierung der Anforderungen	• Merkmaldialog mit Besteller • Merkmalbibliothek für Anforderungen • Vorkalkulation
Ermittlung von Funktionen und deren Strukturen Funktionsstruktur	Finden, Beschreiben und Strukturieren der wesentlichen Funktionsstruktur	• Funktionskataloge • Funktionale Modellierung
Suche nach Lösungsprinzipien und deren Strukturen Prinziplösung	Wirkprinzipsuche geometrisch-.stoffliche Merkmalfestlegung Aufbau der Wirkstrukturen Bewerten und Auswählen der Lösungen	• Wirkprinzipkataloge • Modellierung von Wirkzusammenhängen • Simulationsprogramme für Wirkprinzipien • Merkmalleisten
Gliederung in realisierbare Module Modulare Struktur	Erkennung gestaltsbestimmender Anforderungen Strukturierung in Hauptfunktionsträger Analyse und Bewertung	• Skizzierverfahren • Rekonstruktionsverfahren • Raumaufteilung • Technische Modellierung • Simulationsverfahren auf der Basis finiter Elemente (FEM) • Kinematik
Gestalten realisierbarer Module Vorentwurf	Grobgestaltung der Module Berechnung und Anordnung der gestaltsbestimmenden Hauptfunktionsträger Entwurfsauswahl	• Variantenverfahren • Geometrisches Modellieren • Technologische Modellierung • Kalkulationsverfahren **Daten**
Gestalten des gesamten Produkts Gesamtentwurf	Grobgestaltung Berechnung und Anordnung der Nebenfunktionsträger Feingestaltung Optimierung, Kontrolle Technisch. wirtschaft. bewerten	• Variantendatenbank • Zuliefererkataloge • Konstruktionskataloge • Normteilekataloge • Sachmerkmalleisten • Werkstoffdatenbank • Betriebsmitteldatenbank
Ausarbeitung der Ausführungs und Nutzungsunterlagen Ausführungsunterlagen	Detaillierung der Ausarbeitungs- und Fertigungsunterlagen	• Bemaßung • Zeichnungserstellung • Stücklistenerstellung • Sonderdarstellungen • Verfahren zur Unterstützung der Dokumentation

Abb. 5.4. Rechnergestützte Verfahren und Techniken bei der Produktentwicklung nach /PABE-86/

Zusätzlich besteht bei vielen Modellen keine Möglichkeit zur Beschreibung von technischen Abhängigkeiten zwischen Elementgruppierungen. Daher können die Abhängigkeiten zwischen diesen Objekten bei Änderungen nicht berücksichtigt werden. Ein Beispiel hierfür wäre die Änderung eines Wellendurchmessers bei einer Verbindung aus einer Welle und dem zugehörigen Lager. Diese Änderung wäre in der Realität mit einer Veränderung des Lagerinnendurchmessers und damit des Lagertyps verbunden. Fehlt die technische Assoziation, d.h. der Wirkzusammenhang zwischen den Objekten, ist diese Abhängigkeit nicht mehr direkt aus dem Modell ableitbar oder nur sehr schwer algorithmisch zu ermitteln. Dies erhöht für den Nutzer von CAD/CAM-Systemen den Aufwand für Änderungen erheblich und senkt dadurch die Akzeptanz des Systems. Es müssen daher Modelle und Modellierungsfunktionen geschaffen werden, die eine Modellierung mit technischem Bezug ermöglichen.

Weiterhin stellt die Möglichkeit für eine Parametrisierung der Bauteilgeometrie eine wichtige Anforderung an CAD/CAM-Systeme im Maschinenbau dar. Da der Konstrukteur häufig mit Norm- und Zukaufteilen oder unternehmensintern genormten Teilen und Gestaltungsrichtlinien arbeitet, muß die Funktionalität, die Auswahl und die Beschreibung dieser Elemente auf technischem Niveau ermöglicht werden.

Im folgenden wird auf die bestehenden Modelle für das geometrische Modellieren näher eingegangen, da diese den Kern für eine Abbildung von Produktmerkmalen der Gestalt darstellen. Ebenso werden die Möglichkeiten für eine Merkmalsbeschreibung und die Wiederholteilsuche aufgezeigt.

5.1.1.1 Verfahren und Modelle für das geometrische Modellieren

Die geometrische Modellierung wird nicht nur für die Beschreibung der Gestalt eines Produktes, sondern auch bei den Beschreibungsverfahren für die Geometrie im Bereich der Simulationen sowie für statische, thermodynamische und strömungstechnische Berechnungen benötigt.

Neben den sich in der Anwendung befindlichen zweidimensionalen geometrischen Modellierern für die Aufgaben:

* Erstellung der technischen Zeichnungen,

* Planung von Layouts,

* Kinematiken in der Ebene und

* Schachtelungen

setzt man in zunehmendem Maße dreidimensionale Modelle ein.

Diese Modelle werden im Konstruktionsbereich für folgende Aufgaben hinzugezogen:

* Untersuchung der Montierbarkeit von Produkten,

* Modellierung von Freiformgeometrieen an Hand geometrischer Randbedingungen,

- Bestimmung von Merkmalen der Technischen Mechanik wie Volumen, Trägheitsmoment, Schwerpunkt usw.,

- Durchführung kinematischer Studien,

- Simulation des Strömungsverhaltens von Körpern,

- Analyse der Wärmeausbreitung und des Erstarrungsverhaltens,

- Verhalten auf statische und dynamische Belastung des Produktes,

- Planung von Rohrleitungssystemen (Piping Design),

- Simulation von Fertigungs-, Montage- und Prüfvorgängen und

- Erstellung anschaulicher Präsentationsgrafiken.

Bei diesen Modellen erweist sich die eingeschränkte Nutzungsfähigkeit als Nachteil. Sie sind in ihren Merkmalen stark auf die jeweilige Anwendung ausgerichtet und können in der Mehrzahl der Fälle nicht durchgängig für mehrere Zwecke verwendet werden. Diesen Nachteil vermeiden integrierte Produktmodelle. Diese Modelle sind auf Grund des erhöhten Entwicklungsaufwandes zwar noch nicht so weit entwickelt, werden aber in Zukunft auf Grund ihrer Vorteile bei einer integrierten Modellierung eine immer größere Rolle spielen /GRAB-86/. Da der Aufwand für die Beschreibung zum Teil sehr hoch ist (z.B. Finite Elementmodelle), werden Verfahren entwickelt, die diesen Vorgang beschleunigen.

Da das geometrische Modellieren heute noch den Schwerpunkt der Modellierung darstellt, werden die hierfür bestehenden Modelle und Verfahren beschrieben. Als geometrisches Modellieren bezeichnet man die Abbildung von Merkmalen der Gestalt. Mit Gestalt wird die strukturelle Anordnung von geometrischen Grundelementen unterschiedlicher Ausprägung bezeichnet. Die Beschreibung bleibt auf die Makrogeometrie beschränkt, d.h. die Beschreibung von Mikrogeometrie (Oberflächenbeschaffenheiten, Toleranzen und Materialeigenschaften) ist nicht relevant.

Die wichtigsten Merkmale für eine Klassifizierung der für die Modellierung zugrundegelegten geometrischen Modelle sind die Dimensionalität des Beschreibungsraumes und die Art der modellierten Elemente.

Dimensionalität des Beschreibungsraumes

Man unterscheidet hinsichtlich der Dimensionalität des Beschreibungsraums zwischen einer zweidimensionalen, ebenen und einer dreidimensionalen, räumlichen Beschreibung.

Die auf zweidimensionalen Elementbeschreibungen basierenden Systeme werden meist für die Erstellung der Ausführungsunterlagen, die Planung von Layouts und für ebene geometrische Probleme eingesetzt. Für diese Modellierungssysteme gibt es meist parametrisierte Normteilebeschreibungen, die die Routinetätigkeiten im Unterlagenerstellungsprozeß vereinfachen.

Für das dreidimensionale Modellieren sind *Draht- und Kantenmodelle* die einfachsten Formen der räumlichen Gestaltsbeschreibung. In diesem Fall verzichtet man auf die Flächeninformation und baut aus dreidimensionalen Linien- und Punktbeschreibungen Modelle auf, welche zumeist für die kinematische Simulation oder für Proportionsstudien eingesetzt werden. Sie haben den Vorteil, daß der Rechenaufwand für die Darstellung gering ist. Somit können die kurzen Antwortszeiten des CAD-Systems realisiert werden, die im Bereich des interaktiven Dialogs gefordert werden. Der wesentliche Nachteil solcher Systeme besteht in der fehlenden Möglichkeit zur Darstellung von Objekten mit der Ausblendung verdeckter Kanten und Flächen.

Flächenmodelle werden insbesondere für die Modellierung von Freiformflächen eingesetzt. Da z.B. in der Automobil-, Flugzeug- und Schiffbauindustie der Aufwand für die Erstellung von Ausführungsunterlagen (aufwendige Schnittzeichnungen und -berechnungen) ohne die Unterstützung solcher Modellierer sehr aufwendig oder nicht exakt durchführbar ist, haben sich gerade in diesem Bereichen leistungsfähige Anwendungen entwickelt. Ein weiterer wichtiger Vorteil ist die Möglichkeit der Datenintegration mit dem Fertigungsplanungsprozeß, so daß eine Werkzeugwegbeschreibung z.B. bei der Fräsbearbeitung direkt aus der Flächenbeschreibung abgeleitet werden kann.

Die *Volumenmodellierung* kommt dem eigentlichen Gestaltungsprozeß am nächsten. Hier kann man auf Volumenbasis eine direkte Gestaltung und Analyse des Produktes durchführen. Für Gestaltungsaufgaben haben sich für die verschiedenen Anwendungen der Volumenmodellierung verschiedene Modelltypen entwickelt /SEIL-85/(Abb. 5.5.).

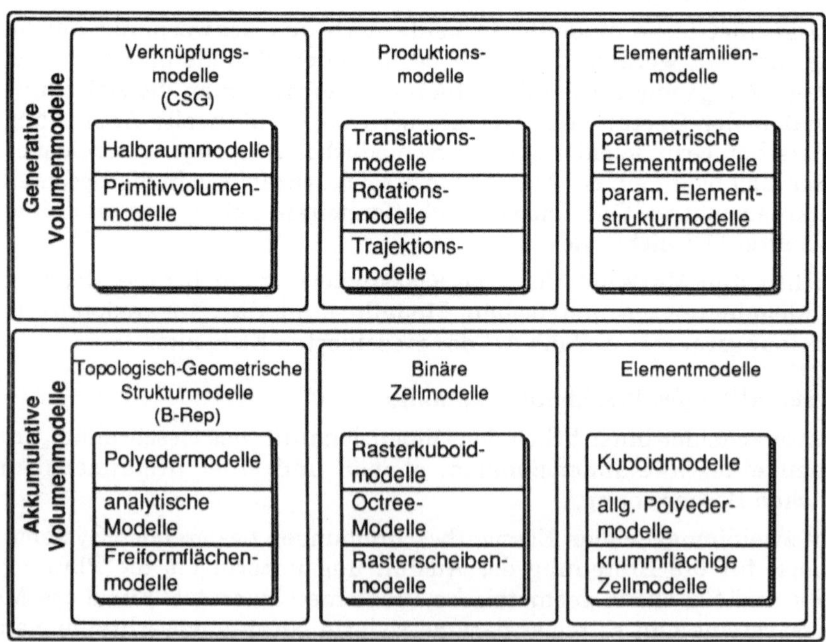

Abb. 5.5.   Arten von Volumenmodellierern nach /SEIL-85/

Es wird hinsichtlich einer generativen und einer akkumulativen Speicherung der Information unterschieden. Diese Klassifizierung bezieht sich auf den jeweils überwiegenden Anteil der geometrischen Objektdaten, da alle Modelle hinsichtlich dieser Kriterien Hybridmodelle darstellen. Modelle mit generativer Charakter beschreiben die Ableitung der eigentlichen Objektrepräsentation aus einer Basisbeschreibung. So wird etwa bei CSG-Modellen (Constructive Solid Geometry) nur der Typ des Basiselementes (z.B. Zylinder, Kegel, usw.) und die zugehörigen Parameter (z.B. Durchmesser, Höhe, usw.) beschrieben und die eigentliche Objektdarstellung aus den Parametern abgeleitet.

Die größte Verbreitung haben Modelle mit einer topologisch-geometrischen Strukturbeschreibung, die Primitivkörper (oder besser -volumen) -modelle und die daraus abgeleiteten hybriden Formen.

- Modelle mit generativem Charakter

  Im Fall der *CSG-Modelle* sind die Basiselemente Volumina, welche durch mengentheoretische Verknüpfung die Objekte beschreiben.

  Die *Produktionsmodelle* werden durch die Angabe eines geometrischen, meist flächigen Basiselementes und einer Trajektorie, entlang der das Volumen gebildet werden soll, beschrieben (Sweep Modelle). Eine besondere Form der Produktionsmodelle stellen die sogenannten 2 1/2 D-Modelle dar, welche ebene Beschreibungen mit einem festen Wert verknüpfen, der die räumliche Ausdehnung entlang eines Translationsvektors repräsentiert.

  Bei *Elementefamilienmodelle* liegt die Gestaltsbeschreibung meist in prozeduraler Form vor. Diese wird über eine Menge von beschreibenden Größen dimensioniert (Parametrisierung).

- Modelle mit akkumulativem Charakter

  Ein wesentliches Merkmal der *Topologisch-Geometrischen-Strukturmodelle* stellt die Trennung von topologischer und geometrischer Beschreibung der Basiselemente dar. Auf geometrischer Seite die Punkte, Linien und Flächen mit ausprägungsspezifischen Attributen (bei Linien z.B. Gerade, Kreis, Spline, usw.) und auf topologischer Seite die Struktur, beschrieben durch Oberflächenverbände, geschlossene Konturzüge und Kanten, welche über Eckpunkte verbunden sind. Die Topologie beschreibt in diesem Sinne den Zusammenhang zwischen den Elementen. Diese topologische Struktur kann man unter Verwendung von Euleroperatoren modellieren, welche auf Basis der Eulergleichung die Konsistenz der Datenstruktur gewährleisten.

  Zellmodelle beschreiben die Gestalt durch eine Unterteilung des Punktraumes in Einzelvolumina und die binäre Angabe, ob diese von der Gestalt des Objektes ausgefüllt sind oder nicht.

  Finite Elementmodelle setzt man bei den Verfahren ein, welche mit einer integralen Volumenänderung einhergehen (FEM-Modell).

- Hybridmodelle

  Ebenso existieren Modelle, welche beide Geometriebeschreibungsformen beinhalten. Diese werden Hybridmodelle (z.B. kombinierte B-Rep und CSG-Modelle) genannt. Diese Modellart findet man hauptsächlich bei reinen CSG-Volumenmodellierern, welche um B-Rep-Komponenten erweitert wurden.

Kriterien für die Eignung- und Einsatzfähigkeit von solchen Modellen sind:

- das darstellbare Objektspektrum (Grundlage der Geometriebeschreibung),

- die Eindeutigkeit der Abbildung,

- die Verfügbarkeit der für den Einsatzbereich benötigten Verfahren und Objekte der Geometriebeschreibung,

- die Antwortszeiten und

- die Datenmenge der Modelle.

Art der Beschreibungselemente

Die Beschreibungselemente unterscheiden sich durch das der Beschreibung zugrunde liegende mathematische Verfahren. Zur Linien- und Flächendarstellung bei geometrischen Modellierern stehen analytische und numerische Beschreibungsverfahren zur Verfügung (siehe Abb. 5.6.).

Verfahren \ Bereiche	analytische Beschreibung (exakter Art)	numerische Beschreibung (interpolierender oder approximierender Art)
Linien	Gerade Kreis Ellipse Parabel Hyperbel	kubische Splines Hermit Bézier B-Spline NURBS
Flächen	Ebene Zylinder Kegel Kugel Ellipsoid Torus	bikubische Splines Coons Bézier B-Spline NURBS

Abb. 5.6.   Mathematische Verfahren für die Linien- und Flächendarstellung

Zum einen lassen sich geometrische Formen durch analytische Ausdrücke exakt beschreiben. Die Anwendungsgebiete hierfür sind vor allem der Maschinenbau und die Architektur, da sich in der Mehrzahl der Fälle die Objekte mit diesen geometrischen Elementen beschreiben lassen. Zum anderen können Näherungsmethoden interpolierender oder approximierender Art verwendet werden. Die beliebig gekrümmten Linien und Flächen werden unter Verwendung geeigneter Polynombasen mit Hilfe nichtanalytischer, numerischer Verfahren beschrieben.

Die meisten Methoden für Freiformflächen, z.B. B(Basis)-Splines, Bezier und
Coons, sind in den 60er Jahren entwickelt worden. Die B-Spline-Technik
wurde am Anfang der 70er Jahre beschrieben. Durch die besseren geometrischen Eigenschaften haben B-Spline-Kurven und -Flächen in CAD-Systemen
sehr schnell ihre Anwendung gefunden. Daher greifen Geometriemodellierer
zunehmend auf dieses Verfahren zurück.

Modellierungsverfahren

Ein weiteres wichtiges Kriterium zur Klassifizierung von Modellieren sind die
dem Systembenutzer zur Verfügung stehenden Modellierungsfunktionen.
Besitzt man einen leistungsfähigen Modellierer, so müssen hierfür auch die
entsprechenden Methoden für eine effektive Modellierung vorhanden sein.
Dies wird durch den Charakter des Modellierungsverfahrens und den damit
verbundenen technischen Bezug bestimmt. In /GRAB-86/ wird hinsichtlich der
dominanten Informationsquelle zwischen folgenden Verfahren unterschieden:

- Definierende Modellierungsverfahren, die den überwiegenden Anteil an
  Informationen eines neuen bzw. manipulierten Objektes vom Benutzer
  eines Modellierungssystems beziehen (z.B. Objektklasse, Objekttyp, Ob-
  jektparameter). Zu diesen Operatoren zählen alle Funktionen, die über
  Mengenoperationen herbeigeführt werden können.

- Modifizierende Modellierungsverfahren, deren Basisdaten zum größten
  Teil aus dem rechnerinternen Modell stammen. Diese werden dann vom
  Benutzer durch wenige Informationsangaben wesentlich in Gestalt,
  Topologie und/oder Abmessungen modifiziert. Ein Beispiel wäre hier eine
  Methode, welche durch Angabe von Werten ein bestehendes Objekt
  dimensioniert.

Die zur Verfügung stehenden Modellierungsfunktionen sollten den Model-
lierungsobjekten und den Modellierungsfunktionen eines Konstrukteurs nahe
kommen. Da die Beschreibungsobjekte des Konstrukteurs meist technischer
Natur sind, müssen die erforderlichen Modellierungsfunktionen auf einem
technischen Beschreibungsniveau angeboten werden.

5.1.1.2 Klassifikation und Suche ähnlicher Bauteile

Ein wichtiger Einsatzbereich rechnerunterstützter Verfahren im Maschinenbau stellt das Finden ähnlicher Lösungen und Strukturen bei allen Sichten auf
das Produkt und die Bereitstellung von Rahmendaten und Normteilen für den
eigentlichen Gestaltungsprozeß dar. Für einen Konstrukteur stellen die in
Abbildung 5.7 dargestellten Informationsträger die wesentlichen Informa-
tionsquellen dar.

Hinsichtlich des Einsatzes von CAD/CAM-Systemen sind die Verfahren für
den Informationszugriff und die Strukturierung des Wissens von Bedeutung.
Die Verfahren zur Verarbeitung von Konstruktionsinformation müssen für

eine Rechnerunterstützung beim Informationszugriff daher die Hauptfunktionen für :

- die Erfassung,

- die Systematisierung, Verdichtung und Speicherung der geometrischen, technischen und funktionalen Merkmale und

- die Rückgewinnung beinhalten.

Technische Rahmendaten	Produktinformation	Organisation
Normen Werksnormen Vorschriften Richtlinien Materialtabellen Betriebsmitteldaten Zuliefererkataloge Fachliteratur Fachzeitschriften Persönliches Fachwissen	**Explizite** Lastenheft Pflichtenheft Funktionspläne Prinzipzeichnungen Entwurfszeichnungen Zeichnungen Berechnungen **Implizite** Meß- und Prüfergebnisse Produktions- und Servicedaten Mängelauswertungen	Netzpläne Interner Schriftverkehr Extener Schriftverkehr Bestellungen Zeiterfassung Besprechungsprotokolle

Abb. 5.7. Informationquellen im Konstruktionsprozeß

Bei der Erfassung und Rückgewinnung steht heute noch in vielen Fällen die manuelle Eingabe, d.h. die explizite Eingabe von Merkmalen und Dokumentenverweisen im Vordergrund.

Daher müssen beim Einsatz von CAD/CAM-Systemen Verfahren entwickelt werden, die:

- die charakteristischen Merkmale bzw. Daten automatisch aus den bestehenden Informationen des Informationsobjektes ableiten und

- den Zugriff auf ein Informationsverwaltungssystem während des Modellierungsvorgangs ermöglichen.

Die Ermittlung der für eine Menge von Informationsobjekten charakteristischen Merkmale stellt das größte Problem in diesem Anwendungsbereich dar. Unter diesem Aufbereitungsvorgang versteht man im allgemeinen die Klassifizierung und Verschlüsselung. Für die Klassifizierung von Konstruktionsobjekten im Maschinenbau werden folgende sechs Verfahren eingesetzt oder befinden sich in der Entwicklung:

Nummerung

Heute werden im allgemeinen verschiedene Nummerungsverfahren für die Codierung von Eigenschaften eingesetzt. Nach /DINN-72/ unterscheidet man zwischen numerischen (z.B. 1234-12) und alphanumerischen (z.B. 1234-X1) Nummern. Diese sogenannten Sachnummern haben im allgemeinen einen identifizierenden und einen klassifizierenden Teil. Der klassifizierende Teil besteht üblicherweise aus der Abbildung einer Menge von Merkmalen, d.h. Eigenschaften des Objektes. Man kann diese Sachnummernsysteme als Verbundnummern- oder Parallelnummernsysteme aufbauen. Bei der Parallelverschlüsselung werden einer Identifizierungsnummer eine oder mehrere von der Identifizierungsnummer unabhängige Klassifizierungsnummern zugeordnet (z.B. 1234-1232). Der Vorteil liegt hier in der Flexibilität und der Erweiterbarkeit. Dieser Nummerungsart sollte, wenn möglich, der Vorzug gegeben werden. Bei einem Verbundnummernsystem besteht die Gesamtnummer aus klassifiziernden und identifizierenden Anteilen (z.B. 12-xy-345). Es ergibt sich daraus der Nachteil einer starren Kopplung und der damit erschwerten Erweiterbarkeit des Systems. Es bestehen im Maschinenbau für die Klassifizierung und Beschreibung der Gestalt eines Werkstückes verschiedene Nummerungssysteme die auf den Merkmalklassen Funktion, Geometrie, Materialeigenschaften, Einsatzfähigkeit usw. beruhen. Sachnummernsysteme sind zwar leicht auf Rechnern zu realisieren, haben aber den großen Nachteil, daß diese sehr schwer erweiterbar sind, ab einer gewissen Stellenzahl unübersichtlich werden und die Gefahr einer falschen Verschlüsselung zunimmt. Bei der Bildung eines Nummerungssystems sollten die Art des Produktprogramms und der Produktstrukturierung sowie die Fertigungsart berücksichtigt werden.

Sachmerkmalleisten

Die Feinklassifizierung sollte daher über ein Sachmerkmalleistensystem realisiert sein. Hier bildet die Normung von Teilen nach der DIN4000 /KRAU-86/ die Basis für eine unternehmensübergreifende Merkmalbeschreibung von Norm- und Zukaufteilen. Hierzu wurden für die bei der Entwicklung mechanischer Produkte notwendigen Verfahren zur Informationsbeschaffung und -weiterverarbeitung rechnerunterstützte Verfahren geschaffen.

Gruppentechnologie

Die Gruppentechnologie dient der Suche von ähnlichen Lösungen. Durch die Anwendung dieser Methodik wird eine Systematisierung und Vereinheitlichung des Teilespektrums in einem Unternehmen hinsichtlich der Herstellung erreicht. Hierbei bildet man sogenannte Teilefamilien, welche nicht nur die Funktion und die Form eines Teiles beschreiben, sondern auch die für die Herstellung notwendige Arbeitsvorgangsfolge. Diese Vorgehensweise vereinfacht den Fertigungsplanungs- und den eigentlichen Fertigungsprozeß erheblich.

Clusteranalyse

Eine Möglichkeit einer systemgestützen Klassifizierung und Suche von Objekten mit ähnlichen Eigenschaften bietet die Clusteranalyse. Zu diesem Zweck wählt man zunächst eine Menge von Merkmalen, durch die alle Objekte zu beschreiben sind. Man erhält eine zweidimensionale Merkmalmatrix, welche für die Bestimmung des Ähnlichkeitsgrades zweier Objekte herangezogen wird. Bei der Analyse einer größeren Objektmenge können diese zur Bestimmung von Objektklassen herangezogen werden.

Thesaurus

Mit Hilfe eines Thesaurus kann eine begriffliche Einordnung durchgeführt werden. Man beschreibt die Begriffsinhalte meist in Form von Wörterbüchern. Durch die Einführung von Begriffsverweisen läßt sich eine Kontrolle der Begriffsvielfalt und eine Vereinheitlichung von Begriffen erreichen. Diese Vorgehensweise hat den Vorteil einer direkten Lesbarkeit der Begriffe. Die Anwendung eines Thesaurus ist aber zumeist mit einem großen Aufwand für die Pflege des Datenbestandes verbunden.

Fourieranalyse

Die Fourieranalyse wendet die Abbildung der Geometrie in ein Frequenzspektrum für die Suche geometrisch ähnlicher Objekte an. Mit diesem Verfahren können ähnliche Lösungen über das für die Geometrie charakteristische Fourierspektrum gesucht werden.

5.1.2 Fertigungsplanung(CAP), Produktherstellung (CAM) und Qualitätssicherung(CAQ)

Fertigungsplanung

Die effektive Nutzung der Produktionsmittel erfordert eine zuverlässige Planung des Fertigungsablaufs. Durch die Unterstützung mit grafisch-interaktiven Verfahren und den entsprechenden Modellen ist man in der Lage, den Fertigungsprozeß mittels Simulation exakter zu planen. Dadurch werden Maschinenstillstandszeiten erheblich gesenkt und die teuren, numerisch gesteuerten Fertigungsmittel besser ausgelastet. Die Erstellung von Arbeitsplänen war der erste Einsatzbereich, für den einfache Verfahren für die Editierung von Arbeitsplänen entwickelt wurden. Hierauf wurden die verschiedenen Verfahren der Werkzeugwegbeschreibung in maschinenabhängiger und maschinenunabhängiger Form (APT- und EXAPT- Beschreibungssprache in Form eines Teileprogramms) erarbeitet.

In Anlehnung an /EVER-89/ läßt sich der Fertigungsplanungsprozeß in die in Abbildung 5.8 dargestellten Aufgabenbereiche einteilen.

Generell gestaltet sich der Prozeß der Arbeitsplanerstellung in Abhängigkeit von der Planungsart. Man unterscheidet zwischen der Neuplanung, der Variantenplanung und der Anpassungsplanung. Das anwendbare Verfahren ist abhängig vom Bekanntheitsgrad der Arbeitsvorgangsfolge.

Für die Erstellung von Arbeitsplänen lassen sich die Teilaufgaben:

- Vorgabezeitermittlung,

- Bestimmung der Rohteilgeometrie,

- Auswahl der Werkzeuge und Spannmittel,

- Auswahl des Fertigungsmittels und

- Ermittlung der Arbeitsvorgangsfolge

in abnehmendem Maße algorithmisieren.

Kurz- und mittelfristige Planungsaufgaben	Ergebnisse
Planungsvorbereitung	• Protokolle • Konstruktionsberatung
Kostenplanung	• Vorkalkulation • Wirtschaflichkeitsrechnung
Stücklistenauflösung	• Montagestücklisten • Fertigungsstücklisten
Arbeitsplanung	• Arbeitsvorgangsfolge • Vorgabezeiten
NC-Programmierung	• NC-Programme • Einrichtepläne
Fertigungsmittelplanung	• Arbeitsplatzbeschreibung • Betriebsmittelunterlagen
Langfristige Planungsaufgaben	
Investitionsplanung	• Investitionspläne • Kostenvoranschläge
Methodenplanung	• Neue Fertigungsmethoden
Arbeitsstättenplanung	• Hallenlayouts • Arbeitsplatzlayouts

Abb. 5.8.   Aufgabenbereiche der Fertigungsplanung

Beim aktuellen Stand der Technik ist daher die Rechnerunterstützung für die Vorgabezeitermittlung am weitesten fortgeschritten. Die Auswahl der Betriebsmittel und die Bestimmung der Arbeitsvorgangsfolge kann man durch den Einsatz von Expertensystemen unterstützen /ZELE-89/.

Zu den Eingangsinformationen für die Planung von Fertigungsvorgängen zählen Werkstückdaten, Fertigungsmitteldaten und Fertigungsprozeßdaten. Während die Betriebsmittel- und Prozeßdaten nur einmalig eingegeben werden und dann lediglich einem Änderungsdienst unterliegen, müssen die Werkstückdaten in der Regel für jedes Bauteil komplett neu beschrieben werden. Dem Einsatz effizienter Werkstückmodellierungsverfahren kommt daher eine besondere Bedeutung zu.

Die Beschreibungsverfahren für die Werkstückgestalt kann entweder auf einem geometrischem (z.B. wenn die Daten bereits an einem CAD-System erstellt wurden) oder einem technologischen Niveau erfolgen. Die zweite Gruppe wird vorwiegend zur Werkstückbeschreibung bei Planungssystemen eingesetzt und unterstützt den Vorgang der automatischen Planung. Einige dieser Verfahren sollen hier kurz beschrieben werden.

Beim *technischen Elementverfahren* wird das Werkstück aus einzelnen technischen Elementen aufgebaut. Diese Elemente sind konstruktions- und fertigungsorientiert voneinander abgegrenzt. Durch die explizite Beschreibung von Elementen wie Nut, Fase oder Bohrung können fertigungstechnische Informationen direkt abgeleitet werden.

Das *Makroverfahren* erlaubt die Werkstückmodellierung durch eine abschnittsweise Beschreibung über das Verknüpfen von Makros. Die Grundlage bilden vordefinierte geometrische und technische Beschreibungselemente, die eine automatische Ableitung von Fertigungsdaten zulassen.

Das *Komplexteilverfahren* kommt ausschließlich zur Beschreibung von Variantenteilen mit exakt definierter Anordnung der geometrischen Werkstückelemente zum Einsatz. Der Variationsspielraum ist auf die Abmessungen und technologischen Merkmale der Elemente beschränkt.

Seiler /SEIL-85/ unterscheidet zur Werkstückbeschreibung die Modellierungsebenen der funktionalen, der geometrischen und der technischen Modellierung. Die technisch-assoziative Modellierung gliedert sich in generative und kombinative Verfahren. Während bei der generativen technisch-assoziativen Modellierung Gestaltselemente und Typen über technische Assoziationen generiert werden, geht die kombinative Methode von einer Bibliothek technischer Lösungselemente aus, die hinsichtlich Abmessungen und Gestalt variiert werden können (vgl. Komplexteilverfahren).

Die für die Fertigung zur Verfügung stehenden Betriebsmittel werden einmalig in die Betriebsmittelverwaltung aufgenommen und bei Bedarf aktualisiert. Man unterscheidet typgebundene und typungebundene Beschreibungsverfahren. Bei den typgebundenen Verfahren existiert ein spezifischer Beschreibungsformalismus für eine Gruppe gleichartiger Betriebsmittel (z.B. Maschinengruppe). Einer Einsparung von Beschreibungsparametern steht dabei jedoch eine Verminderung der Beschreibungsflexibilität entgegen.

Unter den Fertigungsprozeßdaten versteht man neben den in Tabellen abgelegten Schnittdaten auch das fertigungstechnische Know-How des Planers. Dieses Erfahrungswissen kann beim Einsatz von wissensverarbeitenden Planungssystemen mit Hilfe verschiedener Wissensakquisitionstechniken in einer Wissensbasis abgelegt werden (siehe Abschnitt 7.2).

Neben den Eingangsinformationen müssen auch die bei der Planung erzielten Ergebnisse abgespeichert werden. Angaben wie die Arbeitsvorgangsfolge können in Form eines Arbeitsvorgangsgraphen abgebildet werden.

Montageplanung

Die Montage verkörpert den Prozeß in der Produktion, bei dem aus Einzelteilen, formlosen Stoffen (z.B. Kleber) und vormontierten Baugruppen ein fertiges Produkt zusammengebaut wird. Im Vergleich mit der Fertigung ist nicht die Geometrie der Produktteile Gegenstand der Veränderung, sondern ihre Lage. Zur Produktmontage werden im allgemeinen zwei oder mehr Teile nacheinander zusammengebracht. Für diesen Produktionsabschnitt werden im automatisierten Montageprozeß zumeist Handhabungssysteme eingesetzt, für die man entsprechende Modelle geschaffen hat /KAND-88/.

Da in Kapitel 4 und 7 Beispiele zu Montageplanungsaufgaben gezeigt werden, wird nun vertieft auf eine beispielhafte Montageplanungsaufgabe eingegangen. Als Beispiel für ein zu montierendes Produkt zeigt Abbildung 5.9 den Montagesatz, der am "Cranfield Institute of Technology" als Benchmark für die Bewertung von Robotersystemen und zum Vergleich ihrer Flexibilität und Programmierbarkeit entwickelt wurde /COPA-86/. In dieser Darstellung sind die zu montierenden Einzelteile, eine Teilmontage und das zusammengebaute Endprodukt abgebildet.

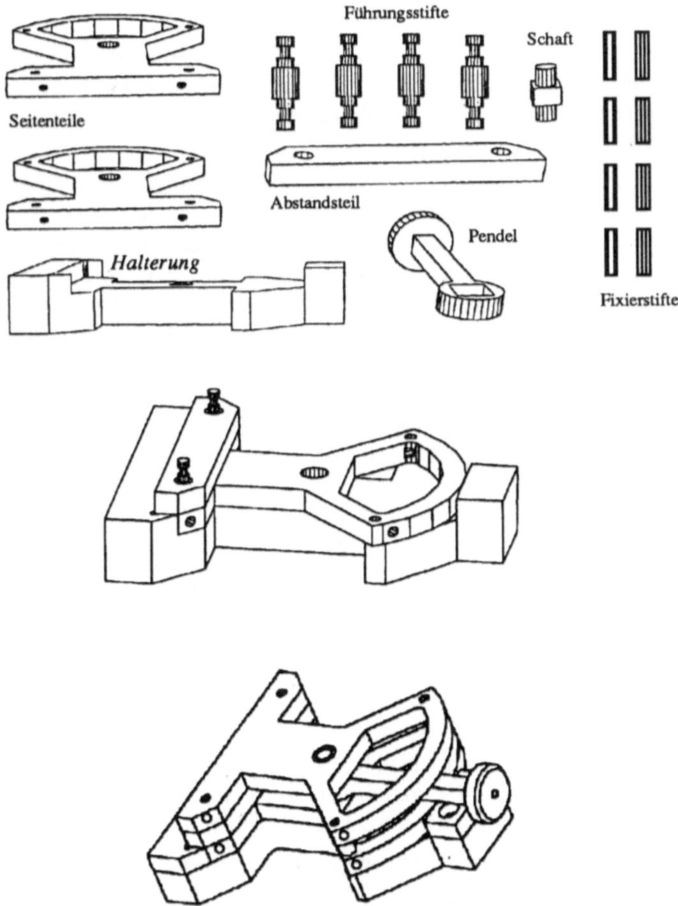

Abb. 5.9. Einzelteile, Teilmontage und Endmontage des Cranfield Benchmarks

Die Halterung, die nicht zum Produkt gehört, dient als Basisteil für den Zusammenbau des Produkts. In die Halterung ist zuerst ein Seitenteil einzupassen. Die vier Führungsstifte gehören in die vier Bohrungen an den Ecken dieses Seitenteils. Das Abstandsteil wird durch die beiden Führungsstifte an der geraden unteren Seite des Seitenteils fixiert (siehe teilmontiertes Produkt in Abbildung 5.9). Die mittlere Bohrung des Seitenteils nimmt den Schaft auf. Über den Vierkant des Schafts wird dann das Pendel fixiert. Anschließend wird das zweite Seitenteil auf die vier Führungsstifte und den Schaft gesteckt. Zum Zusammenhalten des Montagesatzes dienen die acht Fixierstifte, die hierzu in die Bohrungen an den schmalen seitlichen Flächen der Seitenteile zu fügen sind.

Die Montage eines Produkts aus seinen Bauteilen erfolgt durch die Ausführung einer Reihe von Montageoperationen, die im allgemeinen in Funktionen zum Fügen, Handhaben, Prüfen und in Spezialfunktionen unterteilt sind /VDIR-82/.

Fügeoperationen haben das Zusammenfügen der Bauteile und die Herstellung unterschiedlich gearteter Verbindungen zum Ziel. Die Verbindung kann sich aus der geometrischen Gestalt der Teile oder durch zusätzliche Verbindungsteile oder formlose Stoffe ergeben.

Handhabeoperationen sehen die mehr oder weniger freie Bewegung der Bauteile vor. Zweck der Bewegung ist der Transport der Teile, gegebenenfalls die Erhaltung bzw. die Schaffung einer gewissen Ordnung und die Erzielung der geforderten räumlichen Anordnung der Teile. Mit Prüfoperationen wird die Einhaltung von Montage- und Qualitätsvorgaben während und nach der Montage überprüft. Sofern Prüfoperationen mit Hilfsmitteln durchzuführen sind, kann die Bewegung des Prüfwerkzeugs erforderlich sein. Sonderfunktionen kommen nur bei wenigen Montageanwendungen zum Einsatz. Sie werden oft erst während der Planung der Montage entwickelt und sind auf produktspezifische Montageprobleme ausgerichtet.

Reihenfolgeplanung

Die primäre Aufgabe der Montageplanung ist die Ermittlung der Reihenfolge, entsprechend der das Endprodukt aus den Einzelteilen zusammengebaut werden muß. Diese Planungsphase wird auch als Reihenfolgeplanung, die ermittelte Reihenfolge als Montagevorrangfolge bezeichnet. Darauf aufbauende Planungsentscheidungen betreffen die zur Montage erforderlichen Montageoperationen. Neben den Operationen zum Produktzusammenbau (Fügeoperationen) sind in vielen Fällen zusätzliche Handhabe- und Prüfoperationen festzulegen. Nach der Auswahl der Betriebsmittel zur Durchführung der Montageoperationen erfolgt deren Detaillierung, z.B. durch die Festlegung von Fügebewegungen, Fügekräften oder Anzugsmomenten.

Die Reihenfolgeplanung nach der Fügeflächenmethode basiert auf der Ermittlung der Einzelteilflächen, die im endmontierten Produkt in gegenseitigem Kontakt stehen. Die Kenntnis der direkten Kontaktbeziehungen zwischen Produktteilen erleichtert die Ableitung der Reihenfolge für die Teilemontage.

Ein anderer Ansatz ist die Demontage des zusammengebauten Endproduktes. Ausgehend von dem Endprodukt (z.B. der endmontierte Benchmark in Abbildung 5.9) erfolgt die Ermittlung der Teile, die sich im jeweiligen Zustand der Demontage als nächste kollisionsfrei entfernen lassen. Aus der Umkehrung der Demontagereihenfolge läßt sich die Montagereihenfolge generieren. Die Demontagemethode kann mit dem Rechner an Hand der CAD-Modelle vorgenommen werden /WEFR-87/.

Die nachfolgend beschriebenen Modelle für die Montagevorgangsfolge unterscheiden sich im wesentlichen durch:

- die Fähigkeit, durch die Produktstruktur implizierte alternative Reihenfolgen darzustellen zu können und

- die Möglichkeit, weitere Montagedaten (Operationen, Parameter) aufzunehmen.

Montageablaufplan

Der Montageablaufplan, auch als Montagefolgediagramm bezeichnet, sequentialisiert die zum Produktzusammenbau auszuführenden Montageschritte. Abbildung 5.10 zeigt hierzu einen Ausschnitt aus einem Montageablaufplan zur Montage des Benchmarks. Die Knoten beschreiben einzelne Montageoperationen, die als Teilverrichtungen bezeichnet werden, und die Kanten spezifizieren die zeitliche Abfolge der Teilverrichtungen.

Der Montageablaufplan erfordert auch dann die Festlegung einer konkreten Reihenfolge, wenn auf Grund der Produktstruktur in bestimmten Montagezuständen mehr als eine Teilverrichtung durchführbar ist. Somit geht die Flexibilität verloren, die Montagereihenfolge erst zu einem späteren Planungszeitpunkt unter detaillierteren Randbedingungen zu konkretisieren. Abbildung 5.10 zeigt den Ausschnitt des Ablaufplans, der für den teilmontierten Benchmark in Abbildung 5.9 die nächsten Teilverrichtungen festlegt. Obwohl in diesem Zustand der Schaft als auch die beiden fehlenden Führungsstifte montiert werden können, gibt der Ablaufplan die Reihenfolge vor.

Zur Detaillierung der Montage erlaubt der Montageablaufplan die Aufnahme zusätzlicher Montageoperationen (z.B. Prüfoperation in Abb. 5.10.) und die Attributierung der Knoten zur Parametrisierung einzelner Teilverrichtungen.

Abb. 5.10. Ausschnitt aus einem Montageablaufplan zur Benchmark-Montage

Montagegraph

Die Knoten eines Montagegraphen in Abbildung 5.11 repräsentieren die zu montierenden Produktteile. Die Kanten spezifizieren die Vorgänger- bzw.

Nachfolgerbeziehungen zwischen den Teilen. Zeigt eine Kante vom Knoten eines Produktteils PTv (z.B. Schaft) auf den Knoten eines Teils PTn (z.B. Pendel), muß PTv vor PTn montiert werden. Gehen von dem Knoten eines Produktteils PTv (z.B. Seitenteil 2) mehrere Kanten ab, dürfen alle Produktteile der Knoten, die von diesen Kanten erreicht werden, erst nach der Montage von PTv dem Endprodukt hinzugefügt werden. Die durch die Produktstruktur implizierten Reihenfolgealternativen bleiben durch den Montagegraph erhalten.

Da die Knoten nur Produktteile repräsentieren, kann der Montagegraph nicht durch zusätzliche Knoten expandiert werden, um weitere Montageoperationen (Handhaben, Prüfen, Spezialfunktionen) aufzunehmen. Derartige Erweiterungen sowie die Parametrisierung von Operationen würde die Attributierung der Kanten erfordern, was zu einer unübersichtlichen Darstellung führt.

Vorranggraph

Im Gegensatz zum Montagegraph beschreiben die Knoten des Vorranggraphen die Teilverrichtungen, die zur Montage durchzuführen sind. Eine Teilverrichtung entspricht einer Montageoperation, die angibt, was mit dem Produktteil zu tun ist (Fügen, Handhaben, Prüfen, Spezialfunktion). Die Kanten definieren die Ausführungsreihenfolge der Teilverrichtungen. Die bildliche Darstellung eines Vorranggraphen entspricht ansonsten der des Montagegraphen.

Da die Knoten jedoch Teilverrichtungen repräsentieren, kann der Vorranggraph um zusätzliche Montageoperationen expandiert werden. Somit wird auch die Parametrisierung der Montageoperationen (Attributierung der Knoten) erleichtert, da die Spezifikationen der Teilverrichtungen (Knoten) und die Definition der zeitlichen Reihenfolge (Kanten) separiert ist.

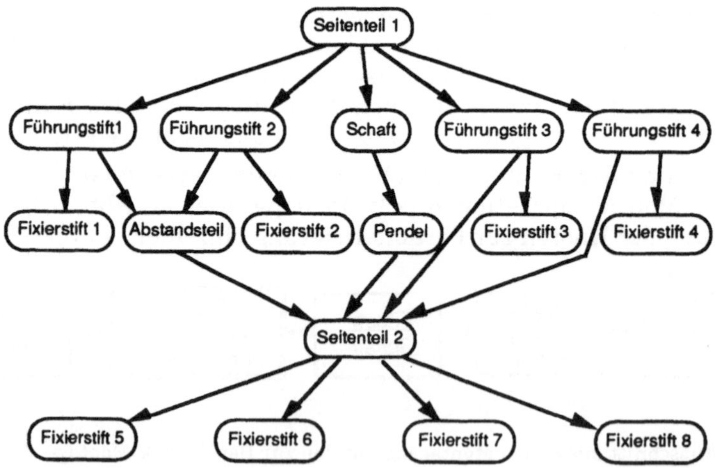

Abb. 5.11. Montagegraph zur Benchmark-Montage

Abbildung 5.12 zeigt den Ausschnitt des Vorranggraphen für den teilmontierten Benchmark aus Abbildung 5.9 mit den in diesem Zustand ausführbaren

Teilverrichtungen. Der Vorranggraph wurde um eine Teilverrichtung zum
Prüfen der korrekten Ausrichtung des Schafts expandiert.

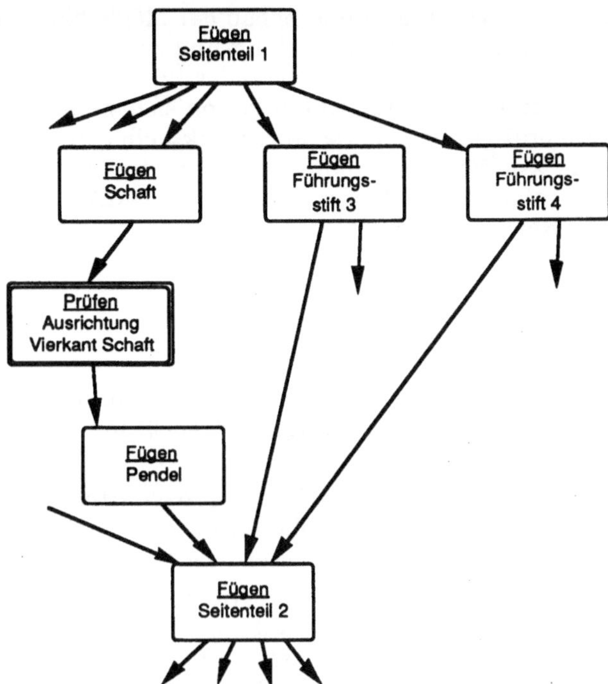

Abb. 5.12. Ausschnitt des Vorranggraphen zur Benchmark-Montage

Produktherstellung

Für die Durchführung der Produktherstellung (CAM-Prozeß) sind folgende
Grundfunktionen notwendig:

- die Fertigungsfunktionen, die heute zumeist von numerisch gesteuerten
  Fertigungsmitteln und den im Fertigungsplanungsprozeß erzeugten
  Steuerinformationen ausgeführt werden,

- die Handhabungsfunktionen, welche durch die Fortentwicklung der
  Robotik und die Möglichkeiten der Beschreibungssprachen eine immer
  wichtigere Rolle spielen,

- die Transportfunktionen, die einen zuverlässigen Materialfluß von Rohstoffen und Halbfabrikaten gewährleisten sollen und schließlich

- die Lagerungsfunktionen, die für die Aufbewahrung der Rohstoffe und
  Zukaufteile bei der Verkettung von Fertigungsmitteln als Puffer notwendig
  sind.

Ist man in der Lage, einen Produktionsprozeß durch eine Verkettung und Koordinierung von numerisch gesteuerten Betriebsmitteln aufzubauen, erreicht

man die angestrebte integrierte Fertigung. Voraussetzung für eine effektive
Nutzung des Systems ist die Planbarkeit, d.h. die Möglichkeit zur Simulation
innerhalb der Fertigungsplanung. Alle oben beschriebenen Komponenten für
die rechnerintegrierte Fertigung sollten neben der Möglichkeit eines steuernden Eingriffs von Seiten der Fertigungssteuerung zusätzlich die Möglichkeit
einer Erfassung technischer Daten innerhalb des Produktionsprozesses erlauben. Durch die Aufbereitung dieser Daten lassen sich wichtige Erkenntnisse
für die Planung zukünftiger oder Verbesserung aktueller Produktionsprozesse
ableiten und so die Qualität des Produktes verbessern. Denn erst durch die
Rückkopplung des Informationsflusses wird das CAD/CAM-System zu einem
System mit kurzen Reaktionszeiten.

Qualitätswesen

Im Rahmen des Qualitätswesens ist es Aufgabe, Verfahren zur Verfügung zu
stellen, die die Qualitätsplanung, die Qualitätsprüfung und die Qualitätslenkung erlauben.

Die zuverlässige Planung der Qualitätseigenschaften im Vorfeld der
Produktenstehung können durch die Aufbereitung von Qualitätsdaten aus der
laufenden Produktion entscheidend verbessert werden.

Bei der Qualitätsprüfung eröffnen sich Möglichkeiten im Bereich der Prüfplanung (siehe Kapitel 7.2) durch Auswahl von Prüfmitteln, Erstellung von
Prüfplänen und bei der Prüfhäufigkeitsplanung. Da auch im Bereich der
Prüfmittel numerisch gesteuerte Meßmaschinen zur Verfügung stehen, sind
für die Prüfausführung die entsprechenden Steuerprogramme zu erstellen.
Ebenso wie bei der Fertigung sollten hier Verfahren zur grafischen Simulation
des Meßablaufs eingesetzt werden.

Bei der Qualitätslenkung sind Verfahren für eine Unterstützung bei der
Erstellung von Qualitätsberichten (z.B. grafische Aufbereitung von Daten) und
bei der Analyse von Qualitätsdaten (statistische Verfahren) notwendig.

Allgemeine Hilfsmittel für diesen Unternehmensbereich sind statistische Aus-
wertungsprogramme (z.B. für die Erstellung einer ABC-Analyse zur Erken-
nung von Maßnahmeschwerpunkten) und Datenbanken für die Erfassung von
Qualitätsdaten.

5.2 Mikroelektronik

Für den Entwurf von Platinen wurden CAD-Systeme schon früh eingesetzt.
Sie dienen der Plazierung und Verdrahtung der in einer Bibliothek definierten
Gehäuse und Bauteile. Ihre Leistung reicht vom einfachen Zeichnen bis zur
automatischen Verdrahtung und Plazierung. Von diesen Systemen ging der
Anstoß für den Einsatz von CAD-Systemen beim Entwurf integrierter
Schaltungen aus, der im folgenden beschrieben werden soll. Auf Grund der

ständig zunehmenden Komplexität integrierter Schaltungen (heute bis ca. 1 Mio. Transistoren) ist der Einsatz von CAD-Systemen unumgänglich. Sie dienen einerseits dem schnellen Entwurf von Schaltungen, andererseits sind sie notwendig, um eine Überprüfung auf Korrektheit der zu realisierenden Schaltung zu ermöglichen.

Die ersten CAD-Systeme hierfür bildeten grafische Editoren zur Erstellung des Layouts. Das Layout einer Schaltung besteht aus sich überlappenden Polygonen, die unterschiedliche Materialien (wie Aluminium, Silizium, dotiertes oder implantiertes Silizium, usw.) darstellen. Diese Polygone werden über Belichtungsmasken in mehreren Prozeßschritten auf den Chip abgebildet. Durch grafische Editoren wurde die aufwendige Routinearbeit bei der Maskenerstellung wesentlich reduziert, da aus der Layoutbeschreibung die Masken automatisch generiert werden können. Im Prinzip handelte es sich bei den Editoren um komfortable Zeichenprogramme, die Operationen wie Kopieren, Drehen und Spiegeln von Objekten erlaubten.

Als nächster Schritt ergab sich die Einführung von Simulatoren zur Verifikation des Entwurfs. Zuerst entstanden Analogsimulatoren zur Analyse auf Schaltkreisebene, später dann auch Logiksimulatoren zur Überprüfung der logischen Korrektheit einer ganzen Schaltung. Die Ausgabe dieser Programme war am Anfang alphanumerisch, später wurden die Signalverläufe grafisch dargestellt.

Heutige CAD-Systeme für den Entwurf integrierter Schaltungen sind eng mit der Entwurfsautomatisierung verbunden. Darunter versteht man die automatische Generierung, Verifikation und Speicherung von Entwürfen. Ziel der Entwicklung solcher Systeme ist vor allem die Reduzierung von Fehlerquellen beim Entwurf. Nur dadurch ist es möglich, ICs von immer größerer Komplexität zu entwerfen. Allein die Verdrahtung eines 32-Bit Mikroprozessors ist heute ohne Software-Werkzeuge undurchführbar. Schon auf Grund der Vielzahl der einzelnen Komponenten ist der Entwurfsexperte auf automatische Systeme angewiesen. Als Ziel der Entwurfsautomatisierung steht aber auch eine Reduzierung der Entwurfs- und Entwicklungszeit im Vordergrund.

Wird eine integrierte Schaltung mit einem automatisierten Entwurfswerkzeug entwickelt, ergeben sich zusätzliche Vereinfachungen, die die Verifikation und den Test der Schaltung betreffen. Diesen Funktionen muß auf jeden Fall ein Modell der betreffenden Schaltung zugrunde gelegt werden, das bei einem rechnerunterstützten Entwurf automatisch angelegt wird. Später gebrauchte Funktionen können besonders effizient ausgeführt werden, in dem schon während des Entwurfsprozesses geeignete Maßnahmen wie z.B. beim test- oder verifikationsgerechten Schaltungsentwurf ("design for testability", "design for verification") ergriffen werden.

Bekannte Typen integrierter Schaltungen sind u.a. Mikroprozessoren, Speicher, programmierbare Bausteine und anwendungsspezifische Schaltungen, sog. ASICs (Application Specific Integrated Circuits). Durch die Bereitstellung von automatisierten Entwurfswerkzeugen gewinnen letztere immer mehr an Bedeutung. In diesem Beitrag wird nur auf sie eingegangen. An dieser Stelle stellt sich die Frage nach den Gründen für den zunehmenden

Einsatz von ASIC´s. Sie sind teilweise technischer, teilweise wirtschaftlicher
Natur und können in folgenden Punkten zusammengefaßt werden:

- Technische Gründe sind eine Miniaturisierung der Hardware und die
  Beschleunigung spezieller Software durch Implementierung häufig
  benutzter Algorithmen in Hardware. Es gibt viele Anwendungen, bei denen
  der zur Verfügung stehende Platz, der Leistungsverbrauch oder auch die
  Kühlmöglichkeiten beschränkt sind. Dazu gehören nicht nur die typischen
  Gebiete wie Automobilindustrie, Raumfahrt oder Flugzeugtechnik, sondern
  auch der Bereich der Unterhaltungselektronik, der durch den Trend nach
  immer kleineren, tragbaren und netzunabhängigen Geräten hervorgerufen
  wird. In diesen Fällen ist der Aufbau mit vielen Standardbausteinen oft
  nicht möglich. Die Beschleunigung von Rechenoperationen durch einen
  Spezial-Prozessor bildet einen weitereren Grund für den Einsatz von
  ASICs. Beispielsweise in der Robotertechnik oder bei der Bildverarbeitung
  werden gewisse aufwendige Algorithmen häufig benutzt, so daß mit einem
  solchen Prozessor die Verarbeitungsgeschwindigkeit auf das zehn- bis
  hundertfache gesteigert werden kann.

- Aus wirtschaftlicher Sicht ist der Einsatz von ASICs von der Stückzahl
  abhängig. Die meisten Kosten entstehen bei der Entwicklung des Chips.
  Bei einer Serienfertigung ist der Preis pro Chip vergleichsweise gering. Die
  Stückzahl, ab der die Entwicklung eines ASIC rentabel ist, wird auch stark
  vom Entwurfsstil beeinflußt.

- Als weiterer zu beachtender Punkt kommt die Betriebssicherheit und die
  Wartungsfreundlichkeit eines Gerätes hinzu. Sie nimmt mit der Anzahl der
  auf einer Platine aufgebauten ICs deutlich ab. So ist z.B. bei Systemen mit
  10.000 Steckverbindungen eine durchschnittliche Lebenszeit von einem
  Jahr ermittelt worden.

- Zuletzt sei noch auf die Nachbausicherheit hingewiesen. Sowohl Software
  als auch Standardhardware kann relativ einfach kopiert und analysiert
  werden. Beim Einsatz von Spezial-ICs wird dies wesentlich erschwert oder
  sogar unmöglich gemacht. Der Aspekt spielt nicht nur im Sicherheits-
  bereich eine Rolle, sondern auch bei Unternehmen, die ihre Konkurrenz-
  fähigkeit erhalten wollen.

In diesem Kapitel wird zunächst auf den Entwurfsprozeß bei integrierten
Schaltungen eingegangen. Da die Anforderungen vielschichtig sind, bringt
eine eindeutige Klassifikation der Entwurfskriterien mehr Klarheit. Der
Entwurfsstil, wie auch die verwendete Technologie wirken sich auf die CAD-
Werkzeuge selbst aus. Dieser Einfluß soll in einem eigenen Abschnitt (5.2.2)
verdeutlicht werden. Anschließend werden die Funktionen, die in jedem
modernen Entwurfssystem zu finden sein sollten, erläutert. Diese
Beschreibung gewährt gleichzeitig ein Einblick in die prinzipielle Arbeitsweise
eines solchen Systems. In Abschnitt 5.2.4 wird dieser, bisher allgemein
betrachtete Entwurfsprozeß für spezielle CAD/CAM-Anwendungen beschrieben. Für viele Anwendungen aus diesem Bereich läßt sich ein Silicon Compiler
verwenden, der zur Zeit das am weitesten automatisierte Entwurfswerkzeug

darstellt. Das Kapitel wird abgerundet mit drei Beispielen, die mit Hilfe eines
Silicon Compilers entwikkelt wurden.

5.2.1 Der Entwurfsprozeß

Um den Einsatz von rechnergestützten Systemen im Entwurfsprozeß besser
einordnen zu können, hat sich in den achtziger Jahren die hier vorgestellte
Klassifikation verschiedener Entwurfskriterien /GAKU-83/ durchgesetzt. Der
Entwurf ist die Umsetzung einer Vorgabe in Form einer Spezifikation in eine
integrierte Schaltung. Dabei müssen grundsätzlich drei Probleme gelöst werden: die Erzeugung einer Schaltungsstruktur, die Überprüfung des Verhaltens
der Schaltung und die Generierung des geometrischen Layouts. In der
Klassifikation nach Gajski und Kuhn werden diese Probleme in Bereiche
eingeteilt und grafisch durch drei Achsen dargestellt (Abb. 5.13.).

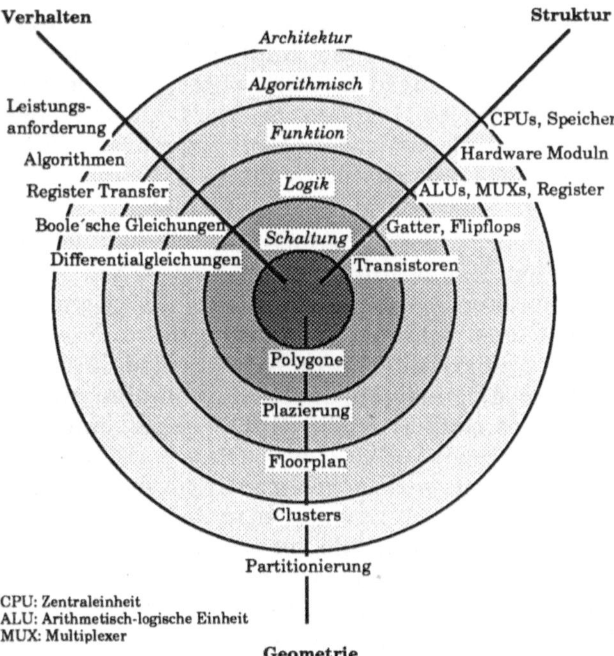

Abb. 5.13. Zusammenhänge zwischen Struktur, Verhalten und Layout und den verschiedenen Entwurfsebenen.

Aus Komplexitätsgründen wird der Entwurf in hierarchisch geordneten
Ebenen betrachtet, wobei jede Ebene eine bestimmte Sichtweise des Entwurfs
darstellt. In jedem Bereich kennzeichnen sie unterschiedliche Detaillierungsgrade, die in der Grafik als konzentrische Kreise dargestellt werden. Nun
werden die Bereiche und ihre Detaillierungsgrade näher erläutert, um
anschließend den Ablauf darzustellen.

- Das Verhalten einer Schaltung ist die Reaktion auf bestimmte Eingangsgrößen wie z.B. Zeit, elektrische Größen und Zuverlässigkeit. Das Verhalten kann in natürlicher Sprache spezifiziert werden. Erst durch Beschreibungen wie formale Sprachen, Zustandstabellen, boole´sche Gleichungen oder Differentialgleichungen ist es möglich, das Verhalten rechnergerecht darzustellen.

- Die Struktur gibt die Komponenten der Schaltung und deren Verbindungen auf dem Chip an. Je nach Detaillierungsgrad werden unterschiedliche Komponenten verwendet. Sie bestehen zum Beispiel in der Architekturebene aus Prozessoren, Bussen, Steuerwerken usw. In der Logikebene stehen u.a. Flipflops, UND-, ODER-, und NOR-Gatter als Komponenten zur Verfügung. Zuletzt in der Schaltungsebene: hier bestehen die Komponenten aus Transistoren, Widerständen, Kondensatoren u. a.

- Die Geometrie beschreibt die Anordnung der Schaltungselemente auf dem Chip. Auch in diesem Bereich existiert eine Beschreibungsform mit hierarchischem Aufbau. Auf der obersten Ebene, der Architekturebene, wird die Partitionierung der zu implementierenden Schaltung auf verschiedene Chips spezifiziert. In einer weiteren Ebene sind die größeren Funktionskomponenten zu Gruppen (Clusters) zusammengefaßt. Auf der untersten Ebene definieren nur noch Polygone auf unterschiedlichen Masken die einzelnen Transistoren.

Der Ablauf eines Entwurfsprozesses erfolgt nach diesem Schema derart, daß, ausgehend von einem Randschnittpunkt einer Achse mit einer Ebene, spiralförmig in die anderen Achsenschnittpunkte übergegangen wird. Dieser Übergang entspricht einer anderen Darstellungsform des Entwurfs. Da die abgebildeten Schnittpunkte relevante Aspekte des Entwurfs darstellen, müssen in der Regel die meisten davon durchlaufen werden. Für diese Transformationen eines Entwurfs gibt es inzwischen eine ganze Reihe von Hilfsmitteln (sog. "Werkzeuge" oder "tools"). Diese CAD-Werkzeuge können in Synthese- oder Verifikationswerkzeuge eingeteilt werden, je nachdem, ob die Transformation von außen nach innen oder in der umgekehrten Richtung in der Abbildung erfolgt. Durch die beschriebene Formalisierung des Entwurfsprozesses können die Anforderungen an ein CAD-System gut spezifiziert werden (s. Abschnitt 5.2.3). Da sowohl der Entwurfsstil als auch die verwendete Technologie eine relevante Auswirkung auf die CAD-Werkzeuge haben, werden sie hier erläutert.

5.2.2 Die Entwurfsstile und -technologien

Abhängig von der Funktion und den geplanten Produktionsstückzahlen einer integrierten Schaltung ist es insgesamt kostengünstiger, bei geringen Stückzahlen die Entwurfskosten und bei großen Stückzahlen die Fertigungskosten (also die Chipfläche) möglichst klein zu halten. Dabei kommen verschiedene

Arten von anwendungsspezifischen ICs in Betracht. Dies führt zu einer Unterteilung in den Kunden (Custom)- und den Semikunden-(Semicustom)-Zweig (Abb. 5.14.). Die Unterschiede ergeben sich aus dem Fertigungsablauf. Semikunden-ICs werden in großen Stückzahlen vorgefertigt und erhalten ihre anwendungsspezifische Funktion erst nachträglich: bei programmierbaren Logik- und Speicherbausteinen (PALs: **Programmable Array Logic** bzw. PROMs: **Programmable Read Only Memory**) durch Programmierung und bei Gate-Arrays durch die im letzten Produktionsschritt verwendeten Metallmasken, die der Verdrahtung der Transistoren dienen. Kunden-ICs werden dagegen schon ab dem ersten Maskenschritt kundenspezifisch gefertigt.

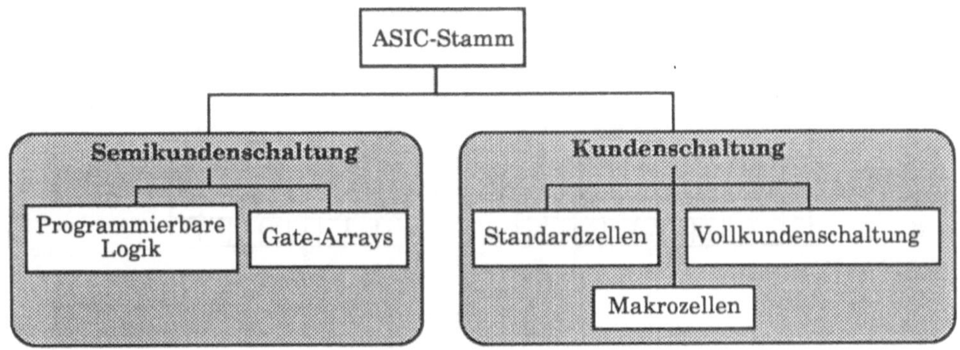

Abb. 5.14. Arten der anwendungsspezifischen integrierten Schaltungen

Für programmierbare Logik- und Speicherbausteine werden in aller Regel Programme in logische Verknüpfungen umgesetzt. Diese werden dann in die Bausteine beschrieben. Ungünstig kann sich sowohl die feste, vordefinierte Struktur als auch die geringe Speicherkapazität für manche Entwürfe auswirken.

Bei Gate-Arrays geht man von einer vorgefertigten Transistorstruktur auf dem Chip aus. Sie besteht aus einer matrixförmigen Anordnung von Transistorpaaren, die in Streifen oder Inseln auf dem Chip angeordnet und durch freie Flächen für die Verdrahtung getrennt sind (Abb. 5.15.). Der auf diese Weise vorgefertigte Chip wird als "Master" bezeichnet.

Durch die Verbindung der vorgefertigten Transistoren des Gate-Arrays entstehen die gewünschten Funktionen. Diese Aufgabe wird erleichtert, indem von den Herstellern der Gate-Arrays und von den CAD-Anbietern Verdrahtungsvorschläge (in Form von sog. Bibliotheken) für die am häufigsten benötigten Funktionen gemacht werden. Hierfür stehen in der Regel zwei Verdrahtungsebenen zur Verfügung. In der Randzone eines Master-Chips sind besondere Peripheriezellen vorgesehen, über die dann die ankommenden und abgehenden Signale an die Signalpegel des Systems angepaßt werden können. Der große Vorteil dieser Lösung liegt darin, daß der einheitliche Master-Chip in großen Stückzahlen relativ billig vorgefertigt werden kann und später nur noch die Verdrahtung herzustellen ist. Der Entwurfsaufwand ist wesentlich geringer als der von Kundenschaltungen. Bedingt durch den relativ großen Flächenbedarf führen Gate-Arrays allerdings zu einem höheren Produktionskostenanteil, so daß sich große Stückzahlen negativ auf die Gesamtkosten auswirken.

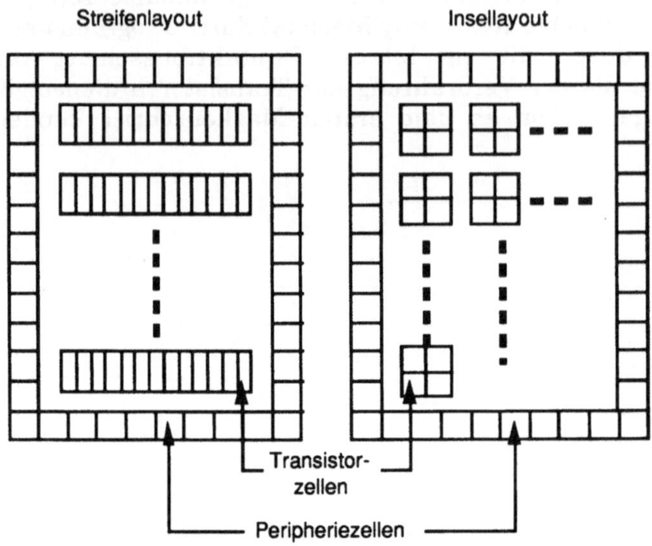

Abb. 5.15. Anordnung der Schaltungen auf dem Chip bei Gate-Arrays.

Standardzellen-ICs bieten im wesentlichen dieselben Möglichkeiten wie Gate-Arrays. Im Gegensatz zu ihnen sind Elemente wie logische Gatter, Zähler, Mikroprozessoren und analoge Funktionen als vorgefertige Elemente vorhanden. Diese Elemente, auch Makros genannt, sind vorab getestet und flächenoptimiert. Standardzellen haben dabei alle die gleiche Höhe und können deshalb gut in Zeilen aneinandergereiht werden. Die Plazierung und Verdrahtung der Zellen erfolgt automatisch, wobei die Zellen zeilenweise auf dem Chip angeordnet und zwischen den Zeilen freie Flächen für die Unterbringung der Verdrahtung der Zellen vorgesehen werden (Abb. 5.16.). Bei gleichem Funktionsumfang ergibt sich ein geringerer Bedarf an Siliziumfläche gegenüber den Gate-Arrays. Es müssen jedoch alle Masken kundenspezifisch erstellt werden, was die Entwicklungskosten erhöht.

Eine Variante der Standardzellen ergibt sich durch die Verwendung komplexerer Funktionseinheiten wie RAMs (**R**andom **A**ccess **M**emory) oder PLAs (**P**rogrammable **L**ogic **A**rray) an. Diese besitzen allerdings nicht mehr die einheitliche Zellenhöhe. Man spricht hier von "Makrozellen". Ihre Eingliederung in den Entwurf stört damit etwas die erwünschte regelmäßige Struktur der Standardzellenanordnungen, die für die automatische Plazierung und Verdrahtung vorteilhaft ist.

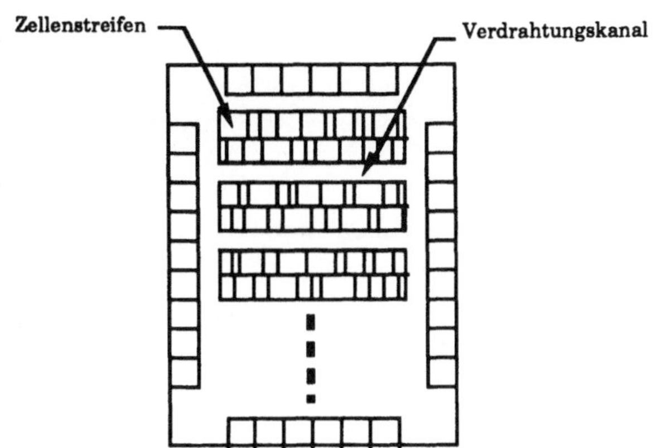

Abb. 5.16. Anordnung der Schaltungen auf dem Chip bei Standardzellen.

Beim Entwurf von Vollkundenschaltungen werden dem Entwerfer praktisch keine funktionalen Beschränkungen auferlegt. Diese Entwurfsmethode ist aber im Vergleich zu den bisher vorgestellten die komplizierteste und erfordert deshalb auch die meisten Spezialkenntnisse vom Entwerfer. Er kann den Entwurf voll nach den Entwurfsvorgaben ausrichten und beispielsweise den Flächenbedarf einzelner Transistoren optimieren. Dieses Optimierungsziel ist besonders wichtig, da sich die Größe der Chipfläche stark auf die Herstellungskosten auswirkt. Die frei definierten Komponenten werden mit erheblichem Entwicklungsaufwand neu erstellt. Dadurch liegen die Stückzahlen für einen rentable Produktion äußerst hoch. Der Schaltungsentwurf muß schon von Anfang an gemäß den Entwurfsregeln des produzierenden Halbleiterherstellers erfolgen.

Die Analyse der Gesamtkosten einer integrierten Schaltung zeigt, daß durch das jährliche Produktionsvolumen und die Komplexität der zu entwerfenden Schaltung bestimmte Rentabilitätsgrenzen abgesteckt werden (Abb.5.17.). Diese legen entweder eine Realisierung mit Hilfe von Gate-Arrays oder Standardzellen oder aber eine Realisierung als kundenspezifische Schaltung nah.

Für relativ kleine Stückzahlen ist infolgedessen bei einer nicht zu hohen Schaltungskomplexität eine Realisierung in Form von Gate-Arrays am vorteilhaftesten. Dies ergibt den Vorzug, daß sie mit verhältnismäßig niedrigen Entwurfskosten auskommt, wenn ausreichende Hilfen für den Entwurf zur Verfügung stehen. Erst bei höheren Stückzahlen werden Standardzell-Entwürfe und schließlich, ab etwa 100.000 produzierten Chips, die Vollkundenschaltungen interessant. Moderne Systeme basieren auf einem Makrozellen Ansatz. Hier geht man von einer Verhaltens- bzw. Strukturbeschreibung aus und generiert die verschiedenen Elemente. Ziel dieses Ansatzes ist es, trotz der geringen Stückzahlen komplexe Schaltungen wirtschaftlich entwerfen zu können.

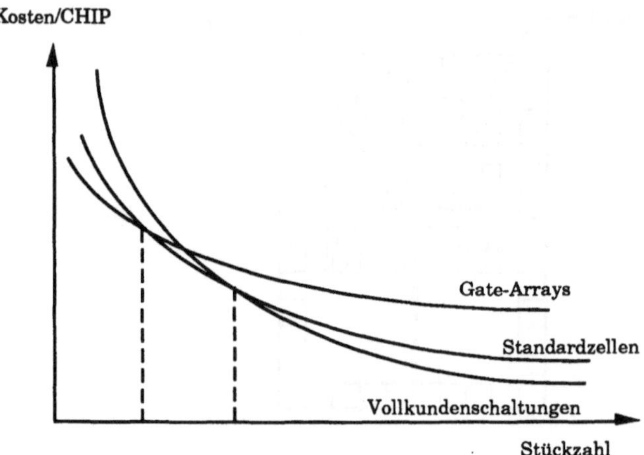

Abb. 5.17. Rentabilitätsgrenzen integrierter Schaltungen

5.2.3 Anforderungen an CAD-Systeme in der Mikroelektronik

Die Vielzahl von Entwurfsaufgaben zur Entwicklung integrierter Schaltungen
wird in der Literatur in zwei Gruppen eingeteilt: Die Synthese und die
Analyse.

Bei der Synthese wird von einer Verhaltensbeschreibung zur Strukturbeschreibung (Struktursynthese) übergegangen, von da aus schließlich zur
Layoutbeschreibung (Layoutsynthese) /ROCA-89/. Die Strukturbeschreibung
kann beispielsweise auf der Logikebene durchgeführt werden, wo das
Verhalten durch Zustandsübergangstabellen und boolesche Gleichungen
ausgedrückt und die Struktur mittels Registern und anderer Funktionseinheiten dargestellt wird. Für diesen Transformationsschritt sind Programme
zur Zustandsminimierung, Zustandskodierung, symbolischer Minimierung
und Logikminimierung notwendig, um gleich von Beginn des Entwurfsprozesses den Hardware-Aufwand in Grenzen zu halten. Die Layoutsynthese
erfordert Programme, die eine automatische Plazierung und Verdrahtung von
Modulen durchführen. Diese Module werden von Layoutgeneratoren erzeugt
oder sind im einfachsten Fall in einer Layoutbibliothek gespeichert. Im
allgemeinen Fall sind Module aus Untermodulen zusammengesetzt, wobei auf
der untersten Ebene immer eine Layoutbeschreibung einer Zelle vorhanden
sein muß oder aber vom Entwurfsexperten erst noch entworfen werden muß.
In beiden Transformationsschritten (Struktur- wie Layoutsynthese) ist es
wünschenswert, Test- und Verifikationsmaßnahmen zu ergreifen, um später
eine einfachere Testbarkeit und Verifikationsmöglichkeit zu erreichen
/GÖMA-86/, /KEßL-88/.

Die Analyse bezieht sich auf dieselben Beschreibungsbereiche wie die
Synthese, allerdings in der entgegengesetzten Richtung: ausgegangen von der
Layoutbeschreibung, wird die Verhaltensbeschreibung über die Struktur-

beschreibung erreicht. Wichtig sind in diesem Fall die sog. Hardware-
beschreibungssprachen, mit denen auf unterschiedlichen Ebenen Verhalten
und Struktur der Schaltung spezifiziert werden. Die Verifikation transformiert
die Schaltungsbeschreibung einer Ebene auf die nächst höhere und vergleicht
anschließend diese neue Beschreibung mit der aus der Synthese erzielten
Beschreibung. Teilweise können für eine Ebene Regeln angegeben werden,
wobei dann die Verifikation der Schaltung aus der Überprüfung der Schaltung
auf irgendwelche Regelverstöße besteht (so beispielsweise die Entwurfsregeln
bei der Layout-Erstellung). Einen weiteren Schwerpunkt bei der Analyse
integrierter Schaltungen bilden die Simulatoren. Damit wird eine in der
Hardware-Beschreibungssprache formulierte Schaltung zusammen mit einer
Stimuli-Datei validiert. Solche Simulatoren können auf unterschiedlichen
Ebenen zum Einsatz kommen, beispielsweise auf der Logikebene, wo im
Gegensatz zur Register-Transfer-Ebene auch Laufzeiten, also zeitliche
Analysen mit berücksichtigt werden. Prinzipiell gilt, daß auf den unteren
Ebenen detailliertere Informationen vorhanden sind und daher die Analyse
genauer durchgeführt werden kann, während die höheren Ebenen den Vorteil
einer schnelleren Abarbeitung bieten.

Außerhalb der Einteilung in Synthese- und Analysewerkzeuge existieren noch
einige - für jedes CAD/CAM-System notwendige - Funktionen, welche die
Mensch-Maschine-Schnittstelle, also die Ein- bzw. Ausgabe von Daten
betreffen. Hierzu zählen Grafik-Editoren, menügesteuerte Kommando-
eingaben, vordefinierte Formblätter und eine standardisierte Datenhaltung
und -verwaltung.

5.2.4 Entwurf integrierter Schaltungen für CAD/CAM-Anwendungen

Bei der Einführung von neuen CAD/CAM-Werkzeugen sind unabhängig vom
speziellen Aufgabengebiet im allgemeinen Fortschritte auf zwei Gebieten
deutlich zu erkennen: sie weisen einerseits eine komfortablere interaktive
Benutzerschnittstelle auf als die Vorgängersysteme und zeichnen sich
andererseits durch Verbesserungen der Leistung infolge besserer, aber auch
aufwendigerer Programme aus. Allerdings stößt man hier inzwischen an
Grenzen, da mit Softwarelösungen, die auf herkömmlichen Rechner-
architekturen basieren, aus Komplexitäts- und Effizienzgründen viele
Aufgaben nicht mehr zeitgerecht bewältigt werden können. Ein Ausweg aus
dieser Problematik besteht darin, durch Verlagerung der Ausführung von der
Software- in die Hardwareebene eine Beschleunigung von Algorithmen im
CAD/CAM Bereich zu erreichen. Wichtige Schwerpunkte sind in diesem
Zusammenhang die Entwicklung einer geeigneten Architektur für die
Realisierung rechenintensiver bzw. häufig gebrauchter Algorithmen und die
Integration der entwickelten Schaltung - beispielsweise als Coprozessor - in
ein bestehendes Rechnersystem. Durch die Fortschritte auf den Gebieten der
Halbleitertechnologie und der Entwurfsautomatisierung ist es heute möglich,
solche Lösungen mit Hilfe von hochintegrierten anwendungsspezifischen
Schaltungen (ASIC´s) zu realisieren.

Im folgenden soll der Entwurfsprozeß mit einem sog. Silicon Compiler, einem Werkzeug, das sämtliche benötigten Entwurfsfunktionen beinhaltet, erläutert werden. Anschließend wird dieser Entwurfsprozeß an Hand aktueller Beispiele, wie sie von uns entwickelt und implementiert wurden, konkretisiert.

5.2.4.1 Entwurfsprozeß integrierter Schaltungen mit einem Silicon Compiler

Bei einem Silicon Compiler handelt es sich um ein Entwurfswerkzeug, das die Vorteile des "Full Custom Design" und des Entwurfs mit Standardzellen oder Gate-Arrays in sich vereinen soll. Dabei braucht der Entwickler keine speziellen Kenntnisse des physikalischen Entwurfs zu besitzen. Er wählt Grundkomponenten aus einer Funktionsbibliothek aus und spezifiziert hiermit seine Schaltung. Daraus generiert der Compiler das physikalische Layout, wobei er z.B. unter Berücksichtigung von elektrischen Parametern die Breite der Versorgungsleitungen selbständig errechnet und automatisch verdrahtet.

Die Grundkomponenten bestehen aus sogenannten "leafcells". Dies sind von Hand optimal entworfene Zellen, die symmetrische Anschlüsse an den Seiten besitzen. Spezifiziert der Entwickler z.B. die Wortbreite für seinen Funktionsblock, so werden vom Compiler entsprechend viele Zellen nebeneinander plaziert, wobei eine zusätzliche Verdrahtung entfällt (sog. abutment).

Abbildung 5.18 zeigt den Entwurfsprozeß mit dem Silicon Compiler GENESIL. Über Formblätter und Eingabelisten bildet der Entwerfer die Schaltungsbeschreibung auf Elemente aus der Systembibliothek ab. Auf Formblätter werden die Elemente eingegeben, über Netzlisten miteinander verbunden und anschließend plaziert. Es folgt die Definition von Verdrahtungskanälen, sowie die Definition und Plazierung der Anschlußzellen (Pads) und deren Zuordnung zu den Anschlußstiften (Pins). Nach Auswahl eines Gehäuses und der Verifikation des Entwurfs werden Fertigungsbänder generiert. Für die Fertigung kann der Entwerfer unter verschiedenen Fertigungstechnologien und Herstellern auswählen. Das physikalische Layout und die Prüfprogramme wie Logiksimulation und Zeitanalyse richten sich dann nach der gewählten Technologie.

In jeder Phase des Entwurfs kann ein Layout oder eine Zeichnung des Entwurfs erstellt werden. Auch die Logiksimulation oder die Analyse des Zeitverhaltens lassen sich schon auf der Ebene der Bibliotheksmodelle aufrufen. Dies ermöglicht einen iterativen Entwurfsstil. Treten bei den Testprogrammen Fehler auf, so müssen die vorherigen Entwurfsschritte solange durchlaufen werden, bis die Schaltung fehlerfrei arbeitet.

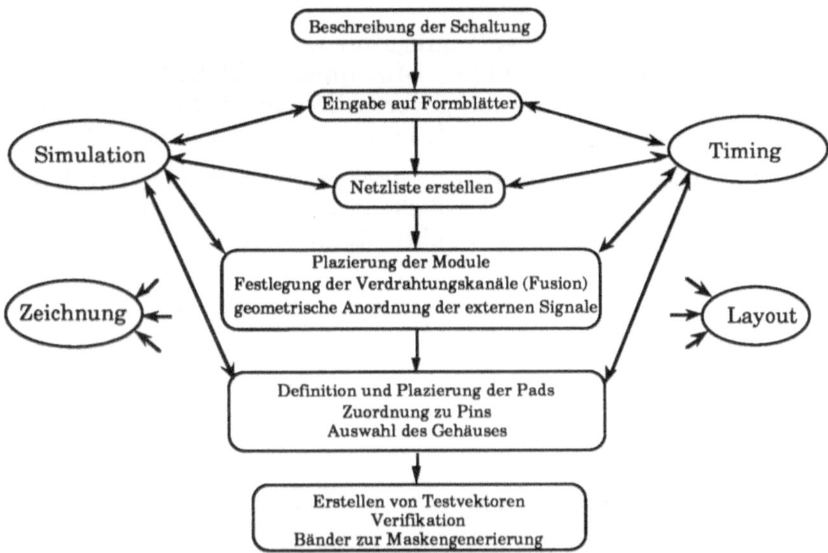

Abb. 5.18. Entwurfsprozeß mit dem Silicon Compiler GENESIL

Zur Beschreibung der Schaltungskomponenten bietet der Silicon Compiler drei
Modelle an:

1. Blöcke (Blocks)

Es handelt sich hierbei um größere Komponenten wie z.B. RAM, ROM,
PLA. Das Modell gewährleistet eine gute Flächenausnützung, da sich die
Komponenten ideal für den Entwurf mit "leafcells" eignen (siehe auch Abb.
5.20.).

2. Paralleler Datenpfad (Parallel Datapath)

Der Datenpfad ist ein Bus-orientiertes Modell, das immer dann ideal
erscheint, wenn es sich um Komponenten mit größerer Wortbreite (bis zu
64) handelt. Es bietet pro Bit zwei globale Busse an, zwischen die
Logikbausteine wie Addierer, Shifter, ALU′s, Register usw. gelegt werden
(siehe Abb. 5.19.). Diese können untereinander noch durch zwei lokale
Busse verbunden werden.

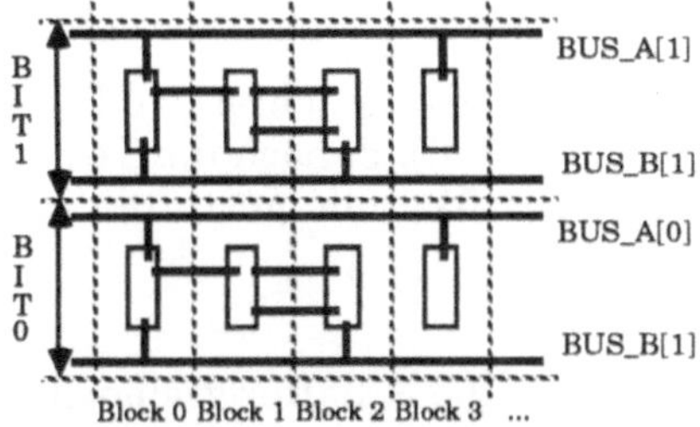

Abb. 5.19. Globale und lokale Busse beim parallelen Datenpfad

3. Wahlfreie Logik (Random Logic)

Das Modell bietet die üblichen Logikgatter wie NAND, NOR, EXOR, aber auch Komponenten wie Zähler, Multiplexer, Dekoder u.a. Bei der Realisierung sollte man allerdings versuchen, möglichst wenig wahlfreie Logik zu verwenden, da dieses Modell sehr viel Platz beansprucht.

Der hohe Platzbedarf resultiert daraus, daß das Verdrahten per "abutment" wegen der unterschiedlichen Struktur nicht möglich ist. Zwar werden auch hier "leafcells" nebeneinander plaziert, sie müssen aber oben und unten verdrahtet werden.

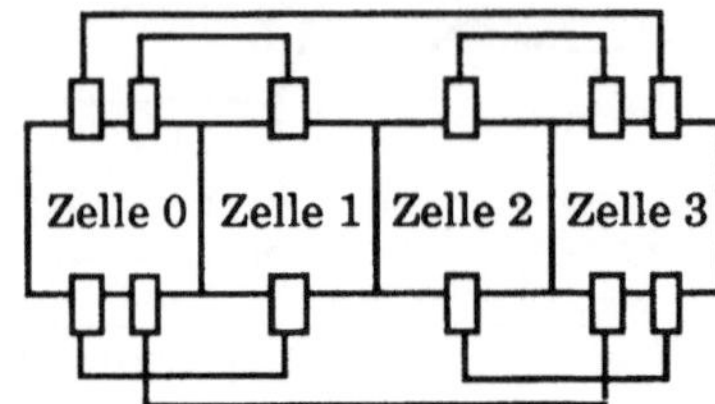

Abb. 5.20. "Leafcells" per "abutment" verdrahtet und normal verdrahtet

Ein weiteres Merkmal des Systems ist die Generierung von Modellen für das Zeitverhalten und die Logiksimulation. Für die Generierung des Layouts werden Prozesse verschiedener Firmen, sowie unterschiedliche Technologien angeboten. Eine ausführliche Dokumentation des Systems ist in /SICO-88/ zu finden.

Dieser Silicon Compiler bietet eine moderne, menüorientierte Oberfläche. Die Steuerung erfolgt weitgehend mit einer Maus. Alle Ein- und Ausgaben werden in einer Protokoll-Datei mitgeschrieben. Das bringt nicht nur den Vorteil einer späteren Überprüfung, sondern auch die Möglichkeit, eine Kommando-Datei zu erstellen, die einen identischen Ablauf - eventuell mit neuen Werten - wiederholt. Der Ablauf durch das Menü wird vom System intelligent unterstützt. Wenn z.B. die Zeitanalyse aufgerufen wird, muß zuvor das Layout generiert worden sein. Wurde dies unterlassen, holt es das System automatisch nach.

Vereinfacht kann die Eingabe einer Schaltung in zwei Teile gegliedert werden: in die Schaltungsbeschreibung und in die Plazierung.

Schaltungsbeschreibung

Bei der Erstellung einer Schaltung wird zuerst der Typ eingegeben (Wahlfreie Logik, Datenpfad oder Block-Modell), danach die Technologie und zuletzt die Spezifikation selbst. Die Spezifikation gestaltet sich je nach Typ sehr unterschiedlich:

- Wahlfreie Logik

  Aus einer Bibliothek werden die Schaltungselemente ausgewählt und auf Formblättern spezifiziert. Alle Parameter sind beim Aufruf mit Standardwerten belegt: Die Treiberstärke mit '1' und die Ausgänge als "nicht invertiert". Der Entwerfer kann das nun nach seinen Bedürfnissen ändern und auch die Wortbreite spezifizieren. Die Signalnamen müssen in die entsprechenden Felder bei IN, OUT und ENABLE eingetragen werden. Dabei sind Unterschiede zu einigen anderen Systemen zu erkennen. Die Verdrahtung sämtlicher Komponenten wird mit der Eingabe von Netzlisten und nicht grafisch durchgeführt. Über den Menüpunkt "Signals" können die Signale an ihre Umgebung angepaßt werden, indem spezifiziert wird, ob es Eingabe-, Ausgabe-, E/A-, oder lokale Signale sind.

Eine Hierarchiestufe höher wird über eine Netzliste der gesamte Block mit anderen Blöcken verdrahtet. Lokale Signale tauchen dort nicht mehr auf. Durch den Aufruf "View" läßt sich der Block grafisch dargestellt. Dies dient zur Kontrolle der Verdrahtung über die Netzlisten hinaus.

Die Eingabe über Formblätter und die Verdrahtung durch Netzlisten läßt sich schnell und einfach vornehmen. Durch Verwendung gleicher Signalnamen wird sie weitgehend automatisch durchgeführt. Die Möglichkeit der Kontrolle an Hand der grafischen Darstellung ist bei der wahlfreien Logik allerdings unzureichend, da die genaue Verdrahtung nicht übersichtlich gezeigt wird.

- Paralleler Datenpfad

  Der parallele Datenpfad ist, wie bereits erwähnt, ein Bus-orientiertes Modell. Es werden zuerst zwei globale Busse auf Formblättern spezifiziert. Dabei wird unter anderem die Busbreite, das Zeitverhalten (Phase A, B) und die Art der Busse (Direkt, Precharge, Tristate) angegeben. Zwischen diese beiden Busse werden nun Logikbausteine gelegt. ALUs, Addierer, Shifter, Incrementer, Register, usw. werden angeboten.

  Die Spezifikation der Komponenten selbst wird ebenfalls über Formblätter vorgenommen. Sie können untereinander noch durch lokale Busse verbunden werden. Ein Überblick über die Gesamtschaltung kann mit "View" erzeugt werden. Anders als bei der wahlfreien Logik ist dieses Hilfsmittel hier sehr hilfreich. Es läßt sich übersichtlich überprüfen, ob alle Komponenten richtig belegt sind. Mit den Formblättern alleine ist diese Übersicht schwer zu erreichen. Ein großer Vorteil besteht darüberhinaus in der bereits bei der Spezifikation durchgeführten automatischen Überprüfung des korrekten Zeitverhaltens der Komponenten (Zeitattribute).

  Der Umgang mit dem parallelen Datenpfad ist am Anfang sehr ungewohnt, vor allem im Zusammenhang mit der gemischten Darstellungsform Einzelbit/Bus. Ein konventioneller Entwurf muß zuerst für den Datenpfad umgearbeitet und an das Busmodell angepaßt werden. Meist sind dabei mehrere Lösungen möglich, von denen nur eine optimal ist. Wie bereits erwähnt, ist dem Datenpfad aus Platzgründen, falls das möglich ist, immer der Vorzug gegenüber der wahlfreien Logik zu gewähren.

- Blöcke

  Blöcke sind größere Komponenten wie Multiplizierer, Pads, PLAs, RAM
  oder ROM. Da in den Beispiel-Schaltungen sehr viele PLAs vorhanden
  sind, werden sie als Beispiele für die Blöcke näher erläutert.

  Auch bei einem PLA ist am Anfang ein Spezifikations-Blatt auszufüllen.
  Der Entwerfer kann das Zeitverhalten bestimmen, er kann den Floorplan
  beeinflussen (ROM oder Dekodierer), und er kann Optionen in bezug auf
  Größe und Geschwindigkeit einstellen. Zur Optimierung steht der
  ESPRESSO-Minimierer zur Verfügung.

  Zur Beschreibung des PLAs stellt GENESIL eine komfortable PLA-
  Programmiersprache zur Verfügung: PLAEQ. Zu den Besonderheiten der
  Sprache gehört die Möglichkeit, RS-Flipflops zu implementieren. Mit SET,
  RESET und TOGGLE kann das Flipflop gesetzt, rückgesetzt oder sein
  logischer Wert negiert werden. Eine weitere Besonderheit stellt der
  Einsatz von Unterprogrammen dar.

  Bevor die Plazierung durchgeführt werden kann, müssen die Netzlisten
  fehlerfrei sein. Mit der Überprüfung der Netzliste wird auch das
  Zeitverhalten der verbundenen Komponenten kontrolliert. Fehler werden
  zusammen mit ihrer Ursache in einer Datei protokolliert.

Plazierung

Die Plazierung stellt den problematischsten Teil des Systems dar. Um
brauchbare Ergebnisse zu erzielen, muß sie von Hand durchgeführt werden.
Nach Aufruf des "Placement" aus dem Menü werden die Blöcke für das
ausgewählte Objekt gezeigt. Die Vorgehensweise ist "bottom-up", d.h. es wird
mit den Blöcken der untersten Ebene begonnen.

Durch Einblendung der Verbindungsleitungen der Blöcke untereinander wird
eine gute Plazierung erleichtert. Probleme treten erst eine Hierarchiestufe
höher auf. Dort ist erkennbar, ob der Block besser in eine längliche Form oder
in eine quadratische Form paßt. Diese Umformung muß wieder im betreffenden Unterblock vorgenommen werden und führt zu einer weiteren, langwie-
rigen Verdrahtung.

Ein zusätzliches Problem ergibt sich aus dem für die Verdrahtung benötigten
Platz. Bei einer Plazierung am Bildschirm kann dieses nur schwer abgeschätzt
werden. Wird er zu klein gewählt, schiebt der Compiler unter Umständen die
falschen Blöcke auseinander; bei zu großem Freiraum bleibt eine Lücke übrig.

Prinzipiell ermöglich auch GENESIL eine automatische Plazierung. Die
Ergebnisse sind aber so schlecht, daß sie in der Praxis nicht verwendet werden
können. Da immer das komplette Layout generiert und auf das Ergebnis auf
dem Bildschirm oder dem Plotter gewartet werden muß, sollte die Plazierung
erst nach dem Vollenden des logischen Entwurfs durchgeführt werden.

5.2.4.2 Vorstellung des Entwurfsprozesses an Hand von Beispielen

Der oben beschriebene Entwurfsablauf wird in den kommenden Abschnitten mit Hilfe von drei Beispielen erläutert. Das erste Beispiel spiegelt die ersten Erfahrungen mit dem Silicon Compiler wider und zeigt die Schaltungskomplexität, die mit unerfahrenen Entwerfern (Studenten ohne spezielle Layoutkenntnisse) erreichbar ist. Das zweite Beispiel zeigt in detaillierter Form typische Anforderungen an einen Entwurf und beleuchtet das verwendete Entwurfssystem mit kritischen Anmerkungen. Das letzte Beispiel zeigt, wie durch die Unterstützung eines Silicon Compilers ermöglicht wird, mit geringem Aufwand unterschiedliche Realisierungsvarianten eines Entwurfs zu untersuchen. Die Schaltungen zu den oben genannten Beispielen wurden im Rahmen des *CAD/CAM Schwerpunktes an der Universität Karlsruhe* am Institut für Rechnerentwurf und Fehlertoleranz entworfen.

Chip zur beschleunigten Berechnung einer Koordinatentransformation

In diesem Abschnitt wird der Entwurf einer anwendungsspezifischen integrierten Schaltung für die Berechnung trigonometrischer Funktionen, sowie die Belegung von Denavit-Hartenberg-Matrizen (DH-Matrizen) und deren Multiplikation vorgestellt /CAEP-90/. Diese Funktionen werden bei der Koordinatentransformation für die Steuerung eines Roboterarmes benötigt. Ziel des Entwurfs der integrierten Schaltung ist die möglichst schnelle Ausführung der Koordinatentransformationen, mit deren Hilfe die Gelenkstellungen eines Roboterarmes bei der Bewegung an einen gewünschten Punkt berechnet werden. Jedes Roboterarmgelenk wird durch eine DH-Matrix /DEHA-55/, /DILL-87/, /PAUL-84/ dargestellt. Diese ist so beschaffen, daß bei der Bewegung aufeinanderfolgender Gelenke die zugehörigen DH-Matrizen lediglich miteinander multipliziert werden müssen, um die abschließende Koordinatentransformation zu erhalten.

In der Schaltung wurde das Coprozessor-Protokoll von Motorola implementiert /MOTO-85a/. Der Datenaustausch geschieht ausschließlich über Register des Coprozessors, die zwischen dem internen und externen Bus liegen. Damit ist der Chip intern vom CPU-Timing und sonstigen Besonderheiten der Kommunikation unabhängig.

Die bestimmenden Merkmale des verwendeten Algorithmus sind viele Multiplikationen (bedingt durch die Matrixmultiplikation und die trigonometrischen Berechnungen), aber auch Additionen und Subtraktionen. Deshalb liegt die Verwendung einer prozessororientierten Architektur nahe (Abb. 5.21.).

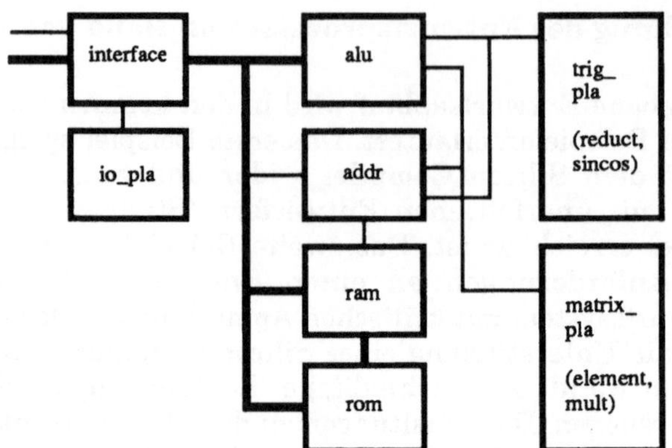

Abb. 5.21. Blockschaltbild des Coprozessors

Es wird allerdings keine vollständige arithmetisch-logische Einheit (ALU)
benötigt, da z.B. logische Operationen fehlen. Stattdessen ist ein zusätzliches
Multiplizier-Netzwerk mit aufgenommen, um den Anforderungen einer
schnellen Multiplikation gerecht zu werden (Abb. 5.22.).

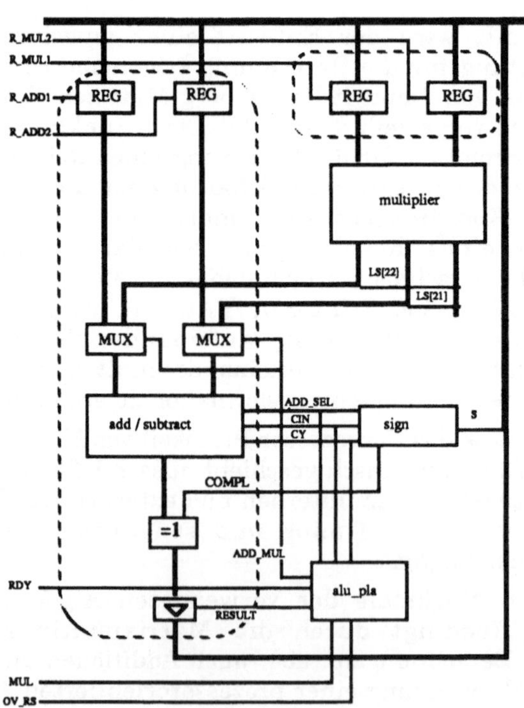

Abb. 5.22. Arithmetisch-logische Einheit (ALU)

Die gesamte Kommunikation mit der Außenwelt übernimmt eine Schnittstelle,
in der das Coprozessor-Protokoll implementiert ist.

Eine siebenköpfige Studentengruppe, die gleichzeitig auch auf dem Gebiet des VLSI-Entwurfs ausgebildet werden sollte, entwickelte den in Abbildung 5.23 dargestellten Chip innerhalb eines halben Jahres soweit, daß anschließend nur noch Feinkorrekturen, Optimierungen und umfangreiche Simulationsläufe durchzuführen waren. Die Tabelle 5.1 faßt die wichtigsten Ergebnisse zusammen.

Technologie:	2 μm CMOS
Fläche:	103,25 mm^2
davon Core:	73,25 mm^2
davon Verdrahtung:	30 mm^2
Zahl der Transistoren:	58 295
Verlustleistung:	1,78 Watt
Taktfrequenz:	16 MHz

Tab. 5.1. Technische Daten des entworfenen Chips

Das Robotersimulationsprogramm, dem der Algorithmus der Koordinatentransformation entnommen wurde, ist in PASCAL implementiert und läuft derzeit auf einer μVAX II. Für den Programmteil, der jetzt durch den Chip ersetzt wird, wurde eine Durchlaufzeit von 8 msec. gemessen. Parallel dazu schrieb man ein Assemblerprogramm auf einem MC 68020-System, das für die Berechnungen den Gleitkomma-Coprozessor MC 68881 verwendet. Da der Chip genau dieselbe Schnittstelle und dieselbe Taktfrequenz benutzt, ist im vorliegenden Fall ein Vergleich mit dem Gleitkomma-Coprozessor sinnvoller als ein Vergleich mit einem Pascal-Programm auf einer μVAX. Tabelle 5.2 zeigt das Ergebnis dieses Vergleiches.

	MC 68881	Entworfener Chip
Taktfrequenz:	16 MHz	16 MHz
Datenformat:	Floating-Point	Fix-Point
Datenbreite (intern):	80 Bit	24 Bit
Addition:	51 Zyklen	2 - 3 Zyklen
Multiplikation:	71 Zyklen	4 Zyklen
Sinus/Cosinus:	391 Zyklen	68 Zyklen
Elementberechnung:	4186 Zyklen	175 Zyklen
Koordinatentransformation:	15374 Zyklen	680 Zyklen

Tab. 5.2. Leistungsvergleich mit dem Coprocessor MC 68881

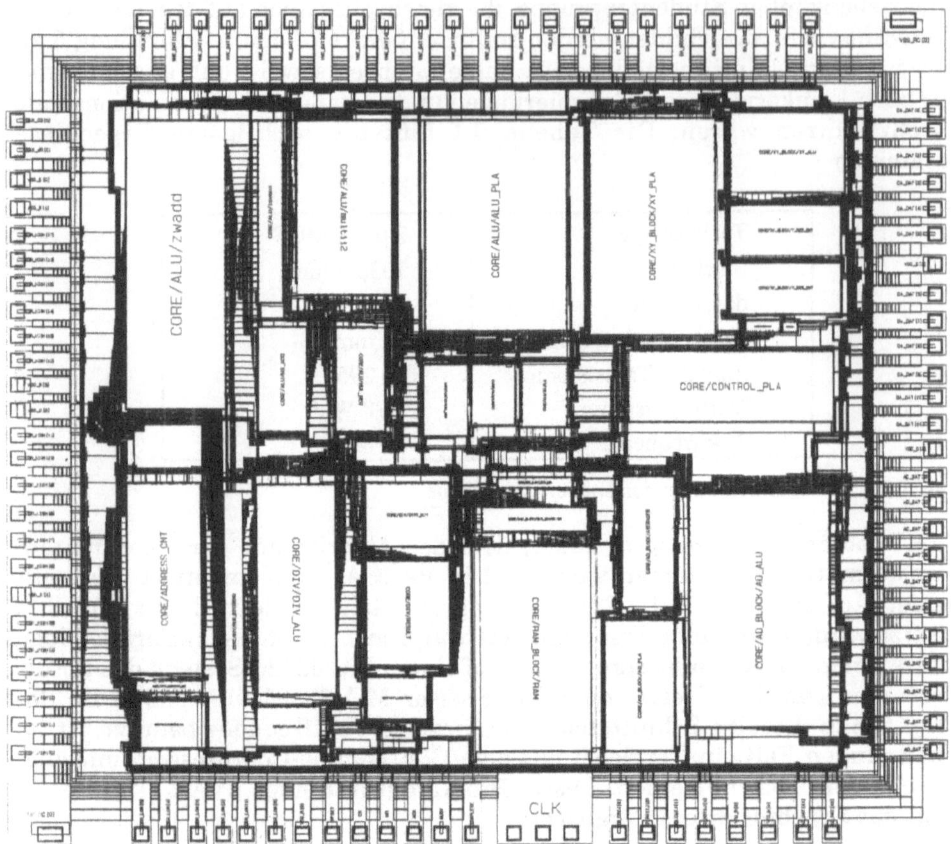

Abb. 5.23. Layout des Chips zur Koordinatentransformation

Schaltung zur Steuerung eines Laserscanners

In diesem Abschnitt wird die Entwicklung eines Prozessors zur Steuerung eines Laserscanners und zur Verarbeitung der erfaßten Bildpunkte erläutert.

Der Einsatz mobiler Roboter gewinnt im Bereich der industriellen Fertigung immer mehr an Bedeutung. Bei der neuesten Generation handelt es sich um mobile autonome Roboter. Sie sind mit Sensoren zur Erfassung ihrer Umgebung ausgestattet, die *on line* ausgewertet werden müssen. Es kommt dabei sowohl auf die Miniaturisierung der Hardware an, als auch auf die Beschleunigung der Rechenoperationen.

Der Entwurf und die Implementierung dieses Prozessors stellt hohe Anforderungen an das Entwurfssystem: zum einen durch die Komplexität der Aufgabe, zum anderen aber auch durch die geforderten Leistungsmerkmale, die sich an einem industriellen Einsatz orientierten. Der Schwerpunkt der

Arbeit lag auf der Untersuchung des Entwurfssystems für den praktischen Einsatz. Der Chip wurde bis zur Fertigungsreife entworfen, wobei es sich um eine flexible programmierbare Architektur handelt /CAEP-89/.

Um die Leistungsanforderungen an den Chip zu erkennen, wird an dieser Stelle kurz das Abtastverfahren des Laserscanners und die Einsatzumgebung des Chips beschrieben.

Das Triangulationsmeßverfahren

Ein mobiler Roboter benötigt zur Bilderfassung ein Sensorsystem, das nicht nur die Intensitätswerte erfaßt, sondern auch die Entfernung. Eine Möglichkeit ist die Bilderfassung mit einem Laserscanner. Hierbei wird das Triangulationsmeßverfahren eingesetzt. Dieses Verfahrens ermöglicht es, über die Ablenkung eines reflektierten Strahls auf den Abstand und die Winkellage eines Objektes zu schließen /DOLL-86/. Abbildung 5.24 zeigt die prinzipielle Arbeitsweise eines Laserscanners.

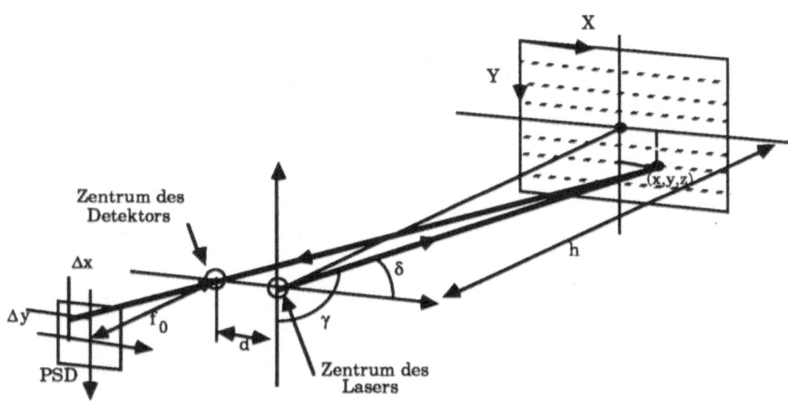

Abb. 5.24. Prinzipielle Arbeitsweise eines Laserscanners

Der Laserstrahl wird in X- und in Y-Richtung über eine virtuell gerasterte Bildfläche geführt. Bei jedem Rasterpunkt wird der reflektierte Strahl über eine Empfangsoptik auf einen PSD-Detektor (position sensitive devices) projiziert, der sich im Abstand d vom Laser befindet. Man mißt die Ladungsverteilung auf dem Detektor in vertikaler und in horizontaler Richtung, i und j (siehe auch Abb. 5.25). Diese beiden Werte sind proportional zur Abweichung Δx und Δy vom Mittelpunkt des PSD. Daraus und aus den beiden Ablenkwinkeln δ (horizontaler) und γ (vertikaler) sowie den Kalibrierungsparametern d und f_0 kann die Entfernung h zum Bildpunkt berechnet werden. Dadurch sind die Raumkoordinaten (x,y,z) des Bildpunktes bestimmbar. Der Laserstrahl wird über Umlenkspiegel im Zentrum des Lasers auf die Bildfläche projiziert. Die Lage der Spiegel wird durch die Werte ε und ψ bestimmt, die proportional zur aktuellen (X/Y)-Koordinate des abzutastenden Bildpunktes sind.

Das Verfahren ist hier nur kurz und vom Prinzip her beschrieben. Eine ausführlichere Behandlung ist in /LEVA-87/ und /LEST-83/ zu finden. Es wird

für den Einsatz in mobilen Robotern weiterentwickelt und ist im Aufsatz
/VALE-88/ ausgeführt.

Funktionsbeschreibung und Anforderungen

Der Chip soll zur Steuerung des Laserscanners, zur Erfassung der
Ausgabedaten des Detektors und zur Berechnung der Raumkoordinaten des
Bildpunktes dienen und mit seiner gesamten Peripherie wie RAM und
Wandler-Chips auf einer VME-Buskarte untergebracht werden. Eingabewerte
sind i und j (jeweils 12 Bit) vom Detektor sowie eine Reihe programmierbarer
Parameter wie Startkoordinaten, Bildgröße und Auflösung. Ausgabewerte sind
jeweils die drei Raumkoordinaten des Punktes (x,y,z) (jeder Wert 24 Bit), die
ein 3-dimensionales Bild des Objekts im Raum beschreiben sowie die
zugehörige Intensität. Die Werte werden in einem externen RAM abgelegt und
können dort vom Hauptrechner gelesen werden. Abbildung 5.25 zeigt ein
Blockschaltbild der Steuer- und Auswertungseinheit des Laser-Scanners.
Hervorgehoben ist der Teil, der auf dem Chip realisiert wurde.

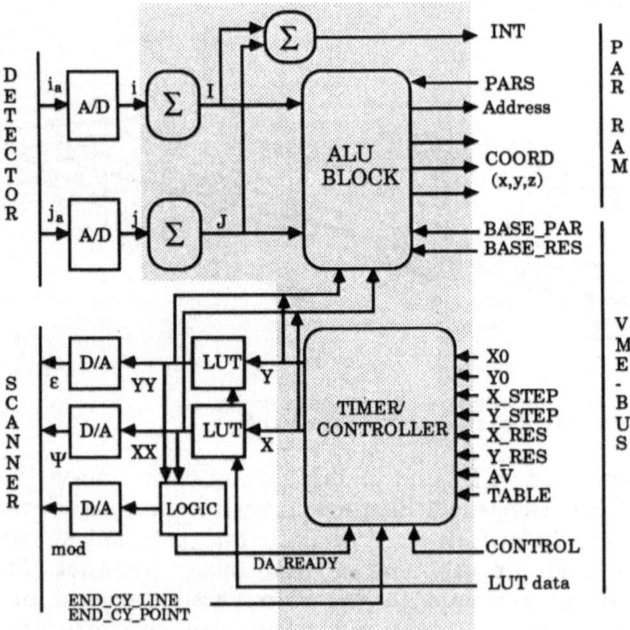

Abb. 5.25. Blockschaltbild der Steuer- und Auswerteinheit.

Um die Eingabewerte i und j zu erhalten, muß der Chip zuerst das Laser-
system steuern. Dies geschieht durch Berechnung der aktuellen X- und Y-
Koordinate des abzutastenden Punktes. Die beiden Werte werden unter
Zwischenschaltung einer LUT ("lookup-table") an die D/A-Wandler übergeben.
Die daraus resultierenden Werte ε und ψ steuern die Spiegel an. Die "lookup-
table" dient der Möglichkeit, ein Zufallsmuster an Punkten zu erfassen, ohne
den Algorithmus zur punktweisen Fortschreitung in X-Y-Richtung zu ändern.

Sie wird von außen geladen und nimmt eine Abbildung der Punkte X,Y auf die Punkte XX,YY vor. Die Punkte XX und YY müssen in den Chip geladen und der ALU zur Verfügung gestellt werden. Die VME-Buskarte beinhaltet ferner eine Logik, die die Lasermodulation 'mod' erzeugt. Die Raumkoordinaten (x,y,z) werden im ALU-Block berechnet.

Die Anforderungen, die an eine *ideale* Realisierung gestellt werden, entsprechen dem Entwurf eines DSP-Systems (**Digital Signal Processing**) in analoger Umgebung. Solche Systeme finden eine immer größere Verbreitung aus Gründen, die auch für diesen Entwurf entscheidend sind /ULPF-89/:

- Standard Mikroprozessoren bieten keinerlei hardwaremäßige Unterstützung aufwendiger Rechenoperationen und sind nicht für die Echtzeitverarbeitung vieler Signale geeignet.

- Anwendungsspezifische Signalprozessoren enthalten ein oder mehrere Rechenwerke, die vom Hardwareaufwand für die abzuwickelnden Algorithmen optimiert sind, durch ROM-Programmierung jedoch eine gewisse Flexibilität bieten.

Es sollte versucht werden, einen digitalen Signal-Prozessor mit folgenden Merkmalen zu entwickeln:

- Kernstück des Prozessors sollte ein spezieller ALU-Block sein, der auf die schnellstmögliche Berechnung der Koordinaten (x,y,z) hin optimiert ist. Dabei dürfen die Zwischenergebnisse der ALU nicht nach üblichen Fehlerabschätzungsverfahren gekürzt werden, da dies in der Signalverarbeitung zu einer Erhöhung des digitalen Rauschens führt.

- Die Berechnung der abzutastenden Koordinaten (X/Y) sowie das Laden der Werte i,j und ihre arithmetische Mittelung sollte im Idealfall völlig nebenläufig geschehen, ohne den eigentlichen Rechenprozeß zu bremsen.

- Die Flexibilität darf nicht eingeschränkt werden und soll auch noch mit zukünftigen Entwicklungen des Laser-Scanner-Systems mithalten können.

Bei dem Entwurf des Chips standen Geschwindigkeit und Flexibilität im Vordergrund. Der Chip sollte so entworfen werden, daß er an seine Umgebung nur geringe Anforderungen stellt, so daß er auch mit schnelleren Wandlern, unterschiedlichen Spiegelsystemen und zusätzlicher Logik kombinierbar ist.

Um die maximale Geschwindigkeit zu erreichen, wurden mehrere parallel arbeitende Blöcke entworfen. Die Schwierigkeit bestand in der Ablaufsteuerung, die zum Teil sequentiell, zum Teil parallel erfolgen mußte. Deshalb wurde die Schaltung mit zwei Bussen entworfen, die über einen "Dual-Port"-RAM ihre Daten austauschen. Nur dadurch war es möglich, die geforderte Geschwindigkeit zu erreichen. Für den Ablauf sind mehrere Steuerwerke zuständig. Für die Kommunikation mit dem Hauptprozessor ist zusätzlich eine eigene Steuerung vorgesehen. GENESIL hält die Steuerlogik im Verhältnis zur benötigten Gattermatrix sehr klein. Eine Aufteilung in mehrere kleine Schaltungsteile kann außerdem besser plaziert werden.

Daten des Entwurfs

Die geforderte Flexibilität konnte voll erreicht werden: zum einen durch Einführung asynchroner Signale, zum anderen durch die Möglichkeit, alle Parameter frei zu programmieren.

Die geforderte Geschwindigkeit wurde ebenfalls erreicht. Die Berechnung der abzutastenden Bildpunkte und die Bereitstellung der gemittelten Werte I und J wird völlig nebenläufig durchgeführt. Im praktischen Einsatz, d.h. nicht mit ideal schnellen Wandlern und Spiegeln, bestimmen nur die anderen Bausteine und mechanische Komponenten die Geschwindigkeit (siehe auch Tab. 5.6).

In der Tabelle 5.3 ist die Durchlaufzeit für den XY-Block zusammengestellt. Unterschieden wurde nach den vier Wegen, die im PLA durchlaufen werden können: Ob es sich um den "Point"-Fall handelt, also nur eine X-Koordinate berechnet wird, oder ein Zeilenwechsel im "Line"- oder "Meander"-Modus erfolgt. Es handelt sich um den idealen Fall, d.h. die LUT wird dabei nicht benutzt. Falls sie benutzt wird, muß ihre Verzögerungszeit noch dazu addiert werden.

XY-Block:	
Fälle	Taktzyklen
Point	17
Neue X-Koordinate	10
Zeilenwechsel ´Line´	16
Zeilenwechsel ´Meander´	11

Tab. 5.3. Zeiten für den XY-Block

Tabelle 5.4 zeigt die Durchlaufzeit für den AD-Block. Mit "ideal" ist die durch die Schaltung benötigte Zeit gemeint. Hinzu kommt noch die reine Verzögerungszeit der Wandler. Als Beispiel wurde der MAX 162 /MAIN-88/ in seiner schnellsten Ausführung mit 3 µs, und ein mit der Softwarelösung eingesetzter Wandler mit 10 µs Wandlungszeit angeführt. Außerdem muß noch nach der Anzahl der Mittelungen unterschieden werden.

AD-Block: Taktzyklen / Fälle	Wandlungszeit		
	´ideal´	3 µs	10 µs
1 Mittelung	14	62	174
2 Mittelungen	20	116	340
4 Mittelungen	32	224	672
8 Mittelungen	56	440	1336

Tab. 5.4. Zeiten für den AD-Block

Tabelle 5.5 zeigt die benötigte Zeit für die wichtigsten Ein/Ausgabevorgänge. Das Schreiben in den RAM setzt sich zusammen aus der Zeit zum Laden des

COMMAND-Registers und der Ladezeit, die für jedes Datenwort benötigt wird. Alle Zeitangaben beziehen sich auf einen 16 MHz Systemtakt.

Ein/Ausgabe:	
Fälle	Taktzyklen
Laden des RAM: 1 Wert	4 + 2 = 6
Kompletter Datensatz (10 Werte)	4 + 10 * 2 = 24
Laden und Auswerten des COMMAND-Registers	4
Ausgabe des STATUS-Registers	2

Tab. 5.5.   Zeiten für die Ein-Ausgabe

Die Einstellzeit der Spiegel blieb bisher noch unberücksichtigt. Sie wirkt sich nur dann aus, wenn sie länger als der Zeitraum ist, der zwischen zwei Aufrufen des AD-Blocks liegt. Die X/Y-Koordinate und die Raumkoordinaten werden parallel dazu berechnet.

Für die gestellte Aufgabe existiert bereits eine Softwarelösung in der Sprache C. Sie ist auf einem System mit dem Prozessor MC68000, 8 MHz Taktfrequenz, installiert. Der Versuchsaufbau des Laserscanner-Systems benötigt damit für eine Abtastung eines Bildes mit 256 x 256 Punkten ca. 2 Minuten. Dabei werden 8 Mittelungen durchgeführt. Die verwendete D/A-Wandler haben eine Wandlungszeit von 10µs. Mit Hilfe des ASIC wäre das unter gleichen Randbedingungen in 5.4 Sekunden möglich. Dabei ist die Genauigkeit der Softwarelösung mit 32 Bit geringer als die des ASIC (36 Bit). Mit schnelleren Wandler-Chips sind sogar Steigerungen bis auf 0.7 Sekunden möglich. Für die Softwarelösung schafft der Einsatz schnellerer Wandler keinen Zeitvorteil. Tabelle 5.6 zeigt diesen Vergleich. Außerdem wird die Abhängigkeit von den Wandlern und der Anzahl der Mittelungen dargestellt. Aus der Tabelle läßt sich die durch den ALU-Block bestimmte Leistungsgrenze des ASIC erkennen. Bei idealen Wandlern hängt die Verarbeitungszeit nur noch vom ALU-Block ab, nicht mehr von der Anzahl der Mittelungen. Bei den heute marktgängigen Wandlern mit 3 µs ist diese Grenze bei 2 Mittelungen schon erreicht.

Vergleich ASIC / Softwarelösung				
	Mittelungen / Wandlungszeit			
	8 / 10 µs	8 / 3 µs	2 / 3 µs	8 / 'ideal'
ASIC	5.4 s	1.1 s	0.7 s	0.7 s
Software-lösung	2 min	-	-	-

Tab. 5.6.   Vergleich ASIC / Softwarelösung

Trotzdem erfüllt der ASIC mit den heutigen und auch mit zukünftigen
Wandlern voll und ganz die geforderten Geschwindigkeitsvorgaben. In der
Praxis muß mindestens viermal gemittelt werden, um das Rauschen der A/D-
Wandler zu begrenzen. Wenn nicht gemittelt wird, darf außerdem die
Zeitbedingung der Spiegeleinheit, der D/A-Wandler und der LUT nicht mehr
vernachlässigt werden. Gegenüber der Softwarelösung kann eine ungefähre
Steigerung um den Faktor 100 erreicht werden.

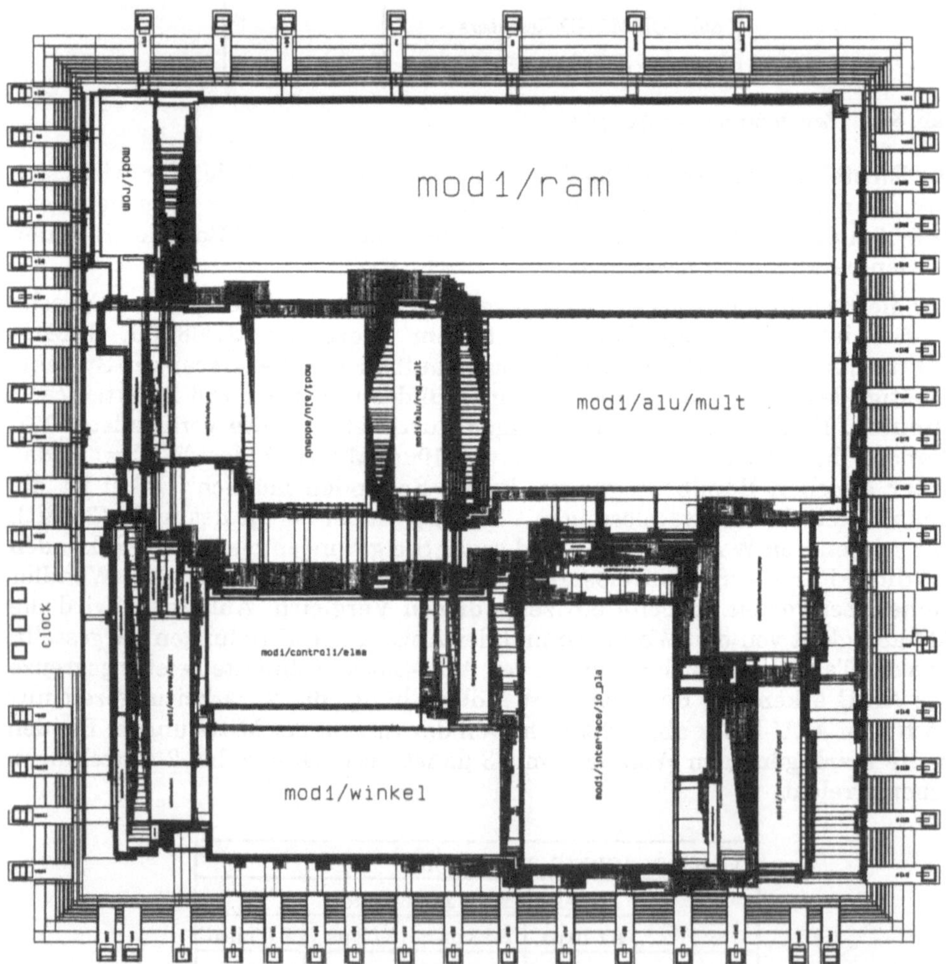

Abb. 5.26. Layout der entworfenen Schaltung

Die wichtigsten Daten der physikalischen Implementierung sind in Tabelle 5.7
aufgeführt. Abbildung 5.26 zeigt den Chip. Zu sehen sind die Plazierung der
Blöcke und die Verdrahtung.

Höhe	=	8968,74 µm
Breite	=	9956,80 µm
Gesamtfläche des Chips	=	89299954 µm²
davon sind:		
Core-Bereich	=	61963879 µm² = 69 %
Padring-Bereich	=	27359366 µm² = 30 %
Verdrahtungslänge	=	8559114 µm
Anzahl der Transistoren	=	37004
Technologie	=	CMOS-1
Herstellungsprozeß	=	ES2 CN20A
Anzahl der Pads	=	98
Leistungsverbrauch	=	1277,71 mW (5V / 10 MHz)
Gehäuse	=	100-poliges Pin-Grid-Array

Tab. 5.7. Technische Daten des Chips

Schaltung zur Berechnung des exakten Skalarprodukts

Eine Verwendung des exakten Skalarproduktes in numerischen Algorithmen führt derzeit noch zu einer beträchtlichen Erhöhung der Ausführungszeiten. Der Entwurf einer speziellen Hardwareeinheit stellt eine Möglichkeit dar, Skalarprodukte schnell und exakt zu berechnen. Der BCD-Arithmetik Prozessor (BAP) arbeitet auf der Basis von Bit-Slice-Prozessoren und berechnet Skalarprodukte mit einer BCD-Gleitkommaarithmetik. Der BAP benötigt pro Vektorelement ca. 30 msec an einem 16-Bit Interface. Durch die Abmessungen des BAP gestaltet sich die Integration in ein vorhandenes Rechnersystem als recht schwierig.

Um Aussagen über den Aufwand und die Leistung eines ASIC's für Skalarprodukte machen zu können, wurden mehrere Versionen eines VLSI-Bausteins, der verschiedene Bearbeitungsschritte bei der Berechnung exakter Skalarprodukte übernehmen und den Aufbau einer kompakten Hardware-einheit ermöglichen soll, entwickelt /KNÖF-88/. Dafür werden die in Exponentialdarstellung vorliegenden Zahlen in eine Festpunktdarstellung abgebildet, für die auf der Schaltung ein sog. Langer Akku (von beispielsweise 4245 Bit Länge für das IEEE Format, das den dualen Gleitkommazahlen zugrunde gelegt wird) existiert. Für die Berechnung des Skalarproduktes werden die übermittelten Zahlen im entsprechenden Bereich des Akkus addiert und gespeichert. Dabei wird auch eine eventuell auftretende Komplementbildung von der Schaltung gebildet.

Der Einsatz eines Silicon Compilers ermöglichte es, mehrere Varianten einer Grundschaltung als VLSI-Bausteine zu entwickeln.

Eine Hardwareeinheit für die Berechnung von exakten Skalarprodukten besteht aus einem oder mehreren der entwickelten Bausteine und weiteren Zusatzbausteinen. Dadurch läßt sich die Rechenleistung gegenüber der BCD-Softwarelösung um den Faktor 4000 steigern.

In diesem Kapitel werden einige Integrationsmöglichkeiten des Bausteins in ein Rechnersystem skizziert, die einem zukünftigen Anwender Rahmendaten bezüglich des Aufwandes und der Rechenleistung liefern. Beim Einsatz des Bausteins muß berücksichtigt werden, daß er nur die akkumulierende Addition bei der Skalarproduktberechnung übernimmt. Die Multiplikation, das Shiften und die Rundung müssen durch zusätzliche Hardware oder Software realisiert werden. Dabei sind zwei Aspekte zu berücksichtigen:

1) Die Multiplikation von zwei IEEE-Zahlen zu einem doppelt langen Produkt stellt eine sehr zeitaufwendige und komplexe Operation dar.

2) Die derzeit verwendeten Prozessoren mit einem mächtigen Befehlssatz und 32-Bit Datenwortbreite benötigen schon für einfache Operationen mehrere Taktzyklen. Ein Skalarproduktalgorithmus - in Assembler programmiert - benötigt etwa 10 µsec für eine Multiplikation und Addition (MC 68020, 16 MHz). Der Beitrag der Addition liegt dabei bei 1 µsec.

Deshalb sollten möglichst viele der Aufgaben in Spezialbausteine verlagert werden, so daß sich der Hardwareaufwand bei der Steigerung der Rechenleistung deutlich auswirkt.

Vorschlag 1

Das gegebene System sei mit dem 32-Bit-Prozessor 68020 von Motorola /MOTO-85b/ und dem mathematischen Coprozessor 68881 ausgestattet. Der Coprozessor stellt den gesamten IEEE-Standard für die arithmetischen Grundoperationen und die Standardfunktionen zur Verfügung. Beide Prozessoren arbeiten synchron mit 16 MHz Taktfrequenz. Eine zusätzliche Hardwareeinheit soll die exakte Berechnung von Skalarprodukten beschleunigen (Abb. 5.27.).

Der Integer-Prozessor WTL 7137 von Weitek übernimmt die Multiplikation und das "Shiften". Der Prozessor ist im Datenblatt /WEIT--/ wie folgt angegeben:

- 8 MHz Taktfrequenz

- 36 Register (32-bit)

- Addition und Shift in einem Taktzyklus

- doppelt genaue 32-Bit-Multiplikation in 8 Taktzyklen.

Er erhält seine Befehle durch einen Programm-Sequenzer, in dem alle Befehle für die gewünschten Operationen vorliegen. Der Takt für diesen Baustein wird über einen Teiler aus dem Systemtakt abgeleitet.

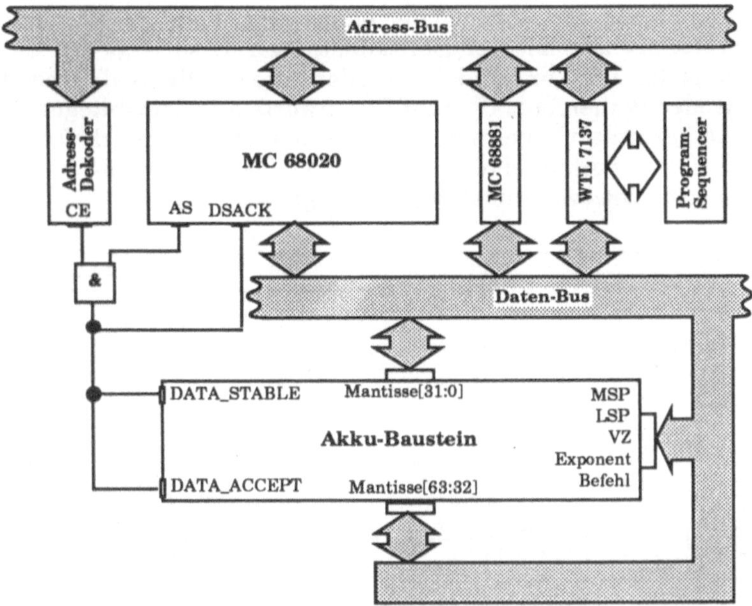

Abb. 5.27. Blockschaltbild von Vorschlag 1

Mit Hilfe von 4 doppelt genauen 32-Bit Multiplikationen und 5 Additionen kann eine doppelt genaue 64-Bit-Multiplikation a * b durch die Zerlegung

$$a * b = (al + a2) * (bl + b2)$$

emuliert werden, wie Abbildung 5.28 zeigt.

Damit benötigt die 64-Bit-Multiplikation 4*8+5*1 = 37 Takte. Die doppelt lange Mantisse liegt nun in vier 32-Bit-Registern. Während diese ungefähr 40 Takte benötigt (die 80 Prozessortakten entsprechen), berechnet der Hauptprozessor den Exponenten und überprüft diesen auf seine Gültigkeit hin. Falls an Hand des Exponenten festgestellt wird, das ein 64-Bit-Wort ein Befehl war, wird das Ergebnis der Multiplikation ignoriert. Ein Über- oder Unterlauf aus dem reduzierten Exponentenbereich aktiviert eine Ausnahmebehandlung.

Die doppelt lange Mantisse muß noch um bis zu 64 Bit verschoben werden, um so auf die drei 64-Bit-Portionen für den Akku-Baustein verteilt zu werden. Bei einer Shiftweite unter 32 Bit ist aber die höchstwertige Mantissenportion, die an den Akku-Baustein gesendet wird, identisch 0. Analog dazu ist bei einer Shiftweite von mehr als 32 Bit die niedrigstwertige Portion identisch 0. Der gesamte Shiftvorgang gliedert sich in zwei Teile:

- einem Shift um maximal 32 Bit, bei dem die Shiftweite gerade den unteren 5 Bit der Shiftkonstante entspricht. Die Mantisse liegt nun in 5 Registern des Integer-Prozessors vor.

- einer Permutation der fünf Registerinhalte und einem 32-Bit-Wort = 0. Ist das oberste, sechste Bit der Shiftkonstanten 1, so liegt ein Shift über mindestens 32 Bit vor, und es werden zuerst die Null und dann in aufsteigender Reihenfolge die fünf Datenworte aus dem Integer-Prozessor an die Addierermatrix gesendet. Ist das oberste Bit gleich 0, so werden zuerst die Datenworte und als höchstwertige Portion die Null an den Akku-Baustein gesendet, wie Abbildung 5.29 zeigt.

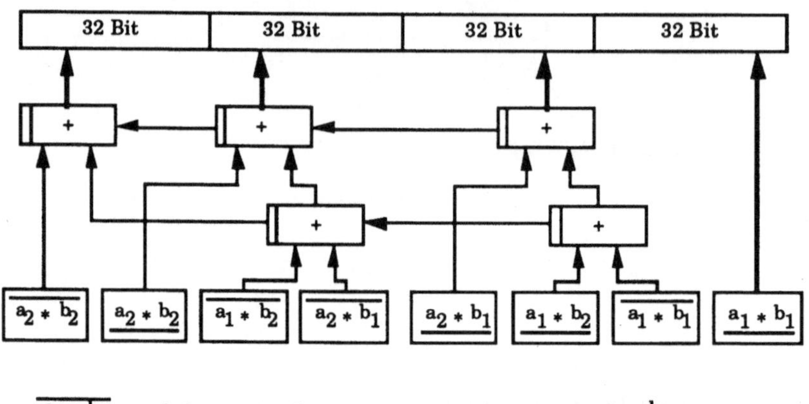

Abb. 5.28. Emulation der doppelt genauen 64-Bit-Multiplikation

Zur Generierung des DATA STABLE-Signals für den Akku-Baustein und das DSACK-Signal für den Hauptprozessor verwendet man das ENABLE-Signal, das der Dekoder aus der Adresse generiert. Dieses ENABLE-SIGNAL wird über ein UND-Gatter mit dem AS-Signal verbunden. Das resultierende Ausgangssignal wird als DSACK- und DATA STABLE verwendet. Die Daten liegen dann über einen ausreichend langen Zeitraum stabil auf dem Datenbus, damit sie vom Akku-Baustein bei der steigenden Flanke des Taktes übernommen werden können. Das so gebildete DSACK-Signal ist gleichzeitig über einen ausreichenden Zeitraum logisch 0 und bei der fallenden Flanke des Taktes wieder hochohmig, so daß der Prozessor danach den nächsten Befehl ausführen kann.

Beim Lesen muß beispielsweise durch mehrere NOP-Befehle (No Operation, keine Operation) dafür gesorgt werden, daß ein Lesen der Daten vom Bus erst dann geschieht, wenn der Baustein die Daten an den Bus legt. Dann kann das DSACK-Signal wieder wie oben aus Dekoder-ENABLE und AS gebildet werden. Es wird ebenfalls als DATA ACCEPT-Signal verwendet und mit der steigenden Flanke von S4 übernommen. Damit ist gewährleistet, daß bis zur steigenden Flanke von SS die Daten stabil anliegen. Mit Hilfe der NOP-Befehle des Hauptprozessors wird die Aktivierung von DATA STABLE bzw. DSACK so abgestimmt, daß der Bus rechtzeitig freigegeben wird. In Abbildung 5.27 ist der geschilderte Hardwareaufbau schematisch dargestellt.

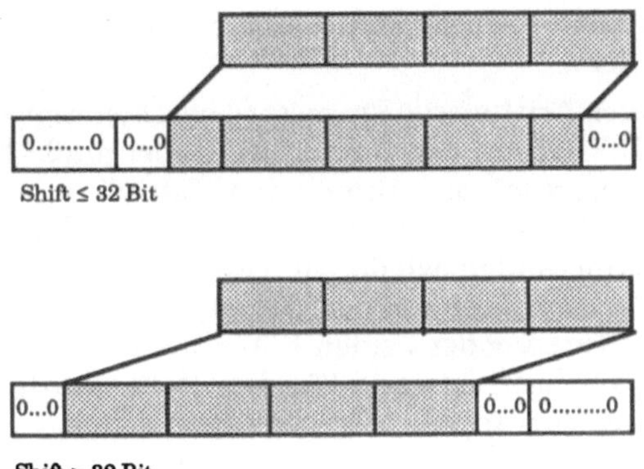

Abb. 5.29. Emulation des 64-Bit-Shift

Vorschlag 2

Man erkennt an Vorschlag 1, daß die Zeiten für die Datenübertragung und die Multiplikation einen großen Anteil an der Ausführungszeit haben.

Eine Möglichkeit, diese Einflüsse zu reduzieren, bietet der Einsatz eines eigenständigen Rechenwerkes, das die Daten vom Hauptprozessor übernimmt, verarbeitet und selbständig dem oder den Akku-Bausteinen übermittelt.

Der Arithmetik-Prozessor ADSP-3264 von Analog Devices könnte zum Beispiel das Kernstück dieses Rechenwerkes sein (Abb. 5.30.). Dieser Prozessor besitzt zwei unabhängige E/A-Kanäle, kann parallel addieren und multiplizieren und ist mit einer Rechenleistung von 15,6 MFlop angegeben.

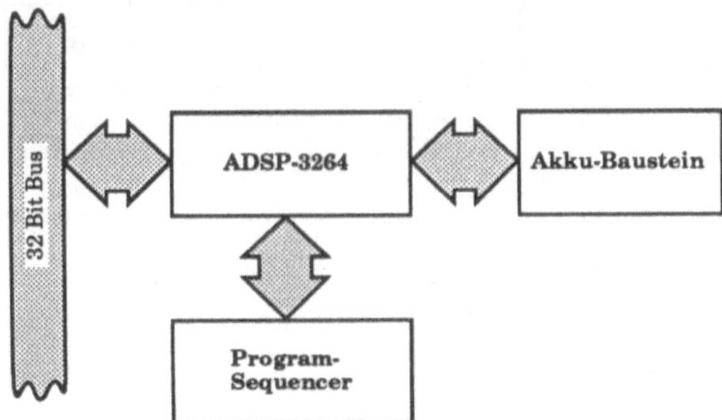

Abb. 5.30. Skalarprodukteinheit mit ADSP-3264

Die Instruktionen werden durch den Programm-Sequenzer ADSP-1402 an den Arithmetik-Prozessor übermittelt. Die beiden 32 Bit breiten E/A-Kanäle können zu einem 64 Bit breiten Port gekoppelt werden. Werden die Zusatzinformationen Befehl, Vorzeichen, Exponent durch einen anderen Baustein, etwa dem Hauptprozessor übermittelt, so kann die 76 Bit breite

Schnittstelle des Akkubausteines genutzt und somit die Übermittlungszeit der Daten reduziert werden.

Die Verwendung dieses Arithmetik-Prozessors beschleunigt die Multiplikation gegenüber dem WTL 7137 um den Faktor 16. Dabei muß aber berücksichtigt werden, daß der Hauptprozessor während der Multiplikation die Exponentenbehandlung durchgeführt hat und eine erhoffte Beschleunigung der Berechnung unter Umständen wieder aufgehoben wird. Durch eine ausgewogene Verteilung der Aufgaben auf den Hauptprozessor und den Arithmetik-Prozessor und durch Nutzung der beiden E/A-Kanäle kann die Rechenleistung weiter gesteigert werden. Etwa 50% der Zeit werden dabei für die Datenübertragung und Vorverarbeitung benötigt.

Mit Hilfe eines lokalen Speichers mit niedriger Zugriffszeit und einem RISC-Prozessor, der Steueraufgaben und die Vorverarbeitung übernimmt, kann die Rechenleistung bis an die theoretische Grenze von 6,7 MFlop gesteigert werden. Die Daten werden in einer Ladephase über DMA (Direct Memory Access, Direkter Speicherzugriff) in das Rechenwerk geladen und anschließend ohne eine Verzögerung durch komplexe Speicherzugriffe verarbeitet. Ein derartiges Rechenwerk kann weitere arithmetische Operationen auf großen Datenmengen übernehmen, wie zum Beispiel die Matrixmultiplikation, da alle benötigten Hardwaremittel zur Verfügung stehen. Abbildung 5.31 zeigt den geschilderten Aufbau.

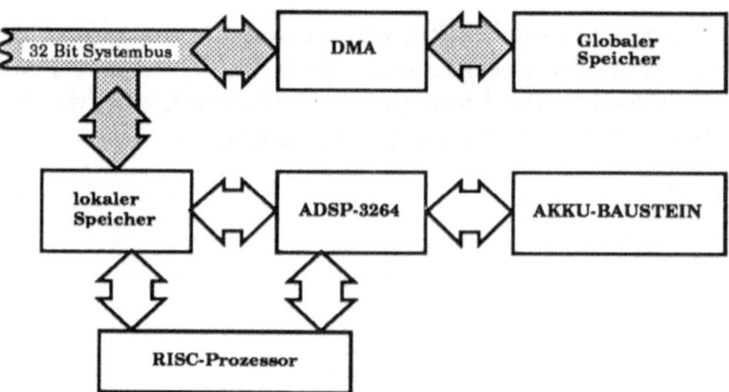

Abb. 5.31. Rechenwerk mit Steuerprozessor und lokalem Speicher

Technische Daten

Im folgenden werden die technischen Daten der verschiedenen Schaltungsentwürfe, die in den oben genannten Vorschlägen einsetzbar sind, vorgestellt. Die Minimalzeiten der Signale für die Großserie und die Testproduktion sollen dazu verglichen werden:

Realisierung 1

Akku-Baustein mit neun Teilakkublöcken und Spaltenbeschaltung mit erweitertem Exponentenbereich

Technologie:	1,2μ-CMOS
# Transistoren:	65703
# PAD's:	125
Leistungsaufnahme:	1,09 W
Größe:	9123,68 μm * 7711,44 μm = 70,4 mm^2
Taktfrequenz:	25 MHz typisch; 19 MHz Test
SETUP-Time:	1,4 ns typisch; 2,0 ns Test
HOLD-TIME:	1,6 ns typisch; 1,9 ns Test
DELAY-Time (50 pF):	22,3 ns typisch; 27,3 ns Test

Realisierung 2

Akku-Baustein mit sechs Teilakkublöcken zur Skalarproduktberechnung mit reduziertem Exponentenbereich für den Einsatz in Vorschlag 1

Technologie:	2μ-CMOS
# Transistoren:	46336
# PAD's:	97
Leistungsaufnahme:	0,725 W
Größe:	9763,75 μm * 9558,01 μm = 93,3 mm^2
Taktfrequenz:	23 MHz typisch; 15 MHz Test
SETUP-Time:	3,4 ns typisch; 5,6 ns Test
HOLD-TIME:	2,6 ns typisch; 2,1 ns Test
DELAY-Time (50 pF7:	26,0 ns typisch; 35,8 ns Test

Mit Hilfe des Silicon Compilers konnten beide Bausteine aus einer Grundschaltung ohne größeren Entwicklungsaufwand entworfen werden. Die Entwürfe können wahlweise mit einer 32 Bit breiten oder einer 76 Bit breiten Schnittstelle betrieben werden. Beide sind in der Lage, doppelt lange Produkte aus 64-Bit-IEEE-Gleitkommazahlen in 64-Portionen zu addieren. Außerdem sind sie in der Lage, Zahlenformate zu verarbeiten, die eine vom IEEE-Format abweichende Mantissenlänge besitzen. Der Unterschied zwischen beiden Entwürfen besteht in der Breite des Registers und somit in dem Exponentenbereich, der von dem Register abgedeckt wird.

Der erste Entwurf ist für die Addition von doppelt langen Produkten aus 64-Bit-IEEE-Gleitkommazahlen ausgelegt. Das Register hat in diesem Fall eine Breite von 4288 Bit und wird mit acht der entworfenen Bausteine aufgebaut. Der zweite umfaßt den Exponentenbereich des IEEE-Formates für 32-Bit-Gleitkommazahlen. Beim Entwurf dieses Bausteines wurde berücksichtigt, daß die meisten Zahlenwerte in numerischen Algorithmen in einem engen Wertebereich liegen und nicht den zur Verfügung stehenden Exponentenbereich des 64-Bit-Gleitkommaformates nutzen. Da in diesem Fall nur ein Baustein benötigt wird und eine Ausnahmebehandlung bei einem Über- bzw.

Unterlauf aus dem Zahlenbereich nur sehr selten vorgenommen werden muß,
eignet sich dieser Entwurf besser für den praktischen Einsatz.

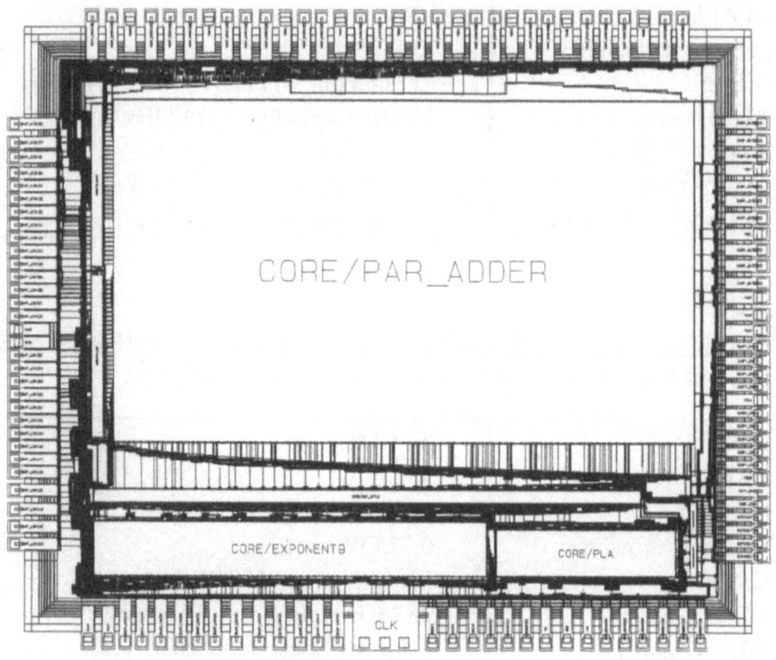

Abb. 5.32. Layout der Realisierung 2

Für die Berechnung exakter Skalarprodukte benötigt man jedoch zusätzliche
Hardware. Die Multiplikation und das Verschieben der Zahlen sowie die
Rundung des Ergebniswertes werden von den Bausteinen nicht unterstützt
und müssen durch zusätzliche Hardware realisiert werden.

Durch die Entwicklung von neuen Technologien und Fertigungsprozessen im
Submikron-Bereich wird man mehr als eine Million Transistoren auf einem
VLSI-Chip integrieren können. Diese Technologien werden dann die Integration der Multiplikation, des Shifters, Langen Akkus und der Rundung auf
einem Baustein ermöglichen. Ein einzelner Baustein ist einfach in einen
Rechner zu integrieren und findet so einen größeren Kreis von Interessenten
als eine größere Hardwareeinheit mit mehreren Bausteinen.

5.2.4.3   Ausblick

Das verwendete System läßt klare Grenzen erkennen. Der Umgang ist bei
weitem nicht so unproblematisch wie der Name "Silicon-Compiler" erscheinen
läßt. Bei der Implementierung eines Entwurfs muß sich der Benutzer sehr
genau mit den vom System angebotenen Modellen befassen und seinen

Entwurf dahingehend modifizieren. Dies erfordert unkonventionelle Lösungen und Kompromisse. Nur so ist es möglich, zufriedenstellende Ergebnisse in bezug auf den Platzbedarf zu erreichen. Zukünftige Systeme müssen in jedem Fall ein günstigeres Platz/Leistungsverhältnis aufweisen, um mit marktgängigen Bausteinen konkurrieren zu können. Dazu wären verschiedene Wege denkbar:

Zur Zeit werden Prozesse von 1μ bis 3μ von verschiedenen Herstellern angeboten. Es ist leicht einzusehen, daß bei den dafür benötigten Generatoren nicht alle Möglichkeiten, die ein Prozeß bietet, ausgenutzt werden können. Dies läßt sich durch Tabelle 5.8 belegen. Dort sind die wichtigsten Kenndaten des Chips unter verschiedenen Herstellern zusammengefaßt. Es handelt sich immer um einen 2μ CMOS Prozeß.

Hersteller	Chipgröße	Verlustleistung	Zykluszeit
AMS	$69{,}46\ mm^2$	1622 mW	104,7 ns
VTI	$79{,}94\ mm^2$	1185 mW	131,3 ns
MHS	$83{,}71\ mm^2$	1474 mW	128,1 ns
ES2	$89{,}30\ mm^2$	1245 mW	127,6 ns

Tab. 5.8. Herstellervergleich

Ein weiterer Weg führt über die Verbesserung der angebotenen Modelle, insbesondere des Datenpfads. Das Datenpfad-Modell ist durch die Restriktion auf zwei globale Busse nicht universell einsetzbar, so daß viel zu oft Elemente der wahlfreien Logik verwendet werden müssen, die sehr viel Platz benötigen.

Trotz der Kritikpunkte am Entwurfssystem wird die Bedeutung solcher hochautomatisierter Systeme in Zukunft wachsen. Die entworfene ASICs erfüllen alle Leistungsanforderungen und konnten in einigen Monaten bis zur Fertigungsreife entwickelt werden. Gerade auf einem Sektor wie der Robotertechnik wird schnelle miniaturisierte Spezial-Hardware immer häufiger eingesetzt, da mobile Roboter auf eine "on line"-Verarbeitung angewiesen sind. Bei relativ geringen Stückzahlen und einer hohen Integrationsdichte bietet ein solches System einen günstigen Entwicklungsaufwand, daß Kosten durch vergrößerten Platzverbrauch gut hingenommen werden können.

5.3 Architektur

5.3.1 Die Arbeit der Architekten

Das Tätigkeitsfeld der Architekten ist weitläufig und die Grenzen zu den Tätigkeitsfeldern anderer Berufsgruppen sind fließend. Es reicht vom Möbel- und Innenraumdesign bis hin zur Orts-, Regional- und Landesplanung, von künstlerischem bis hin zum ingenieurmäßigem Arbeiten. Im Zentrum des

Tätigkeitsfeldes steht jedoch weiterhin das Häuserbauen. Dabei befassen sich die Architekten insbesondere mit vier Planungsaufgaben:

- mit der räumlichen und organisatorischen Einbindung der Gebäude in ihre Umgebung,

- mit der internen, räumlichen Organisation der Gebäude,

- ihrer bautechnisch, konstruktiven Realisierung und

- dem Organisieren des Bauprozesses.

Das Planen der räumlichen Einbindung in die Umgebung und der internen, räumlichen Organisation ist ihre ureigene Aufgabe. Beim Planen der technischen Realisierung arbeiten sie mit Bauprodukten, deren Spezifikation und Herstellung sie kaum beeinflussen und sie benötigen die Planungsarbeit anderer Baufachleute, die sich im Rahmen gestalterischer Vorgaben vorrangig mit technisch bestimmten Planungsaufgaben befassen. Bei kleineren Gebäude organisieren sie die Bauerstellung. Diese Aufgabe wird bei größeren Gebäuden immer häufiger von Spezialisten wahrgenommen, die von ihrer Ausbildung her zumeist Bauingenieure sind.

Sieht man die Arbeit der Architekten auf dem Hintergrund der Begriffe Planung und Produktion, dann arbeiten sie fast ausschließlich im Planungsbereich und benutzen somit zumeist Planungs- bzw. CAD-Software. Zur Beschreibung der Software wird ein Phasenmodell vorgestellt, das den Lebenszyklus eines Gebäudes umfaßt:

1 das Planen von Nutzungen,

2 das Planen von Räumen,

3 das Planen von Bauteilen,

4 das Planen von Bauleistungen,

5 das Betreiben des Gebäudes und

6 das Planen von Umbauten.

Nachfolgend werden zuerst diese Phasen beschrieben, im Anschluß der entsprechende CAD-Einsatz, einmal wie er sich heute darstellt und folgend welches seine künftigen Entwicklungsmöglichkeiten sind.

Das Vorgehensmodell in der Architektur

1 Das Planen der Nutzungen des Gebäudes mündet in die Zonierungsplanung (Abb. 5.33.). Hier wird im Groben die räumliche Organisation des Gebäudes beschrieben: die Zahl der Geschosse, die Gestalt der Grundrisse und ihre Zonierung nach Flächenarten. Eine Flächenart beschreibt eine Raumqualität, die für eine bestimmte Nutzung erforderlich ist. Sie besteht aus gelisteten Baumaßnahmen, die zu einem Betrag Kosten/m^2 Fläche

zusammengefaßt sind. So gibt es z.B. die Flächenarten Flurzone, Naßraum, Nebenraum und verschiedene Arten von Büroflächen. Mit der Zonierungsplanung sind erste konstruktive und haustechnische Festlegungen verbunden (Konstruktionsprinzipien für Roh- und Innenausbau sowie der Fassade, Wahl der ver- und entsorgenden Systeme).

Abb. 5.33. Zonierungsplan einer Gebäudeanlage

2 Mit dem weiteren Konkretisieren der Planung werden die Zonierungspläne in Gebäudegrundrisse überführt, die einzelne Räume als solche ausweisen (Abb. 5.34.). Diesen Räumen werden im Sinne von Ausstattung, wenn möglich, alle Bauleistungen zugeordnet. Mit der Planung der Räume geht die weitere Detaillierung der schon vorhandenen Vorgaben einher, insbesondere durch die Planung der Bauteile.

3 Beim Planen der Bauteile wird das Gebäude in Plänen konstruktiv beschrieben, nach denen dann gebaut werden kann.

4 Die Basis der Gebäudeerstellung sind Bauteilbeschreibungen in Form zu erbringender Bauleistungen. Sie werden nicht nach Bauteilen sondern nach Gewerken (in denen sich letztendlich noch alte Handwerksstrukturen spiegeln) zu Leistungsverzeichnissen zusammengefaßt. Diese dienen als Ausschreibungsunterlagen zur Ermittlung des besten Anbieters, als Vertragsgrundlage und als Basis der Abrechnung.

5 Große Firmen, Bauträger und öffentliche Hände haben das besondere Problem, ihre baulichen Liegenschaften verwalten zu müssen (facility management). Darüber hinaus werden vor allem größere Gebäude und Gebäudeanlagen in den ersten ein bis zwei Jahren nach der Inbetrieb-

nahme aktiv auf ihren Betrieb eingerichtet (bauliche Nachbesserungen, Umbauten, Feineinstellen der haustechnischen Systeme, etc.).

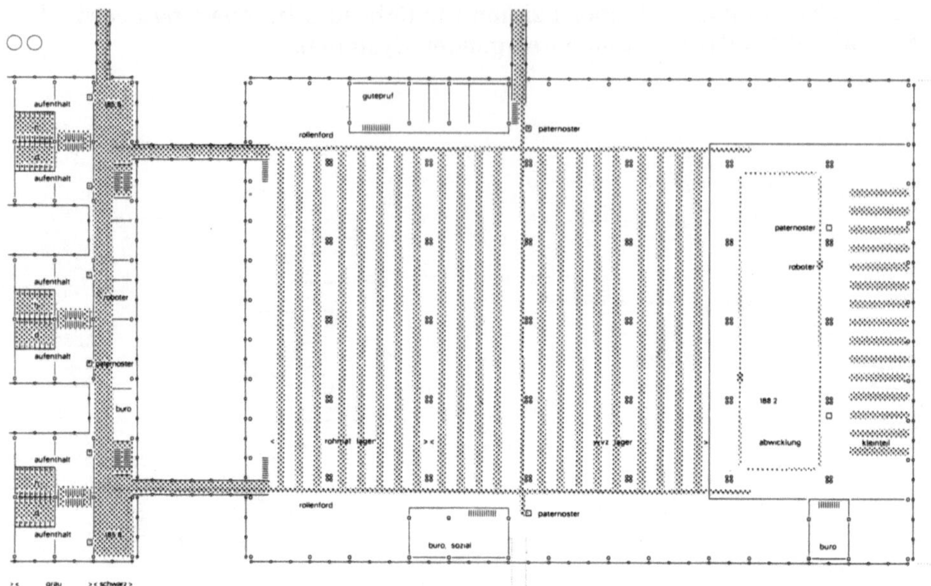

Abb. 5.34. Schematische Grundrisse für Produktions- und Verwaltungsgebäude

6 Grundlegende Veränderungen in der Nutzung des Gebäudes können Umbauten erforderlich machen. Damit beginnt der skizzierte Prozeß eingeschränkt wieder von vorne.

In allen sechs Phasen

- wird das Gebäude für die verschiedensten Zwecke in Texten, Zeichnungen, Modellen (analogen Modellen), etc. nach innen und außen dokumentiert,

- werden Kosten kalkuliert (das stellt im Baubereich ein großes Problem dar),

- und werden Managementmethoden zum Organisieren der Planung eingesetzt.

5.3.2 Der CAD-Einsatz

Obwohl bei der Entwicklung von CAD-Systemen Anwendungen für die Gebäudeplanung immer eine Rolle gespielt haben, läßt sich erst heute von einer breiten Einführung der CAD-Technologie in die Architektenbüros sprechen. Das liegt insbesondere an drei Umständen:

- Viele Architekten verstehen sich als Künstler. Ein Klischee besagt nun, das sich Kunst und Computer widersprechen. So undifferenziert, wie es klingt, ist/war dieses Klischee für viele Architekten bestimmend. Darüber hinaus gibt es kaum naturwissenschaftliche Komponenten in der Ausbildung der Architekten, die einen "natürlichen" Zugang zu rechnergestützten Arbeitstechniken gestatten.

- Der Großteil der Architektenbüros besitzt weniger als eine handvoll Mitarbeiter. Entsprechend gering sind die Investionsmöglichkeiten.

- Erst heute werden für diese Büros CAD-Systeme erschwinglich. Damit hängt unmittelbar zusammen, daß es erst in letzter Zeit CAD-Systeme gibt, deren Benutzeroberflächen den besonderen Anforderungen der Architekten gerecht werden.

5.3.2.1 Bauspezifische CAD-Systeme

In allen skizzierten sechs Phasen werden alphanumerische Programme und geometrische (2D und 3D) Modellierungssysteme eingesetzt (die letzteren werden nachfolgend im engen Sinne als CAD-Systeme bezeichnet). Vor Jahren waren bauspezifische CAD-Systeme eher selten. Die meisten CAD-Systeme, mit denen Architekten arbeiten konnten, kamen aus dem Maschinenbau und waren ihren Anforderungen nur kosmetisch angepaßt. Das hat sich geändert. Es gibt heute einige bauspezifische CAD-Systeme als eigenständige Software-Entwicklung oder als Adaptionen offener CAD-Systeme. Es ist schwierig ihre Besonderheiten allgemeingültig zu beschreiben. Einige Punkte erscheinen gesichert:

- Wegen der zentralen Bedeutung der Gebäudegrundrisse für das Planen von Gebäuden sind viele $2^1/2$D-Systeme im Einsatz. Das sind 2D-Modelle, die durch Zugabe (weitgehend) gleicher Höheninformationen zum Grundriß entstehen (Translation eines 2D-Modells) und die deshalb ohne aufwendige, 3D-typische Datenverwaltungen und -manipulationen auskommen.

- Sie verfügen über grafische Manipulationsmöglichkeiten, die weniger an mathematisch exakten Verfahren als an Zeichenkonventionen der Architekten ausgerichtet sind. Das trifft insbesondere für das Arbeiten im 2D-Modus zu.

- Sie unterstützen spezifische Konstruktionsaufgaben (z.B. Treppen, Dachformen, Geländeschnitte, etc.), verfügen über Bibliotheken bauspezifischer 2D- und 3D-Makros und -Varianten und ermöglichen verschiedene Auswertungen der geometrischen Daten und deren Weiterverwendung im Planungsprozeß.

- Die bauspezifischen Besonderheiten werden in dem Maße wichtig, wie sich die Arbeit zum Planen der Bauteile hin verlagert. Da hier bei großen Datenmengen ein hoher Detaillierungsgrad erforderlich ist, sind in vielen bauspezifischen CAD-Systemen die 3D- und 2D-Komponenten nur bedingt verbunden.

- Da in verschiedenen Teilen der Welt die Arbeitsteilung zwischen Architekten, anderen Baufachleuten und den Anbietern von Bauleistungen verschieden organisiert ist, z.B. in England völlig anders als in der BRD, gibt es keine integrierte Bau-Software, die ohne "regionale" Anpassungen einen internationalen Markt hätte. Das schlägt sich notwendigerweise in den Aufwendungen nieder, die in bauspezifischen CAD-Programmen stecken.

- Die im Baubereich angebotenen Programme sind zumeist nur "Insellösungen", d.h. sie passen nicht zusammen, weil sie nicht abgestimmt aufeinander entwickelt wurden (ein Phänomen, das sicherlich auch für andere Ingenieurdisziplinen gilt). Das trifft nicht nur für die Planungssoftware der Architekten sondern auch für die Kommunikation mit der Software anderer Baufachleute und der Anbieter zu.

5.3.2.2   Der aktuelle CAD-Einsatz

1 Für die Zonierungsplanung verfügen einige CAD-Systeme über spezielle Module. Sie generieren zumeist Varianten von Anordnungen vorgegebener Flächen, die durch ihre m^2-Zahl und gegenseitigen Bindungen definiert werden. Erweitert man die Betrachtung auf das Baunebengewerbe - darunter versteht man Planungs- und Bauleistungen anderer Baufachleute, die in die Planung der Architekten einfließen - dann setzen vor allem die Planer der haustechnischen Systeme hier schon Programme ein. Sie befassen sich mit dem Energiehaushalt des Gebäudes. Es gibt insbesondere alphanumerische Programme, welche die Daten und Unterlagen für den genehmigungsrechtlichen Wärmeschutznachweis erstellen.

2 Zum Planen der Räume dienen Raumbücher. Das sind in erster Linie alphanumerische Programme, durch die einzelnen Räumen Bauteile im Sinne von Austattungen zugeordnet werden. Darunter sind Teile zu verstehen, die an den Oberflächen der Räume erscheinen, z.B.: Wand-, Boden- und Deckenbeläge, Endgeräte für Licht-, Strom- und Datenversorgung, Lüftung und Heizung, etc., bis hin zur Möblierung. Da diese Bauteile in der Regel Gegenstand von "Ausbaugewerken" sind, können in der Phase 4 die entsprechenden Bauleistungen mit dem Raumbuch verknüpft werden. Damit ist im Bauprozeß kontrollierbar, ob die erbrachten Bauleistungen den einzelnen Räumen richtig zugeordnet sind - bis hin zur Planung der Möblierung und entsprechender Umzüge. Für Bauteile, die prinzipiell nicht Räumen zuzuordnen sind (z.B. Rohbau, Fassade, Leitungsnetze, etc.), wurden spezifische Erweiterungen geschaffen, um sie dennoch in das Raumbuch aufnehmen zu können.

3 Beim Planen der Bauteile sind vor allem die 2D-Module der CAD-Systeme gefordert (Abb. 5.35.). Es gibt Aussagen, daß sich zur Zeit, unabhängig von der Größe der Projekte und Büros, nur der 2D-Einsatz von CAD-Systemen ökonomisch lohnt. Das Arbeiten im 3D scheitert zumeist an der mangelnden Detailgenauigkeit der Repräsentationen und am großen Eingabeaufwand.

An den Geometriemodulen setzen andere Programmodule an, die spezifische Auswertungen der geometrischen Daten für die Weiterverwendung im Planungsprozeß leisten. Das sind insbesondere Programme zur Flächen- und Massenermittlung. Sie sind die Basis für das Planen der Bauleistungen (AVA - Ausschreibung, Vergabe, Abrechnung) und das Erstellen von Raumbüchern.

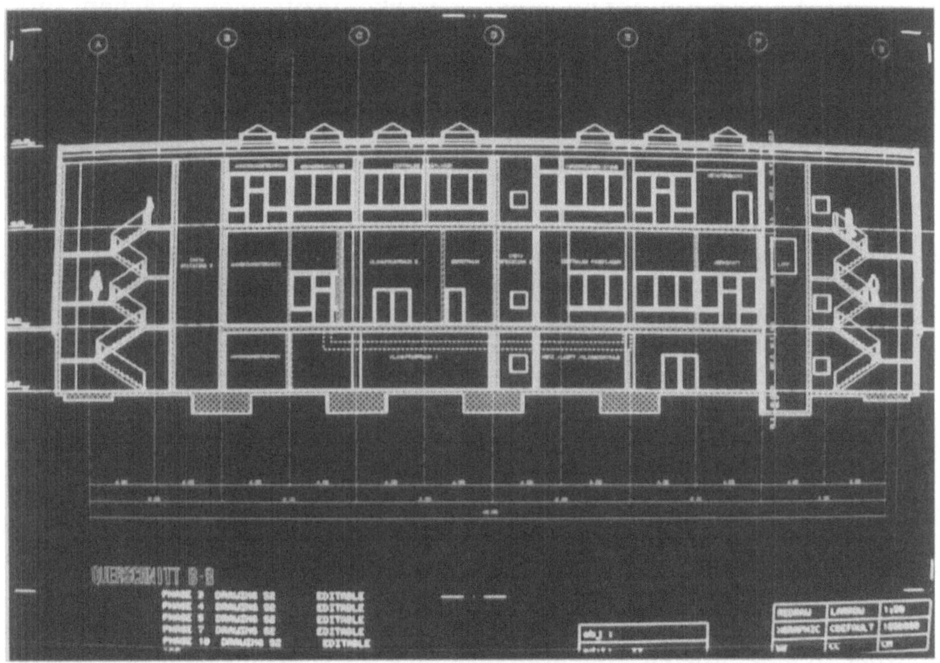

Abb. 5.35. Detailplan: Schnitt durch ein Gebäude (System GDS)

4 Basis der Auschreibung sind Flächen- und Massenermittlungen. Es werden jedoch nur selten echte Flächen und Massen benutzt, sondern solche, in denen sich die Eigenarten der Gewerke spiegeln. Da in der Regel mehrere Gewerke an einem Bauteil beteiligt sind (man unterscheidet ca. 70 verschiedene, bauspezifische Gewerke), bedeutet das entsprechend viele, verschiedene Flächen- und Massenermittlungen. Darüber hinaus geht bei der gewerkeorientierten Auschreibung der Bezug zu den Bauteilen verloren.

Die Vergabe beginnt mit dem Bepreisen der Auschreibungen durch alternative Anbieter. Der jeweils günstigste Anbieter wird durch Preisvergleich ermittelt und erhält den Auftrag. Die Abrechnung erfolgt nach den tatsächlich erbrachten Bauleistungen, die stark von den ausgeschriebenen differieren können, weil sich üblicherweise vieles während der Bauzeit ändert.

Weil diese Tätigkeiten bzw. ihre Kontrolle den Architekten viel Arbeit abverlangen, weil sie wegen ihres administrativen Charakters in der Regel sehr unbeliebt sind und weil sie sich für eine Programmierung anbieten, waren die ersten Programme, die speziell für Architekten geschrieben wurden, AVA-Programme. Sie haben sich heute praktisch durchgesetzt. Es bleiben aber dennoch zwei Probleme:

- Es gibt noch keine zufriedenstellende Schnittstelle zwischen einem CAD- und einem AVA-System, derart, daß die Daten des CAD-Systems automatisch im Sinne einer gewerkespezifischen Flächen- und Massenermittlung auswertet werden und in das AVA-System einfliessen.

- Aber auch der Datentransfer zwischen den AVA-Systemen der Planer und denen der anbietenden bzw. ausführenden Firmen stellt noch ein weitgehend ungelöstes Problem dar.

5 Große Firmen, Bauträger und öffentliche Verwaltungen haben das besondere Problem, ihre baulichen Liegenschaften zu verwalten. Hinzu kommt, daß das Betreiben von Produktions- und Dienstleistungsgebäuden und von Wohnanlagen immer mehr zu einer komplexen Planungs- und Managementaufgabe wird. Der Hausmeister früherer Tage ist dafür nicht mehr tauglich. Deshalb wird er von qualifizierten Ingenieuren abgelöst (Abb. 5.36.). Zu dieser Entwicklung tragen in erster Linie die ständig wachsenden technischen Installationen und die in immer kürzeren Intervallen erfolgenden Umbauten bei. In diesem Zusammenhang sind die ersten zwei Jahre nach dem Einzug besonders wichtig. In diesen beiden Jahren erfolgt die "Feinanpassung" aller technischen Systeme an den wirklichen Betrieb des Gebäudes.

Einige große, bauspezifische CAD-Systeme verfügen über Module, die diese Arbeiten unterstützen (Innenraumplanung, Ausstattungsbewirtschaftung, Zugangs- und Sicherheitskontrollen, Messen-Steuern-Regeln von gebäudetechnischen Prozessen wie Klimatisierung, Datennetze, etc.). Es ist naheliegend, daß sie dazu die Daten benutzen, die in der Planung erzeugt wurden. Da diese Aufgaben aber auch bei "Altbauten" auftreten, gibt es einen großen Bedarf an Techniken und Programmen, bestehende Gebäude möglichst einfach in CAD-Systeme aufzunehmen und abbilden zu können. Vor allem im englischsprechenden Ausland ist ein Trend zu beobachten, bauspezifische CAD-Systeme in erster Linie über die besondere Eignung für Facility-Management-Aufgaben zu vermarkten.

6 Bei Umbauplanungen vereinigen sich im Prinzip alle bisher vorgestellten Arbeiten, wobei nicht immer Architekten mit diesen Arbeiten betraut werden.

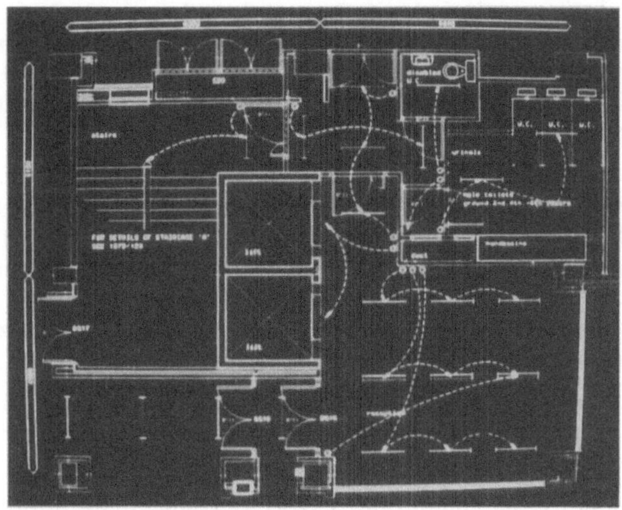

Abb. 5.36. Verwaltungsplan (System GDS)

Um in all diesen Phasen das Gebäude nach außen hin zu präsentieren, werden u.a. die 3D-Module von CAD-Systemen eingesetzt (Abb. 5.37.). Entsprechende Visualiserungen ergänzen bzw. ersetzen mehr und mehr den herkömmlichen Modellbau. Sie spielen vor allem im Wettbewerbswesen eine immer größere Rolle. Es gibt inzwischen erste Büros, die sich ganz auf entsprechende Visualisierungen spezialisieren.

Abb. 5.37. 3D-Modell eines Krankenzimmers (System GDS)

- Kostenkalkulationen sind ebenfalls in jeder Phase erforderlich. Dabei ist die mangelnde Kostensicherheit im Bauwesen fast schon sprichwörtlich. Sie sorgt insbesondere bei Bauvorhaben der öffentlichen Hände immer wieder für Zündstoff. Verantwortlich dafür sind jedoch objektive Gründe, die nichts mit mangelhafter Arbeit zu tun haben:

  - Architekten haben es bei einem Bauprojekt oft mit hunderten von Anbietern, dutzenden von ausführenden Firmen und mit fast genauso vielen Baufachleuten und genehmigenden Behörden zu tun. Deren "Beiträge" können sich während der relativ langen Planungs- und Bauzeit immer wieder ändern. Die Architekten verfügen kaum über rechtliche Möglichkeiten, das zu verhindern. So sind z.B. projektübergreifende Verträge mit Anbietern nicht erlaubt.

  - Unter diesen Bedingungen muß bei Kalkulationen auf abgerechnete Bauleistungen zurückgriffen werden. Diese müssen dann zu Kosten für Bauteile, Räume, Flächen hinzugefügt werden.

  - Dabei geht weitestgehend der marktwirtschaftliche Rahmen verloren, in dem diese Bauleistungen erbracht wurden. Gerade in der Bauindustrie können die Kosten abhängig von der Region, der Zeit und der Größe des Projektes sehr stark schwanken.

  Programme, die Kostenkalkulationen unterstützen, sind zumindest selten, wobei in erster Linie die Vergleichskosten, die aus ausgewerteten Projekten stammen, die Qualität der Kalkulationen bestimmen. Wenn definitive Angebote für Bauleistungen vorliegen - leider ist das erst dann der Fall, wenn alle kostenintensiven Entscheidungen gefallen sind - kann die Kostenentwicklung an Hand von Teilabrechnungen verfolgt werden.

- Für die Steuerung der Planung und des Bauablaufs gibt es eigenständige Projektmanagementprogramme. Sie stellen in ausgereifter Art die Methoden der Projektplanung zur Verfügung, bieten aber in der Regel nur über eine Datenbankschnittstelle die Möglichkeit, Daten aus CAD-Systemen zu übernehmen.

5.3.2.3   Kurz- und mittelfristige Entwicklungen und Forderungen

- Die Schnittstellen zwischen den verschiedenen Programmen, die Architekten benutzen, müssen standardisiert werden. Für den Bereich der BRD gibt es eine entsprechende Initiative mehrerer Software-Häuser und Anwender (STEP-2DBS). Solche Initiativen müssen jedoch über das Arbeitsfeld der Architekten hinausgreifen und die Tätigkeiten anderer Baufachleute und Anbieter von Bauleistungen mit einschließen. Am dringlichsten ist ein zufriedenstellender Datentransfer zwischen CAD-Systemen, den AVA-Systemen der Planer und denen der ausführenden Firmen.

- Über das Diskutieren von Schnittstellen hinaus, muß eine sinnvolle Arbeitsteiligkeit gewährleistet werden, derart, daß System A auch wirklich die Daten generiert und weitergibt, die System B zur Weiterverarbeitung braucht und übernehmen will.

- Der große Altbaubestand macht es erforderlich, daß sich CAD-Systeme zu mächtigen Verwaltungswerkzeugen entwickeln. Das verlangt neben entsprechenden Funktionen (Innenraumplanung, Ausstattungsbewirtschaftung, Zugangs- und Sicherheitskontrollen, etc.) entsprechende Module und eine möglichst einfache (optische) Eingabe bestehender Pläne.

- Während die 2D-Module der Systeme weitgehend ausgereift erscheinen, müssen Wege gefunden werden, die Eingabe in die 3D-Module zu vereinfachen. Auch eine höhere Intergation von 3D- und 2D-Module ist dringend erforderlich.

- Die Benutzeroberflächen müssen vereinfacht und standardisiert werden. Dazu bieten sich Windowtechniken an. Die Notwendigkeit zur Vereinheitlichung gilt insbesondere für die Symbolik bauspezifischer Menüs und Bibliotheken.

- Um bei Projekten, an denen sehr viele Bearbeiter beteiligt sind, Kommunikationsverluste zu minimieren, sind Dokumentationsmodule notwendig. Diese erklären die individuellen Festlegungen einzelner Bearbeiter den anderen möglichst "natürlich". Die Form der Dokumentation muß beim Einrichten der Projekte festlegbar sein.

- CAD-Systeme müssen sich zu Programmbaukästen entwickeln, aus denen sich der Benutzer "seine" Version des Systems konfigurieren kann. Er muß die Oberfläche gestalten können und die Möglichkeit besitzen, das System in Teilen selbst zu erweitern. Es gibt schon Systeme, die das zumindest ansatzweise erlauben.

- Bestehende CAD-Systeme sind in erster Linie an einer effektiven Handhabung geometrischer Daten ausgerichtet. Da die Verkettung mit anderen Programmen nur dann sinnvoll ist, wenn die Geometrien differenziert mit fachspezifischen (semantischen) Daten versehen werden können, ist es notwendig, daß CAD-Systeme auf Datenbanken zugreifen, die diese Daten verwalten können. Sie müssen sozusagen zu Oberflächen von Datenbanken werden.

- Es ist absehbar, daß die Verwaltung semantischer Daten für die Zukunft von CAD-Systemen bestimmend wird, u.a. um CAD in frühen Planungsphasen anwenden zu können, in denen noch keine festen Geometrien vorliegen. Deshalb ist nach Datenstrukturen zu suchen, in denen geometrische Daten, Daten unter anderen sind. Hier scheinen sich objektorientierte Strukturen anzubieten.

5.3.2.4   Langfristige Entwicklungen und Forderungen

- Im Bereich der Forschung sind schon heute CAD-Systeme machbar, die jede Planungsentscheidung zu einer Rahmensetzung (Constraint) für nachfolgende Entscheidungen machen und vor diesem Hintergrund dem

Benutzer interaktiv Planungsfehler melden können. Dazu verfügen diese Systeme über fachspezifisches Wissen. Von hier bis zur automatischen, fachspezifischen Bearbeitung eingeschränkter, bekannter Planungsprobleme ist es nur noch ein kleiner Schritt.

- Bezogen auf die oben skizzierten sechs Phasen, sind heutige CAD-Systeme auf einzelne Phasen festgelegt. Sie sind zum Beispiel nicht in der Lage, eine konsistente Entwicklung über mehrere Konkretisierungsstufen - von Strichskizzen bis hin zu baureifen Festlegungen - zu unterstützen. Deshalb sind CAD-Systeme zu fordern, die mit einer nur allmählich und oft nur ausschnittweise zunehmenden Informationsdichte umgehen können

- Die drei letzten Punkte möglicher Entwicklungen laufen auf das Zusammenführen bewährter CAD-Techniken mit noch kaum erprobten Methoden aus dem Bereich der wissensbasierten Programmierung hinaus. Es stellt sich die Frage, ob das zu einer Weiterentwicklung vorhandener CAD-Systeme oder zu prinzipiell anderen CAD-Systemen führt.

- Da es im Prinzip gleich ist, ob Eingaben in ein solches CAD-System von einem Benutzer, einer Expertensystemkomponente oder irgendeinem haustechnischen Apparat kommen, kann die im Planungsprozeß aufgebaute Datenstruktur zu Betriebszeiten des Gebäudes auch für Wartungs-Betriebssteuerungs- und -regelungstätigkeiten benutzt werden. In einem nächsten Schritt erscheint es gleichfalls möglich, das Verhalten solcher Apparate (Sensoren, Schalter, Stellmotoren, Energiezentralen, etc.) auf diesen Strukturen zu simulieren und somit den Betrieb eines Gebäudes im Rechner ablaufen zu lassen.

5.4 Bauingenieurwesen

5.4.1 Bereiche des Bauingenieurwesens

Das Bauingenieurwesen gliedert sich grob in 5 Bereiche (Abb. 5.38.). In allen Bereichen sind Planungs-, Organisations- und Überwachungsaufgaben durchzuführen, bei denen Information gesammelt, weiterverarbeitet und in einer höheren Wissensstufe wieder weitergegeben wird. Ein Großteil der Information wird grafisch dargestellt, bzw. das grafisch repräsentierte Wissen bildet vielfach die Kerninformation. An ihr ist in Form von Verweisen weitere Information angebunden wie z.B. die Materialeigenschaften, der Herstellungsprozeß und der Ausschreibungstext. Die grafischen Repräsentationsformen reichen vom abstrahierenden Schemaplan, dem Übersichtsplan und dem Ablaufplan über zweidimensionale Entwurfs- und Konstruktionszeichnungen bis hin zu dreidimensionalen Netzaufteilungen für Festigkeitsberechnungen, Explosionszeichnungen und wirklichkeitsnahen Perspektiven. Diese werden vereinzelt in der Stadtplanung und Planung von Verkehrwegen, sogar schon zu Animationen (Filmen) erweitert.

Je besser die grafische Informationsdarstellung eingesetzt wird, um so größer ist der Nutzen in der Informationsverarbeitung. Daraus ergeben sich dann kürzere Zeiten in Planung und Ausführung, weniger Fehler und eine höhere Qualität des Produkts.

Konstruktiver Ingenieurbau	Infrastruktur	Wasserbau	Bodenmechanik	Baubetrieb
Stahlbetonbau Spannbetonbau Stahlbau Holzbau Mauerwerkbau Statik	Verkehrsführung Verkehrswege- bau Stadtplanung Regional- planung Trinkwasser- systeme Abwasser- systeme Müllentsorgung	Hafenbau Küstenschutz Wasserwege- bau Wasserkraft- anlagen Landkultivierung	Grundbau Felsmechanik Tunnelbau Dammbau Deponiebau	Bauvorbereitung Bauausführung

Abb. 5.38. Bereiche des Bauingenieurwesens

Beispielhaft beschränkt sich dieser Beitrag auf den üblichen Wohnungs- und Industriebau, da hierfür die Vorentwurfsphase und der gestalterische Entwurf im Kapitel 5.3 schon dargestellt sind. Er umfaßt somit die Bereiche des Konstruktiven Ingenieurbaus und des Baubetriebs. Für alle anderen Bauwerke werden alle Phasen, einschließlich der in Kapitel 5.3 dargestellten, von Bauingenieuren bearbeitet.

5.4.2 CAD - Einsatz in der Planung und Erstellung von Bauwerken

Im folgenden wird nur der Teilbereich des Gesamtprozesses angesprochen, der sich mit der statischen und konstruktiven Bauwerksplanung, der Organisation und Ausführung bei der Bauwerkserstellung und der Dokumentation befaßt. Dieser Teilbereich wird im weiteren in 9 Phasen unterteilt, die in Abbildung 5.39 dargestellt sind.

Eine durchgängige Bearbeitung aller 9 Phasen mit den Möglichkeiten, die die CAD/CAM-Technologie bietet, würde einen enormen Rationalisierungseffekt und eine Qualitätsschub bewirken. Die Voraussetzung hierfür ist aber eine durchgängige Datenstruktur. Anstrengungen diesbezüglich bestehen seit einiger Zeit /HEIN-89/. Am weitesten fortgeschritten dürfte die Entwicklung einer durchgängigen Datenstruktur in der japanischen Bauindustrie sein /ENRF-84/, /GRRÜ-86/.

Gebäudemodell des Architekten		

Phasenmodell des Bauingenieurs

Phase 1	Findung des statischen und dynamischen Tragsystems	Konstruktiver Ingenieurbau
Phase 2	Wahl der Baustoffe und des Bauverfahrens, sowie Vordimensionierung und Ermittlung der Belastung	
Phase 3	Nachweis des Tragsystems	
Phase 4	Planung der Bauteile	
Phase 5	Planung des Bauverfahrens und der Bauleistung	Baubetrieb
Phase 6	Planung und Organisation der Bauausführung	
Phase 7	Bauausführung und Qualitätskontrolle	
Phase 8	Nachkalkulation	
Phase 9	Dokumentation	Konstruktiver Ingenieurbau

Abb. 5.39. Phasenmodell für das Bauingenieurwesen, Bereich Konstruktiver Ingenieurbau und Baubetrieb

5.4.2.1 Findung des statischen und dynamischen Tragsystems

Der Gebäudeentwurf des Architekten (Abb. 5.40.), der meist nur in Form einer Baueingabezeichnung oder technischen Zeichnung und somit nur als zwei-dimensionales Datenmodell vorliegt, ist in ein funktionales 3D-Tragmodell, bestehend aus Systemlinien und Systemflächen, zu überführen. Stabförmige Bauglieder, wie Stützen, Balken und Streifenfundamente werden zu System-linien und flächige Bauteile, wie Decken, Wände, Schalen und Fundament-platten werden zu Systemflächen abstrahiert (Abb. 5.41.).

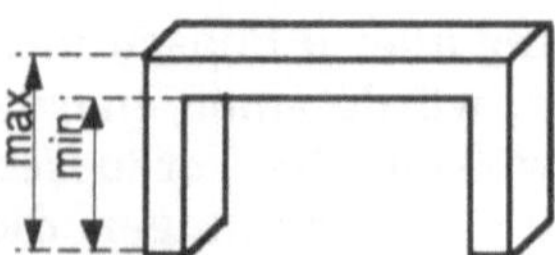

Abb. 5.40. Gebäudeentwurf des Architekten

Das Basismodell ist ein dreidimensionales Flächenmodell, das in den folgenden Phasen durch zusätzliche Information ergänzt wird. Die Struktur dieser zusätzlichen Daten entspricht der einer relationalen Datenbank. Vereinzelt kann es notwendig sein, die Geometrie durch ein Volumenmodell zu beschreiben, z.B. wenn es sich um sehr dickwandige, meist unregelmäßig geformte Bauteile handelt oder wenn dem Bauuntergrund in der Tragwerksberechnung eine signifikante Rolle zukommt und er durch Volumenelemente abzubilden ist.

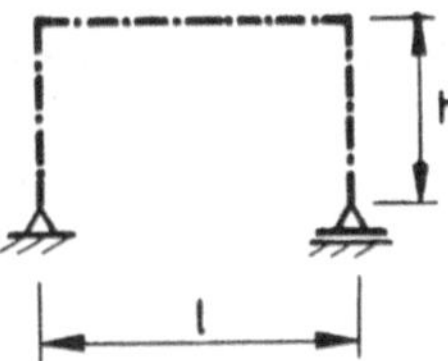

Abb. 5.41. Phase 1: Tragsystem

Drahtmodelle mit einigen speziellen Erweiterungen zur Beschreibung von ebenen Flächen (Decken und Wänden) werden in der derzeitigen Praxis wegen ihrer Einfachheit häufig verwendet /KRZI-88/, da hiermit der Großteil der Bauwerke, evtl. mit einer beschränkten Modellierung einzelner Bauteile, behandelt werden kann /KRÖP-88/. Sie ist eine, für die Genauigkeitsanforderung an die Tragwerksberechnung im üblichen Hoch- und Industriebau ausreichende und pragmatische Objektbeschreibung. Die fehlende Übersichtlichkeit in der dreidimensionalen Darstellung auf Grund der nicht ausgeblendeten verdeckten Kanten und Flächen wird bewußt in Kauf genommen und ist nicht weiter störend, da in den wenigsten Fällen in der dreidimensionalen Darstellung gearbeitet wird, sondern bevorzugt in den zweidimensionalen Projektionen.

Im Hinblick auf eine konsistente Datenrepräsentation, einen Datenaustausch zwischen verschiedenen Systemen und eine Anwendung beliebiger CAD-Werkzeuge ist diese, auf das Geometriemodell konzentrierte Repräsentation als Übergangsform in der derzeitigen Entwicklungsphase des CAD zu sehen. Integrierte Datenmodelle, basierend auf einer objektorientierten Darstellung, in der die geometrische Darstellung nur eine mögliche Sicht auf die Daten des Produktmodells darstellt, werden die auf dem Geometriemodell basierende Struktur ablösen.

Die Umsetzung des Architekturmodells in das Tragwerksmodell erfolgt größtenteils manuell, derzeit noch meistens durch Neueingabe, da verschiedene CAD-Systeme mit nicht kompatiblen Datenstrukturen vorliegen.

Bei der Durchführung dieser Arbeit ist ein hohes Maß an ingenieurmäßiger Erfahrung notwendig, da das dreidimensionale Objekt durch ein- oder zweidimensionale Tragglieder vereinfacht und so an andere Bearbeiter weitergegeben wird. Das hierzu nötige Wissen ist für die meisten Tragstrukturen geschlossen, d.h. in seinem Umfang begrenzt, und der Wiederholungsgrad der einzelnen Regeln ist sehr hoch. Daher bietet es sich an, Experten- oder zumindest regelbasierte Transformationssysteme einzusetzen, die den Ingenieur unterstützen, bzw. in Standardfällen die Transformation sogar eigenständig vollziehen. Von Ansätzen hierüber wird in /FENV-89/, /MAHE-89/, /SRIR-87/, /HIME-88/ berichtet.

5.4.2.2   Wahl der Baustoffe und des Bauverfahrens, sowie Vordimensionierung und Ermittlung der Belastung

Ausgehend vom Tragmodell der Phase 1 werden Bauverfahren und Baustoffe festgelegt. Daraus und aus der vorgesehenen Nutzung ergeben sich die Belastungen. Eine erste Vordimensionierung der tragenden Bauteile wird vorgenommen (Abb. 5.42.). Das Tragmodell wird in einem Iterationsprozeß so modifiziert, daß die Kosten unter weitgehender Beibehaltung der architektonischen Gestaltung und der projektierten Nutzung optimiert werden.

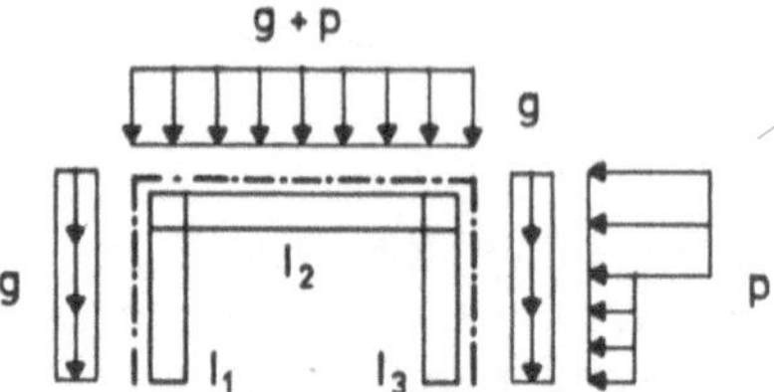

Abb. 5.42. Phase 2: Vordimensionierung und Belastung

Der iterative Prozeß der Phase 2 bedingt auch eine Änderung im Tragmodell, so daß vorteilhafterweise Phase 1 und 2 zusammengefaßt bearbeitet werden. Hierfür ist entsprechende Ingenieurerfahrung notwendig, ein breites Wissen über die Baustoffe, die möglichen Bauverfahren und die zugehörigen aktuellen Kosten gefragt. Überschlagsformeln dominieren vor komplizierten, genauen numerischen Lösungsalgorithmen. Die Bereitstellung umfangreicher Informationen und deren Kombination, sowie Innovation bilden hier den Schwerpunkt der Arbeit.

Die Datenstruktur ist unter Zuhilfenahme von Daten- und Methodenbanken sowie einfacher numerischer Programme aus den Gebiet der Mechanik und der Bauphysik mit technischem Wissen zu erweitern und evtl. auch zu modifizieren. Einfache Überschlagsformeln, die für eine schnelle Handrechnung erforderlich waren, können durch den Einsatz von Rechnern mit genaueren Programmen ersetzt werden, ohne daß sich das Antwortzeitverhalten des CAD-Systems verändert. Das erarbeitete Wissen wird durch Attribute an das grafisch repräsentierte Tragmodell angekoppelt und kann mit Hilfe der Fenstertechnik abgerufen und evtl. grafisch sichtbar gemacht werden, wie es z.B. für die Belastung in Abbildung 5.42 dargestellt ist. Diese technischen Daten sind für die Tragsicherheitsnachweise, die konstruktive Durchbildung und die Kostengrobschätzung der nachfolgenden Phasen notwendig.

Programmsysteme in Form von Pilotprojekten, die konsequenterweise auf regelbasierten Blackboardarchitekturen aufbauen und als bewährte Methoden der künstliche Inteligenz zu sehen sind, wurden in den letzten Jahren erarbeitet /FENV-89/, /MAHE-87/, /HART-89/. Sie sind soweit entwickelt, daß sie auf dem Niveau eines jungen Ingenieurs arbeiten, und können daher schon produktiv innerhalb der Lehre eingesetzt werden. Die hierbei erzielten Erfolge waren stark von der Hardwareentwicklung mitbeeinflußt. Ein wirtschaftlicher Einsatz in der Praxis kann bei entsprechender Forschungsleistung in naher Zukunft erwartet werden.

Im praktischen Einsatz sind momentan die Präprozessoren der Tragwerksanalyseprogramme für die Material- und Lasteingabe vorzufinden, die um CAD-Techniken erweitert wurden, als auch CAD-Zeichnungsprogramme, an die über spezielle Schnittstellen Berechnungsprogramme angekoppelt wurden /HAAS-88a/, /NEME-88/, /WEDO-88/. Überschlagsrechnungen zur Auffindung des kostengünstigsten Bauverfahrens etc. erfolgen noch nahezu ausschließlich von Hand. Lösungsansätze in Form von singulären Hilfestellungen durch Datenbanken werden von kapitalstarken Baufirmen und Planungsbüros entwickelt. Eine konsequente und durchgängige Lösung für den praktischen Einsatz ist noch nicht bekannt.

5.4.2.3   Nachweis des Tragsystems

Zur Führung der Tragsicherheitsnachweise entsprechend den Normen und Vorschriften ist ein detailliertes mechanisches Modell zu erzeugen. Die in Phase 1 und 2 noch stark vereinfachte Struktur ist zu vervollständigen, Detailpunkte sind auszuführen und noch fehlende Materialangaben zu ergänzen. Die zu verwendenden Analyseverfahren, wie Methoden der Stabstatik, Finite Elemente Methode und Rand-Elementen Methode werden festgelegt. Daraus ergibt sich die Art der Elementeinteilung und der Netzgenerierung /KRÖP-88/. Die Ergebnisgrößen der Analyseverfahren sind Schnittgrößen und Spannungen, deren Obergrenzen in Normen festgelegt sind (Abb. 5.43.).

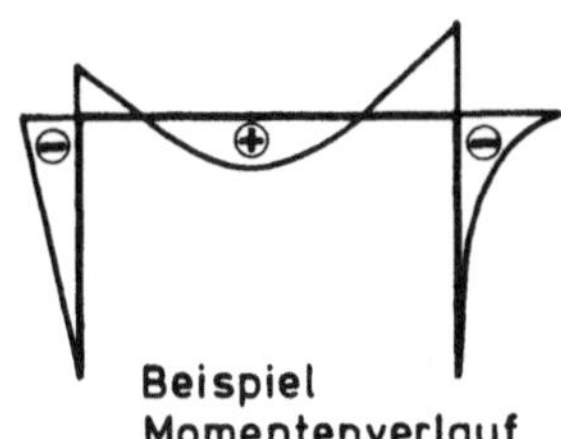

Abb. 5.43.   Phase 3: Nachweis des Tragsystems

An die Tragwerksanalyse schließt sich üblicherweise direkt die Bemessung an, bzw. ist programmtechnisch mit dieser über einen Postprozessor verknüpft. Sie kann als Vorschlag bzw. als Vorgabe für die nächste Phase - die Detailplanung, bzw. Planung der Bauteile - angesehen werden.

Die Umsetzung der numerischen Methoden der Tragwerksanalyse und der Bemessung in Programme geht bis in die Anfänge der Computerentwicklung zurück. Daher ist die Bearbeitung dieser Phase mit Hilfe des Computers zwar Stand der Technik, jedoch von Software zu Software auf sehr unterschiedlichem Niveau und unterschiedlicher Integrationsstufe verwirklicht. Für eine integrierte Bearbeitung müßten diese Programme noch in eine einheitliche Datenstruktur eingebunden werden. Pionierarbeit wurde hier u.a. mit dem Programmsystem SET /AXFI-80/ geleistet. Eine einheitliche Benutzeroberfläche für den Einsatz auf zukünftigen Workstations wurde im Forschungsprojekt SYRAKUS /WEVE-82/ entwickelt. Auch Prä- und Post-prozessoren für die Eingabe als auch für die komprimierte grafische Darstellung der Ergebnisse, z.B. als Isolinien oder farbigen Isoflächen, sind schon weit ausgereift und eng mit der Entwicklung der CAD-Zeichentechniken verbunden. Die auf dem Markt befindlichen Programme bauen meistens auf Flächenmodellen auf, da dies für die Ergebnisdarstellung, z.B. in Form von farbigen Isoflächen, ausreicht. Eine Rekonstruktion der Objekte (Volumen) ist nicht mehr möglich, so daß für eine durchgängige Datenstruktur auch hier Volumenmodelle notwendig sind, bzw. ein Volumenmodell als Basismodell dient und daraus abgeleitet ein Flächenmodell zur schnellen Darstellung der Berechnungsergebnisse verwendet wird.

5.4.2.4   Planung der Bauteile

Ziel ist es, 2-D Ausführungspläne (Konstruktionszeichnungen) und die dazugehörigen Materiallisten zu erzeugen (Abb. 5.44.). Das fehlerfreie, automatisierte Erzeugen von Materiallisten erfordert jedoch ein Volumenmodell. Vereinzelt werden auch perspektivische Darstellungen und Explosionszeichnungen erstellt, um besonders komplexe Bauteile und deren Zusammenbau zu veranschaulichen /KESS-89/.

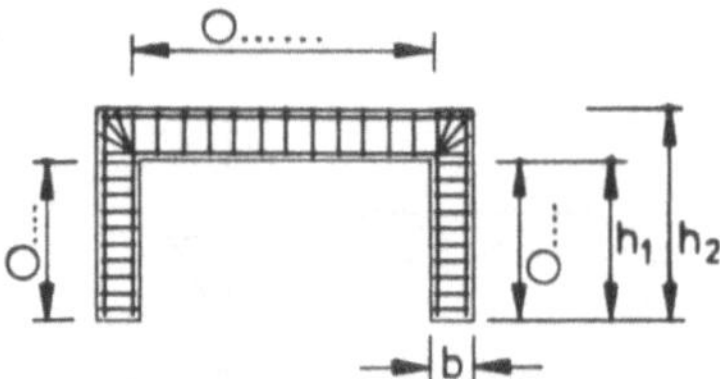

Abb. 5.44.   Phase 4: Planung der Bauteile

Abhängig von den verwendeten Baustoffen bzw. abhängig von dem Materialgesetz ist entweder eine direkte Auflösung nach den erforderlichen Abmessungen möglich oder es muß ein Vorschlag (Hypothese) gemacht werden, der anschließend gegenüber den Vorschriften zu verifizieren ist. Die Durchbildung der Bauteile ist im Grunde ein mehrphasiger Prozeß, ähnlich den Phasen 1 bis 3 für das Gesamttragwerk.

Die grafische Darstellung in Form von Ausführungsplänen ist z.Z. ein Schwerpunkt der praxisorientierten, kommerziellen CAD-Entwicklung. Der Einsatz von Zeichenhilfen, wie Vermaßung und Beschriftung, als auch die Verwendung der Symbol- und der Variantentechnik für Details oder sogar ganze Bauwerke ist heute Stand der Technik und wird weiter vervollkommnet /HAAS-88b/, /HAAS-89/.

Ebenso sind reine numerische Bemessungsprogramme zur Führung der normenkonformen Nachweise ein alltägliches Hilfsmittel.

Die Kombination jedoch zwischen Bemessungs- und Zeichnungsprogramm, insbesonders die Integration des Entwurfs für die Detaillierung, ist ein noch unerreichtes Ziel, da hier im hohen Maß Ingenieurerfahrung, d.h. heuristisches Wissen zur Erarbeitung und Auswahl kostengünstiger und konstruktiv sinnvoller Lösungen notwendig ist. Außerdem ist die Datenintegration noch nicht vollständig verwirklicht. Sind die möglichen Bauteilformen anzahlmäßig stark begrenzt, wie dies bei einigen Baustoffen herstellungsbedingt ist, kann dieser Prozeß mit Hilfe der Variantentechnik und einer Datenbankabfrage schon sehr gut rechnerbasiert durchgeführt werden. Ist dies nicht der Fall, so beschränkt sich der Einsatz des Rechners sehr schnell auf die konventionellen CAD-Zeichentechniken /PEGE-88/.

Insgesamt liegt wiederum ein klassisches Anwendungsfeld für regelbasierte Systeme vor. Es sind situationsbedingte, bekannte Ablaufschemata mit vorgegebenen Algorithmen auszuwählen und zu einem Lösungsschema zu kombinieren, das dann abzuarbeiten ist /GAFE-89/, /LOEL-89/, /SADA-90/. In Abschnitt 6.2.2 wird ein entsprechendes System für die Durchbildung von Stahlbetonbauteilen besprochen.

5.4.2.5 Planung des Bauverfahrens und der Bauleistung

Die Teilprozesse der Phasen 1 bis 4 haben sich vordringlich mit der Planung des Bauwerks, wie es sich einmal in seinem Endzustand darstellen wird, beschäftigt. Das Bauverfahren und die Kosten des Bauverfahrens wurden nur nachrangig mit in die Überlegungen einbezogen.

Für die Angebotsbearbeitung ist es nun notwendig die Bauverfahren im Hinblick auf ihre Machbarkeit bei den vorliegenden Randbedingungen, den zur Verfügung stehenden Ressourcen, auch im Hinblick auf Fachkräfte und Subunternehmer, den entstehenden Kosten, der erforderlichen Zeit und den notwendigen Baustelleneinrichtungen im Detail zu untersuchen (Abb. 5.45.).

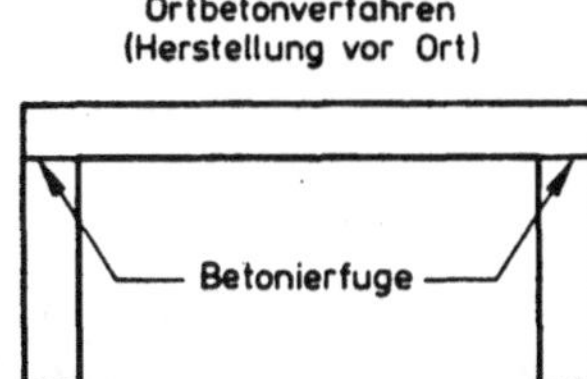

Pos	Menge	Bezeichnung	E-Preis	G-Preis
3	25 m³	Stütze/ Ortbeton	......	......

Abb. 5.45. Phase 5: Planung des Bauverfahrens und der Bauleistung

Das Leistungsverzeichnis für die Ausschreibung wird positionsweise aus dem gespeicherten Standardleistungsverzeichnis mittels eines speziellen Textsystems zusammengesetzt, wobei moderne Systeme es zulassen, daß Textteile durch die Fenstertechnik eingeblendet, ausgewählt und übernommen werden. In den älteren Systemen konnte nur durch Eingabe eines Schlüssels auf die einzelnen Positionen des Standardleistungsverzeichnisses zugegriffen werden.

Nach der Vergabe des Bauprojekts wird von dem ausführenden Unternehmen das Bauverfahren so festgelegt, daß es unter den vorhandenen Randbedingungen, insbesondere der vorgegebenen Bauzeit und den verfügbaren Ressourcen durchführbar ist. Gleichzeitig wird eine schlüssige Arbeitskalkulation erstellt, die als Grundlage zur Kostenkontrolle während der Bauausführung dient.

Für die Kostenermittlung ist es Stand der Technik, Mengen aus der Planung mittels eines Datenbanksystems zu übernehmen, die mit den Einheitspreisen, gebildet aus den Stammdaten und den Gemeinkosten aus einer zweiten Datenbank, zu den aktuellen Kosten verknüpft werden. Die Kosten werden größtenteils alphanumerisch ermittelt, in das Leistungsverzeichnis eingetragen und die Gesamtkosten ermittelt. Zum Kostenvergleich für Varianten in der Ausführung werden Grafiktechniken aus dem Bereich der Geschäftsgrafik eingesetzt /HUTZ-88/.

Alle anderen oben angeführten Aufgaben werden noch weitgehend ohne Rechnereinsatz gelöst. Hier wären weitaus wirtschaftlichere Lösungen bei einem konsequenten Einsatz von CAD/CAM-Techniken möglich. Die Grundvoraussetzung ist ein integriertes Datenmodel, das einen Zugriff auf die Informationen aller Planungsstufen zuläßt.

5.4.2.6 Planung und Organisation der Bauausführung

Es ist eine komplette Planung der Produktionsstätte durchzuführen, die sich in die Planung der Organisation und die Planung der individuell benötigten Einsatzmittel (einschl. der Erstellungswerkzeuge, wie z.B. die Schalung) unterteilt. Sie ist jedoch nicht so zu perfektionieren und zu optimieren wie die einer Industrieanlage, da nur ein einziges Produkt einmal zu erstellen ist. Daher wird z.B. von Paulson vorgeschlagen, ein Echtzeit-Erfassungs- und Simulationssystem vor Ort einzusetzen, um Optimierungen ad hoc anwenden zu können /PASO-87/.

Sowohl der Entwurf der Baustelleneinrichtung als auch die Auswahl des Bauverfahrens wird in der Praxis nach konventionellen Methoden ohne größere CAD-Unterstützung durchgeführt, obwohl sich hierfür dreidimensionale CAD-Systeme mit einer Simulation des Produktionsprozesses hervorragend eignen würden, wie Forschungsergebnisse zeigen /BRAN-89/.

Die zeitliche Organisation wird meistens mit Hilfe eines Bauzeitenplans (Balkendiagramme) oder der Netzplantechnik unter Nutzung von Datenbanken geplant. Neben dem Zeitplan ist eine Einsatzmittelplanung (Kapazitätsplanung) für die Geräte (Maschinen, Schalung und Rüstung) und das

Personal, eine Lieferplanung und Lagerhaltung für das Material, eine Transportplanung und eine Kostenplanung unter Berücksichtigung der Liquidität des ausführenden Unternehmens unbedingt erforderlich. Sind Subunternehmer beteiligt, so sind sie unter Berücksichtigung von Pufferzeiten durch einen Dispositionsplan in die Gesamtplanung einzubeziehen, und es ist ein Koordinationssystem vorzusehen. In den meisten Fällen werden Rahmenverträge abgeschlossen, die es dem Unternehmen erlauben, die Leistung von Subunternehmern und Lieferanten innerhalb von festgelegten Zeitspannen kurzfristig abzurufen (Abb. 5.46.).

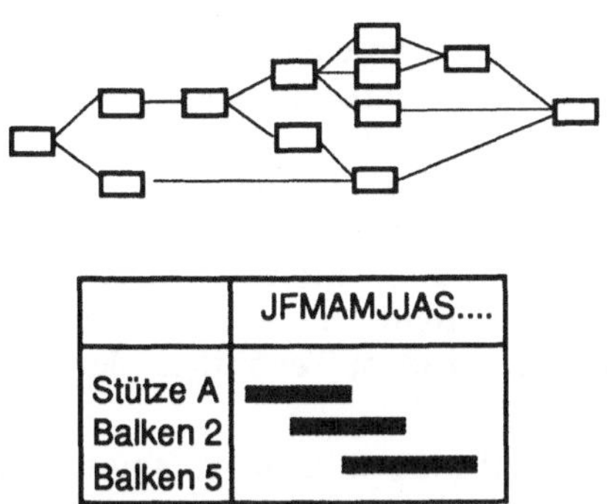

Abb. 5.46. Phase 6: Planung und Organisation der Bauausführung

Hierzu werden in der Praxis teilweise schon kommerzielle auf Datenbanksystemen basierende Programme eingesetzt. An der Verknüpfung mit Netzplanalgorithmen, von der sich ein Rationalisierungs- und Effektivitätsschub erwartet läßt, wird momentan gearbeitet. Ebenso lassen sich spezielle CAD-Zeichenprogramme in Form reiner Ausgabesysteme, aber auch schon als interaktive Systeme, mit den Programmen für die Netzplanung und die Bauzeitenplanung grafisch verknüpfen. In der Praxis werden jedoch diese Grafiken noch größtenteils per Hand oder einem getrennten CAD-Zeichensystem erstellt.

Simulationen für den Fertigungsprozeß, wie es im Automobilbau Stand der Technik ist, werden im Bauwesen nur sehr vereinzelt, eher exemplarisch, als Hochschulstudien eingesetzt, obwohl die dreidimensionale Simulation im Maschinenbau schon eine hohe Entwicklungsstufe und einen hohen Einsatzgrad erreicht hat. Hingegen sind Betriebssimulationen mit zweidimensionalen Ablaufplänen, die auf Petri-Netzen basieren schon weiter verbreitet /KÖFR-89/.

Ist ein Netzplan einmal prinzipiell erstellt, können mit den speziellen Algorithmen Ressourcenausgleiche vorgenommen werden, so daß die Kapazitätsganglinie unter einer vorgegebenen Kapazitätsgrenze bleibt. Diese Verbesserungen bedingen Veränderungen im Netzplan, die jedoch meisten lokal begrenzt sind. Auch hier wird, insbesondere von Wirtschaftswissenschaftlern, mittels Methoden des Operation Research, vereinzelt auch unter Einbeziehung von Expertensystemtechniken, versucht, bessere Ergebnisse zu erzielen.

Die allumfassende Bearbeitung der Produktionsprozesse mit einer Minimierung von Adhoc-Entscheidungen, einschließlich einer zeit- und kostengünstigen Wahl des Bauverfahrens könnte mit Expertensystem-techniken
erreicht werden /COYN-85/, /MADL-90/.

Aus dem Bauverfahren und der Tragkonstruktion, die in den vorhergehenden
Phasen erarbeitet wurden, ergeben sich die Produktionsstätte und die einzelnen Produktionsprozesse. Für die Erstellung notwendiger weiterer Pläne,
z.B.für die Baustelleneinrichtung, die Hilfsbauten und die Schalung und
Rüstung werden schon vereinzelt CAD-Zeichenprogramme, meistens zweidimensionale Zeichensysteme, eingesetzt. Dreidimensionale CAD-Systeme
wären wünschenswert, um u.a. Explosionszeichnungen erstellen zu können.
Insbesonders Schalungsanbieter stellen spezielle, auf ihre Schalsysteme
zugeschnittene zweidimensionale CAD-Systeme zur Verfügung, die eine
schnelle, da modulare Konfiguration des Schalsystems erlauben. Sehr interessante Fragen, die Ressourcen und Kosten betreffen, als auch die Kombination
mit anderen Schalsystemen können hiermit nicht untersucht werden, denn
hierfür wären, sollte es sich nicht um eine starre Speziallösung handeln,
Expertensystemtechniken, zumindest Techniken der regelbasierten Programmierung, notwendig.

An einer Integration von Phase 5 und 6, soweit es sich um betriebswirtschaftliche und organisatorische Fragen handelt, wird gearbeitet, wobei
der Schwerpunkt auf der alphanumerischen Verarbeitung von Daten mittels
Datenbanksystemen liegt. Die hierbei verwendeten grafischen Methoden
dienen mehr der reinen Darstellung von Ergebnisdaten.

5.4.2.7   Bauausführung und Qualitätskontrolle

Während der Bauausführung liegt der Schwerpunkt der Arbeit auf der Überwachung der geplanten Zeiten und der Menge und Güte der zu erbringenden
Bauleistung wie auch der begleitenden Abrechnung entsprechend dem vorgegebenen Liquiditätsplan /PACL-89/, /THUR-89/ (Abb. 5.47.).

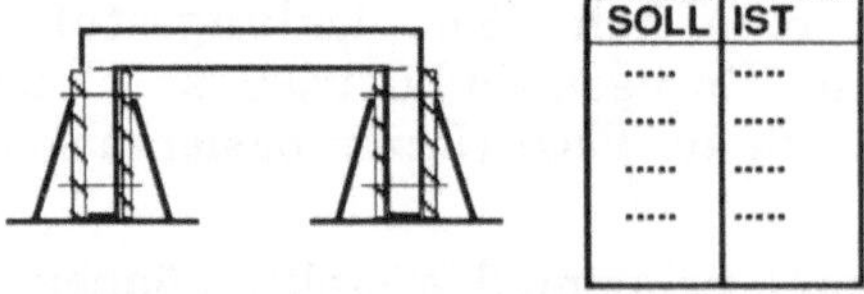

Abb. 5.47. Phase 7: Bauausführung und Qualitätskontrolle

Die in der vorhergehenden Phase entwickelten Faktoren werden, soweit es
sich um reine alphanumerische Daten handelt, mittels der Datenverarbeitung
und, soweit vorhanden, mit Hilfe von Geschäftsgrafiken überwacht. Sich

ergebende Soll-Ist-Abweichungen werden jedoch noch größtenteils per Hand bzw. mit Hilfe der vorher angesprochenen Netzplanprogramme in den vorgegebenen Bauablaufplan eingearbeitet. Hier wären enorme Kosten einzusparen, wenn die Bauablaufsplanung durch ein intelligentes CAD-Netzplan-System, d.h. ein wissensbasiertes System, erstellt worden wäre, das Rückgriffe auf eine Ressourcendatenbank erlaubt, so daß eine Soll-Ist Abweichung direkt zur Simulation von Alternativen für den Bauablauf genutzt werden könnte. Damit könnten schnell die komplexen Folgen von lokalen Veränderungen im Bauablauf aufgezeigt werden und die richtige Entscheidung für Modifikationen im Bauablauf getroffen werden. Oftmals erfordern solche Modifikationen eine Neubearbeitung des Bauablaufplans ab der modifizierten Stelle. EDV-Programme, die entsprechende Entscheidungsmodelle erarbeiten, befinden sich im Entwicklungsstadium.

Im üblichen Hochbau wird nach Aufmaß und Plan abgerechnet, d.h. nach den Konstruktionsplänen, während es im Straßenbau üblich ist, zusätzliche Abrechnungspläne aufzustellen, die sich aus dem Aufmaß ergeben. Das ist wohl darauf zurückzuführen, daß auf Grund eines unzureichenden Geländemodells und auch eines unzureichenden Konstruktionsmodells keine zuverlässigen Massen mittels der Baupläne erfaßbar sind. Dreidimensionale CAD-Systeme, die durchgängig vom Trassenentwurf bis zur Abrechnung das geometrische Modell fortschreiben und mit Datenbanksystemen gekoppelt sind, sind teilweise schon im Einsatz und verschaffen den anwendenden Ingenieurbüros nicht unerheblich Wettbewerbsvorteile /OBER-87/.

5.4.2.8   Nachkalkulation

Die Nachkalkulation während der Erstellung des Bauobjekts von seiten der Baufirma erfolgt aus zwei Gründen. Erstens, um Schwachstellen im Produktionsprozeß aufzufinden, die durch Modifikationen im Personalbestand, dem Geräteeinsatz oder dem gewählten Produktionsablauf in der Zukunft vermieden werden können und zweitens, um die interne Datenbank für die Kostenrechnung auf dem neuesten Stand zu halten (Abb. 5.48.).

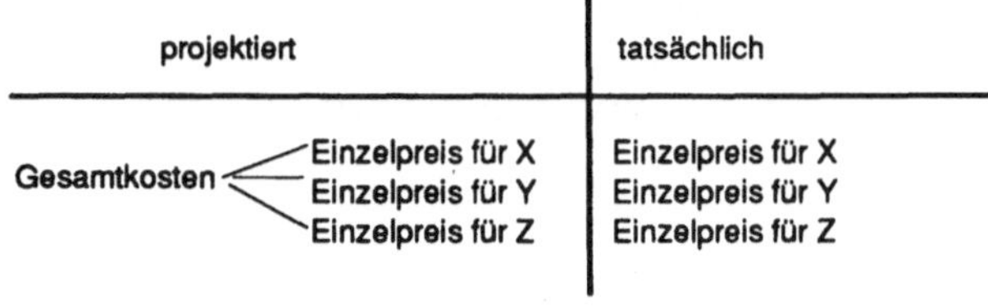

Abb. 5.48. Phase 8: Nachkalkulation

Soweit es sich hier um alphanumerische Daten handelt, werden sie größtenteils mit Hilfe von Datenbank- oder Tabellenkalkulationsprogrammen verarbeitet. Der Einsatz von Simulationsprogrammen mit grafischer Repräsentation des Produktionsprozesses, der zum Erkennen von Fehlern und zur Findung sinnvoller Alternativen von großen Nutzen wäre, fehlt noch gänzlich.

5.4.2.9   Dokumentation

Die Dokumentation der Daten und technischen Zeichnungen, die für die Überwachung und für eine zukünftige Neubewertung des Bauwerks wegen einer Umnutzung oder wegen eines eingetretenen Schadens notwendig wären oder als Unterlagen für Umbaumaßnahmen dienen könnten, wird z.Z. nur in Ausnahmefällen, nämlich wenn sie vertraglich festgelegt wurde, z.B. bei Kernkraftwerken oder Brückenbauten, durchgeführt. Die Form für die Dokumentation ist noch wenig durch Normen erfaßt (s. z.B. DIN 1076 für Brücken), so daß die Archivierungspflicht bei den Bauämtern nicht einheitlich erfolgt (Abb. 5.49.).

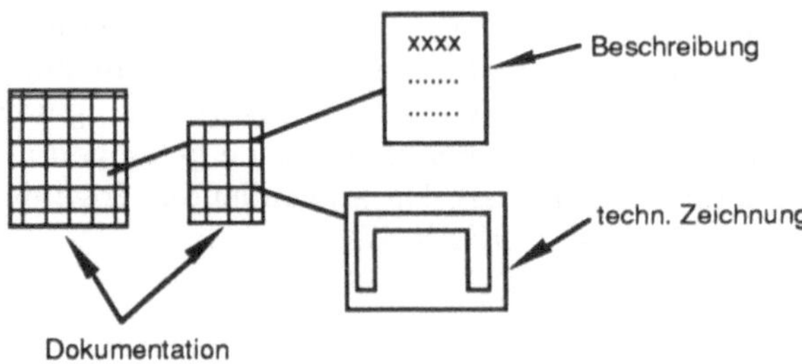

Abb. 5.49. Phase 9: Dokumentation

Im Hochbaubereich werden oftmals Planunterlagen und statische Berechnungen archiviert, aus denen nicht hervorgeht, welchen Planungsstand sie dokumentieren. Eine systematische Datenkomprimierung, Archivierung und Dokumentation mit den vorhandenen CAD-Techniken, Datenbank-Techniken und Textverarbeitung ist zwingend notwendig, da der Trend immer stärker auf die Bauerhaltung durch Überwachung, rechtzeitige Sanierung, Modernisierung und Ertüchtigung hin geht und weg vom Abbruch und Wiederneuaufbau.

5.5 Automatisierung in der Bauproduktion

An das Bauen der Zukunft werden erhöhte Anforderungen gestellt werden. Die Bauten, die heute geplant und errichtet werden, müssen den Anforderungen des 21.Jahrhunderts gerecht werden. Da die Anforderungen der Zukunft nicht genau abgeschätzt werden können, sollten die Bauten so flexibel wie möglich geplant werden, um sich an neue Nutzungen und Funktionen anpassen zu können.

Was für eine flexible Bauplanung gilt, gilt um so mehr für die Bauproduktionsplanung. Beansprucht die Entwicklungszeit einer neuen Maschine bis zu 5 Jahren und deren Modifikation zwischen 0,5 und 3 Jahren, so benötigt man für die Planung und Ausführung einer automatisierten Fabrik bis zu 10 oder mehr Jahre. Die heute geplanten Bauproduktionseinrichtungen müssen also die noch unbekannten zukünftigen Anforderungen erfüllen können. Für ein marktgerechtes und rationelles Bauen von morgen muß man schon heute durch Roboter automatisierte Bauproduktionssysteme entwickeln. Das betrifft einerseits die industrielle Vorfertigung von Bauteilen und andererseits die automatische Bauausführung durch autonome Bauroboter.

5.5.1 Die gegenwärtige Situation der Bauwirtschaft

Bis Mitte der 70-er Jahre wurde durch die rasante Entwicklung der Baumaschinentechnik noch ein gewisser Produktivitätsfortschritt erzielt. Danach war dieser in der Bauwirtschaft - verglichen mit anderen Branchen der produzierenden Industrie - verhältnismäßig gering. Die Gründe dafür lagen in den abnehmenden Wachstumsraten, in der Unikatfertigung, in komplexer Aufgabenstellung und in sich ständig verändernden Umgebungsbedingungen bei jeder neuen Bauaufgabe.

In der Bundesrepublik wurden seit 1980 Facharbeitskräfte abgebaut und gleichzeitig nur die Hälfte des benötigten Nachwuchses ausgebildet.

Fast die Hälfte der Poliere ist über 50 Jahre alt und die ca. 80.000 arbeitslosen Bauarbeiter werden wahrscheinlich trotz der Nachfrage auf Grund ihrer mangelnden Qualifikation keine Anstellung finden. Dieser Trend wird sich in Zukunft noch verstärken, da die Überalterung einen erhöhten Abgang von Bauarbeitern verursacht.

Darüber hinaus werden die vorhandenen Bauproduktionskapazitäten, z.B. den erhöhten Wohnungsbaubedarf, ohne zusätzliche Rationalisierungsmaßnahmen, weder zeitlich noch qualitativ oder quantitativ erfüllen können.

Der entstehende Zeit- und Kostendruck kann mittels flexibler Automatisierung durch rechenerintegrierte Planung, Konstruktion, Berechnung und Ausführung der Bauprojekte zum Teil kompensiert werden.

Auf breiter Front können die gegenwärtigen und zukünftigen Anforderungen an das Bauwesen nur durch den Einsatz von CAD/CAM-Technologien erfüllt werden, wobei Robotersysteme als Schlüsseltechnologie der Automatisierung des Bauens betrachtet werden.

Der so erfolgende technologische Innovationsschub wird sich auch positiv auf das gegenwärtig geringe Ansehen der Bauberufe auswirken. Die durch die Automatisierung zu erwartende Produktivitätszunahme könnte den hohen Lohnkostenanteil von ca. 50% bei Bauarbeiten reduzieren und zu geregelten Arbeitszeiten während des ganzen Jahres führen, was wiederum ein ganz-

jährig gesichertes Einkommen zur Folge haben könnte. Die Einführung der
Robotertechnologie würde auch zu einer gesicherten Fort- und Weiterbildung
der Bauberufe führen, sowie den Arbeits-, Gesundheitsschutz und die Arbeitsbedingungen verbessern. Die Verkürzung der Bauzeiten würde auch die
Kosten-Nutzen-Analysen von Bauprojekten positiv beeinflussen.

5.5.2 Gegenwärtige Probleme der Baurobotereinführung

Die zu automatisierenden und zu roboterisierenden Bauprozesse und -systeme
müssen neu entwickelt werden. Die vorhandenen Managementmethoden müssen überarbeitet und die Arbeitskräfte entsprechend dem Einsatz neuer
Technologien qualifiziert werden.

Eine erfolgreiche Implementierung der Robotertechnologie wird durch ein
roboterorientiertes Bauwesen ermöglicht, das sich durch folgende Merkmale
auszeichnet:

Flexible industrielle Vorfertigung

Ein automatisiertes Bauen besteht aus einer industriellen flexiblen Vorfertigung von komplexen, standardisierten Bauteilen und deren automatische
Errichtung und Unterhaltung unter Verwendung von Baurobotern.

Flexible Herstellung unterschiedlicher Gebäudeteile

Automatisierte Bauproduktionsbetriebe werden durch ein breites Bauteil-
sortiment eine hohe Variantenbildung erreichen. Mit Hilfe von freiprogram-
mierbaren Robotern wird eine flexible Herstellung von unterschiedlichsten
Gebäudeteilen ermöglicht, die rechnerunterstützt verwaltet werden.

Integriertes System zur Planung und Herstellung von Gebäuden

Was den automatisierten Baubetrieb angeht, so wird die Entwicklung eines
integrierten Systems zur Planung und Herstellung von Gebäuden geplant.
Dieses System soll sowohl beim Entwurf von Gebäuden, als auch bei der
Einsatzplanung von Robotern und der Logistik für die Baustelle verwendet
werden /BOCK-88a/.

5.5.2.1 Robotergerechtes Planen, Entwickeln und Konstruieren

Die Untersuchung von 25 Prototypen von Baurobotern während des Bau-
stelleneinsatzes zeigte, daß ein Ersetzen der handwerklichen Bauarbeiten
durch Roboter bedingt erfolgversprechend ist. Falls die menschliche Arbeits-
kraft durch einen Roboter mehr oder weniger ersetzt werden soll, ist es
sinnvoll die herkömmlichen Baumethoden und -systeme entsprechend zu
modifizieren. Im Idealfall soll die Verwendung von Robotern im Bauwesen von
vornherein berücksichtigt werden. Ein Konzept dafür wurde mit dem Begriff
"Robot Oriented Design" bezeichnet und auf dem 5. Internationalen Sympo-

sium für Robotik im Bauwesen vorgestellt. Das Ziel des "Robot Oriented Design" ist es, der Verwendung von Robotern bereits in den frühen Projektplanungsphasen entgegenzukommen. Architekten und Ingenieuren werden Leitlinien für robotergerechtes Planen und Umplanen zur Verfügung gestellt. Auf Grund des hohen Lohnkostenanteils bei der Bauausführung, können die größten Rationalisierungeffekte durch eine verstärkte Rationalisierung der Bauarbeiten mit Hilfe der Roboterisierung und Automatisierung erreicht werden. Die Bauarbeiten vor Ort müssen dazu schon in den Planungs- und Konstruktionsphasen auf den späteren Robotereinsatz ausgerichtet werden. Das bedeutet, daß alle Bauplanungsphasen rechnerintegriert bearbeitet werden müssen. Die herkömmlichen Bauprozesse müssen in automatisierungsgerechte Bauprozesse überführt werden. Diese neuen Bauprozesse werden sich grundlegend von den bekannten Bauprozessen unterscheiden. Die üblichen sequentiellen Abläufe der Bauproduktion werden durch parallele Abläufe ersetzt werden. Bei der Auftragserteilung für ein automatisiertes und roboterisiertes Bauvorhaben wird die Planung, Konstruktion und Herstellung von Bauteilen bereits weitgehend vorbereitet und abgeschlossen sein, so daß nach Vertragsabschluß das Bauprojekt nur noch ein geometrisches Konfigurations-, zeitliches Organisations- und physikalisches Ausführungsproblem darstellt.

Die Bauunternehmensstruktur wandelt sich vom jetzigen Bereitstellungsbetrieb zum künftigen Dienstleistungsunternehmen. Moderne Bauten bestehen im Gegensatz zu vorindustriellen Bauten aus vielen Teilsystemen. Die Planung, die Produktion und das Produkt wurden zunehmend mechanisiert und werden weiter um elektronische Komponenten erweitert. Diese grundlegende Wandlung der Baubranche erfordert einen integrierten und interdisziplinären Problemlösungsansatz. In der baubetrieblichen Umsetzung bedeutet das die Festlegung der Bedingungen für das Arbeiten von Robotern vor Ort durch die geometrische, physikalische und zeitliche Definition der Elemente für jedes Bausubsystem. Das setzt eine Verkettung des Daten- und Informationsflusses vom Entwurf über die Konstruktion, Herstellung und Montage bis zum Betrieb von Bauprojekten voraus. Dem Problem unterschiedlicher Genauigkeiten wird durch ein anpaßbares Bausystem begegnet, wobei sowohl im Bauteil als auch im Roboter eine Anpassung eingeplant werden sollte.

5.5.2.2   Probleme bei der Integration der Robotertechnologie

Eine erfolgreiche Implementierung der Robotertechnologie im Bauwesen kann jedoch nur erfolgen, wenn insbesonders folgende Probleme gelöst werden:

1. Der Bauentwurf sollte mit Hilfe eines 3D-Volumenmodells erfolgen, auf das alle (nachfolgende) Entwicklungsschritte Zugriff haben (z.B. CAD-RC-Schnittstellen wobei RC Robot Control bedeutet, siehe Kapitel 4)

2. Der Bauentwurf sollte von einem wissensbasierten Expertensystem unterstützt werden, das durch Regeln und Informationen seiner Wissensbasis

eine Automatisierung und "Robot Oriented Design" begünstigt /BOCK-88b/.

3. Die Bauteile sind (zumindest für Industrial **Robotics IR**) noch zu schwer und von unterschiedlichem Format. Dazu müssen leistungsfähige Roboter auch für große Reichweiten und Lasten und/oder robotergerechte, d.h. insbesonders wohldefinierte und industriell vorgefertigte Bauteile entwickelt werden. Hinsichtlich elementarer Bauteile wird eine Standardisierung unumgänglich /BOCK-89/. Abbildung 5.50 zeigt ein Bauteil, das im Rahmen des "Advanced Construction Technology"-Projektes für die robotergerechte Handhabung entwickelt wurde. Neben der applikationsspezifischen Vorgabe, daß die damit erstellten Gebäude erdbebensicher sein müssen, erleichtert es den Robotereinsatz durch folgende Konstruktionsmerkmale:

- kompliente (selbstjustierende) Verbindungen

- einfach und sicher greifbar,

- integrierte Bewehrung und ein

- symmetrischer Aufbau.

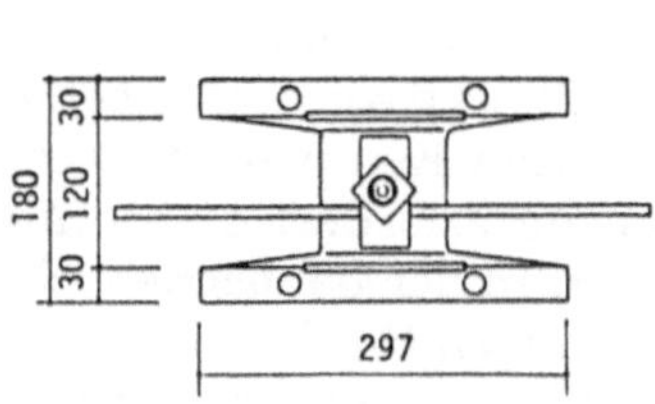
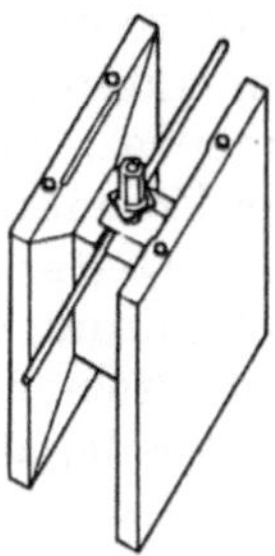

Abb. 5.50.   Standardisiertes Bauteil

4. Die Baustellen und Baustellenbedingungen variieren von Projekt zu Projekt. Daher sollten zumindest diejenigen Baustellenroboter, die nicht für Arbeiten bestimmt sind welche sich in die Vorfertigung verlagern lassen, leichtgewichtig, transportfähig, kompakt, robust, flexibel sowie gegebenenfalls mobil und autonom sein. Daraus resultieren von IR abweichende Anforderungen hinsichtlich Navigation, Steuerung, Sensorik, Regelung etc.

5. Die Bauarbeiten sind zu zergliedert. Sie müssen klar strukturiert, standardisiert und quantitativ reduziert werden. Abbildung 5.51 zeigt die konventionelle und automatisierungsgerechte Bauerzeugnisstruktur.

6. Bauteile und Bauabläufe müssen robotergerecht gestaltet und geplant werden um deren Einsatz zu erleichtern.

7. Die vorhandenen Managementmethoden müssen überarbeitet und die vorhandenen Arbeitskräfte entsprechend dem Einsatz neuer Technologien qualifiziert werden.

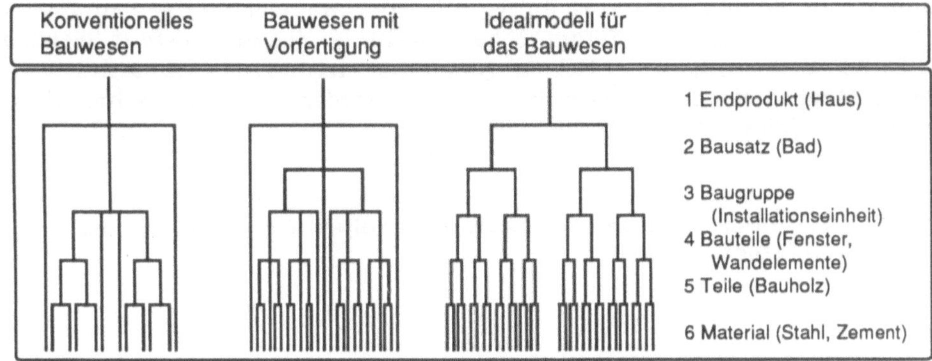

Abb. 5.51. Konventionelle und automatisierungsgerechte Erzeugnisstruktur

5.5.2.3 Anforderungen bezüglich Arbeitsraum und Nutzlast

Der notwendige Arbeitsbereich von Baustellenrobotern ist bestimmt durch die Größe des Raumes, der bearbeitet werden soll, bzw. im Fall eines stationären Bauroboters in der Vorfertigung durch die Größe der herzustellenden Fertigteile. Auch die vertikalen Dimensionen von Innenräumen kommerzieller Gebäude (z.B. 2,7m - 3,0m; 10-14qm) bestimmen die Reichweite von autonomen Baustellenrobotern. Die Anforderungen hinsichtlich seiner Nutzlast werden von den verwendeten Bauteilen bestimmt. Es wird angenommen, daß sie sich auf minimal 10 kg begrenzen lassen /WARS-88/. Muß die gesamte Aufgabe von einem Standort aus erfüllt werden, erfordert dieser Arbeitsraum, in dem mindestens 10 kg zu handhaben sind, eine Roboterarmlänge von ca. 3m.

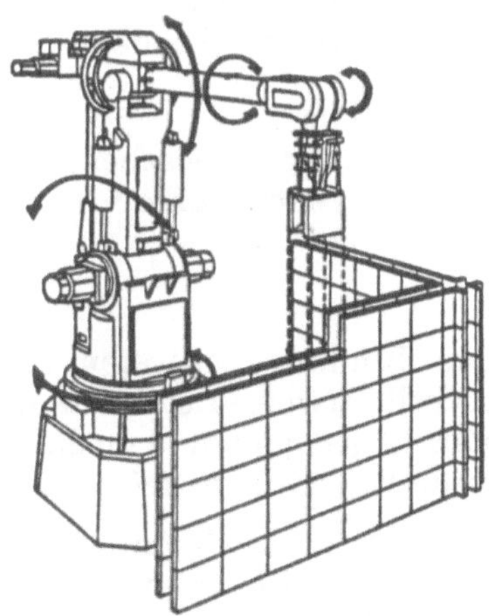

Abb. 5.52. Ansicht eines Montageroboters

Andererseits können mit starr automatisierten Mauermaschinen und zwei Arbeitskräften rund 30-35 qm Mauertafeln je Stunde erstellt werden /ANLI-88/. Sollen mit einem Robotersystem bei gleichartiger Bautechnologie gleiche Mengenleistungen erbracht werden, erfordert dies durchschnittliche Tool-Center-Point- (TCP-) Geschwindigkeiten der Größenordnung von 2 m/s.

5.5.2.4 Probleme von Baurobotern mit großem Arbeitsraum und Nutzlast

1. Kinematik

Die geforderten Arbeitsbereiche machen von herkömmlichen IR abweichende, neue Kinematikkonzepte (z.B. Automatikkrane) erforderlich. Die gewünschte Dynamik erfordert deren Realisierung in Leichtbauweise.

2. Steifigkeit

Aus physikalischen Gründen nimmt die Steifigkeit i.a. mit zunehmender Reichweite ab. Daraus resultierende statische Positionsabweichungen durch Arbeits- und Gravitationskraft sind zu kompensieren und mechanische Schwingungen zu dämpfen. Dies ist durch Einsatz direkter Meßsysteme und moderner Regelstrategien im Zustandsbereich möglich.

3. Antriebe

Um die aus geringer Steifigkeit resultierende, tiefliegende mechanische Eigenfrequenz nicht weiter abzusenken bedarf es, insbesondere für die Handachsen, kompakter Antriebe, d.h mit hoher Leistung bei geringer Masse.

Der Einsatz von Direktantrieben verhindert, daß die Dynamik der Grundachsen durch die Eigenfrequenzen mechanischer Getriebe beeinträchtigt wird. Aus physikalischen und wirtschaftlichen Gründen erscheinen hier Reduktanz- und Asynchronmotoren besonders geeignet.

4. Mobilität

Ist das System nicht für Arbeiten vorgesehen, die sich in die Vorfertigung verlagern lassen, muß es transportierbar, robust sowie gegebenenfalls mobil und autonom sein.

5. Steuerung

Insbesondere wenn das Handhabungssystem als Bausstellenroboter vor Ort eingesetzt werden soll, erweisen sich aus dem IR-Bereich bekannte Standardsteuerungen als ungeeignet, und modulare, anwenderkonfigurierbare Systeme sind erforderlich. Gründe dafür sind:

- Viele Aufgaben lassen sich nicht durch eine bloße Lagesollwertvorgabe auf der Grundlage off line erstellter RC-Programme erfüllen. Der Bewegungsablauf muß von on line-ermittelten Sensordaten abhängig gemacht werden. Dies macht i.a. Sensorregelungen erforderlich.

- Komplexe Applikationen können häufiges Umschalten des Handhabungssystems zwischen einem Automatik (RC)-Modus und einem Manipulator-Modus erforderlich machen.

- Ein Teil der Aufgaben erfordert mobile und autonom arbeitende Systeme.

6. Adaptive Lageregelung

Große Arbeitsräume und Vielfalt der Bauteile führen im allgemeinen zu starken Schwankungen von Streckenparametern wie des Lastträgheitsmomentes, wodurch eine ständige Adaption der Positionierregelung erforderlich wird. Dies macht einen automatischen Reglerentwurf unumgänglich der deshalb hier näher betrachtet werden soll. Die Regelparameter werden dabei stets (on line) neu berechnet.

5.5.2.5 Mobile Roboter und fahrerlose Transportsysteme (FTS) für das Bauwesen

Automatisch geführte mobile Roboter und Transportsysteme, die bei der Navigation auch ohne feste vorgegebene Leitspur auskommen, sind Bestandteil eines automatisierten Bauwesens. Kommen solche Fahrzeuge im Industriebereich mit einer diskreten Referenzbildung initialer Meßsysteme aus, bedarf es im Bauwesen auf Grund der schlechten Bodenverhältnisse einer kontinuierlichen Erfassung der Raumposition. Auf dem Prinzip des Kreiselkompasses basierende Navigationssysteme sind dafür geeignete Sensorsysteme. Solche Systeme werden am Markt ständig leistungsfähiger und kostengünstiger angeboten. In Abschnitt 5.5.5.1 ist ein solches Fahrzeug beschrieben, das bereits erfolgreich in den Markt eingeführt wurde.

5.5.3 Tendenzen für Robotereinsätze

Bauroboter werden im CAD/CAM-Prozeß zunächst in den Aufgabenbereichen eingesetzt, in denen bereits ein hoher Mechanisierungsgrad erreicht wurde.

Das sind die Bereiche der Bauproduktion, die allmählich von der Baustellenproduktion in stationäre Vorproduktionen verlagert wurden. Die Herstellung ist hier sehr weit mechanisiert und zum Teil automatisiert. Somit liegt eine weitere Automatisierung in Richtung CIM im Bauwesen nahe.

Die Einsatzmöglichkeiten für Roboter liegen in erster Linie in Aufgabenbereichen wie Inspektion, Spritzen und Schweißen, wie die Untersuchung von über 100 "Roboter"-Einsätzen in Japan zeigt /BOCK-88a/.

Auf linearen Baustellen, wie z.B.im Verkehrs- und Tiefbau, sind trotz der Unikatherstellung die Rahmenbedingungen von Baumaßnahmen weitgehend vereinheitlicht und ermöglichen somit maximalen Maschineneinsatz, was ein naheliegendes Potential für den Robotereinsatz darstellt. Obwohl der Maschinisierungsgrad im Erd- und Tiefbau mit 40% bis 80% sehr hoch ist, ist der Anteil am Gesamtbauvolumen gering.

Ein weiteres Anwendungspotential für Bauroboter im CAD/CAM-Prozeß liegt in den Bereichen, die ohne sie nicht oder nur schwierig bearbeitet werden können.

Das betrifft Bauarbeiten, die eine Gefährdung für Gesundheit und Leben darstellen und deren Ausführung für den Menschen unmöglich ist.

Bauroboter werden auch in den Aufgabenbereichen eingesetzt werden, die sehr lohnintensiv sind, wie der Hochbau, das Ausbaugewerbe, die Modernisierung und die Reinigung von Objekten.

Berücksichtigt man den bedeutenden Anteil am Gesamtbauvolumen und den hohen Lohnkostenanteil, dann ruht hier ein beachtliches Roboterisierungspotential, da der Maschineneinsatz im Hochbau bei nur 4% bis 8% liegt /POPP-90/.

Die Entwicklung von Robotertechnologien im Bauwesen wird sich zunächst an dem jeweiligen Anwendungsfall und -bedarf orientieren.

Die vorhandenen Baumaschinen werden schrittweise automatisiert werden. Allmählich wird sich dann ein Mischkonzept für Baurobotersteuerungen durchsetzen, das einerseits aus dem manuellen Betriebsmodus mit programmierbaren Teilvorgängen oder andererseits aus dem Automatikbetrieb mit manueller Übersteuerungsmöglichkeit einschließlich aller dazwischenliegenden Stufen bestehen wird.

Das rechnerintegrierte Planen, Entwickeln, Konstruieren und Herstellen von Bauteilen, Baugruppen, Baukästen und Gebäuden wird langfristig angestrebt.

5.5.4 Stand der Robotertechnologie im Bauwesen

Seit 1983 findet jährlich ein internationales Symposium für Roboter und Automatisierung im Bauwesen statt. Dabei stellen Vertreter der bedeutenden Industrienationen regelmäßig ein weites Spektrum von Modifikationen und Neuentwicklungen in weiten Bereichen des Bauens vor. Dazu gehören Roboter für Tief-, Erd-, Straßen-, Tunnel-, Wasser-, Beton-, Stahl-, Fertigteilbau, Diagnostik und Instandhaltung von Bauten und dazugehörige Bereiche wie Steuerung, Regelung, Automatisierung, Simulation, wissensbasierte Systeme usw.

Bei diesem Symposium stellten japanische Teilnehmer die größte Gruppe dar. Abgesehen von den übrigen Teilnehmerländern, die vorwiegend theoretische Studien vortrugen, konnten die japanischen Teilnehmer zahlreiche realisierte Prototypen, die sich zum Teil schon in der dritten Entwicklungsgeneration befinden oder schon vermarktet werden, vorstellen. Ein Grund für diese japanische Dominanz sind einerseits die von der japanischen Regierung ausgehenden Bemühungen, die Wettbewerbsfähigkeit der eigenen Bauindustrie international zu erhöhen und andererseits die Unternehmensstrategien japa-

nischer Firmen, selbst dann in Entwicklungen zu investieren, wenn ein kurz-
bis mittelfristiger Nutzen nicht zu erwarten ist /BOCK-90/.

Der Stand der Automatisierungs- und Robotertechnologie ist in der industriellen Bauproduktion am weitesten fortgeschritten. Daher wird auf diesen
Bereich nicht näher eingegangen. Die Einsatzplanung von mobilen Baurobotern für den Baustelleneinsatz stellt eine besondere Herausforderung dar.

Entwicklungsstufen eines autonomen Bauroboters

Als ein Beispiel für die rasche Entwicklung autonomer Bauroboter werden die
drei Entwicklungsstufen des mobilen japanischen Spritzroboters SSR erläutert.

Entwicklungsstufe 1

Das Entwicklungsteam des SSR 1 stellte sich die Frage, welche Bauarbeiten
roboterisiert werden sollten. Man suchte nach Bauabläufen:

- die sich wiederholen,

- deren Ausführung monoton ist und

- die gesundheitsschädigend sind.

Nach einer Reihe von Untersuchungen entschied man sich die Feuerschutz-
spritzarbeiten zu automatisieren. Stahlbaukonstruktionen können entweder
durch feuerhemmende Platten oder durch aufgespritztes Material geschützt
werden, um ihre Standfestigkeit im Brandfall zu gewähren. Für Spritzarbeiten
kann entweder trockenes, halbnasses oder nasses Material verwendet werden.
Die Arbeiten werden auf der Geschoßdecke auf fahrbaren Gerüsten ausgeführt. Die Arbeitsbedingungen werden durch die hohe Staubteilchenkonzen-
tration der Luft sehr beeinträchtigt. Die Spritzbewegungen wiederholen sich
und sind sehr ermüdend. Die Absicht war, die Produktivität zu steigern und
den Menschen aus dem gesundheitsschädigenden Arbeitsbereich fernzuhalten.

Das Entwicklungsteam entschloß sich dazu, daß die Maschine dasselbe Material verarbeiten sollte.

Die Anforderungen an den 1.Prototyp wurden formuliert:

- Die Maschine muß mobil sein,

- sie soll ununterbrochen und sequentiell ohne menschliche Hilfe arbeiten,

- sie soll sich auch auf schmutzigem Boden fortbewegen und positionieren
  können,

- das Eigengewicht soll unter der maximalen Bodenbelastung von 300 kg/qm
  liegen,

- die Maschinenabmessungen sollen sich an denen des Baustellenliftes orientieren,

- das Playback von einer Serie von Spritzmustern soll möglich sein,

- das Spritzdüsengewicht soll nicht über 2-3 kg betragen, wobei der Arm über "continuous path" gesteuert wird, und

- das Spritzmaterial besteht aus halbtrockener Steinwolle, die durch einen 3 Zoll starken Schlauch geblasen wird und Zementmilch aus 2 Teilen Wasser und 1 Teil Zement, die durch 1/4 Zoll starken Schlauch gepumpt wird.

Der so konzipierte Spritzroboter hat 6 Freiheitsgrade, wird von Playback CPC gesteuert und von elektrohydraulischen Servos angetrieben. Der Arbeitsbereich beträgt 2m in der Breite und 3m in der Höhe. Die Versorgungsschläuche und Stromkabel werden auf Wägelchen nachgezogen. Die Steuerungseinheit wird mit einer Floppy Disc von 2 Stunden Laufzeit betrieben, wobei 64 Programme gespeichert werden können. Ein Oszillator wird für die Steuerung des Fahrzeugs eingesetzt. Die Fahreinheit wird von einer 24-Volt-Batterie angetrieben. Das Fahrzeug navigiert an Hand von Induktionsschleifen, deren Magnetfeld ein 3.5 kHz Induktionsoszillator mit Magnetspule mißt. Die Arbeitsgeschwindigkeit wurde verdoppelt, ohne die Zeiten für die Inbetriebnahme des Roboters zu berücksichtigen.

Entwicklungsstufe 2

Ca. zwei Jahre nach dem SSR 1 wurde 1984 der SSR 2 vorgestellt. Der SSR 2 hatte ein neues Positioniersystem, wodurch relativ zum Träger die Kursabweichung bestimmt werden konnte. Die Fahreinheit war integriert. Das Standgestell hat vier Ausleger, hydraulische Steuerungsventile, Sensoren zur Kollisionsvermeidung und Fahrstreckenmesser. Das Gerät konnte auf der Stelle drehen. Es waren keine Induktionsschleifen mehr nötig. Am Ende des Manipulators war ein Potentiometer angebracht. Die Positioniermethode bestand aus dem Vergleich der zurückgelegten Wege des Armes zum Träger und der daraus resultierenden Winkelabweichung vom Träger, woraus die Fahrtrichtung berechnet werden konnte.

Der SSR 2 mißt seine Position, indem er den Potentiometer am Endeffektor zweimal an den Steg und einmal an den Trägerflansch führt. Zuerst speichert er die Werte der Grundbewegung. Der Abstand zweier Standardarbeitspositionen beträgt 2000mm. Bei jeder Neupositionierung mißt er wieder die Bewegungen zum Steg.

Sobald der Computer diese Werte bestimmt hat, kann der SSR 2 seine Orientierung korrigieren. Die Arbeitsgeschwindigkeit des SSR 2 ist mehr als doppelt so schnell wie die menschliche. Der Aufwand für die Inbetriebnahme des SSR 1 von 11,5 Mannstunden, konnte beim SSR 2 auf 2,08 Mannstunden reduziert werden.

Entwicklungsstufe 3

Weitere 2 Jahre später wurde der SSR 3 vorgestellt. Die "Teaching" Methode des SSR 2, die sehr ermüdend war, da der Facharbeiter den 100 kg schweren Spritzarm führen mußte, wurde durch Off line-Programmierung ersetzt. Das

Gewicht des SSR 2 wurde nochmals reduziert und der Manipulator konnte ein- und ausgefahren werden, wodurch er in kleinere Baustellenaufzüge paßte. Die hydraulische Antriebseinheit des SSR 2 wurde durch "DC-Servos" ersetzt. Die separate Steuerungseinheit des SSR 2 wurde in die Fahreinheit des SSR 3 integriert. Das Softwareprogramm des SSR 3 enthält Daten für die Steuerung des Manipulators und die Fortbewegung des mobilen Roboters. Darüber hinaus enthält das Programm verschiedene Sprühmuster- und Spritzdüsenbewegungsoptionen.

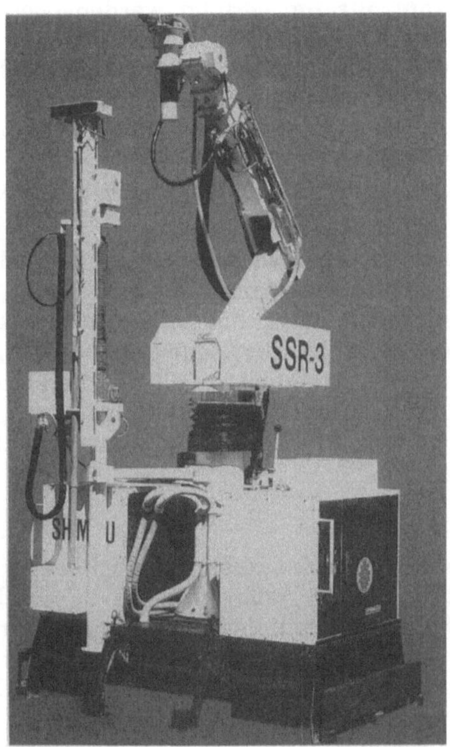

Abb. 5.53. 3. Entwicklungsstufe SSR3

Der SSR 3 muß nicht mehr wie der SSR 1 und SSR 2 für den Transport zerlegt werden. Somit verringert sich der Inbetriebnahmeaufwand. Das Eigengewicht wurde von über 1 Tonne auf ca 800kg verringert. War die Arbeitsqualität und -quantität des SSR 1 noch geringer als die menschliche, so konnte der SSR 2 bei längerem Einsatz die menschliche übertreffen und der SSR 3 diese Leistung nochmals erhöhen.

Der SSR 3 kann am PC off line programmiert werden, so daß das zum "Teaching" des Roboters mühselige Führen des über 100 kg schweren Armes nicht mehr nötig ist. Zur Inbetriebnahme des SSR 3 muß man das Gerät nur auf der Geschoßdecke positionieren, die Materialversorgungsschläuche und

Stromkabel anschließen und in Gang setzen. Der SSR 3 arbeitet selbständig, mißt die zurückgelegte Fahrstrecke über Encoder und den Abstand zum Träger über Ultraschallsensoren.

5.5.5 Ausblick: Der automatisierte Baubetrieb

Der automatische Erdbau

Vor Ort wird der rechnerunterstützte Bauproduktionsbetrieb der Zukunft vom Menschen in einem Kontrollraum verfolgt werden, wobei ein qualifizierter Bauarbeiter mehrere Baumaschinen gleichzeitig überwachen kann. Dafür benötigt man ein effektives Kommunikationssystem zwischen Kontrolleur und autonomen Baumaschinen. Die Einsatzplanung und -überwachung wird automatisch gesteuert, wobei jede Baumaschine ständig mit der Zentrale kommuniziert. Für den Fall von Unregelmäßigkeiten, die im Programm nicht vorgesehen waren, kann der Automatikbetrieb manuell vom Kontrolleur übersteuert werden.

Für Erdbaustellen wurde in Japan schon ein autonomer Bulldozer entwickelt, der Funksignale zur Positionsbestimmung verwendet sowie Ultraschallsensoren zur Hindernisvermeidung und Infrarotschranken für die Bestimmung der Sicherheitsbereiche benutzt. Zur Zeit wird für den Betrieb einer autonomen Baumaschinenflotte von bis zu 100 Geräten ein System entwickelt, wobei über Radar die Positionsbestimmung erfolgen wird, mit Radarsensoren Hindernisse vermieden werden und die Datenkommunikation über Mikrowellen erfolgen soll.

Der automatische Hochbau

Zur Erhöhung des Maschineneinsatzes im Hochbau wird von der Firma OHBAYASHI ein automatisches Bausystem entwickelt. Mit Ausnahme vom Kontrollraum, der sich über dem automatischen Herstellungsgeschoß befindet, ist die Baustelle menschenleer. Alle gefährlichen Bauarbeiten werden vom Roboter zur Erhöhung der Arbeitssicherheit ausgeführt. Die Verwendung von Gerüsten und Montagestreben entfällt. Es kann 24 Stunden bei jedem Wetter gearbeitet werden. Die Bauteile dafür sind robotergerecht vorgefertigt.

Das automatische Bausystem besteht aus automatischem Bauteilelager, Herstellungsgeschoß und Logistiksystem.

Im Bauteilelager befinden sich Stützen, Träger, Außen- und Innenwände, Decken und sonstige Baukomponenten. Das Bauteilelager wird von Regalbediengeräten befahren, die die entsprechenden Bauteile zur richtigen Zeit in der Nähe des Einbauortes der Zuführeinrichtung übergeben.

Das Herstellungsgeschoß ist wie eine automatische Fabrik ausgelegt, mit Wänden und Dach, und besteht aus ebensovielen Stützen wie Gebäudestützen vorhanden sind. Diese Stützen besitzen hydraulische Zylinder, die die Fabrik tragen und stockweise hochbewegen, sobald ein Geschoß fertiggestellt ist. Innerhalb des Herstellungsgeschosses überfahren Kräne jede Etage. Jeder

Kran besteht aus einer Gruppe von Robotern zum Handhaben, Montieren, Schweißen, Inspizieren usw.

Autonome Fahrzeuge verteilen die Bauteile an die jeweiligen Einbauorte. Alle Bauabläufe werden vom Kontrollraum aus automatisch gesteuert und überwacht. Falls Unregelmäßigkeiten auftreten kann die Automatik manuell übersteuert werden.

Zunächst steht das Herstellungsgeschoß auf den Fundamenten. Dann wird eine Stütze aus dem Lager an den Einbauort transportiert, wo sich eine Stütze des Herstellungsgeschosses zurückzieht und nach dem Schweißvorgang auf der montierten Stütze neu positioniert. Diese Vorgänge wiederholen sich für alle Bauteile so lange bis ein Geschoß fertiggestellt ist. Dieses System ist prädestiniert für den Hochhausbau bei gleichbleibenden Stützenpositionen und ähnlichen Grundrißanordnungen.

Abbildung 5.54 zeigt die automatische Hochbaustelle.

Abb. 5.54. Der automatische Hochbau

5.5.6 Rechnerintegration von Baurobotersystemen

Bei der Planung der automatischen Baustelle stellt sich die Aufgabe, automatisierungsgerechte Bauverfahren und geeignete Roboterkonfigurationen zu finden, die Kombination und Anordnung solcher Teilsysteme sowie die Komponenten selbst zu optimieren, Roboterprogramme zu erstellen, zu simulieren und auf Kollision zu überprüfen /HUCK-90/, /DILL-88/, Komponenten zu synchronisieren und die gesamte automatische Baustelle abzutakten.

Dafür muß ein genaues Modell des Bauprozesses erstellt werden, wobei die Geometriedaten aus dem CAD-System übernommen und in aufbereiteter Form in die Robotersteuerungen übertragen werden sollen. Sie dienen als Datenbasis beim Generieren von Verfahr- und Greifbewegungen (siehe Abschnitt 7.3).

Die wichtigsten Funktionen einer rechnerintegrierten Baurobotik sind:

- Geometrische und kinematische Modellierung von bestehenden und zu errichtenden Gebäudeteilen, Baumaterialien und Baumaschinen. Modellierung von Zellen zur Herstellung von Gebäudeteilen in der Vorfertigung. Die Einheit Mauerroboter plus Materialflußsystem ist ein Beispiel für eine solche Zelle. Beim Robotereinsatz vor Ort muß das Baustellen-Layout soweit möglich beschrieben werden. Diese Beschreibbarkeit ist ein wesentliches Ziel des "Robot Oriented Design" (ROD). Damit werden die Anforderungen an Bauroboter bzgl. ihrer Autonomie verringert und in die Arbeitsplanung und -steuerung verlagert.

- Beschreibung der Bauaufgabe. Die Baumethode könnte dabei in Form von Regeln in einem Expertensystem abgelegt sein, welches das Generieren der Roboterprogramme unterstützt.

- Grafische Simulation des Artbeitsablaufes.

- Modifikation der Roboterprogramme.

- Übertragung der übersetzten Programme auf die Robotersteuerung.

- Verwaltung der Daten.

- Erstellung der Herstellungsunterlagen.

Die Integration in ein CAD/CAM-Konzept wird um so wichtiger, je unterschiedlicher gefertigt wird, was einfache und schnelle Erzeugung, Modifikation und Wechsel von RC-Programmen erforderlich macht.

Auf Grund der Unikatfertigung im Bauwesen ermöglicht die Integration der Bauproduktionsbereiche zu einem einheitlichen Informationssystem, eine höhere Produktivität und Produktqualität, mehr Flexibilität, einen automatischen und termingerechten Materialfluß und kürzere Durchlaufzeiten, wodurch die Lagerhaltung vereinfacht werden kann. Voraussetzung dafür ist ein durchgängiger Informations- und Verarbeitungsfluß von Entwicklungs-, Planungs- und Herstellungsdaten.

Dieser Datenfluß muß auf der Basis eines gemeinsamen rechnerinternen Gebäudemodells erfolgen.

Ein besonderes Problem bei automatischen Bauabläufen werden die unterschiedlichen Massen der zu greifenden Bauteile darstellen, die sich insbesondere auf das Bahnverhalten auskragender Leichtbauroboter auswirken. Bei der Systementwicklung müssen die dynamischen Eigenschaften von Handhabungssystemen berücksichtigt und durch die RC-Progammerzeugung gegebenfalls unterstützt werden. Eine vorgelagerte Simulation so erzeugter Roboterprogramme auf Robotersimulationssystemen wird durch die Verwendung von maschinenunabhängigen, genormten Roboterschnittstellen (IRDATA) ermöglicht.

Eine weitere Aufgabe wird die Beschreibung eines physikalischen Modells zur effizienteren Planung der Montagevorgänge auf der Baustelle sein. Für die Modellierung von Fügeprozessen müssen physikalische Wirkungen berücksichtigt werden, die von Objekteigenschaften abhängen. Es müssen also in der Objektbeschreibung neben den Geometrie- auch die Materialeigenschaften aufgenommen werden. Das Ziel sollte es sein, ein zu erstellendes physikalisches Modell in das geometrische Objekt- und Ablaufmodell zu integrieren.

Es muß ein Programmiersystem für Bauroboter entwickelt werden, das eine aufgabenorientierte Programmierung erlaubt. Durch eine Aufgabenbeschreibung sollen Bauarbeitsabläufe implizit vorgegeben und vom Programmiersystem automatisch in Bauroboteraktionen umgesetzt werden.

5.5.7 Zusammenfassung

Bauspezifische Anforderungen bezüglich ständig wechselnder Arbeitsinhalte und -orte, notwendige Arbeitsbereiche und -lasten sowie Dynamik erschweren den Einsatz von Robotern auf der Baustelle.

Demgegenüber ist die Baumaschinenindustrie nur bedingt in der Lage, durch Optimierung konventioneller Baumaschinen nennenswerte Produktivitätsfortschritte zu erzielen. Ein signifikanter Innovationsschub ist durch die Anwendung von CAD/CAM-Technologien zu erwarten, die ein automatisiertes Bauen ermöglichen. Es besteht aus einer industriellen Vorfertigung von komplexen, standardisierten Bauteilen und ihrer automatischen Errichtung und Erhaltung durch Robotersysteme.

Insbesondere von japanischen Herstellern werden serienreife Robotersysteme entwickelt und erfolgreich auf dem Markt eingeführt. Es handelt sich dabei noch um Insellösungen, die allmählich verkettet werden müssen. Dazu müssen Schnittstellen definiert werden, die auch einen Datenaustausch unter verschiedenen Unternehmen zulassen.

Baugerechte Robotersysteme die sich in die CAD/CAM-Prozeßkette integrieren lassen, befinden sich im Aufbau. Vorrangiges Ziel ist dabei das Generieren von RC-Programmen aus rechnerinternen Modellen von Bauplänen.

Zum erfolgreichen Einsatz solcher rechnerintegrierter Robotersysteme müssen jedoch zusätzliche Probleme gelöst werden. Dazu gehören:

- automatisierungsgerechte Bauverfahren,

- neue Roboterkonfigurationen, die große Arbeitsräume bedienen und hohe Lasten bei geringem Eigengewicht mit entsprechenden Steuer- und Regelsystemen bewegen können,

- Robotersprachen, die eine Beschreibung bauspezifischer Probleme ermöglichen,

- Simulation zur Optimierung und Kollisionskontrolle,

- Steuerungskonzepte, die das Umschalten zwischen Roboter- und Manipulatormodus begünstigen und

- geometrisch-physikalische Umgebungsmodelle zur rechnerunterstützten Planung des Fertigungsablaufs.

5.6 Literatur zu Kapitel 5

/ANLI-88/   Anliker, F.: Needs for Robots and Advanced Machines at Construction Site: Social Aspects; 5. ISRC; Tokyo, 1988.

/AXFI-80/   Axhausen, K.; Fink, T.; Katz, C.; Rank, E., Stieda, J.; Unger, C.; v. Verschuer, T.; Werner, H.: Die Programmkette SET - Berechnungen im Konstruktiven Ingenieurbau; CAD-Berichte des Kernforschungszentrum Karlsruhe; Nr. CAD 173 - 175, 1980/1981.

/BOCK-88a/   Bock, T.: A Study on Robot Oriented Construction and Building System; Dissertation an der Universität von Tokyo, 1988.

/BOCK-88b/   Bock, T.: Robot Oriented Design; 5. ISRC; Shokokusha Verlag; Tokyo, June 1988.

/BOCK-89/   Bock, T.: Systematic Design Analysis for (ROD) Design Synthesis Shown at the Example of Structural Joining System Suited for Robotic Assembly; 6. ISRC; San Francisco, June 1989.

/BOCK-90/   Bock, T.: Möglichkeiten und Beispiele für Robotereinsätze im Bauwesen; VDI Bericht 800 Baumaschinentechnik; Fortschritte durch Mikroelektronik und Automatisierung, 1990.

/BRAN-89/   Brandt, H.-P.: Rechnergestützte Planung des Betriebslayouts mit dem Programmsystem LAPLAS; Logistik Spektrum 1; ff 135-139, 1989.

/CAEP-89/   Castro, P.; Eppler, W.; et al.: Entwurf einer integrierten Schaltung für eine Laserscanner-Steuerung mit dem Silicon Compiler GENESIL; FZI Studie 3/89; Forschungszentrum Informatik an der Universität Karlsruhe; Dezember 1989.

/CAEP-90/   Castro, P.; Eppler, W.; et al.: Entwurf einer anwendungsspezifischen integrierten Schaltung zur Beschleunigung von Koordinatentransformationen; FZI Studie 4/90; Forschungszentrum Informatik an der Universität Karlsruhe; Januar 1989.

/COPA-86/   Collins, K.; Palmer, A.J.; Rathmill,K.: The Development of a European Benchmark for the Comparision of Assembly Robot Programming Systems; In: Robot Technology and Applications, 1986.

/COYN-85/   Coyne, R.: Knowledge-Based Planing Systems and Design: A Review; Architectual Science Review 28; ff 95-103, 1985.

/DEHA-55/   Denavit, J.; Hartenberg, R.S.: A Kinematic Notation for Lower-Pair Mechanisms Based on Matrices; in ASME; Journal of Applied Mechanics; June 1955.

/DILL-87/   Dillmann, R.; et al: Interaktive Programmierung von Robotern unter Verwendung von CAD/CAM-Modellen sowie grafischer Simulationstechniken; in Fortschritt-Berichte VDI; Reihe 20 Nr.2; VDI Verlag, 1987.

/DILL-88/   Dillmann, R.: Lernende Roboter; Springer Verlag; Berlin, Heidelberg, New York, London, Paris, Tokyo, Hong Kong, 1988.

/DINN-72/   DIN 6763; Nummerung; Beuth-Verlag; Berlin, 1972.

/DOLL-86/   Doll, T..J.: Nichttaktile Sensoren für Roboter und Sensoreinsatzplanung; Robotersysteme; Heft 2; Springer Verlag, 1986.

/ENRF-84/   ENR Future, Japanese Firms' Computer Push Pays Off; ENR; ff 30-32; Januar 1984.

/EVER-89/   Eversheim, W.: Organisation der Produktionstechnik; Bd.3 Arbeitsvorbereitung; VDI-Verlag; Düsseldorf, 1989.

/FENV-89/   Fenves, S. J.: Expert Systems: Expectations versus Realities; IABSE Colloquium on Expertsystems in Civil Engineering; ff 1-49; Bergamo, Italy, 1989.

/GAFE-89/   Garrett, J. H.; Fenves, S. J.: Knowledge-Based Standard-Independent Member Design; ASCE; Structural Engineering 115; ff 1396-1411, 1989.

/GAKU-83/   Gajski, D.; Kuhn, R.: Guest Editors Introduction: New VLSI Tools; Computer; December 1983.

/GÖMA-86/   Görke, W.; Marhöfer, M.; Gerner M.: Prüfgerechter Entwurf von IC; Informatik-Spektrum Band 9; Springer Verlag, 1986.

/GRAB-86/   Grabowski, H.: Die Zukunft von CAD/CAM-Systemen; In: Rechnerintegrierte Konstruktion und Produktion; Internationaler CIM-Kongreß zur Systec '86; VDI-Verlag; Düsseldorf, 1986.

/GRRÜ-86/   Groth, A.; Rückert, K.: Entwicklung und Stand der CAD-Anwendung in der japanischen Bauindustrie; Bautechnik 63, 1986.

/HAAS-88a/   Haas, W.: CAD in der Bautechnik; Bauingenieur 63; ff 95-104, 1988.

/HAAS-88b/   Haas, W.: CAD in der Tragwerksplanung - Stand der Technik und Entwicklungstendenzen; In: Finite Elemente Anwendungen in der Baupraxis; Wunderlich, W.; Stein, E. (Ed.); W. Ernst & Sohn, 1988.

/HAAS-89/   Haas, W.; CAD in der Bautechnik: Anwendungen von 3D-Systemen; Bauingenieur 64; ff 49-55, 1989.

/HART-89/   Hartmann, D.: Knowldge-Based Systems in Civil Engineering (from CAD to KAD); IABSE Colloquium on Expertsystems in Civil Engineering; ff 249-260; Bergamo, Italy, 1989.

/HEIN-89/   Heinel, K.: Bauverwaltungen rationalisieren das Bauwesen mit EDV; Beratende Ingenieure 9; ff 49-53, 1989.

/HIME-88/   Hildebrandt, H.; Meder, G.: Kopplung von CAD-Systemen und FEM-Programmen; In: Finite Elemente Anwendungen in der Baupraxis; Wunderlich, W.; Stein, E. (Ed.); W. Ernst & Sohn, 1988.

/HUCK-90/   Huck, M.: Produktorientierte Montageablauf- und Layoutplanung für die Robotermontage; VDI Verlag, 1990.

/HUTZ-88/   Hutzelmeyer, H.: CAD und Projektmanagement im Bauwesen; DBZ; ff 123-126, 1988.

/JUNG-76/   Junghans, W.: Planung und wirtschaftlicher Einsatz numerisch gesteuerter Fertigungskonzepte; VDI-Verlag; Düsseldorf, 1976.

/KAND-88/   Kandziora, B.: CAD/CAM-System zur Planung und Simulation automatisierter Montagevorgänge; Dissertation an der Universität Karlsruhe, 1988.

/KESS-89/   Kessel, M. H.: Rechnergestütztes Konstruieren im Holzbau (CAD); Bauen mit Holz; ff 162-169, 1989.

/KEßL-88/   Keßler, M.J.: Testfreundlicher Entwurf; SMT/ASIC Int. Conference, Böblingen 1988; Hüthig Verlag, 1988.

/KNÖF-88/   Knöfel, A.: Entwurf eines Arithmetikprozessors für das optimale Skalarprodukt mit Hilfe eines Silicon Compilers; Diplomarbeit an den Instituten für Rechnerentwurf und Fehlertoleranz der Fakultät für Informatik und Angewandte Mathematik der Universität Karlsruhe; Oktober 1988.

/KÖFR-89/   Körner, H., Franz, V.: Planung und Steuerung komplexer Bauprozesse; BMT 5; ff 247-256, 1989.

/KRAU-86/   Krauser, D.: Methodik zur Merkmalbeschreibung technischer Gegenstände; DIN-Normungskunde; Band 22; Beuth Verlag; Berlin, Köln, 1986.

/KRÖP-88/   Kröplin, B.: Modellieren mit Finiten Elementen, in: Finite Elemente Anwendungen in der Baupraxis; Wunderlich, W.; Stein, E. (Ed.); W. Ernst & Sohn, 1988.

/KRZI-88/   Krzizek, H.: Zur Konstruktion von Deckentragwerken des Stahlbaues unter Verwendung von Standard-CAD-Programmen; Stahlbau 57; ff 345-346, 1988.

/LEST-83/   Levi, P.; Stiefvater, H.; Vajta, L.: Dreidimensionales Sehen für Roboter; Elektronik; Heft 9, 1983.

/LEVA-87/   Levi, P.; Vajta, L.: Sensoren für Roboter; Robotersysteme; Heft 3; SpringerVerlag, 1987.

/LOEL-89/   Lopez, L. A.; Elam, S.; Reed, K.: Software Concept for Checking Engineering Designs for Conformance with Codes and Standards; Engineering and Computers 5; ff 63-78, 1989.

/MADL-90/   El Madlaji, M.: Rechnergestützte Produktionsplanung im Baubetrieb; Schriftenreihe des Lehrstuhls für Tunnelbau und Baubetrieb der TU München; Heft3, 1990.

/MAHE-87/   Maher, M.-L.(Ed.): Expertsystems for Civil Engineering; ASCE, 1987.

/MAHE-89/   Maher, M.-L.: Synthesis of Structural Systems; IABSE Colloquium on Expertsystems in Civil Engineering; ff 261-269; Bergamo, Italy, 1989.

/MAIN-88/   NN.: MAXIM High-Speed CMOS 12-Bit ADC MAX162/AD7572, Databook; Maxim Integrated Products; Sunnyvale, 1988.

/MOTO-85a/ NN.: MC68881 Floating Point Coprocessor User's Manual; Motorola, 1985.

/MOTO-85b/ NN.: MC68020 32-Bit Microprocessor User's Manual; Motorola, 1985.

/NEME-88/   Nemetschek, G.: Computergestützer Entwurf (CAD) und Kopplung mit FE-Berechnungen; In: Finite Elemente Anwendungen in der Baupraxis; Wunderlich, W.; Stein, E. (Ed.); W. Ernst & Sohn, 1988.

/OBER-87/   Obermeyer, L.: Planen und Konstruieren mit dem Computer; Bauingenieur 62; ff. 435-448, 1987.

/PABE-86/   Pahl, G.; Beitz, W. : Konstruktionslehre; 2.Auflage; Springer-Verlag; Berlin, Heidelberg, New York, 1986.

/PACL-89/   Paul, W.; Clauß, W.: Baubetriebliches Programmpaket auf Lotus 123; Bauwirtschaft; ff 520-526, 1989.

/PASO-87/   Paulson Jr., B. C.; Sotoodeh-Khoo H.: Expertsystems in Real-Time Construction Operations; CIB W-65 Symposium; U.K., 1987.

/PAUL-84/   Paul, P.: Robot Manipulators: Mathematics, Programming, and Control; The MIT Press, 1979.

/PEGE-88/   Pegels, G.: Interaktive, wissensbasierte CAD/CAM-Systeme des Stahlbaus; Stahlbau 57; ff 321-324, 1988.

/POPP-90/   Poppy, W.: Warum braucht die Bauwirtschaft Mikroelektronik und Automatisierung?; VDI Bericht 800; Baumaschinentechnik, 1990.

/ROCA-89/   Rosenstiel, W.; Camposano, R.: Rechnerunterstützter Entwurf hochintegrierter MOS-Schaltungen; Springer Verlag, 1989.

/SADA-90/   Saouma, V. E.; Dambowy, J.; Commander, B.: Automated Design of R/C Structures from Graphics to Expert Systems; In: Computer Aided Analysis and Design of Concrete Structures; Bicanic N.; Mang, H. (Ed.); Pineridge Press; Swansea, U.K., 1990.

/SEIL-85/   Seiler, W.: Technische Modellierungs und Kommunikationsverfahren Abbildung für das Konzipieren und Gestalten auf der Basis der Modellintegration; VDI-Fortschrittsbereichte; Reihe 10, Nr 49, 1985.

/SICO-88/   NN.: GENESIL System Compiler Library, User Manual; Silicon Compilers Systems; October 1988.

/SRIR-87/   Sriram, A.: ALL-RISE: A Case Study in Constraint-Based Design; Artificial Intelligence in Engineering 2; ff 186-203, 1987.

/THUR-89/   Thurner, G.: Kostenkontrolle, Steuerung und Prognose von Baustellen; Hoch- u. Tief 4; ff 14-18, 1989.

/ULPF-89/   Ulbrich, W.; Pfeiderer, H-J.: Signalverarbeitung und Großintegration; me 3, Digitale Signalverarbeitung mit Signalprozessoren; VDE/VDI-Gesellschaft Mikroelektronik, 1989.

/VALE-88/   Várkonyi, B.; Levi, P. : The geometrical design of triangulation based laser range finders; Internal Paper; Forschungszentrum Informatik; Technische Expertensysteme und Robotik; June 1988.

/VDIR-77/   VDI-Richtlinie 2222: Konstruktionsmethodik - Konzipieren technischer Produkte; VDI-Handbuch Konstruktion; VDI-Verlag; Düsseldorf, 1977.

/VDIR-82/   VDI-Richtlinie 2860: Handhabungsfunktionen, Handhabungseinrichtungen; Blatt 1, Entwurf; Oktober 1982.

/WARN-84/   Warnecke H.-J.: Der Produktionsbetrieb - Eine Industriebetriebslehre für Ingenieure; Springer-Verlag; Berlin, Heidelberg, New York, Tokyo, 1984.

/WARS-88/   Warszawski, A.: Issues in the Development of a Building Robot; 5. ISRC; Tokyo, 1988.

/WEDO-88/   Werner, H.; Doster, A.: CAD- und expertensystemunterstützte Finite-Element-Eingabe am Arbeitsplatzrechner; In: Finite Elemente Anwendungen in der Baupraxis; Wunderlich, W.; Stein, E. (Ed.); W. Ernst & Sohn, 1988.

/WEFR-87/   Weule, H.; Friedmann, T.: Rechnerunterstützte Produktanalyse in der Montageplanung; VDI-Z Band 129, Nr. 12; Dezember 1987.

/WEIT--/   NN.: WTL 7137 32-Bit Integer Processor Advance Data; Weitek Corporation; Sunnyvale, CA.

/WEVE-82/   Werner, H.; v. Verschuer, T.: A Software System for the Workstation in Structural Engineering; IABSE Workshop on Informatics in Structural Engineering; Bergamo, Italy, 1982.

/ZELE-89/   Zelewski, S.: Expertensysteme für die Arbeitsplanung, Konzepte und Prototypen; In: Fortschrittliche Betriebsführung und Industrial Engineering; Band 38 3; ff 112-117, 1989.

6 Unterstützung von CAD/CAM-Anwendungen durch wissensbasierte Systeme

Für die Unterstützung von CAD/CAM-Anwendungen durch wissensbasierte Systeme können verschiedene Methoden der Wissensverarbeitung verwendet werden. Diese können den Problemklassen: Diagnose, Konstruktion und Simulation zugeordnet werden. Anschließend werden zwei Beispiele aus dem Bereich Architektur und Bauingenieurwesen vorgestellt.

6.1 Verfahren für den Aufbau wissensbasierter Systeme

Die Begriffe Künstliche Intelligenz, Expertensysteme und wissensbasierte Systeme werden nur selten definiert sondern eher unscharf in ihrer Abgrenzung zu "traditionellen" Softwarekonzepten benutzt - was viele Kritiker bemängeln. Nicht so in /RICH-89/. Dort werden sie als umgangssprachliche Begriffe zum Bezeichnen von Kategorien verstanden. Während Definitionen eine Menge von Objekten über sie definierende Eigenschaften beschreiben, besitzen Kategorien keine definierenden Eigenschaften, sind nicht klar abgegrenzt und enthalten in der Regel neben unstrittigen bzw. zentralen auch strittige bzw. schwächere Mitglieder. Sie lassen sich, je nach Art der Argumentation, am ehesten durch zentrale Mitglieder repräsentieren.

In diesem Sinne haben wissensbasierte Systeme (auf der Implementierungsebene) die Aufgabe, Wissen explizit und losgelöst von solchen Komponenten, die die Anwendung des Wissens bestimmen (Problemlösungsstrategien) zu beschreiben.

In /PUPP-88/ werden fünf wissensbasierte Methoden zur Repräsentation und Verarbeitung von Wissen genannt (siehe Abb. 6.1.):

- Probabilistisches Schließen berücksichtigt spezifisches Wissen beim Herleiten von Schlußfolgerungen, das in Hinblick auf Annahmen, die unvollständig und unsicher sein können, die Schlußfolgerungen mit Wahrscheinlichkeiten belegt.

- Regeln repräsentieren Handlungswissen, das nicht in Arbeitsreihenfolgen eingebunden ist (algorithmische Bearbeitung), sondern sich an den Situationen einer Planungswelt orientiert (datengesteuerte Bearbeitung). Die Art des Wissens kann von Regel zu Regel verschieden sein (inhomogenes Wissen).

- Objektorientierte Darstellungen repräsentieren Wissen in deklarativer Form. Sie erlauben, ein strukturgleiches Datenmodell der Planungswelt aufzubauen, in dem jedem planungsrelevanten Objekt der Planungswelt ein Datenobjekt und jeder planungsrelevanten Eigenschaft eine Datenzelle in diesem Objekt entspricht (strukturorientierter Ansatz). Die Datenzellen können Werte, Listen von Werten, aber auch Prozeduren enthalten, die Werte berechnen, die Veränderung von Werten überwachen oder als Reaktionen auf Wertveränderungen "Nachrichten" an andere Objekte schicken (verhaltensorientierter Ansatz).

- Nicht-monotones Schließen formuliert Wissen, das mit Annahmen (Behauptungen, Regeln etc.) umgehen kann, die sich zwar nicht generell, doch aber in bestimmten Situationen widersprechen können. Das ist oft bei "diffusen" Problemstellungen der Fall und als solches nicht absehbar. Entsprechendes Wissen erlaubt, getroffene Entscheidungen zurückzunehmen bzw. partiell gegen bestimmte Festlegungen zu verstoßen.

- Temporales Schließen repräsentiert Wissen zur Zeitabhängigkeit bestimmter Informationen, um hypothetische Situationen in der Zukunft oder in der Vergangenheit herleiten zu können.

- Constraints stellen in allgemeinster Form Beziehungsgefüge dar, von starren Grenzwerten bis hin zu differenzierten Abhängigkeiten mehrerer Objekte untereinander. Letztendlich sind die oben skizzierten Formen wissensbasierter Methoden spezifische Formulierungen von Constraints.

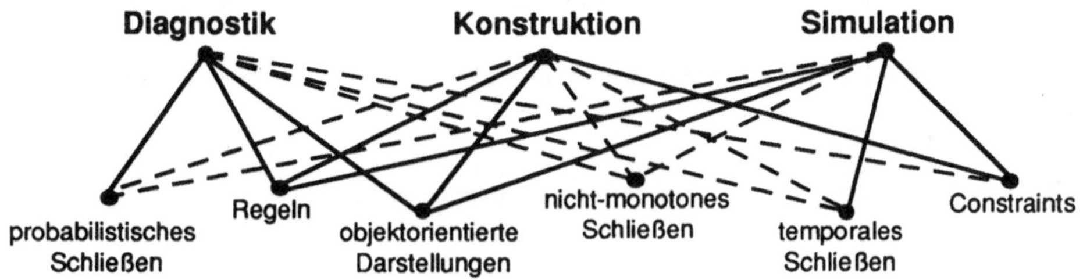

Abb. 6.1.   Zuordnung von Problemenklassen zu wissensbasierten Methoden /PUPP-88/

Den wissensbasierten Methoden können drei Problemklassen gegenübergestellt werden:

- Die Diagnostik befaßt sich mit der Herleitung von Schlußfolgerungen, indem sie Lösungen aus vorhandenen Alternativen wählt.

- Mit Konstruktion wird das Zusammensetzen von Elementen zu Systemen verstanden - sowohl das Erzeugen von Objekten aus Bausteinen als auch das Montieren elementarer Tätigkeiten zu Tätigkeitsketten.

- Die Simulation leitet aus einem Anfangszustand eines Systems Folgezustände des Systems her.

Abbildung 6.1 stellt eine grobe Zuordnung von Problemklassen zu wissensbasierten Methoden dar. Nach dieser Beschreibung von Methoden und der Zuordnung von allgemeinen Problemklassen (sie variieren in anderen Quellen, was aber an dieser Stelle unerheblich erscheint) behandeln CAD/CAM-Anwendungen in erster Linie Konstruktionsprobleme. Demnach stehen bei wissensbasierten CAD/CAM-Anwendungen die Methoden: Regeln, Objektorientierte Darstellungen und "Constraints" im Vordergrund, wobei die verschiedenen Ansätze zeigen, daß oft die Kombination mehrerer wissensbasierter Methoden notwendig ist, um technisches Fachwissen relevant zu modellieren. In Fällen, in denen sich solche Ansätze mit Aufgabenstellungen befassen, die nicht vollständig beschreibbar sind (das gilt wohl für die meisten Aufgaben, die Ingenieure bearbeiten), muß das Wissen eines fachkundigen Bearbeiters mit zur Lösung herangezogen werden, so daß eine Kombination interaktiver und automatischer Arbeitsweisen die Regel wird.

Expertensysteme

Expertensysteme sind nach /WATE-86/ wissensbasierte Systeme, die sich durch folgende, besonderen Eigenschaften auszeichnen:

- Das Fachwissen (knowledge base) wird in Form von Fakten und Regeln dargestellt. Komplexe Fakten können als Objekte formuliert werden.

- Das Strategische Wissen (inference engine) umfaßt eine Komponente, die das formulierte Fachwissen datenorientiert anwendet (interpreter) und eine andere, die die Reihenfolge der Anwendungen bestimmt (scheduler).

Eine schematische Darstellung der Architektur von Expertensystemen zeigt Abbildung 6.2.

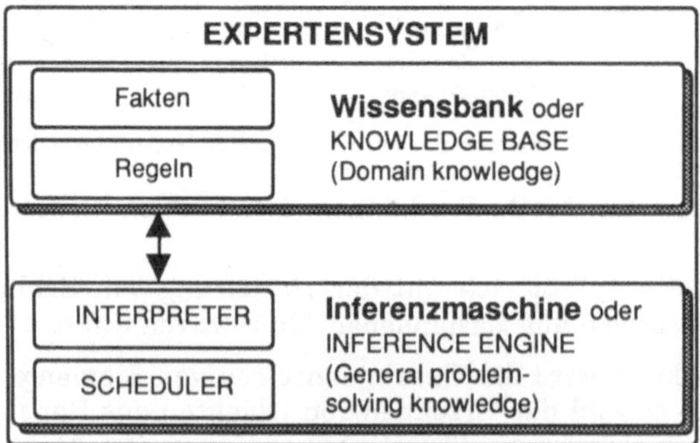

Abb. 6.2. Die Struktur von Expertensystemen nach /WATE-86/

Wissen im konkreten Leben läßt sich einteilen in eine Mischung aus Fakten, d.h. tabellarischen Daten (Relationen) und Regeln. Regeln sind Wenn/Dann-Konstruktionen:

- Wenn A wahr ist, dann ist auch B wahr.

- Wenn eine Planungssituation A vorliegt, dann kann sie durch Tätigkeiten B verändert werden.

- Wenn die Tätigkeiten A angewendet werden, dann liegt Planungssituation B vor.

Während die erste Beschreibung logischer Natur ist, sind die beiden anderen vorwärts- und rückwärtsverkettende Interpretationen. Beide sind in Expertensystemen von zentraler Bedeutung:

- Vorwärtsverkettende Regelsysteme sind sinnvoll, um eine Ist-Situation in eine Soll-Situation überführen zu können, deren Eigenschaften nicht genau bekannt sind. Eine vorwärtsverkettende Regel (production) ist anwendbar, wenn die im Wenn-Teil beschriebene Planungssituation A in Fakten vorliegt. Durch die Tätigkeiten B wird dann eine Nachfolge-Situation von A erzeugt, die die bestehenden Fakten um neue ergänzt. Das System terminiert prinzipiell, wenn keine Regel mehr anwendbar ist, mit Erfolg, wenn eine Soll-Situation vorliegt.

- Rückwärtsverkettende Regelsysteme sind sinnvoll, wenn die Soll-Situation genauestens bekannt ist. Eine rückwärtsverkettende Regel ist anwendbar, wenn beginnend mit der Soll-Situation, zu der im Dann-Teil beschriebenen Planungssituation B, Tätigkeiten A gefunden werden, die diese Situation herstellen (back tracking). Diese Tätigkeiten basieren auf einer Vorgänger-Situation von B, die die bestehenden Fakten um neue ergänzt. Das System terminiert prinzipiell, wenn keine Regel mehr anwendbar ist, mit Erfolg, wenn die ergänzten Fakten der Ist-Situation entsprechen.

6.2 Ausgewählte Anwendungen

6.2.1 Wissensbasierte CAD-Systeme - am Beispiel des intelligenten Designwerkzeugs ARMILLA

ARMILLA ist ein Entwurfswerkzeug für die integrierte Layoutplanung von haustechnischen Leitungsnetzen in hochinstallierten Gebäuden, das bewährte CAD-Techniken mit noch wenig erprobten Methoden der wissensbasierten Programmierung verbindet.

6.2.1.1   Der Anwendungsbereich von ARMILLA

Vor allem im Produktions- und Dienstleistungsbereich wächst der Bedarf an
Gebäuden, die sich ohne große Bau- und Organisationsprobleme veränderten
Nutzungen anpassen können. Das verlangt in erster Linie erweiterbare Trag-
werke und demontierbare Fassaden, z.B. wenn Fabrikhallen vergrößert werden, umsetzbare Innenwände und einfach manipulierbare haustechnische Systeme, z.B. wenn Büro- oder Laborflächen umorganisiert werden. Insbesondere
beim Ändern der haustechnischen Systeme muß die Arbeit verschiedener
Ingenieure (Lüftung, Wasser, Gas, Elektro, Daten etc.) integriert werden. In
diesem Sinn orientierte sich die Entwicklung von ARMILLA an Umbauplanungen. Neuplanungen können in diesem Rahmen als "Sonderfälle" behandelt
werden.

6.2.1.2   Das Installationsmodell

Das Fachwissen, das in ARMILLA zur Anwendung kommt, ist ein allgemeines
Installationsmodell, das in orthogonal strukturierbaren Gebäuden, unabhängig von der Art der Baukonstruktion, eine integrierte, systematische und
weitgehend konfliktfreie Layoutplanung der haustechnischen Leitungsnetze
erlaubt /HALL-85/, /HESS-87/. Dazu behandelt es in erster Linie die räumliche
Integration der fachspezifisch geplanten Leitungsnetze - untereinander und in
die gemeinsame, bauliche Umgebung. Die Besonderheiten dieser Umgebung
(Tragwerk z.B. Abb. 6.3., Innenausbau, Einbauten etc.) bilden dabei lediglich
objektspezifische Restriktionen.

Damit widerspricht das Modell der herkömmlichen Ansicht, daß Leitungsnetze
nur in Abhängigkeit von konkreten Tragwerken geplant werden können. Die
Entwicklung dieses Modells wurde u.a. beim Ausbildungszentrum der Schwei-
zerischen Bundesbahnen (SBB) in Murten/Schweiz zugrunde gelegt (Abb. 6.3.,
6.4. und 6.5.).

Abb. 6.3.   Das Tragwerk im Ausbildungszentrum der SBB in Murten

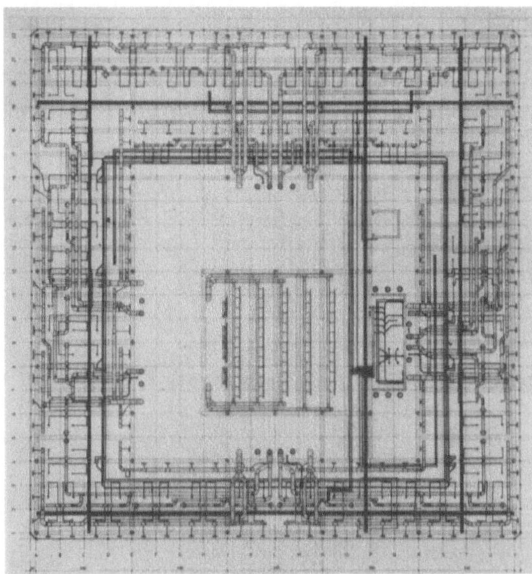

Abb. 6.4.   Der Plan der Leitungsnetze im Ausbildungszentrum der SBB in Murten

Abb. 6.5.   Leitungsnetze im Ausbildungszentrum der SBB in Murten

Das Installationsmodell (Abb. 6.6.) unterscheidet die zu installierenden Leitungen in Stamm-, Ast- und Zweigleitungen.

- Die Stammleitungen verbinden die Geschosse des Gebäudes mit den ver- und entsorgenden Zentralen, die sich im Keller, in Zwischengeschossen oder auf dem Dach befinden.

- Die Ast- und Zweigleitungen liegen in den Serviceräumen der Geschoßdecken. Astleitungen erschließen von einer Stammleitung aus einen ausgewiesenen Bereich der Geschoßfläche und legen dabei die großen Distanzen zurück. Die Zweigleitungen bilden hingegen rein lokale Teilnetze, die einen oder mehrere Anschlüsse im Boden oder in der Decke mit jeweils einer Astleitung verbinden.

- Im Prinzip werden die Stammleitungen in Z-Richtung und die Ast- und Zweigleitungen in X- und Y-Richtung verlegt.

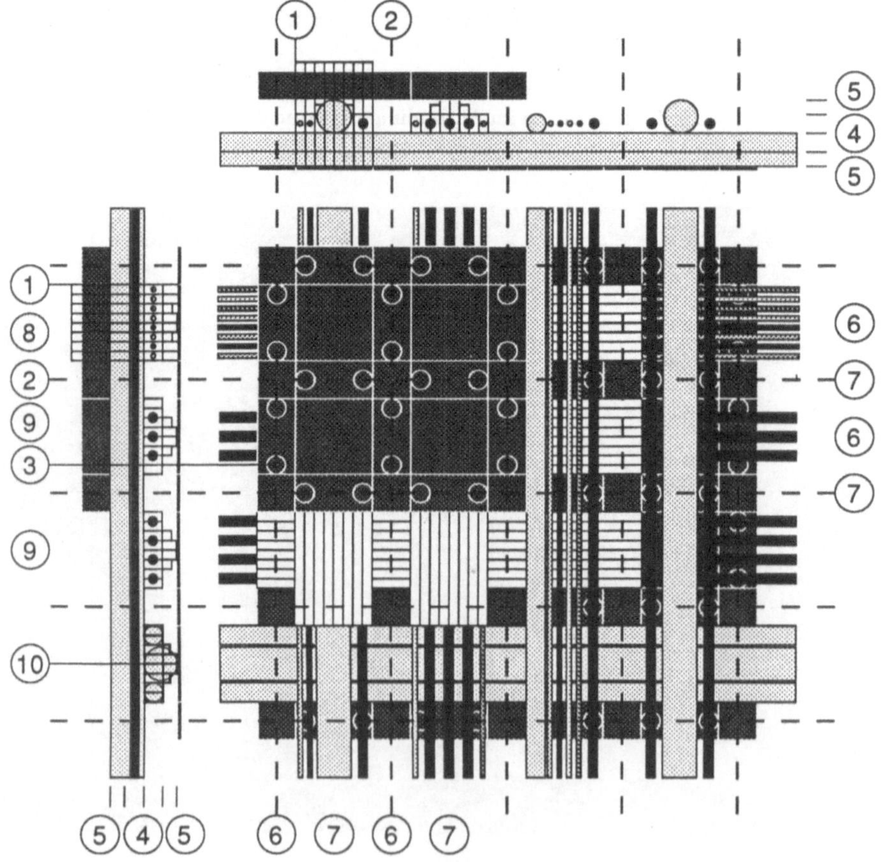

Abb. 6.6. Installationsmodell - Planungsraster - Leitungsreservierung - Leitungsquerschnitte

In die Serviceräume der Geschoßdecken ist ein dreidimensionaler Planungs-raster implantiert.

- Die XY-Komponenten des Rasters sind serviceraumhohe Bänder (1) in X- und Y-Richtung, die durch ein übergeordnetes Installationsraster (2) grup-piert werden. Nach seiner Maßgabe ist die Geschoßfläche flächendeckend mit einem gleichmäßigen und dichten Muster potentieller Anschlußorte (3) belegt. Nur dort können die Leitungen aus dem Serviceraum treten. Je-weils vier Anschlußorte sind zu einem Anschlußbereich zusammengefaßt. Er wird mit den entsprechenden XY-Koordinaten des Installationsrasters bezeichnet.

- Die Z-Komponenten des Rasters sind vier Leitungsebenen. Die beiden inne-ren Ebenen sind für Astleitungen reserviert (4), die beiden äußeren für Zweigleitungen (5). Eine Astleitungsebene führt nur parallele Leitungen, die eine in X- und in die andere in Y-Richtung. Die Astleitungsebenen sind nach Maßgabe des Installationsrasters in Bereiche benachbarter Ast-leitungsbänder (6) und benachbarter Verzweigungsbänder (7) gegliedert. Die Verzweigungsbereiche bleiben von Astleitungen frei.

Alle Leitungen werden nach (potentiellen) Querschnitten in K-, M- und G-Leitungen unterschieden. K-Leitungen belegen ein Band (8), M-Leitungen zwei Bänder (9) und G-Leitungen zwei bis vier Bänder (10). Die virtuellen Raumeinheiten, die nach diesen Festlegungen von einem Leitungsteil belegt werden, machen den Kollisionskörper dieses Teils aus. Die Lage eines Kollisionskörpers im Serviceraum wird als Trasse, das gesamte Netz als Trassenplan bezeichnet.

Zweigleitungen verbinden einen oder mehrere Anschlußorte eines Anschluß-bereiches mit einer benachbarten Astleitung. Die Wege, die sie dazu nehmen können, werden durch Zweigleitungskarten, ähnlich Straßenkarten, vorgege-ben. Es gibt zwei Karten, eine für K-Leitungen und eine für M- und G-Lei-tungen. Sie können in Teilen überlagert werden, so daß in demselben An-schlußbereich K-, M- und G-Leitungen verlegt werden können.

Das Installationsmodell unterscheidet das Grundmodell und - daraus hergelei-tet - im Prinzip so viele Objektmodelle, wie es Gebäude gibt.

- Das Grundmodell ist ein Idealmodell, das keine Restriktionen aus irgend-einer Umgebung erfährt.

- Die Objektmodelle sind Modifikationen des Grundmodells, die aus den Besonderheiten der Gebäude (Nutzung, Grundriß, Tragwerk, Einbauten etc.) resultieren. Sie stellen sich in der Regel als geometrische Restrik-tionen (Hindernisse) für das Verlegen der Leitungen dar.

Das Grundmodell kann an das jeweilige Gebäude angepaßt werden - durch das Verändern des Installationsrasters und durch bereichsweises Entfernen von Leitungsebenen. Die möglicherweise vielfältigen Hindernisse in einem Objekt-

modell schränken nicht die Gültigkeit der Verlegeregeln, sondern lediglich die
Verlegemöglichkeiten ein.

Die Planung der Leitungen durchläuft eine Abfolge von fünf Phasen:

1 Generieren des Objektmodells

2 Entwerfen der prinzipiellen Layouts der einzelnen Leitungsnetze

3 Nach diesen Layouts, mit geschätzten Leitungsquerschnitten - Bestimmen
   der Astleitungstrassen

4 Bestimmen der Zweigleitungstrassen

5 Ausfüllen der Trassen mit echten Leitungselementen, Berechnen der Netze

Die Festlegungen des Installationsmodells sind nicht als logische Abfolge einzelner Entscheidungen beschreibbar. Sie ähneln eher einem Puzzle, in dem die
zuletzt eingefügten Teile dem Ganzen mehr und mehr Sinn geben. Die wichtigsten Festlegungen haben folgende Begründungen:

- Das Planungsraster vereinfacht das Kontinuum des Serviceraums zu einer
  virtuellen Blockwelt, in der alle Hindernisse für das Verlegen von
  Leitungen (schon verlegte Leitungen, Tragwerkskomponenten, andere Einbauten etc.) als belegte Raumeinheiten darstellbar sind. Deshalb beruhen
  alle Planungsentscheidungen auf der Frage, ob bestimmte Raumeinheiten
  belegt oder nicht belegt sind.

- Wegen des dichten Musters der Anschlußorte können an praktisch jeder
  Stelle der Geschoßfläche Installationskörper ver- oder entsorgt werden.
  Dennoch sind alle Anschlußmöglichkeiten geometrisch fixiert, was erheb-
  lich zur Planungstransparenz beiträgt.

- Das Unterscheiden von Leitungsebenen, ihre getrennte Reservierung für
  Ast- und Zweigleitungen und die entsprechenden Verlegevorschriften verhindern fast alle Kollisionsmöglichkeiten unter Leitungen.

- Das Abstrahieren von Leitungsquerschnitten bzw. ihre Einbettung in Kollisionskörper, die dicht gepackt werden können, weil sie mit dem Pla-
  nungsrasters koordiniert sind, garantiert platzsparend verlegte Leitungen
  und eine hohe Installationsdichte - und macht die Planung wesentlich einfacher.

- Die Zweigleitungskarten ermöglichen sehr hohe Leitungsdichten. Man hat
  Mühe, Beispiele zu finden, in denen solche Dichten notwendig sind.

- Das Unterscheiden von Stamm-, Ast- und Zweigleitungen, Kollisionskörpern und echten Leitungen, Grund- und Objektmodell führt zu einer Modellierung der Planung als Sequenz einzelner Phasen.

- Mit dem Bestimmen der strategischen Layouts der einzelnen Leitungsnetze (Phase 2) ist auch ein erstes Positionieren der Stammleitungen verbunden. Das führt in der Folge automatisch zur räumlichen Organisation
  der Installationskerne.

- Bei der Bestimmung kollisionsfreier Lagen für die Leitungen (Phase 3 und 4), wird nicht mit den echten Leitungen, sondern mit den Kollisionskörpern geplant. Das Ergebnis sind Trassenpläne, die für das Implantieren "echter" Leitungen (Phase 5) Kollisionsfreiheit garantieren.

6.2.1.3   Das Konzept des Designwerkzeugs

Seit 1987 wird im Rahmen des vom Land Baden-Württemberg geförderten CAD/CAM-Schwerpunkts an der Universität Karlsruhe ein intelligentes Designwerkzeug entwickelt, das mit dem Wissen des Installationsmodells arbeitet. Die ersten beiden Protoypen wurden mehrfach öffentlich vorgeführt /HALL-88/, /GAUC-89/.

Da die Layoutplanung der haustechnischen Leitungsnetze eine offene Planungsaufgabe ist - sie ist unvollständig bekannt und man wird daher immer wieder auf Teilaufgaben stoßen, die in diesem Moment neu sind - geht das Konzept von einer prinzipiell unvollständigen Programmierung aus. Um die Aufgabe dennoch vollständig bearbeiten zu können, erlaubt ARMILLA drei verschiedene Arbeitsmodi. Der Planer kann zwischen diesen wählen und wechseln. Das System kann:

- ähnlich einem CAD-System arbeiten; dann führt es lediglich die Entscheidungen des Planers aus,

- die Entscheidungen mittels implantiertem Fachwissen auf Richtigkeit, Plausibilität etc. überprüfen - und sie gegebenenfalls auch zurückweisen - und

- in Standardsituationen automatisch planen.

Dazu verfügt ARMILLA über drei besondere Merkmale:

- Die Bearbeitung der Planungsaufgabe erfolgt durch grafisches Manipulieren von Planskizzen (grafische Benutzeroberfläche), über mehrere, aufeinander aufbauende Entwurfsphasen - von ersten Layoutskizzen bis hin zu Stücklisten (Designprozeß). Teil dieser Oberfläche ist ein herkömmliches CAD-System, zum Modellieren komplexer Geometrien.

- Die Basis von ARMILLA ist ein Modell der Planungswelt, in dem jedem planungsrelevanten Objekt des Gebäudes ein Datenobjekt, und jeder planungsrelevanten Eigenschaft eines Planungsobjektes eine Datenzelle in den entsprechenden Datenobjekt entspricht (objektorientierte Programmierung, frames & slots).

- Das Modell umfaßt "Expertenwissen", das den Planer aktiv bei seiner Arbeit unterstützt (regelorientierte Programmierung).

Beim Programmieren von ARMILLA wird zuerst sichergestellt, daß der Planer auch ohne "intelligente" Unterstützung die Entwurfsaufgabe vollständig bearbeiten kann. Erst dann werden Kontrollkomponenten (Tests) und automatische Planungskomponenten (XPS-Komponenten, multiple Expertensysteme)

eingeführt. Weil das Installationsmodell geometrisches Kontrollwissen repräsentiert, kann ARMILLA auch ohne das Modell arbeiten.

- Die Bearbeitung der Planungsaufgabe erfolgt durch grafisches Manipulieren von Planskizzen (grafische Benutzeroberfläche), über mehrere,
  aufeinander aufbauende Entwurfsphasen - von ersten Layoutskizzen bis
  hin zu Stücklisten (Designprozeß). Teil dieser Oberfläche ist ein herkömmliches CAD-System zum Modellieren komplexer Geometrien.

- Die Basis von ARMILLA ist ein Modell der Planungswelt, in dem jedem
  planungsrelevanten Objekt des Gebäudes ein Datenobjekt, und jeder planungsrelevanten Eigenschaft eines Planungsobjektes eine Datenzelle in
  dem entsprechenden Datenobjekt entspricht (objektorientierte Programmierung, frames & slots).

- Das Modell umfaßt "Expertenwissen", das den Planer aktiv bei seiner Arbeit unterstützt (regelorientierte Programmierung).

6.2.1.4   Die grafische Benutzeroberfläche

Das System hat eine Art CAD-Oberfläche (Abb. 6.7.). Der Stand des Entwurfs
wird in Zeichnungen dargestellt und kann mit geometrieorientierten Werkzeugen verändert werden.

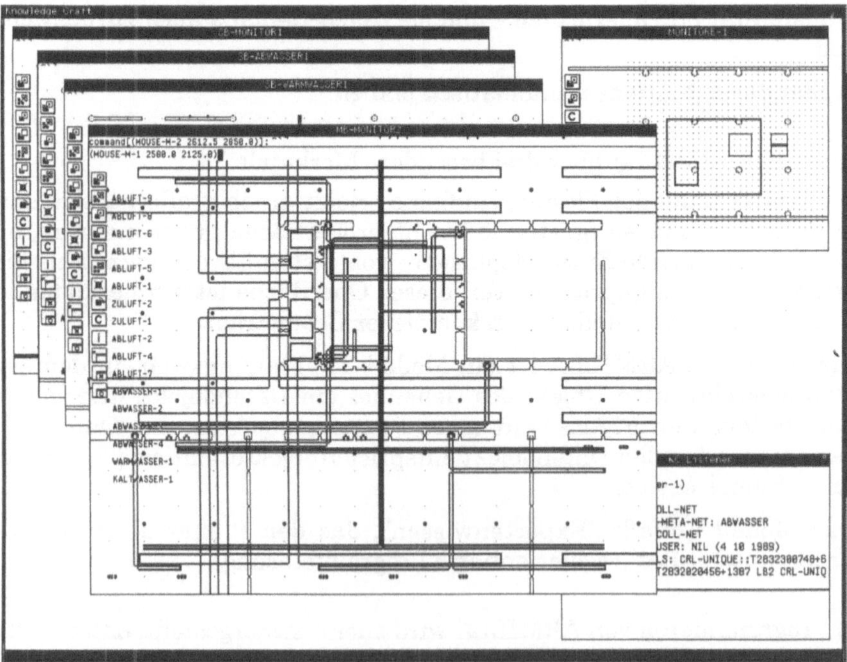

Abb. 6.7. Phase 3 - Kamera mit Grundriß und Astleitungstrassen für Abluft, Abwasser,
Warm- und Kaltwasser, links am Innenrand die 13 Jobs

Es gibt jedoch wichtige Unterschiede zu herkömmlichen CAD-Systemen:

- Das System erlaubt alle fünf Entwurfsphasen zu bearbeiten - gegebenfalls auch gleichzeitig (paralleles Arbeiten). Zu jeder Phase gibt es eine besondere Art von Window (Kamera), die eine phasenspezifische Sicht auf das Datenmodell ermöglicht. Von dieser Art kann sich der Planer beliebig viele Kameras konfigurieren, die jeweils andere Ausschnitte des Datenmodells zeigen. Sie erscheinen als Planskizzen, deren Ikonografie sich am Informationsbedarf und den Bearbeitungsmöglichkeiten der jeweiligen Phase orientiert und nicht an den Konventionen eingeführter Dokumente.

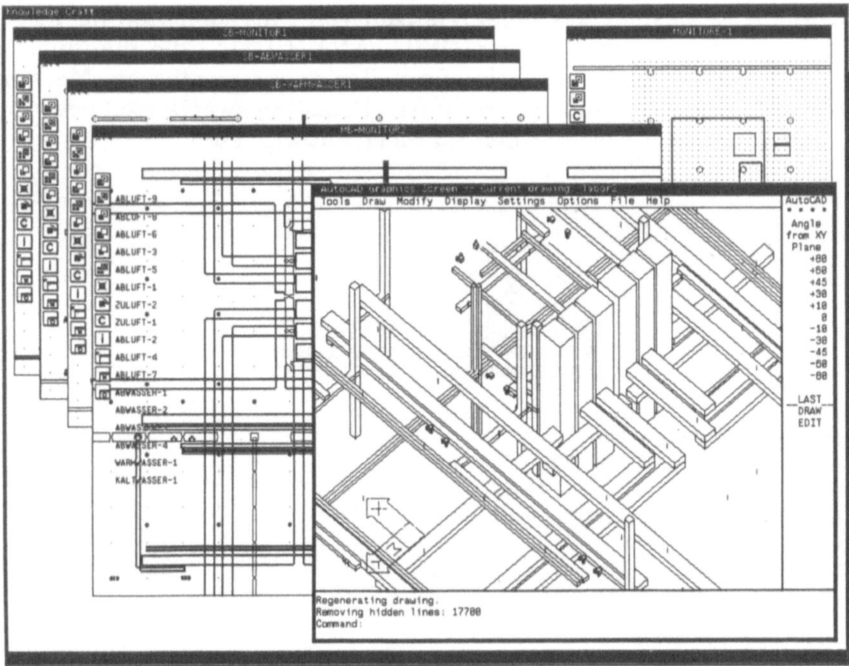

Abb. 6.8.   Phase 3 - AutoCAD Schnittstelle mit den Astleitungstrassen

- Den Kameras sind interaktive Werkzeuge zugeordnet, die nach Filtern und Jobs unterschieden werden. Mit Filtern kann der Planer den Ausschnitt des Datenmodells bestimmen, der in einer Kamera abgebildet und bearbeitet werden soll. Jobs sind geometrieorientierte Werkzeuge, mit denen er in die Planung eingreifen kann. Die Jobs sind in allen Kameras gleich, bewirken aber je nach Art der Kamera (Planungsphase) Verschiedenes. Für die gesamte Arbeit reichen zur Zeit 13 Jobs aus.

- Den Kameras sind auch automatische Werkzeuge zugeordnet, die nach Tests und XPS-Komponenten unterschieden werden und die im Hintergrund arbeiten. Da die XPS-Komponenten mit denselben Jobs arbeiten, mit denen auch der Planer arbeitet, verändern sich auch die Zeichnungen in den Kameras, und deshalb kann der Planer sehr einfach visuell kontrollieren, ob sie auch fehlerfrei arbeiten.

- In die Oberfläche ist ein CAD-System eingebunden (zur Zeit AutoCAD) - zur Eingabe des Objektmodells (Phase 1) und zum zwei- oder dreidimensionalen Visualisieren des Planungszustandes. Hier kann prinzipiell auch den Konventionen üblicher Dokumente entsprochen werden.

6.2.1.5 Das Datenmodell

Das Datenmodell ist eine für die Planung ausreichend genaue Abbildung der Planungswelt. Es besteht aus einer Vielzahl von Datenobjekten (siehe Abb. 6.9.), die unter bestimmten Namen (WB1, AN1, L1 etc.) die planungsrelevanten Merkmale von beispielsweise Bauteilen zusammenfassen. Merkmale sind entweder Eigenschaften (Koordinaten, Belastungswerte etc.) oder Relationen (hat-Anschlüsse, Teil-von-Leitungsnetz, entsorgt etc.).

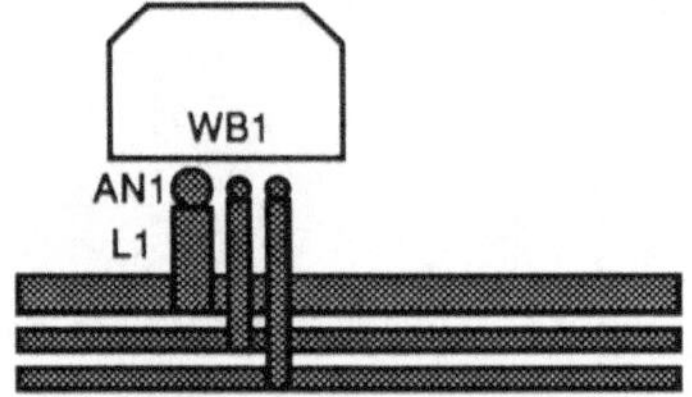


```
{WB1   (instance: Waschbecken)
       (Koordinaten: (100 100 50 160 140 80))
       (hat-Anschlüsse: AN1 AN2 AN3)
       (Medium: Abwasser Kaltwasser Warmwasser)
       (Typ: ...)
       (Beschreibung: ...)
       (Best.Nr.: ...)
}
{AN1   (instance: Anschluß)
       (Medium: Abwasser)
       (AN-of-Inst-obj: WB1)
       (Belastungswert: 0.5)
       (Koordinaten: (110 90 -10 120 100 0))
       (angeschlossen-an: L1)
       (Teil-von-Leitungsnetz: N1)
}
{L1    (instance: Leitung)
       (Medium: Abwasser)
       (entsorgt: AN1)
       (angeschlossen-an: L2)
       (Koordinaten: (110 60 -20 120 100 -10))
       (Teil-von-Leitungsnetz: N1)
```

Abb. 6.9. Verschiedene Datenelemente (Waschbecken, Anschluß, Leitung) in grafischer und alphanumerischer Darstellung

Das Objekt WB1 ist eine Instanz des Konzeptes (der Klasse) Waschbecken, die
die gemeinsamen Merkmale aller Waschbecken formuliert. Klassen können
ihrerseits über beliebig viele Schritte zu allgemeineren Klassen zusammengefaßt sein. So ist Waschbecken eine Unterklasse von Sanitärobjekt, und die
ist eine Unterklasse von Installationsobjekt. In diesem Sinne ist das
"Rückgrat" des Datenmodells ein hierarchisch strukturiertes Klassifizierungs-
system, die sogenannte Taxonomie, wie sie in Abbildung 6.10 dargestellt ist.

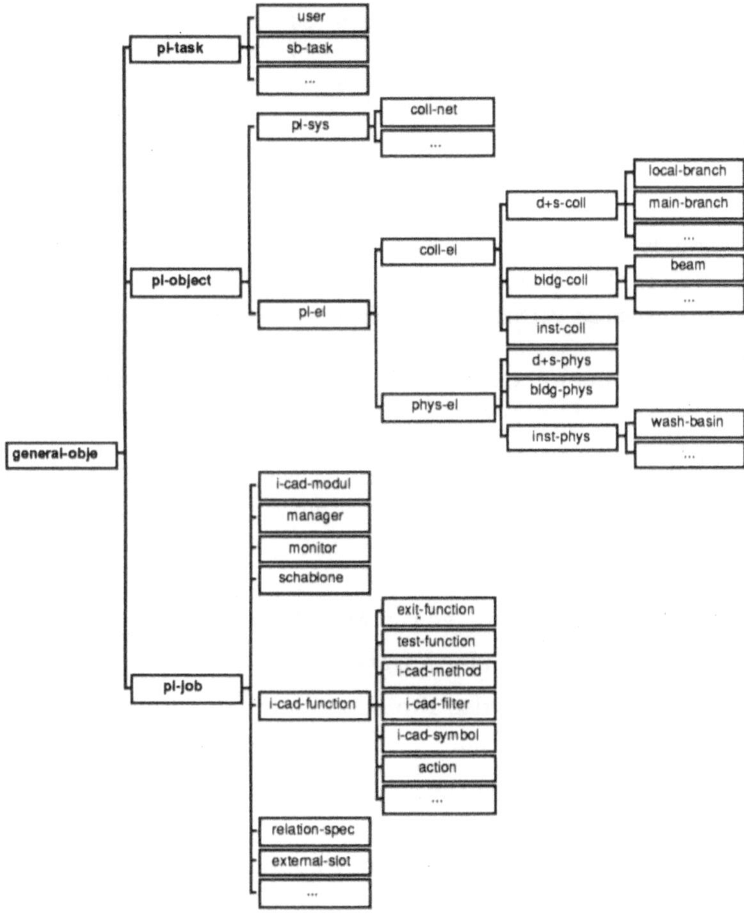

Abb. 6.10. Taxonomie von ARMILLA

Um in dem Datenmodell nicht nur Planungszustände, sondern auch Planungs-
prozesse beschreiben zu können, umfaßt die Taxonomie neben den zu mani-
pulierenden oder zu beachtenden Planungsobjekten (Teilbaum pl-object) auch
die Planungswerkzeuge (Teilbaum pl-job) und Planungsaufgaben (Teilbaum
pl-task).

Der einfachen Erweiter- und Modifizierbarkeit des Entwurfswerkzeuges dient
seine Gliederung in ein Kernsystem und in diverse Planungsmodule.

Das Kernsystem

Das Kernsystem umfaßt die Taxonomie und die beiden Jobs "Objekt-Erzeugen" und "Objekt-Löschen" zur Manipulation des Datenmodells. Die anderen Jobs, mit denen das Datenmodell geändert werden kann, sind (intern) besondere Sequenzen dieser beiden Jobs. Somit genügt im Prinzip das Kernsystem, um die gesamte Planung interaktiv bewältigen zu können.

Die Planungsmodule

Das Kernsystem wird "intelligenter", wenn es um Planungsmodule erweitert wird, die dem Planer Aufgaben abnehmen. Solche Module umfassen Tests und/oder XPS-Komponenten, die ihrer Natur nach Wenn/Dann-Konstruktionen (Regeln) sind. Es gibt mehrere Möglichkeiten, wie sie nach einer direkten Manipulation des Datenmodells durch einen Job "von sich aus" in Aktion treten können. Ein Beispiel für ein solches Modul ist der allgemeine Kollisionstest:

Wenn *die Koordinaten eines Objektes geändert werden sollen,*

und wenn *es am neuen Ort zu Kollisionen kommt,*

dann *lege ein Veto gegen die Veränderung der Koordinaten dieses Objektes ein.*

Dieses Modul und ein anderes, das die Konsistenz von Leitungsnetzen testet, ist in ARMILLA von besonderer Bedeutung. Sie gewährleisten immer nur machbare Lösungen.

Planungsmodule haben in ARMILLA ganz verschiedene Aufgaben. Sie reichen vom Herstellen der Programmierumgebung bis zum Einbringen von XPS-Komponenten. Diese sind zum Beispiel:

- Laden anderer Module

- Bestimmen der Ladereihenfolge von Modulen

- Bereitstellen der Programmierumgebung

- Zeichnerische Darstellung des aktuellen Planungsstandes

- Bereitstellen von Werkzeugen

- Übernehmen geometrischer Daten aus einem CAD-System, Übergeben der Daten an ein solches System

- Kollisionsprüfung, bei jeder Planungsmaßnahme, die eine geometrische Operation einschließt

- Konsistenzkontrolle von Leitungsnetzen, bei jeder Maßnahme, die ein Netz verändert

- Überprüfen zulässiger Anordnungsbedingungen von Installationskörpern

- Automatisches Entwerfen strategischer Leitungslayouts (Phase 2)

- Ausweisen geeigneter Kollisionskörper für Astleitungen (Phase 3)

- automatisches Verlegen von Zweigleitungen (Phase 4)

Eine bestimmte Version des Designwerkzeuges besteht aus dem Kernsystem und einer Menge solcher Planungsmodule. Tendenziell wird ein Architekt eine andere Auswahl von Tätigkeitsmodulen (Arbeitsumgebung) benutzen als ein Statiker oder Softwareingenieur.

6.2.1.6   Tests und XPS-Komponenten

Tests und XPS-Komponenten sind automatische Werkzeuge und wie die Filter und Jobs den Kameras zugeordnet. Sie machen das verhaltensorientierte Moment des Datenmodells aus.

Tests

Das Datenmodell kann durch Eingriffe des Planers oder einer XPS-Komponenten direkt geändert werden. So wird zum Beispiel die Lage eines Waschbeckens (Abb. 6.11.) mit dem Job "Objekt-bewegen" verändert. Auf diese Veränderung reagieren automatisch verschiedene Tests:

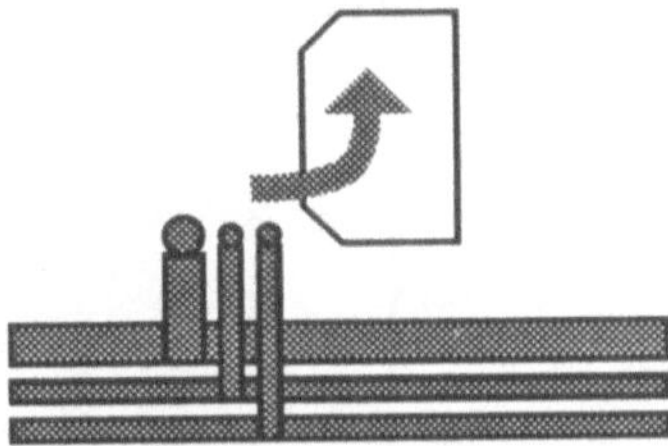

wenn die Koordinaten eines Objektes geändert wurden,
dann prüfe auf Kollision

wenn die Koordinaten eines Installationsobjektes geändert wurden,
dann verändere auch die Koordinaten seiner Anschlüsse entsprechend

wenn die Koordinaten eines Anschlusses verändert wurden
und wenn der Anschluß an ein Leitungsnetz angeschlossen war,
dann lösche das Teilnetz, das ausschließlich diesen Anschluß bediente

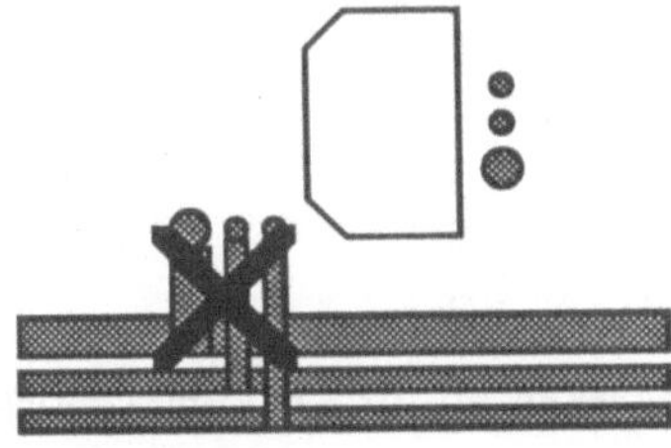

Abb. 6.11. Verschieben eines Waschbeckens

Diese Tests sind immer, d.h. in jeder Planungssituation, richtig. Sie machen den auslösenden, eigentlich recht einfachen Job zu einem mächtigen Planungswerkzeug. Dabei hängt die Mächtigkeit und Wirkungsweise des Jobs von den geladenen Modulen ab, und das hat zwei Vorteile:

- Die Jobs bleiben unabhängig vom Entwicklungsstand des Systems gleich. Auf diesem Hintergrund können sich verschiedene, benutzerspezifische Versionen des Entwurfswerkzeuges (Kernsystem und verschiedene Planungsmodule) über das Kernsystem "verständigen". Sie können theoretisch sogar zur gleichen Zeit am Datenmodell arbeiten.

- Da es grundsätzlich möglich ist, mit dem Kernsystem ohne Planungsmodule rein interaktiv zu arbeiten, ist das System in jeder Entwicklungsphase arbeitsfähig -der Planer ersetzt dann quasi die noch fehlenden Module. Folglich können sich Entwicklungs- und Anwendungsphase des Systems weitgehend überlagern.

Besondere Tests sind Anordnungsmasken (Abb. 6.12.). Sie enthalten das geometrische Kontrollwissen von ARMILLA. Entgegen der eben dargestellten Arbeitsweise, Entscheidungen nachträglich zu kontrollieren, schränken sie Entscheidungsmöglichkeiten durch die Vorgabe von Alternativen ein.

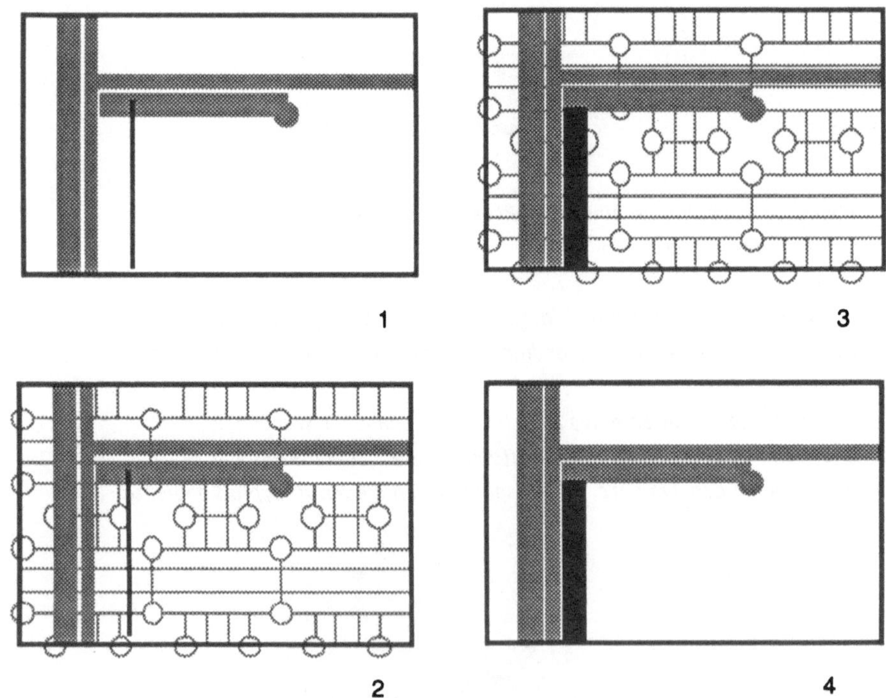

Abb. 6.12. Das Arbeiten mit Masken am Beispiel der Festlegung von Astleitungstrassen (Phase 3)

Masken sind in den Phasen 3 und 4 (Ast- und Zweigleitungsplanung) ganz zentrale Werkzeuge. Sie dienen dem Reservieren von Leitungsräumen. Weil sie auch in der Lage sind, die entsprechenden Alternativen zu gewichten, können sie weitgehend automatisch Entscheidungen treffen, die nicht mehr durch nachfolgende Tests überprüft werden müssen.

1 Für eine Linie eines Linienleitungsnetzes (strategisches Leitungsnetz) soll wenn möglich in unmittelbarer Nähe Platz für eine entsprechende Astleitung reserviert werden.

2 Eine Astleitungsmaske wird auf die Stelle projiziert. Dabei erweisen sich die ausgewiesenen Orte als belegt. Andere sind noch frei.

3 Die Reservierung erfolgt, indem ein freier Ort der Maske mit einem Kollisionskörper belegt wird.

4 Danach wird die Maske abgezogen.

XPS-Komponenten

Um die Beispielplanung mit dem verschobenen Waschbecken abzuschließen, müssen die ebenfalls verschobenen Anschlüße wieder mit den jeweiligen Leitungsnetzen verbunden werden (Abb. 6.13.). Bei diesem Planungsschritt können - anders als bei den Tests - Konflikte auftreten:

- Die vorhandenen Leitungsnetze könnten aus Strukturgründen (z.B. Gefälle bei Abwasserleitungen) nicht in der Lage sein, einen Anschluß an diesem Ort ver- oder entsorgen zu können.

- Selbst wenn eine einfache Erweiterung des Leitungsnetzes zum Anschluß prinzipiell möglich ist, können das in der konkreten Situation Hindernisse - z.B. schon verlegte Leitungen - unmöglich machen.

- Dann ist es notwendig, andere Leitungsnetze umzuplanen oder das Waschbecken zu verlegen.

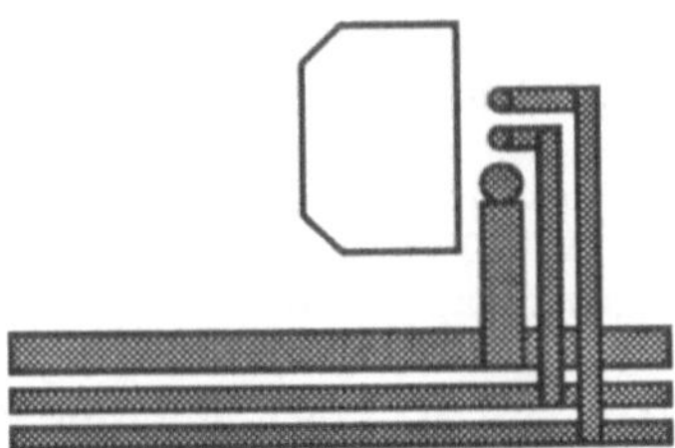

Abb. 6.13. Wieder zusammenhängende Leitungsnetze

Die Planungsaufgaben müssen also -im Gegensatz zu den Tests- strategisch behandelt werden. In diesem Sinne sind in ARMILLA vorwärtsverkettende Regelsysteme integriert. Die Regeln benutzen in ihrem Dann-Teil Jobs. Damit verwenden sie auch bei Bedarf Masken und stoßen automatisch Tests an.

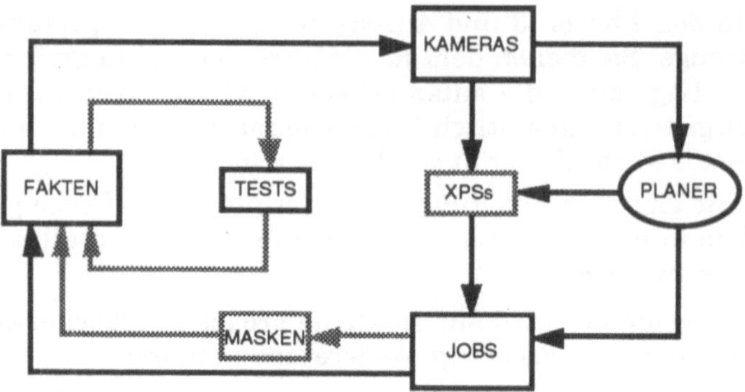

Abb. 6.14. Das Funktionsdiagramm von ARMILLA

6.2.1.7 Implementierung von ARMILLA

ARMILLA ist in LISP und in CRL (Beschreibungssprache des Systems KNOWLEDGE CRAFT) geschrieben /CARN-88/. Diese hybride Entwicklungsshell integriert LISP, die objektorientierte Wissensrepräsentationssprache CRL, OPS5, PROLOG, ein Windowsystem etc. Das Datenmodell ist in CRL beschrieben. Die Test sind regelorientiert in LISP programmiert. Die XPS-Komponenten sind in OPS5 geschrieben.

Zur Zeit können mit dem aktuellen Prototypen alle Phasen, von der Eingabe des Objektmodells bis hin zur Ausgabe von Stücklisten, interaktiv bearbeitet werden. Das System verfügt über das geometrische Kontrollwissen von ARMILLA und über viele andere Tests. Am Beispiel von Abwasserleitungen wurde über alle Phasen eine weitgehende Unterstützung des Planers durch Tests und XPS-Komponenten realisiert. Das System kann ca. 300 Bauteile bearbeiten. Es muß dazu ca. 3000 Datenobjekte verwalten.

6.2.2 Expertensystem für die Planung und Bemessung der Bewehrung in Stahlbetonbauteilen

Das hier vorgestellte Expertensystem ist ein Konstruktionswerkzeug, das eigenständig Bewehrungsvorschläge erarbeitet und in Form von technischen Zeichnungen dem Anwender zur Auswahl vorlegt. Es verbindet bekannte Techniken aus dem CAD-Bereich mit Methoden der Wissensverarbeitung.

6.2.2.1 Der Bewehrungsprozeß

Die Planung und Bemessung von Stahlbetonbauteilen ist ein Detaillierungsprozeß. Die Ausgangsdaten bilden die maximalen Abmessungen der Geometrie und die Schnittkräfte, die die Beanspruchung der Bauteile wiedergeben. Hinzu kommen weitere Anforderungen, wie z.B. die Dauerhaftigkeit und die Feuerbeständigkeit. Die Aufgabe besteht nun darin eine Bewehrungsführung zu entwerfen und durch einen rechnerischen Nachweis zu verifizieren, daß sie diesen Anforderungen genügt (Abb. 6.15.). Zudem soll diese Bewehrungsführung kostengünstig sein, d.h. sie soll materialsparend, einfach anzufertigen und vor allem einfach einzubauen sein. Das Ergebnis ist als Verlegevorschrift in Form von 2D-Arbeitsplänen und in Form einer Stahlliste und Biegeliste darzustellen.

Abb. 6.15. Bewehrungsführung am Stützenfuß und im Fundament

Zur automatisierten Durchführung dieses Planungsschrittes ist es vorteilhaft, sich wissensbasierter Methoden zu bedienen, da sich der Entwurf der Bewehrungsführung auf heuristische Regeln stützt und stark von der speziellen Aufgabenstellung abhängt. Zusätzlich können die Grundelemente funktional beschrieben werden und weisen dadurch gegenüber den geometriebasierten eine höhere Variabilität auf. Daher können Änderungen in den Normen leichter in die schon vorhandene Software integriert werden.

6.2.2.2 Allgemeine Anforderungen an das Expertensystem

Das Expertensystem soll weitgehend den Konstruktionsprozeß, wie er in der Zusammenarbeit zwischen dem Ingenieur, dem Techniker und dem Bauzeichner bewerkstelligt wird, nachvollziehen. Dies ist notwendig, um den praktisch tätigen Ingenieur die Möglichkeit zu bieten mit dem Werkzeug interaktiv zu arbeiten und kontrollierend über dem Expertensystem zu stehen. Eine sofortige Visualisierung der Ergebnisse während des Planungsfortschritts kommt hierbei besondere Bedeutung zu. Der Ingenieur muß bei möglichst wenig Eingaben in und Rückfragen durch das System sowie den Überblick über den Planungs- und Bemessungsprozeß behalten können. Er muß jederzeit eingreifen können, wenn das Expertensystem unbefriedigende Lösungen vorschlägt.

Da die Wissensbank eines Expertensystems meist unvollständig ist, besteht der Wunsch nach einer Lernkomponente bei Expertensystemen als notwendige Forderung. Der Anwender muß sich bewußt sein, daß er für die erarbeitete Lösung voll verantwortlich bleibt, auch wenn ihm das Expertensystem sehr umfangreiche Hilfestellungen gibt oder sogar den Großteil der Arbeit abnimmt.

6.2.2.3 Strukturierung von Stahlbetonteilen in funktionale Elemente

Das statische Verhalten steht im Mittelpunkt der konstruktiven Durchbildung eines Tragwerks. Deshalb soll das statische Tragverhalten der Bauteile auch im weiteren als Grundkriterium zur Festlegung von funktionalen Elementen dienen. Die Form der Bewehrung wird vorwiegend von den statischen Gesichtspunkten bestimmt, wenn auch andere Kriterien wie z.B. erhöhte Feuersicherheit dem statischen Kriterium übergeordnet sein können und somit formgebend wirksam werden.

Ein Prinzip, das statische Tragverhalten von Stahlbeton-Traggliedern qualitativ zu veranschaulichen und dem Konstrukteur Entscheidungskriterien für die konstruktive Durchbildung von Traggliedern an die Hand zu geben, um ihm einen sinnvollen Bewehrungsentwurf zu ermöglichen, ist die Fachwerkanalogie. Sie wurde in jüngster Zeit von Schlaich und Schäfer /SCSC-84/, weiterentwickelt. Die Bauteile werden hierbei durch eine Unterteilung in B- und D-Bereiche zuerst grob klassifiziert. B-Bereiche (B = beam) sind Bereiche in denen im ungerissenen Zustand die klassische Biegelehre gültig ist, während unter D-Bereichen (D = disturbance) die Bereiche zusammengefaßt sind, in denen infolge geometrischer oder statischer Randbedingungen, z.B. durch eine Lasteintragung, Störungen im Kraftfluß auftreten. An einem einfachen Träger auf zwei Stützen mit mittiger Einzellast (Abb. 6.16.) ist dies verdeutlicht.

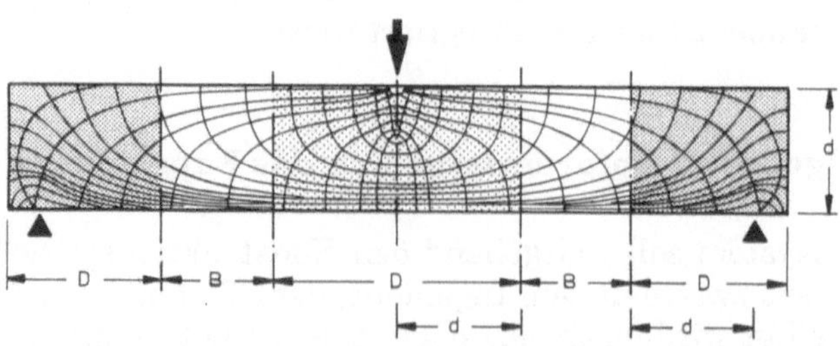

Abb. 6.16. Kräftefluß (Hauptspannungstrajektorien) und entsprechende Unterteilung in B- und D-Bereiche

Zusätzliche Unterteilungen ergeben sich eventuell aus bautechnisch bedingten Betonierfugen, die wiederum vom Bauverfahren und dem eingesetzten Schalungssystem abhängen.

6.2.2.4 Innere Struktur der funktionalen Elemente

Ein Stahlbetonelement besteht aus dem Beton und den Bewehrungsstäben innerhalb des Betons. Die Form des Elements wird zwar vom Beton repräsentiert, bestimmt wird sie jedoch von beiden Baustoffen. Welcher Baustoff im einzelnen maßgebend wird, ergibt sich aus den Funktionen, die der Beton und die Bewehrungsstäbe in Verbindung mit den Randbedingungen zu erfüllen haben. Die Funktion des Betons ist es, die Druckspannungen aufzunehmen, den Bewehrungsstahl vor Korrosion und Hitze (im Brandfall) zu schützen und eine Barriere gegen Feuchtigkeit und Lärm zu bilden. Hieraus ergeben sich entsprechende Abmessungen des Bauteils und die Betonüberdeckungen für die Bewehrungsstäbe. Die Funktion der Bewehrungsstäbe ist es, die Zugspannungen und evtl. auch Druckspannungen aufzunehmen und als Montagevorrichtung oder Verankerung für andere Bewehrungsstäbe zu dienen. Bezüglich ihrer Funktion Zugspannungen aufzunehmen ist zu unterscheiden, ob dies im Bruchzustand erfolgt und damit statisch unbedingt erforderlich ist, oder im Gebrauchszustand. Bei letzterem können mehrere Anforderungen maßgebend sein, wie z.B. das äußere Erscheinungsbild des Betons, die Verformung des Stahlbetonteils, die Feuerbeständigkeit und die Dauerhaftigkeit in Bezug auf die Feuchtigkeitssperre und die Korrosion. Auf Grund dieser Anforderungen können die Bewehrungsstäbe in folgende Funktionsgruppen unterteilt werden:

- statisch erforderliche Bewehrung für den Bruchzustand,

- Bewehrung für den Gebrauchszustand,

- Bewehrung für die Dauerhaftigkeit,

- Bewehrung für konstruktive Forderungen und

- Bewehrung für die Montage.

In Abbildung 6.17 ist dies für eine Rahmenecke dargestellt.

Aus diesen Anforderungen ergeben sich sowohl die äußeren geometrischen Abmessungen des Betons, als auch die innere Struktur der Bewehrungsführung, mit den gegenseitigen Abständen der Stäbe, den Abständen zur Betonoberfläche, der Stabdurchmesser, der Biegerollendurchmesser, Rüttellücken etc.

Ein funktionales Element umfaßt den Teilbereich eines Bauglieds, der auf Grund seiner Funktion, die grundsätzlich vom statischen Tragverhalten geprägt ist, einen prinzipiell gleichartigen Aufbau aufweist. Das Muster für die Bewehrungsführung ist identisch, nur die Anzahl, die Durchmesser und die Form sind verschieden, d.h. sie sind realisierungsabhängig und bedürfen einer Parametrisierung. Eine Elementfamilie ist z.B. die Konsole, Funktions-

elemente hierzu sind Konsolschlaufen und vertikale sowie horizontale Bügel
zur Rissesicherung.

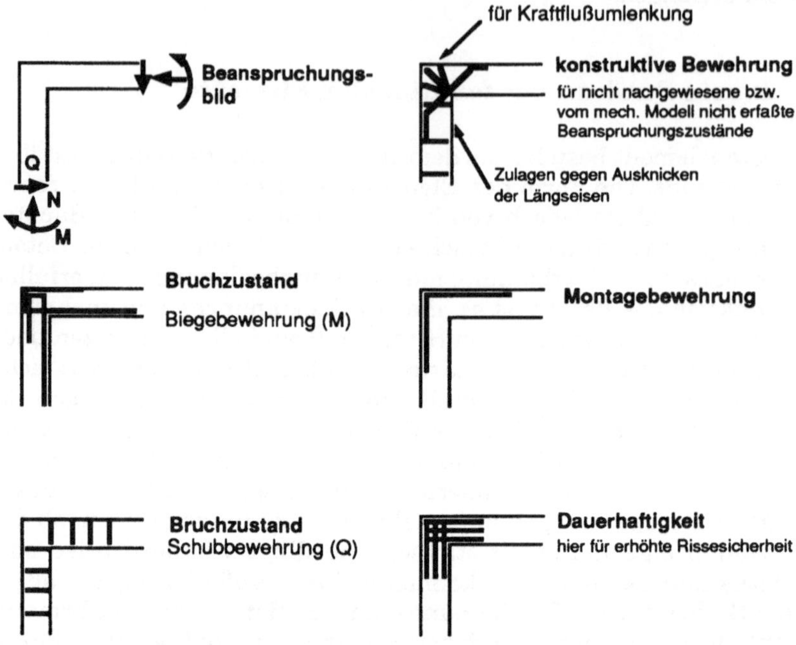

Abb. 6.17. Bewehrung einer Rahmenecke aufgegliedert entsprechend ihren Funktionen

Einem Expertensystem kommt dabei die folgende Aufgabe zu:

Die Inferenzmaschine muß aus der Elementfamilie ein spezielles Element
entsprechend der vorliegenden Situation generieren, denn für jede Elementfamilie ist nur ein funktionales Grundelement gespeichert. Die Ausprägung
des speziellen Elements erfolgt durch Regelwissen. Das Wissen über die Reali-
sierungsmöglichkeiten des Elements sind der Wissensbank und der Datenbank
zu entnehmen.

Viele Parameter eines Elements müssen nicht notwendigerweise vom Benutzer zahlenmäßig eingegeben werden, denn häufig ist ein Großteil der Information während des Konstruktionsfortschritts schon erarbeitet worden.

6.2.2.5   Einbau der funktionalen Elemente

Im Prinzip gibt es zwei Arten des Ein- bzw. Anbaus eines Elementes an eine
teilweise schon erarbeitete Konstruktion (Abb. 6.18. und 6.19.):

* das Ansetzen,

  bei dem eine oder mehrere ganz bestimmte Schnittebenen existieren
  (Wirkfläche), in denen die Geometrie und die Bewehrung kompatibel sein

muß. Bestimmend kann sowohl das bestehende Bauteil als auch das anzufügende Detail sein.

- das Einpassen,

  bei dem keine definierte Schnittebene existiert, sondern ein Durchdringungsbereich vorliegt (Wirkvolumen), in dem ein Teil der vorhandenen Bewehrung verdrängt wird und ein anderer Teil der vorhandenen Bewehrung auf neu hinzugefügte Bewehrung form- und lagegebend wirkt (siehe. Abb. 6.18.).

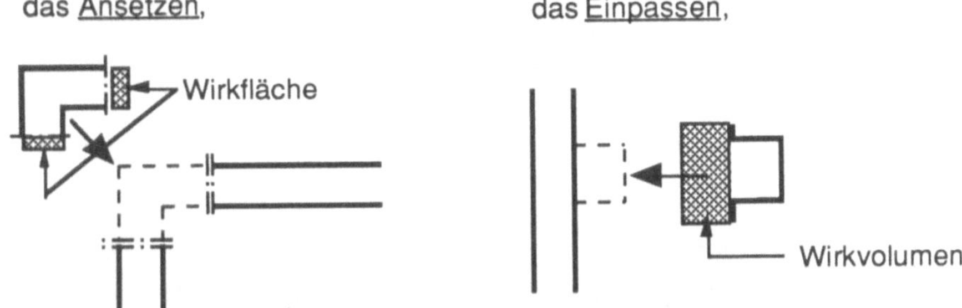

Abb. 6.18. Wirkfläche und Wirkvolumen beim Zusammenbau von Stahlbetonteilen

Bei der Interaktion zwischen der vorhandenen Konstruktion und dem neu hinzugefügten Element kann der Informationsfluß, ausgehend vom Element am Beispiel der Konsole bzw. einer Rahmenecke, wie folgt strukturiert werden:

- **lagenehmende** Teile, wie z.B.

  ein Zusatzbügel in der Stütze ober- und unterhalb der Konsole,

- **lagegebende** Teile, wie z.B.

  eine Längsbewehrung in einem Rahmenknoten,

- **formnehmende** Teile, wie z.B.

  eine Aufhängebewehrung der Konsole,

- **formgebende** Teile, wie z.B.

  Anzahl und Durchmesser der Längsbewehrung in einer Rahmenecke, wobei unter Form ist nicht nur die Biegeform, sondern allgemein die gesamte Geometrie, also auch der Durchmesser und die Anzahl der Bewehrungsstäbe, zu verstehen ist und

- **verdrängende** Teile, wie z.B.

  die Konsolenbewehrung, die einige Bügel in der Stütze verdrängt.

Das Element besitzt mehrere Einpaßpunkte, d.h. es ist geometrisch redundant. Diese Redundanz ist wichtig, damit sich das Element in den Konstruktionsprozeß einfügen kann und ihn nicht bestimmt. Die Bewehrung ist nur schematisch vorgegeben.

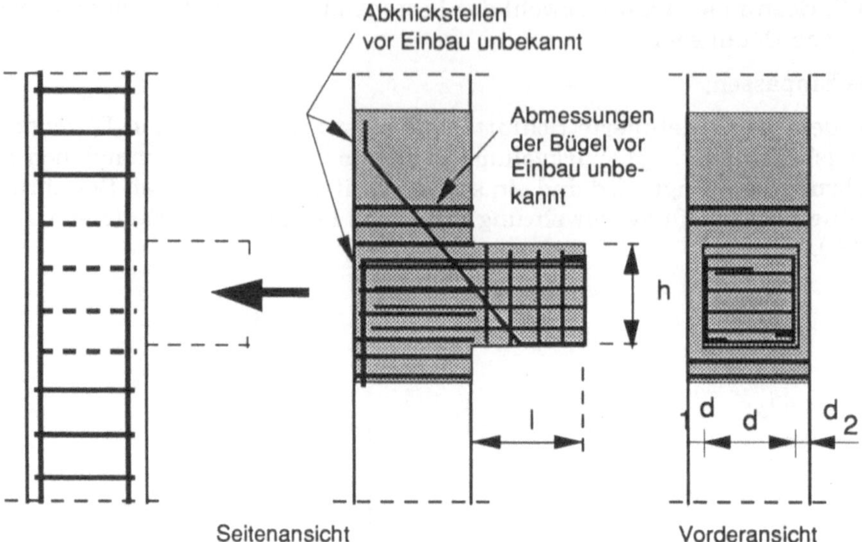

Abb. 6.19. Montage eines Konsolenelements an eine bestehende Stütze, Wirkvolumen grau unterlegt

Die Anzahl der Bewehrungsstäbe wird in Abhängigkeit von den geometrischen Abmessungen des Bauteils, sowie weiterer aus den vom Anforderungsprofil abgeleiteten Fakten, vorgeschlagen.

Die Form und die Lage, ebenso wie Anzahl und Durchmesser der Bewehrung können sich dann noch, wie oben ausgeführt, an den Kopplungsstellen gegenseitig beeinflussen.

6.2.2.6   Struktur des Bewehrungsprozesses

Der Konstruktionsprozeß ist, einfache, mathematisch linear formulierbare Probleme ausgenommen, ein iterativer Prozeß, der, gleichgültig ob es sich um das Gesamtbauwerk oder nur ein Detail handelt, folgendem Schema entspricht (Abb. 6.20.):

1. Entwurf (Hypothese):

   Basierend auf einer kleinen, speziell auf die Aufgabe hin ausgewählten Menge von Kriterien wird mittels eines Synthetisierungsprozeß ein Entwurf erstellt. Mit Hilfe eines Optimierungsprozesses wird aus diesen Kriterien - Randbedingungen, Überschlagsformeln, mechanischen Modellen, Vorschriften - ein möglichst guter Entwurf erzeugt, der eine Hypothese darstellt. Die Auswahl der Kriterien erfolgt auf Grund von Erfahrungswissen. Die Güte diese Auswahlprozesses ist ausschlaggebend für die Güte des Entwurfs.

2. Verifikation :

Die Gültigkeit des Entwurfs ist durch Überprüfung aller anzuwendenden
Normen und Vorschriften, sowie subjektiver Anforderungen, wie z.B. fir-
meninterner Konstruktionsregeln und Qualitätsanforderungen nachzuweisen. Ist die Verifikation nicht in allen Punkten erfolgreich, so ist unter Ein-
schluß der nicht erfüllbaren Punkten eine neue Hypothese zu generieren.

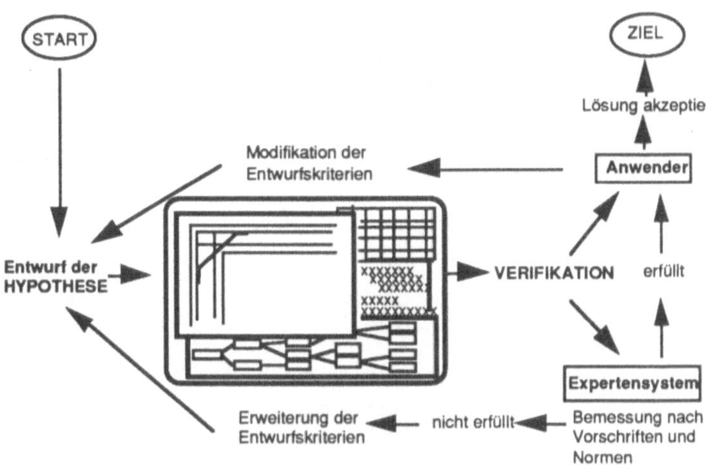

Abb. 6.20. Detaillierungsprozeß CAD-Konstruktionssystem

Die Ergebnisse des Entwurfs und der Verifikation sind dem Anwender in
Skizzen, technischen Zeichnungen, Entscheidungsbäumen etc. zu visualisieren, so daß er den Stand der Lösungsfindung leicht durchschauen und
durch Modifikation der Entwurfskriterien sofort eingreifen kann.

6.2.2.7   Erscheinungsbild

Das in der Entwicklung befindliche Expertensystem wird zur interaktiven grafischen Ein- und Ausgabe durch ein CAD-Zeichensystem ergänzt (Abb. 6.21.).
Durch die Kombination entsteht ein CAD-Konstruktionssystem. Für den Benutzer tritt das Expertensystem in Form einer aktiven CAD-Bibliothek in Er-
scheinung. Das Expertensystem bietet ihm auf Grund einer funktionalen Anforderungsbeschreibung technisch durchgeplante Detailzeichnungen an. Er
muß also nicht, wie in herkömmlichen, passiven CAD-Bibliotheken über das
Eingeben von Namen, die aus technischen Abkürzungen mit oftmals zu geringer Assoziativität zu einem allgemeinverständlichen Begriff stehen oder
mehrdeutig sind, das gewünschte Teil in der Bibliothek auffinden.

Dies setzt nämlich voraus, daß der Anwender

a) weiß, daß sich das gewünschte Teil in der Bibliothek befindet und

b) weiß, wo es sich dort befindet.

Außerdem sind die funktional beschriebenen Details weitaus variabler als die
Details herkömmlicher Bibliotheken, da letztere bedingt durch die imperativen
Programmiersprachen mit ihrer starren Logik, sehr detailliert und starr beschrieben werden müssen und zudem die Parametrisierung schon auf der geometrischen Ebene erfolgt.

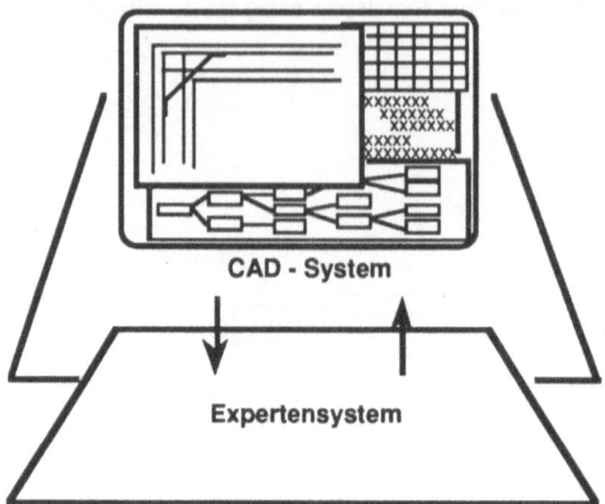

Abb. 6.21. Struktur des CAD-Konstruktionssystems

In dem Expertensystem besteht für jede Detailfamilie ein einziges Grundmodell, das nur funktional und topologisch beschrieben, in einer objektorientierten Datenstruktur gespeichert ist. Entsprechend den verschiedenen
Anforderungen wird mit dem Wissen, das in Form von Regeln, strukturiert
durch Taxonomien, in einer Wissensbank gespeichert ist, das speziell benötigte Detail generiert. Erst zu diesem Zeitpunkt erfolgt auch eine topo-
grafische Darstellung des Details.

6.2.2.8 Leistungsumfang

Eine regelbasierte Repräsentation der Teile bietet mehrere Vorteile:

1. Das Abrufen eines Teils erfolgt nicht, wie in den konventionellen Bibliotheken, durch einen Suchprozeß des Anwenders, sondern durch einen Ge-
   nerierungsprozeß des Expertensystem auf Grund des Anforderungsprofils
   an das Bauteil. Das Anforderungsprofil wird vom Anwender soweit wie
   möglich in grafischer und ergänzend in alphanumerischer Form eingegeben, bzw. wurde im laufenden Konstruktionsprozeß von ihm schon eingegeben. Das passende Teil bietet sich dem Anwender an. Das CAD-System
   übernimmt so einen aktiven Part im Konstruktionsprozeß.

2. Die Teile sind durch die regelbasierte Repräsentation weitaus flexibler und
   daher häufiger einsetzbar. Obwohl mehr und komplexere Parameter das
   Teil beschreiben, ist damit kein höherer Eingabeaufwand notwendig, denn

mit Hilfe der Regeln in der Wissensbank können die Parameterwerte weitgehend aus dem Anforderungsprofil bestimmt werden.

3. Die regelbasierte Repräsentation ermöglicht es, den Teilen auch Wissen über ihren Einbau und Zusammenbau mitzugeben. Dies bedeutet, daß sich auch der Einbau aktiv vollzieht und der Eingabeaufwand für den Einbau reduziert wird. Bei Unverträglichkeiten können kostenoptimale und normenkonforme Änderungsvorschläge für die betroffenen Teile vom System gemacht werden.

Die Arbeitsweise des Detailkonstrukteurs wird sich mit dem Einsatz eines solchen grafisch-interaktiven Expertensystems für die Planung und Konstruktion grundlegend verändern. Der Schwerpunkt der Arbeit wird dann auf der verantwortlichen Auswahl der besten dargebotenen Details und der kritischen Beurteilung der angeboten Lösungen, die auch eine Kosten- und Ausführungsoptimierung einschließen kann, liegen. Letzteres blieb im bisherigen Detaillierungsprozeß, bis auf wenige Ausnahmen, dem Geschick und dem Kenntnisstand des jeweiligen Konstrukteurs überlassen. Durch die oben angesprochene Auswahl bleibt der Anwender für die konstruktive Lösung verantwortlich. Er muß, um diese Auswahl richtig treffen zu können ein ausreichendes Fachwissen besitzen.

Ein Expertensystem ersetzt keinen Experten, sondern es kann nur die Effektivität eines Experten steigern, indem es ihn mit allen im System vorhandenen Informationen versorgt, die für die Lösung relevant sind, ihn auf mögliche Lösungswege hinweist und ihn bei der Kombination von Detaillösungen zur Gesamtlösung und der sich dabei ergebenden komplexen Optimierung behilflich ist.

Das Expertensystem beschränkt sich nicht nur auf die geometrische Anordnung der Bewehrung und der geometrischen Ausbildung der Bauteile, wie es bei einem CAD-Zeichensystem zu erwarten wäre, sondern es schließt die Bemessung der Bauteile mit ein. Damit ist es möglich, den Detaillierungsprozeß vollständig durchzuführen, angefangen vom Entwurf des Details bis zur widerspruchsfreien Durchbildung des gesamten Bauteils und in Zukunft evtl. sogar des gesamten Bauwerks.

Die Integration der Systemanalyse, d.h. der Schnittkraftermittlung, in das Expertensystem ist zukünftigen Entwicklungen vorbehalten. Es ist nur eine konsequente Weiterführung des Grundgedankens, alle iterativen Schritte des Konstruktionsprozesses integriert und expertensystemgesteuert, durchzuführen. Dies erfordert aber entsprechend leistungsfähige Rechner.

6.2.2.9 Komponenten des Expertensystems

Das Expertensystem für die Bewehrungsplanung besteht aus 10 Komponenten (Abb. 6.22.), die im folgenden erläutert werden:

In der **Datenbank** werden:

die technischen Daten der Baustoffe bereitgestellt. In ihr sind auch die Material- und Erstellungskosten einschließlich ihrer Verfügbarkeit gespeichert. Das Expertensystem greift über die standardisierte Sprache SQL (Structured Query Language, siehe hierzu Abschnitt 4.1) auf die Daten in der relationalen Datenbank zu.

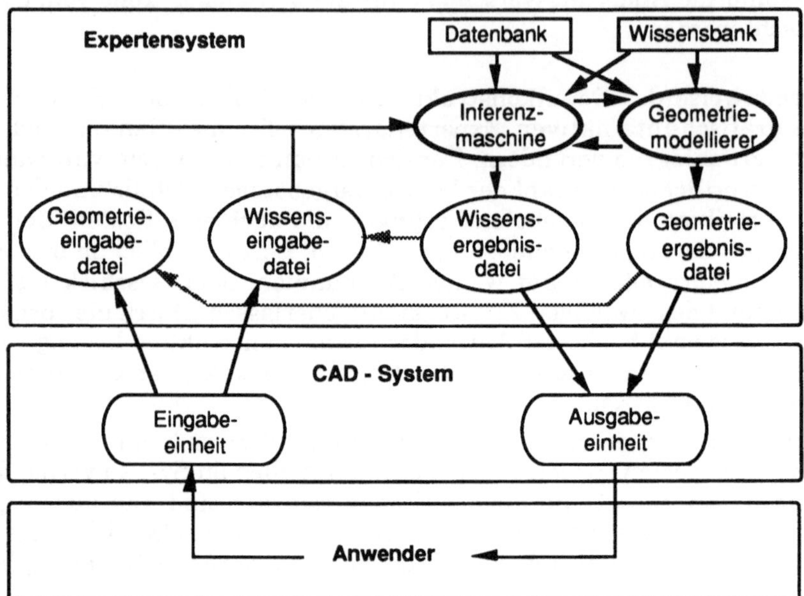

Abb. 6.22. Komponenten des Expertensystems und Datenfluß

Die **Wissensbank** gliedert sich in:

- eine **Vorschriftenbank**, vorgesehen ist die Implementierung der deutschen, der amerikanischen und der europäischen Normen,

- eine **theoretische Regelbank**, in der sich die numerischen Programme befinden, und

- eine **heuristische Regelbank**, in der Überschlagsformeln und empirische Entscheidungshilfen gespeichert sind.

Die **Eingabeeinheit** wird über eine Schnittstelle durch ein CAD-System realisiert. Es entsteht so eine einheitliche Oberfläche und einheitliche Arbeitstechniken. Die Eingaben können grafisch durchgeführt werden und eine visuelle Kontrolle der Eingabe ist möglich. Zudem kann durch die Einbettung des Expertensystems in ein CAD-Zeichensystem jederzeit in die konventionelle Konstruktionstechnik umgeschaltet werden und das Gesamtsystem profitiert von den Entwicklungen in beiden Bereichen.

In der **Geometrieeingabedatei** ist das geometrische Modell des Architekten
und die Modifikation, die vom Bauingenieur bis zur Detaillierung schon vorgenommen wurde, gespeichert.

In der **Wissenseingabedatei** wird das Anforderungsprofil für das Bauteil,
bzw. für das Detail angelegt und verwaltet. Das Anforderungsprofil gliedert
sich u.a. in folgende technische Daten:

- Belastung, bzw. Beanspruchung (Schnittgrößen),

- Materialgüte,

- Umwelteinflüsse,

- geforderte Dauerhaftigkeit,

- Bauverfahren,

- Feuersicherheit und

- Erstellungskosten.

Die **Inferenzmaschine** führt die logischen Schlußfolgerungen aus, so daß das
Anforderungsprofil unter Nutzung der Wissens- und Datenbanken in eine
Lösung, bzw. mehrere Alternativlösungen überführt wird. Hierzu wird ein
kommerzielles Expertensystem verwendet. Es bildet das Basislösungssystem,
das durch problemorientierte Strategieregeln und objektorientierte Darstellungen von statischen Zusammenhängen (Fakten), ergänzt wird. Diese Erweiterungen ermöglichen a) eine schnellere Problemlösungsfindung und b) eine
qualitativ bessere Lösung des Problems. In Abschnitt 6.2.2.11 wird auf diese
Erweiterungen noch näher eingegangen.

Der **Geometriemodellierer** überträgt das Ergebnis des Inferenzprozesses in
ein 3D-Modell und stellt sicher, daß keine geometrischen Inkompatibilitäten
enstehen.

In der **Wissensergebnisdatei** werden die Lösungen in funktionaler Form,
d.h. in Form der benutzten Regeln etc. gespeichert, damit die Inferenzmaschine einfach auf die Daten zugreifen kann. Im Konstruktionsfortschritt, z.B.
beim Einbau von neuen Teilen in das Bauteil, werden Teilmengen der Ergeb-
niswissensdatei wieder zu Eingabedaten.

In der **Geometrieergebnisdatei** werden die ausgewählten Lösungen in geometrischer Form, jedoch noch CAD-System-neutral abgespeichert. Die Daten
sind in objektorientierter Form gespeichert um den Zugriff vom Expertensystem aus zu erleichtern, denn beim Zusammenbau der Details als auch bei
Anpassungen und Optimierungen muß das Expertensystem auf diese Daten
zugreifen und sie manipulieren.

Die **Ausgabeeinheit** wird über eine Schnittstelle durch das gleiche CAD-System realisiert wie die Eingabeeinheit. Die grafisch-interaktive Repräsentation
der Lösungen ist wichtig um eine schnelle Beurteilung der Lösungsvorschläge
vornehmen zu können und Änderungswünsche, Modifikationen und zusätzliche Anforderungen eingeben zu können.

6.2.2.10 Struktur der Vorschriftenbank

Die Regeln der Vorschriftenbank werden in drei Gruppen unterteilt /GAFE-87/
(Abb. 6.23.):

Basisgrößen sind Größen, die sich aus den grundlegenden Zusammenhängen
der Physik, bzw. der Mechanik ergeben und die als allgemein bekannt vorausgesetzt werden können. In der Vorschriftenbank sind hauptsächlich die Verweise zur theoretischen Regelbank gespeichert, in der die entsprechenden numerischen Module abgelegt sind mit denen die Basisgrößen berechnet werden.

Spezielle Größen sind Größen, die aus heuristischen Beziehungen oder speziellen Näherungsbeziehungen, die als nicht allgemein bekannt vorausgesetzt
werden können, berechnet werden. Diese Beziehungen sind in Form von Gleichungen mit Angabe ihrer Gültigkeitsbereiche in den Normen und Vorschriften angegeben.

Nachweisgrößen sind die Größen für die der Nachweis zu führen ist, daß sie
unterhalb, bzw. oberhalb eines gewissen Grenzwerts liegen. Im engeren Sinn
sind hiermit die Begrenzung von physikalischen Größen, z.B. Festigkeitswer-
ten zu verstehen, die mit Hilfe der Basisgrößen und der speziellen Größen
errechnet werden können. Im weiteren Sinn könnten auch hier die Grenzen
der Geltungsbereiche eingeordnet werden, wie es von Garrett und Fenves
/FEGA-86/ vorgenommen wurde.

Basisgrößen	spezielle Größen	Nachweisgrößen
aus der Mechanik Physik Chemie Mathematik	aus der Baustatik Massivbau Vorschriften Normen Erfahrung	in den Vorschriften Normen Qualitäts- anforde- rungen
VORSCHRIFTENBANK		

Abb. 6.23. Struktur der Vorschriftenbank

Die Vorschriften zur Berechnung dieser Größen können in Form von Entschei-
dungstabellen aufbereitet werden, die auf Fenves /FENV-66/ zurückgehen.
Dies ist jedoch eine starre Form der Wissensrepräsentation, die eine starre
sequentielle Abarbeitung der logischen Struktur bedingt. Sie ist zusätzlich
entweder sehr unübersichtlich, falls Mehr-Regel-Tabellen verwendet werden,
oder enthält redundante Informationen, wenn nur Ein-Regel-Tabellen verwendet werden. Daher wird die von Garrett und Hakim /GAHA-90/ vorgeschla-
gene, weitaus flexiblere und transparentere Form der objektorientierten
Darstellung verwendet, die zudem keine Redundanz erfordert.

6.2.2.11 Architektur des Problemlösers

Der Problemlöser (Inferenzmaschine) muß durch einen Synthetisierungsprozeß eine Hypothese generieren können und muß sie in einem zweiten Schritt verifizieren. Diese zwei Hauptaufgaben können in mehrere Teilaufgaben aufgespalten werden /GAFE-87/, /GAFE-89/:

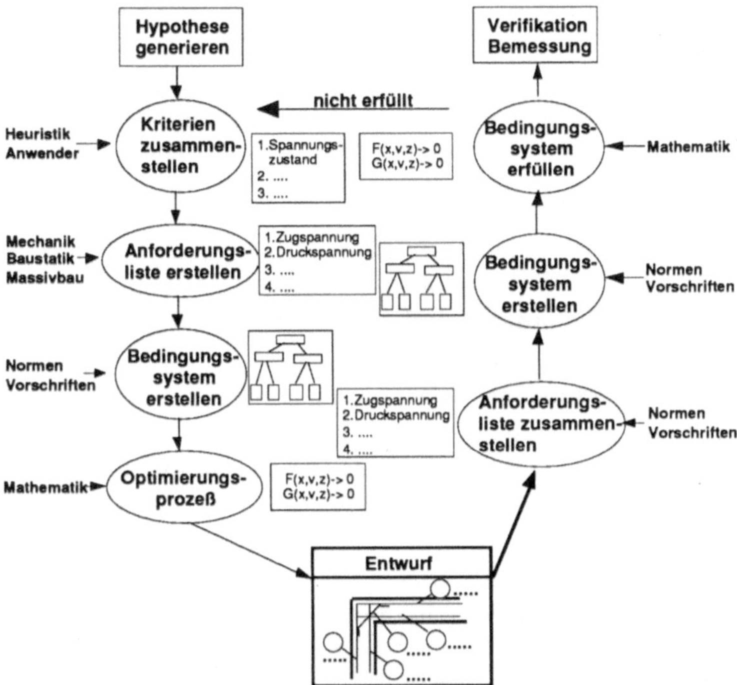

Abb. 6.24. Architektur des Problemlösers

1. Erstellen eines Entwurfs *(Hypothese)* für das Bauteil, bzw. für das Detail durch vorwärtsverkettete Regeln. Dies umfaßt:

   • Kriterien zusammenstellen (Schwerpunkt des Entwurfs definieren)

   Auf Grund heuristischer Regeln und der Anforderungen an das Bauteil werden die das Bauteil bestimmenden Entwurfskriterien, z.B. der maßgebende Spannungszustand, zusammengestellt.

   • Anforderungen erstellen

   Aus den Entwurfskriterien wird eine Anforderungsliste erstellt, die die Größen enthält, deren Werte nachzuweisen sind. Zum Beispiel sind dies bei Biegung mit Normalkraft die Zugspannung und die Druckspannung.

   • Bedingungssystem erstellen

   Hier wird geklärt wie die Größen der Anforderungsliste nachzuweisen sind und in welcher Form sie in den Normen und Vorschriften vorgegeben und in der Vorschriftenbank gespeichert sind. Die Transformation der Größen der Anforderungsliste in die nachzuweisenden Größen erfolgt mit den Basisbeziehungen und den speziellen Beziehungen, die sich in der theoretischen Wissensbank und in der Vorschriftenbank befinden. Die tatsächlich nachzuweisenden Größen einschließlich der Bereichsgrenzen, die für die Einordnung benötigt werden, bilden das System der Bedingungen. Für obiges Beispiel ist dies die Zugspannung der Längsbewehrung und die Druckspannung im Beton.

- Bedingungssystem optimal erfüllen

Die Größen des Bedingungssytems sind unter der Bedingung eines Kostenminimums in Ausführung und Unterhaltung (des Gesamtbauwerks) einzuhalten. Es ist deshalb eine Optimierung durchzuführen, wobei die Optimierungskriterien vom Anwender vorgegeben werden oder Standardkriterien vom System generiert werden.

Das Bauteil liegt nun prinzipiell fest. Seine Zulässigkeit im Hinblick auf die Vorschriften ist jedoch noch nachzuweisen.

2. *Verifizierung* der Hypothese durch rückwärtsverkettete Regeln. Dies umfaßt:

- Anforderungen zusammenstellen

Sämtliche in den Vorschriften (Normen, technische Vorschriften etc.) geforderten Nachweise für das zu untersuchende Bauteil bei der vorgegeben Nutzung sind zusammenzustellen und in eine Anforderungsliste einzutragen.

- Bedingungssystem erstellen

Dies ist identisch mit der Vorgehensweise wie sie unter Punkt 1 beschrieben ist.

- Bedingungssystem erfüllen

Es ist nachzuweisen, daß sämtliche im Bedingungssystem enthaltenen Bedingungen erfüllt sind. Eine Optimierung ist nicht vorgesehen. Ist irgendeine Bedingung nicht eingehalten, so sind die Entwurfskriterien um diese Bedingung zu erweitern und der gesamte Entwurfs- und Verifizierungsprozeß ist erneut zu durchlaufen.

6.3 Literatur zu Kapitel 6

/CARN-88/   Carnegie Group Inc: Knowledge Craft 3.2; Pittsburgh, PA, 1988.

/FEGA-86/   Fenves, S.J; Garrett J.H.: Knowledge based Standard Processing; Artificial Intelligence; Vol. 1, No. 1; ff 3-14, 1986.

/FENV-66/   Fenves, S.J.; Tabular Decision Logic for Structural Design; Journal of Structural Decision; Vol. 92, No. ST6; 473-490, 1966.

/GAFE-87/   Garrett, J.H.; Fenves, S.J.: A Knowledge-based Standard Processor for Structural Component Design; Engineering with Computers; 2, ff 219-238, 1987.

/GAFE-89/   Garret, J.H.; Fenves, S.J.: Knowledge-based Standard-independent Member Design; Journal of Structural Engineering; Vol. 115, No. 6; ff 1396-1411, 1989.

/GAHA-90/   Garrett, J.H.; Hakim, M.M.: A Formal Model of Engineering Design Standards; NSF Grantees Conference on Design and Manufacturing Systems; Tempe, Arizona; USA, 1990.

/GAUC-89/   Gauchel, J.: Intelligent Building - Symposium an der Fakultät für Architektur der Universität Karlsruhe, 1989.

/HALL-85/   Haller, F.; u.a.: ARMILLA - ein installationsmodell; Institut für Baugestaltung der Universität Karlsruhe; Eine detaillierte und umfassende Darstellung des Installationsmodells, 1985.

/HALL-88/   Haller, F.: Fritz Haller - bauen und forschen; Dokumentation der Ausstellung im Kunstmuseum Solothurn; Solothurn, Schweiz, 1988.

/HESS-87/   Hesse, R.: ARMILLA - Fallstudie, Bürogebäude IBM-Nürnberg; Institut für Baugestaltung der Universität Karlsruhe, 1987.

/PUPP-88/   Puppe, F.: Einführung in Expertensysteme; Springer-Verlag, 1988.

/RICH-89/   Richter, M.M.: Prinzipien der künstlichen Intelligenz; Teubner Verlag, 1989.

/SCSC-84/   Schlaich, J.; Schäfer K.: Konstruieren im Stahlbetonbau; Betonkalender; ff 787-1005; Verlag Wilhelm Ernst & Sohn; Berlin, 1984.

/WATE-86/   Waterman, D.A.: A Guide to Expert Systems; Addison-Wesley; 1986.

7 CAD/CAM-Prozeßketten

Die Entwicklung in der Produktionstechnik wurde in den letzten Jahren durch
die Einführung rechnerunterstützter Systeme in sämtlichen Unternehmensbereichen geprägt. Dabei stand zunächst die Unterstützung der spezifischen Aufgabenstellungen in den einzelnen Abteilungen im Vordergrund. Diese Zielsetzung führte zum Einsatz von als Insellösung konzipierten Systemen
(Abb. 7.1.):

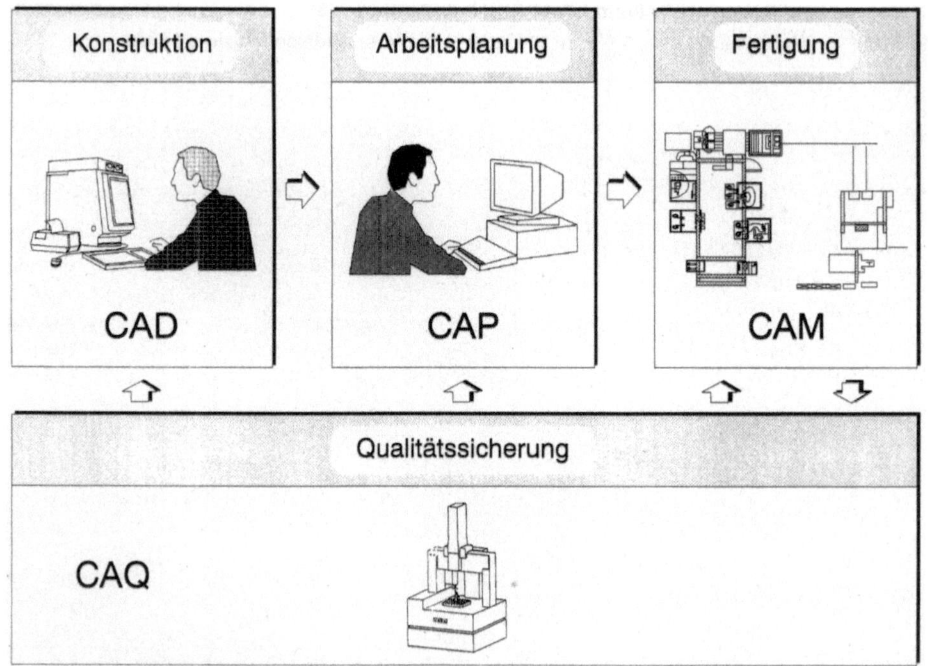

Abb. 7.1. Rechnereinsatz in der Produktion

Im Konstruktionsbereich haben sich CAD-Systeme etabliert, die den
Konstrukteur bei der Gestaltung und Detaillierung seiner Entwürfe unterstützen.

Dem Arbeitsplaner stehen heute CAP-Systeme zur Verfügung, mit deren Hilfe
eine für bestimmte Funktionen automatisierte Erstellung von Arbeitsplänen
möglich ist. Das zeitaufwendige Suchen von Lösungen in Tabellen und

Katalogen wurde durch die Integration von Betriebsmitteldateien oder eine Kopplung zu Datenbanksystemen substituiert.

In der Teilefertigung werden konventionelle Maschinen zunehmend durch NC-gesteuerte Bearbeitungszellen verdrängt. Seit Mitte der siebziger Jahre sind CNC-Steuerungen verfügbar, die neben der Interpretation von NC-Programmen auch eine komfortable Programmerstellung auf Maschinenebene zulassen.

In der Robotik wurden in den letzten Jahren Systeme zur rechnerunterstützten Planung und Programmierung von Roboteranwendungen in der Montage entwickelt. Solche Systeme basieren auf rechnerinternen Modellen des Roboters und seiner Arbeitsumgebung. Ausgehend von diesen Modellen und einer vorgegebenen Aufgabenbeschreibung kann eine Roboteranwendung geplant, programmiert und anschließend durch grafische Simulation validiert werden.

Die Rechnerunterstützung in der Qualitätssicherung beschränkt sich derzeit auf voneinander entkoppelte Systeme wie die Koordinatenmeßtechnik oder CAQ-Systeme auf PC-Basis. Immer mehr an Bedeutung gewinnt die Integration, d.h. die Entwicklung einer durchgängigen Prozeßkette in der Qualitätssicherung.

Mit steigendem Qualitätsbewußtsein in den Unternehmen gewinnt die Entwicklung von rechnerunterstützten Verfahren für die Qualitätssicherung (CAQ-Systeme), die den Planer in der Vorbereitung, Ausführung und Auswertung von Prüfungen unterstützen, immer mehr an Bedeutung.

Unter einer CAD/CAM-Prozeßkette wird hier die organisatorische, technische und informatorische Verknüpfung einzelner CA-Systeme zu einem funktionsfähigen Ablauf verstanden. Sie sind in der Lage autonom zu arbeiten, bauen jedoch auf den Ausgangsinformationen der in den vorgeschalteten Produktionsbereichen arbeitenden Systeme auf.

Im weiteren werden die Prozeßketten von:

- der Konstruktion zur numerisch gesteuerten Fertigung,

- der Konstruktion zur rechnerunterstützten Planung der Qualitätsprüfung und

- der Konstruktion zur rechnerunterstützten Planung von Roboteranwendungen vorgestellt.

In diesen Prozeßketten lassen sich Gemeinsamkeiten hinsichtlich der eingesetzten Verfahren erkennen. Diese Verfahren zur Modellierung, zur Planung, zur Programmierung und zur Validierung der Ergebnisse durch Simulation unterscheiden sich jedoch in ihrer konkreten Ausprägung.

7.1 Integrierter Informationsfluß von der rechner-unterstützten Konstruktion zur numerisch gesteuerten Fertigung

Neben der Einführung von Rechnersystemen in den einzelnen Produktions-bereichen lassen sich weitere Rationalisierungspotentiale in der CAD/NC-Prozeßkette durch eine Kopplung dieser Inselsysteme zu einem Informations-verbund nutzen. So ist beispielsweise der Hauptanreiz für den Einsatz von CAD-Systemen nicht in der reinen Zeichnungserstellung, sondern in deren Einbindung in ein CIM-Gesamtkonzept zu sehen /TÖRU-89/. Auf diese Weise können einmal erzeugte Informationen zwischen den einzelnen Produktions-bereichen ausgetauscht werden. Diese Entwicklung steht jedoch erst am Anfang. Eine Umfrage hat ergeben, daß im Jahre 1986 erst ca. 9% aller Be-triebe der Investitionsgüterindustrie eine innerbetriebliche Vernetzung -gleich welcher Art- realisiert hatten /NUBE-87/, /MARO-89/.

Bei der Realisierung einer durchgängigen CAD/CAM-Prozeßkette sind zwei Entwicklungstendenzen zu beobachten:

1) Kopplung von CAD- und NC-Programmiersystemen:

   Zur Erstellung eines NC-Programms benötigt der Arbeitsplaner eine möglichst vollständige Werkstückbeschreibung mit technologischen Angaben wie Fertigungstoleranzen, Oberflächengüten und bearbei-tungstechnologischen Zusatzinformationen. Mit der Kopplung der Rechnersysteme wird versucht, die im CAD-System vorliegenden Infor-mationen über eine Schnittstelle in das NC-Programmiersystem zu transferieren, sodaß eine erneute Beschreibung des Werkstücks auf dem NC-Programmiersystem überflüssig wird.

2) NC-Module als integraler Bestandteil von CAD-Systemen:

   Bei diesem Lösungsansatz wird ein NC-Softwaremodul in das CAD-Sy-stem integriert, das die Funktionalitäten zur NC-Programmgene-rierung beinhaltet und direkt auf das rechnerinterne Modell des CAD-Systems zugreift.

Der überwiegende Teil der NC-Programme wird heute zentral in der Arbeits-vorbereitung erstellt. Derzeit besteht jedoch der Trend weg von der klassi-schen Aufgabentrennung von Konstruktion, Planung und Fertigung hin zur integrierten Bearbeitung, d.h. zur Schaffung von Organisationsstrukturen mit erweiterten Arbeitsinhalten. Dies führt dazu, daß die NC-Programmgene-rierung künftig dezentral und alternativ an verschiedenen Programmierorten (Arbeitsvorbereitung, fertigungsnahe Bereiche, direkt an der Maschine) durch-geführt wird.

Die Frage des geeigneten Programmierortes hängt entscheidend von dem zu fertigenden Teilespektrum und von der Fertigungsstruktur ab. So erfordert beispielsweise die Programmierung von Großserienteilen laufzeitoptimale NC-

Programme, eine Zielsetzung, die am besten in der Arbeitsvorbereitung mit Hilfe leistungsfähiger Programmiersysteme erfüllt werden kann.

Bei kleineren Stückzahlen und relativ einfachen Bauteilen ist eine Verlagerung der Programmierung in die Fertigung sinnvoll, da hier das Erfahrungswissen des Maschinenbedieners unmittelbar verfügbar und eine Programmerstellung ohne den organisatorischen Umweg über die Arbeitsvorbereitung möglich ist. Darüber hinaus haben Erfahrungen über den Einsatz solcher Systeme gezeigt, daß sich die Einfahrzeit von NC-Programmen wesentlich verringert, wenn Programmierung und Einfahrprozeß von der gleichen Person durchgeführt werden /AMRA-89/.

7.1.1 Integrationsmodelle der CAD/CAM-Prozeßkette

Als Ergebnis des Konstruktionsprozesses liegen Geometrie- und Sachinformationen sowie bearbeitungstechnologische Angaben in grafischer und alphanumerischer Form im CAD-System vor. Diese Daten unterscheiden sich nach Syntax und Semantik von den Steuerinformationen, wie sie für die numerisch gesteuerte Fertigung benötigt werden, d.h. zwischen CAD-System und NC-Steuerung muß eine Datenkonvertierung und -erweiterung erfolgen. Noch fehlende, bearbeitungstechnologische Angaben müssen im Dialog unter Einsatz von Kopplungssoftware ergänzt werden /HEHE-83/.

Die Kopplung von CAD-System und NC-Steuerung kann auf vielfältige Weise realisiert werden /SELI-87/. Die wesentlichen Modelle zur Integration sind in Abbildung 7.2 dargestellt.

Variante A:

Bei dieser Vorgehensweise erstellt die CAD/NC-Konvertierungssoftware das NC-Steuerprogramm direkt aus den geometrischen Daten des CAD-Systems unter Einbeziehung technologischer Angaben durch den Bediener. Darunter versteht man Angaben wie die Festlegung der Werkstückeinspannung, die Bestimmung von Bearbeitungsstrategie und -reihenfolge, die Werkzeugauswahl und die Vorgabe der Schnittwerte.

Variante B:

Analog zu Variante A wird die NC-Programmierung hier direkt auf dem CAD-System durchgeführt. Die Ausgabe der Steuerinformationen erfolgt jedoch im maschinenneutralen CLDATA-Format (Cutter Location **DATA**), genormt nach DIN 66215. Ein nachgeschalteter, steuerungsspezifischer Postprozessor erzeugt daraus den NC-Steuercode nach DIN 66025, der den Aufbau von NC-Programmen und die Bedeutung der einzelnen NC-Befehle festlegt.

Variante C:

Nach diesem Modell erfolgt die Programmerstellung in einem eigenständigen NC-Programmiersystem. Die Kopplungssoftware erzeugt auf der Ausgabeseite eine Werkstückbeschreibung auf der Basis einer höheren, problemorientierten

Sprache (NC-Programmiersprache) und transferiert auf diese Weise, die für die NC-Programmerstellung relevanten Informationsmengen aus dem CAD-System. Die Ausgabe der Geometrieinformation wird entweder in Form einer Konturbeschreibung oder mit Hilfe von Geometriemakros durchgeführt. Bei der Verwendung von Makros muß deren Beschreibung jedoch sowohl im CAD-System als auch im NC-Programmiersystem vorliegen.

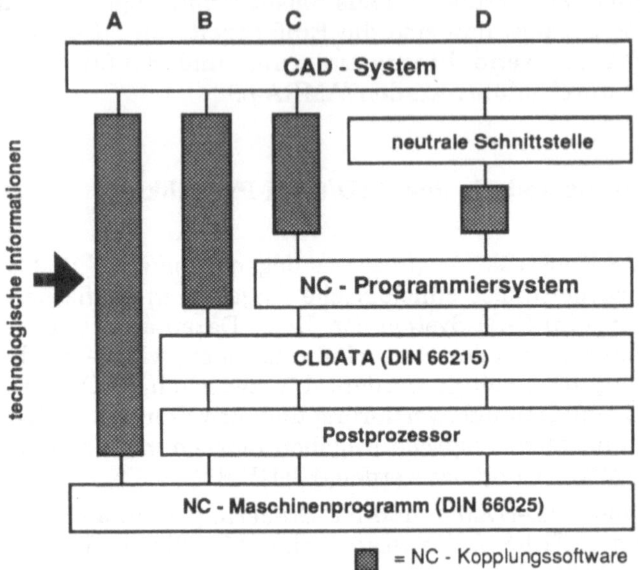

Abb. 7.2. Kopplung von CAD und NC-Programmierung

Variante D:

Eine weitere Alternative stellt die Kopplung von CAD- und NC-Programmiersystemen über neutrale Schnittstellen dar. Der Datenaustausch erfolgt hier über entsprechende Prozessoren. Zu diesem Zweck steht eine Reihe genormter Schnittstellenformate (IGES, VDA-FS, SET etc.) zur Verfügung.

Ein Vergleich der vier Integrationsmodelle führt zu den in Tabelle 7.1 zusammengefaßten Vor- und Nachteilen.

Durch die Weiterverarbeitung der Werkstückinformationen direkt auf dem CAD-System (Variante A) liegt die Geometriebeschreibung nur einmalig im rechnerinternen Modell des CAD-Systems vor, und es ist keine Übertragung des Werkstückmodells auf andere Systeme erforderlich. Als weiterer Vorteil ist der Wegfall von Postprozessoren zur Anpassung des Steuercodes an die jeweilige Bearbeitungmaschine zu nennen. Nachteilig wirkt sich jedoch aus, daß der erzeugte Code steuerungs- und damit maschinenabhängig ist, d.h. zum Zeitpunkt der NC-Programmierung muß die Bearbeitungsmaschine bereits feststehen. Desweiteren kann bei einer Änderung der eingesetzten Maschinensteuerung die Anpassung der Steuerinformationen nur über einen programmtechnischen Eingriff in die Kopplungssoftware erfolgen. Durch die

Bindung an das CAD-System wird diese Variante nicht der organisatorischen Struktur der meisten Fertigungsbetriebe gerecht, bei welcher Konstruktion und NC-Programmierung räumlich und zeitlich getrennt in verschiedenen Abteilungen durchgeführt werden.

	Variante A	**Variante B**	**Variante C**	**Variante D**
Vorteile	• keine Geometrie-schnittstelle • keine Post-prozessoren	• keine Geometrie-schnittstelle • maschinen-neutrales NC-Programm	• Nutzung vorhandener NC-Programmier-systeme • Organisatorische Trennung von Konstruktion und Arbeitsplanung	• keine NC-Pro-grammiersprache • nur eine Geometrie-schnittstelle • Nutzung vorhandener NC-Programmier-systeme
Nachteile	• maschinen-abhängiges NC-Programm • Anpassungs-aufwand • NC-Pro-grammierung an CAD-System gebunden	• NC-Pro-grammierung an CAD-System gebunden	• Entwicklung angepaßter Geometrie-schnittstellen	• Informations-verlust bei Datenüber-tragung

Tab. 7.1. Vor- und Nachteile der einzelnen Integrationsmodelle

Bei Variante B wird ebenfalls keine Geometrieschnittstelle benötigt. Durch die in diesem Falle maschinenneutrale NC-Programmierung muß beim Einsatz neuer Maschinensteuerungen lediglich der entsprechende Postprozessor beschafft werden, die eigentliche Kopplungssoftware kann unverändert weiterverwendet werden. Da die Anpassung des CLDATA-Codes an die eingesetzte Maschine sehr schnell mittels Postprozessorlauf realisiert werden kann, wird mit diesem zweistufigen Programmierablauf eine Maschinendisposition zu einem späteren Zeitpunkt möglich. Allerdings ist auch bei dieser Vorgehensweise Konstruktion und NC-Programmierung im allgemeinen nicht in getrennten Abteilungen möglich.

Variante C unterstützt die klassische Aufgabenteilung zwischen Konstruktion und Arbeitsplanung. Hier können die in der Arbeitsvorbereitung bereits eingesetzten NC-Programmiersysteme weiter genutzt werden. Als Nachteil ist die Entwicklung von angepaßten Schnittstellen zwischen den einzelnen CAD- und NC-Programmiersystemen zu berücksichtigen.

Durch den Einsatz genormter Schnittstellen kann bei Variante D der Datenaustausch zwischen verschiedenen Systemen über eine einzige Schnittstelle erfolgen, d.h. mit einem relativ geringen Schnittstellenentwicklungsaufwand ist die Kopplung zwischen verschiedenen Systemen möglich. Desweiteren wird im Gegensatz zu Variante C keine NC-Programmiersprache vorausgesetzt. Die Übertragung der Werkstückinformation von CAD-Systemen zu NC-Programmiersystemen wurde bisher noch nicht zufriedenstellend gelöst /EVCO-88/. Die heute verfügbaren, standardisierten Schnittstellenformate wurden zum Austausch von Zeichnungsinformationen zwischen CAD-Systemen konzipiert.

Technologische Informationen, sofern diese im CAD-Modell integriert sind, sind mit diesen Schnittstellen bisher nicht übertragbar. Abhilfe soll hier die Konzeption eines neuen Übertragungsformates (STEP) zum Austausch von sämtlichen produktdefinierenden Daten leisten.

Die Kopplungsmodule der Varianten B, C und D sind weitestgehend allgemein gefaßt und damit maschinen- und steuerungsunabhängig. Dadurch ist es jedoch nicht möglich, steuerungsspezifische Programmierhilfen wie Zyklen oder Bearbeitungsmakros zu nutzen. Hier muß jeder Verfahrweg oder Schaltvorgang in einzelne DIN-Befehle aufgelöst werden, wodurch die Steuerungsprogramme relativ lang werden.

Im Gegensatz dazu können durch die maschinenspezifische Anpassung der Kopplungssoftware bei Variante A die von der Steuerung zur Verfügung gestellten Zyklen eingesetzt werden /WAME-87/.

Das als Schnittstelle zwischen NC-Programmiersystem und CNC-Steuerung fungierende, steuerungsneutrale CLDATA-Format dient als Voraussetzung für eine maschinenunabhängige NC-Programmerstellung.

7.1.2 Methoden der NC-Programmierung

Mit der Einführung der NC-Technik stellte sich die Aufgabe der Entwicklung von NC-Programmen zur Steuerung der Bearbeitungsmaschinen. Zu diesem Zweck wurden eine Reihe von Programmiermethoden entwickelt, die sich nach Kriterien wie Programmierort oder eingesetzter Programmiermethodik klassifizieren lassen.

Hinsichtlich des Programmierortes unterscheidet man zwischen der externen Programmierung in einem spezialisierten Programmierbüro und der Programmerstellung im eigenen Haus. Diese kann weiter untergliedert werden in die Programmerstellung

- in der Konstruktion,

- zentral in der Arbeitsvorbereitung und

- maschinengebunden oder maschinennah im Fertigungsbereich (Werkstattprogrammierung) /SELI-87/.

In Bezug auf die eingesetzte Programmiermethodik kann zwischen manueller und rechnerunterstützter Programmierung unterschieden werden (Abb. 7.3.).

Beim Einsatz von Rechnersystemen klassifiziert man weiter in die Programmerstellung mit Hilfe eines in ein CAD-System integrierten NC-Moduls, auf der Basis von NC-Programmiersprachen und der grafisch-interaktiven Vorgehensweise.

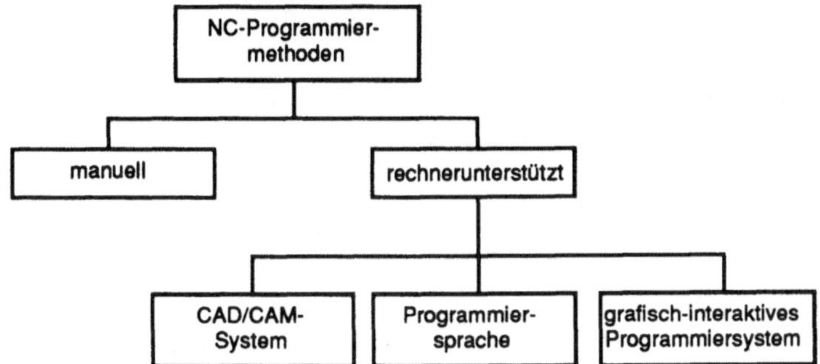

Abb. 7.3.   Methoden der NC-Programmierung

7.1.2.1   Manuelle Programmierung

Unter manueller Programmierung versteht man die NC-Programmerstellung
unmittelbar im NC-Satzformat nach DIN 66025. Als Eingangsinformationen
stehen dem Programmierer die Teilezeichnung, der Arbeitsplan und die
Beschreibung des Systems Werkzeugmaschine/Steuerung zur Verfügung. Aus
diesen Daten muß er alle zur Steuerung des Bearbeitungsprozesses erforderlichen Informationen "von Hand" generieren. Das erzeugte Satzformat, das von
der Steuerung direkt verarbeitet werden kann, enthält je Satz einen von der
Maschine auszuführenden Bearbeitungsschritt und/oder eine Maschinenfunk-
tion. Da jede Elementaroperation der Maschine explizit codiert werden muß,
ist diese Art der Programmerstellung sehr arbeits- und zeitintensiv. Schon
relativ einfache Bearbeitungsaufgaben führen zu relativ langen NC-Programmen, die sehr fehleranfällig und nur schwer manuell verifizierbar sind.

Unter Berücksichtigung der uneingeschränkten Freiheitsgrade dieser Vorgehensweise erfolgt das Einfahren und Optimieren von NC-Programmen in
diesem DIN-Satzformat.

7.1.2.2   Maschinelle Programmierung mit Programmiersprachen

Auf Grund des hohen Eingabeaufwands bei der manuellen Programmierung
hat man unmittelbar nach Einführung der NC-Technik zur effizienten
Programmerstellung problemorientierte NC-Programmiersprachen entwickelt.
Diese Sprachen stellen relativ mächtige Sprachkonstrukte zur Verfügung, mit
deren Hilfe der Programmierer die zu fertigende Werkstückkontur, die erforderlichen Bearbeitungsoperationen, die eingesetzten Betriebsmittel, die Technologiedaten und andere Maschinenfunktionen beschreibt. Das eigentliche
NC-Programm wird dann in zwei Stufen erstellt:

1)   Ein Prozessor übersetzt das Quellprogramm in ein maschinenneutrales
     Zwischenformat (CLDATA). Dabei führt der Rechner eine Syntaxkon-

trolle durch, übernimmt sämtliche Berechnungen und legt die Schnittaufteilung fest.

2) Ein maschinenspezifischer Postprozessor paßt das Steuerprogramm an
das Format der jeweiligen NC-Steuerung an.

Durch die Entwicklung angepaßter Schnittstellen kann die Beschreibung der
Werkstückkontur durch eine Kopplung zu einem CAD-System ersetzt werden
(siehe Kap. 7.1.1, Variante C).

Bei den Programmiersprachen unterscheidet man zwischen universellen und
speziellen, d.h. auf ein Bearbeitungsverfahren zugeschnittene Sprachen.
Heute überwiegen die universellen Sprachen, mit denen alle Maschinentypen
programmiert werden können /KIEF-87/. Ein Teil der Sprachen wurde von
Maschinenherstellern entwickelt und ist somit häufig herstellerspezifisch.

Die Erstellung von NC-Programmen auf der Basis von Programmiersprachen
ist auf die Arbeitsvorbereitung beschränkt. Dies ist einerseits in der
benötigten Rechnerkapazität begründet, andererseits erfordert die Formulierung der Bearbeitungsaufgabe in einer Hochsprache eine sehr abstrakte
Denkweise. Darüber hinaus setzt die Beherrschung einer Sprache einen nicht
unerheblichen Schulungsaufwand voraus.

Die Hauptvorteile der maschinellen Programmierung liegen in der sehr
strukturierten und übersichtlichen Problemdefinition, der Unterstützung des
Programmierpersonals durch den Rechner und der maschinenunabhängigen
Vorgehensweise.

7.1.2.3   Grafisch-interaktive Werkstattprogrammierung

Bei der Werkstattprogrammierung wird die Teilezeichnung direkt an die Fertigung weitergegeben und "vor Ort" das NC-Programm erstellt. Als Hilfsmittel
standen dem Programmierer zunächst lediglich einfache Editierhilfen zur Verfügung, die das Eingeben, Ändern und Löschen von Programmsätzen ermöglichten und einfache Syntax- und Plausibilitätskontrollen durchführten.

Im Zuge der Weiterentwicklung der Mikroelektronik und der damit verbundenen Leistungssteigerung der Maschinensteuerungen wurde die Voraussetzung geschaffen, leistungsfähige Programmiersysteme in die NC-Steuerung
zu integrieren. Unter Werkstattprogrammierung versteht man heute im
allgemeinen die NC-Programmierung mit Hilfe von grafisch-interaktiven
Werkstattprogrammiersystemen, wie sie beispielsweise im Rahmen des
Verbundprojektes "Werkstattorientierte Programmierverfahren" (WOP)
entwickelt wurden /BRÖD-88/.

Mit Hilfe grafisch-interaktiver Werkstattprogrammiersysteme wird der
Maschinenbediener in die Lage versetzt, NC-Programme ohne Kenntnis einer
Programmiersprache zu entwickeln. Die Bedienung erfolgt ausschließlich im
systemgeführten Dialog unter Verwendung von Interaktionstechniken wie
Softkeyauswahl oder Formulareingabe. Die auf diese Weise definierten

Geometrieelemente werden grafisch dargestellt. Werkzeuge und Verfahrbahnen werden visualisiert, um eine sofortige Verifikation während der Programmerstellung zu realisieren und damit Eingabefehler zu minimieren. Es ist somit möglich, sehr schnell und ohne aufwendige Zusatzqualifikation des Bedienpersonals, lauffähige NC-Programme zu erstellen.

Die Vorteile dieser Programmiermethode sind in ihrer schnellen Erlernbarkeit und der kurzen Programmentwicklungszeit zu sehen. Ihre Anwendbarkeit ist allerdings, auf Grund einer eng eingegrenzten Funktionalität der Bedienbarkeit, auf relativ einfache Teile beschränkt.

7.1.2.4 Programmierung mit integrierten CAD/CAM-Arbeitsplätzen

Bei dieser Methode erfolgt die Programmierung mit Hilfe eines in das CAD-System integrierten NC-Moduls. Damit können die in der Konstruktion modellierten Teilegeometrien direkt zu einem NC-Steuerprogramm weiterverarbeitet werden (vgl. Kap. 7.1.1, Variante A u. B).

Dabei sind jedoch folgende Probleme zu berücksichtigen:

- Qualifikation des Bedienpersonals:

  In der Praxis besitzt der Konstrukteur weder das zur Planung der Bearbeitung erforderliche fertigungstechnologische Know-How, noch verfügt er über ausreichende Informationen über die aktuell verfügbaren Fertigungsmittel (Maschinen, Werkzeuge).

- Maschinendisposition:

  Zum Zeitpunkt der Konstruktion steht die Maschine, auf der das Teil gefertigt werden soll, in der Regel noch nicht fest. Hierüber entscheidet die Fertigungssteuerung zu einem späteren Zeitpunkt.

- Betriebskosten:

  Anschaffung und Betrieb von leistungsfähigen CAD-Arbeitsplätzen sind sehr kostenintensiv. Während der unter Umständen recht zeitaufwendigen NC-Programmerstellung sind diese Systeme für die Teilekonstruktion blockiert.

Bewährt hat sich der Einsatz integrierter CAD/CAM-Systeme für die Programmierung hochkomplexer Teile. Hier ist es nicht zweckmäßig, die Beschreibung von Freiformflächen auf ein NC-Programmiersystem zu übertragen und dort weiterzuverarbeiten.

7.1.3 NC-Programmiersystem für die spanende Fertigung

Erweiterte Aufgabenstellungen und Arbeitsumfänge in der Arbeitsplanung, ausgelöst durch

- komplexer werdende Werkstücke,

- neue, flexibel automatisierte Fertigungsstrukturen und

- den Einsatz von Fertigungszellen mit erweitertem Funktionsumfang,

führen gerade im Bereich der kurzfristigen Planungsaufgaben zu Kapazitäts-
engpässen.

Dieses Problem kann durch die Auslagerung von Teilaufgaben der Arbeitsplanung in andere Produktionsbereiche umgangen werden. Eine Alternative
zur NC-Programmierung in der Arbeitsvorbereitung stellt die dezentrale Programmerstellung im Werkstattbereich dar.

Eine wirtschaftliche Programmierung in der Werkstatt kann jedoch nur unter
Einsatz leistungsfähiger Programmierhilfsmittel realisiert werden, eine Forderung, die, unter Berücksichtigung kleiner Losgrößen und des damit verbundenen hohen Programmierkostenanteils an den Gesamtfertigungskosten,
zunehmend an Bedeutung gewinnt.

Ein adäquates Hilfsmittel zur NC-Programmierung im Fertigungsbereich stellen grafisch-interaktive Werkstattprogrammiersysteme dar, deren Benut-
zungsoberfläche auf die Arbeitstechnik des Facharbeiters zugeschnitten ist
/STAI-84/, /LÖSE-88/.

Heute werden in der Fertigung zunehmend Dreh-Bearbeitungszellen eingesetzt, die durch den Einsatz angetriebener Werkzeuge eine Komplettbearbei-
tung komplexer Werkstücke zulassen. Darunter versteht man Teile, die neben
rotationssymmetrischen Elementen auch ebene Flächen, Nuten und außer-
mittige Bohrungen enthalten.

Neben der Integration verschiedener Fertigungsverfahren in einer Bearbeitungsmaschine führt der Einsatz mehrerer unabhängig voneinander arbei-
tender Werkzeugschlitten zu einem wesentlich erhöhten Programmieraufwand, der die mit dieser Maschinenkonzeption angestrebte Durchlaufzeitredu-
zierung in Frage stellt.

Das in diesem Beitrag vorgestellte Programmiersystem soll eine wirtschaftliche Teileprogrammerstellung für diese CNC-Drehzellen sicherstellen.

7.1.3.1 Systembeschreibung

Ausgehend von der Forderung nach einer durchgängigen Prozeßkette von der
rechnerunterstützten Konstruktion (CAD) bis zur numerisch gesteuerten
Fertigung (CAM), beinhaltet das NC-Programmiersystem einen rechnerunterstützten Informationsaustausch zwischen den einzelnen Produktionsbereichen.
Da dieses System zur NC-Programmerstellung im Werkstattbereich eingesetzt
werden soll, d.h. eine organisatorische Trennung von Teilekonstruktion und
NC-Programmierung vorliegt, ist zur Realisierung einer CAD/CAM-Kopplung
eine Geometrieübertragung aus dem CAD-System der Konstruktionsabteilung
erforderlich. Diese Übertragung wurde mit Hilfe einer neutralen Schnittstelle
realisiert (vgl. Kap. 7.1.1, Variante D).

Die bei der Systemkonzeption (Abb. 7.4.) vorgenommene eindeutige Trennung der Bereiche Geometrie und Technologie stellt die Voraussetzung für die oben beschriebene Vorgehensweise dar. Der Bereich Geometrie beinhaltet sämtliche Funktionen zur Werkstückbeschreibung, während im Bereich Technologie die Bearbeitungsoperationen definiert werden. Der Informationsaustausch zwischen diesen beiden Funktionsbereichen des Programmiersystems erfolgt über das Werkstückmodell, das alle geometrischen, topologischen und technologischen Informationen über das zu fertigende Teil enthält. Dadurch besitzt der Programmierer die Möglichkeit, das über eine CAD/CAM-Kopplung automatisch erzeugte Werkstückmodell mit Hilfe eines Geometrieeditors zu modifizieren oder bei der Datenübertragung verloren gegangene Informationen zu ergänzen. Daneben ermöglicht dieses Eingabehilfsmittel auch die komplette manuelle Werkstückbeschreibung ausgehend von der Teilezeichnung.

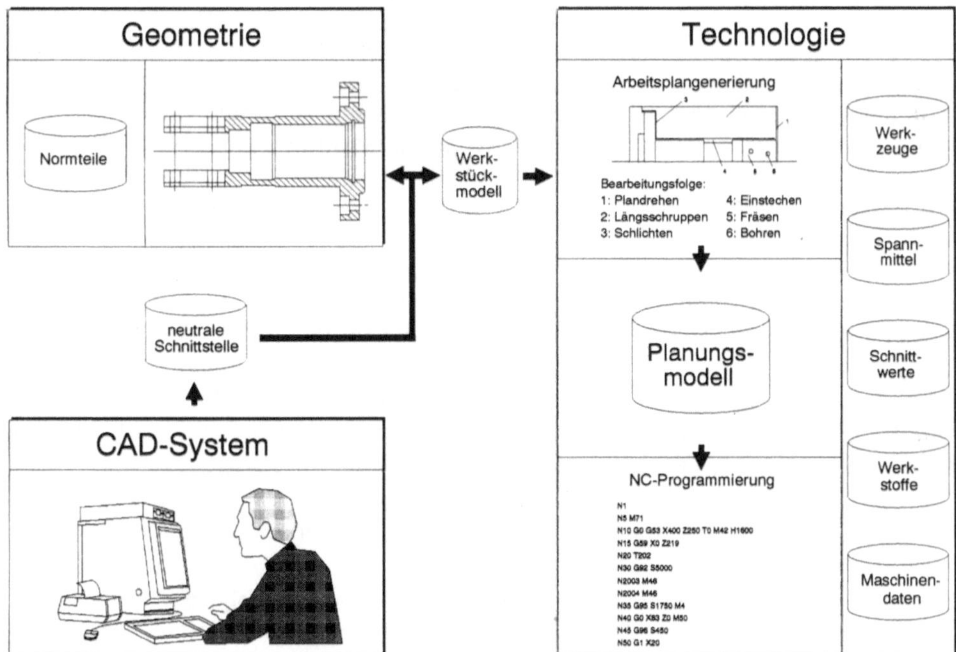

Abb. 7.4. Konzept eines Werkstattprogrammiersystems

Die Handhabung des Programmiersystems ist auf die Einsatzbedingungen in der Werkstatt abgestimmt. Der Programmierer, in diesem Fall durch den Maschinenbediener repräsentiert, kann über einen grafisch-interaktiven Dialog, ohne Kenntnis einer Programmiersprache oder des NC-Satzformates, ein NC-Programm erstellen. Als Eingabemedien stehen ihm Funktionstasten, Softkeys und eine numerische Tastatur zur Verfügung. Die Verifikation erfolgt durch "optische Rückkopplung", d.h. über die unmittelbare Visualisierung der getätigten Eingaben auf einem Grafik-Bildschirm.

7.1.3.2 Hauptfunktionen des NC-Programmiersystems

Die Bedienung des Programmiersystems erfolgt mit Hilfe von vier Hauptfunktionen. Dies sind Funktionen zur Geometrieeingabe, zur Beschreibung der Bearbeitungstechnologie, zur Verwaltung von Systembibliotheken und zum Datentransfer. Sie werden dem Benutzer nach dem Systemstart in der obersten Dialogebene angeboten.

Geometrieeingabe

Zur Definition der Werkstückgestalt werden mittels der Funktion Geometrieeingabe Fertigteil und Rohteil komplett beschrieben. Die Fertigteileingabe erfolgt dabei in mehreren Schritten:

Zunächst wird über eine gerichtete Linienzugeingabe oder die Eingabe von Hauptelementen (Zylinder, Kegel, Kugel, Tonne) die Kontur des Rotationskörpers festgelegt. Anschließend werden drehteilspezifische Nebenelemente wie Rundungen, Fasen, Einstiche und Freistiche ergänzt. Zur Minimierung der Beschreibungsparameter sind standardisierte Elemente (z.B. Freistich nach DIN) in einer Bibliothek verfügbar und können über entsprechende Auswahlmenüs selektiert werden. Diese Beschreibung führt zu einem Linienzug, der sich aus einzelnen Strecken und Kreisbögen zusammensetzt. Zu Elementen, die auf Grund einer nicht NC-gerechten Bemaßung nicht vollständig beschrieben werden können, ermittelt das System über benachbarte Elemente automatisch die fehlenden Parameter.

Neben der Beschreibung der Werkstückgeometrie können zu den einzelnen Elementen technologische Angaben wie Toleranzen (ISO-Toleranzfeld, Eingabe von Abmaßen) und geforderte Oberflächengüten ergänzt werden.

Nach der kompletten Beschreibung des Rotationskörpers werden im nächsten Schritt einzelne Umfangs- und Planflächen selektiert und dazu Fräsflächen und Bohrungen definiert. Darüber hinaus ist es durch Schachtelung von Fräsflächen möglich, Taschen und Inseln zu definieren.

Die sofortige grafische Darstellung der Geometrieelemente dient der Verifikation der Benutzereingaben. Auf diese Weise können Eingabefehler schnell erkannt und nach Bedarf korrigiert werden.

Nach Bestätigung der angezeigten Werkstückgeometrie erfolgt der Eintrag der Geometrieelemente in die Datenstruktur des Werkstückmodells. Diese beinhaltet Fertigteil- und Rohteilgeometrie, jeweils aufgelöst in Flächenelemente, Linien und Punkte.

Im Gegensatz zur Modellierung in CAD-Systemen werden die einzelnen Geometrieelemente nicht nur als geometrische Flächen oder Linien abgelegt. Vielmehr erhält jedes Element beim Eintrag in die Datenstruktur über Attribute eine semantische Bedeutung für die Teilebearbeitung, die eine automatische Ableitung von Fertigungsoperationen unterstützen. So wird beispielsweise ein Freistich nicht einfach als eine Aufzählung von Linienzugelementen gespeichert, sondern durch eine entsprechende Freistichkennung als solcher eindeutig spezifiziert.

Technologiebeschreibung

Ausgehend von der im Werkstückmodell abgelegten Geometriebeschreibung gibt der Programmierer mit dieser Funktion alle für die Steuerung der Teilebearbeitung benötigten Informationen ein. Die im Dialogablauf repräsentierte Folge der Technologieplanungsfunktionen entspricht der Vorgehensweise bei der manuellen NC-Programmierung und gliedert sich in folgende Schritte:

1) Festlegung der Werkstückeinspannung,

2) Selektion eines Bearbeitungsbereichs,

3) Definition einer Bearbeitungsstrategie,

4) Werkzeugauswahl und

5) Schnittdatenbestimmung.

Anschließend berechnet das System die Schnittaufteilung und visualisiert die Werkzeugverfahrbahnen auf dem Bildschirm. Nach Quittierung dieser Eingaben wird eine Rohteilaktualisierung durchgeführt, sodaß der Bediener den Arbeitsfortschritt unmittelbar nachvollziehen kann. Die Schritte 2 bis 5 werden für jeden Bearbeitungsabschnitt iterativ durchlaufen. Die Bearbeitungsabfolge ergibt sich implizit aus der Reihenfolge der ausgewählten Bearbeitungszonen.

Neben der grafisch-interaktiven Beschreibung des Fertigungsprozesses kann der Bediener auch eine Reihe von Automatismen nutzen. Hierzu wurde in das Werkstattprogrammiersystem ein wissensbasiertes Technologieplanungsmodul integriert.

Das Ergebnis der Technologieplanung wird als Operationsfolge im Planungsmodell gespeichert und anschließend in Form des NC-Codes nach DIN 66025 ausgegeben.

Verwaltung der Systembibliotheken

Während der Technologiebeschreibung legt der Programmierer die zur Teilebearbeitung benötigten Betriebsmittel fest. Um bei der Programmierung nicht in umfangreichen Tabellen oder Katalogen nachschlagen zu müssen, sind sämtliche für den Bearbeitungsprozeß relevanten Daten der verfügbaren Werkzeuge und Spannmittel in entsprechenden Bibliotheken abgelegt.

Die zur Erstellung und Pflege der Betriebsmitteldaten benötigten Datenmanipulationsfunktionen werden durch die Bibliotheksverwaltung bereitgestellt. Dazu zählen Funktionen zum Eingeben, Ändern, Kopieren und Löschen von Betriebsmitteln. Desweiteren erlaubt eine Grafikeingabe die interaktive Beschreibung der Betriebsmittelkonturen. Diese können dann bei der Simulation des Bearbeitungsablaufes maßstabsgerecht dargestellt werden, sodaß Kollisionen optisch erkennbar werden.

Datentransfer

Mit dieser Funktion wird das Werkstückmodell alternativ zur grafisch-interaktiven Geometriebeschreibung automatisch durch die Kopplung zu einem CAD-System generiert. Um dabei CAD-herstellerunabhängig agieren zu können, erfolgt der Datenaustausch über das neutrale Schnittstellenformat IGES /IGES-86/. Die Ausgabe der Konstruktionsdaten erfolgt über den in gängigen CAD-Systemen integrierten IGES-Preprozessor. Das NC-Programmiersystem greift über einen eigenen, auf die interne Datenstruktur ausgelegten IGES-Postprozessor auf die IGES-Datei zu und erzeugt daraus das Werkstückmodell. Daten, die auf diesem Weg nicht übertragen werden können (z.B. Toleranzen), werden nachträglich im NC-Programmiersystem interaktiv ergänzt.

7.2 Rechnerunterstützte Planung der Qualitätsprüfung mit CAD

Das Sichern der Qualität industriell gefertigter Produkte erfordert ein Prüfen aller wichtigen Qualitätsmerkmale. Mit den steigenden Qualitätsanforderungen und der sich ändernden Produktionsphilosophie hin zu einer rechnerintegrierten Produktion, nimmt die Vielfalt der zu planenden und vorzubereitenden Aufgaben für die Qualitätssicherung stetig zu.

Während der Rechnereinsatz in der Konstruktion, Fertigung, Montage oder dem Materialfluß schon gar nicht mehr wegzudenken ist, werden die Arbeitsschritte zur Qualitätssicherung in den Unternehmen überwiegend manuell duchgeführt. Dies betrifft hauptsächlich:

- das Prüfmittelmanagement,

- die Erstellung von Prüfplänen,

- die Programmierung von Prüfeinrichtungen, aber auch

- die Prüfdatenerfassung und -weiterverarbeitung.

Eine Rechnerunterstützung für die Vorbereitung, Ausführung und Auswertung von Prüfungen ermöglichen CAQ-Systeme. Sie werden in den letzten Jahren verstärkt am Markt angeboten. Ihre Schwerpunkte liegen in der rechnerunterstützten Prüfplan- und Prüfauftragserstellung, Prüfauswertung und Ergebnisdarstellung. Meist werden die Programmsysteme auf Personal-Computern angeboten. Dies stellt zwar eine preisgünstige Lösung dar, erschwert jedoch die Integration und Kommunikation zu übergeordneten Systemen /VOGT-88/.

Wichtige Kennzeichen kommerzieller CAQ-Systeme sind umfangreiche Datenermittlungen und -eingaben in textsystemähnliche Softwaremodule mit einer isolierten Datenhaltung und fehlenden Softwareschnittstellen zur Konstruktion, Arbeitsplanung oder Fertigung. Das Ziel besteht in der Integration der

Prozeßkette "Qualitätssicherung" in das Unternehmen. Es werden innovative Konzepte im Qualitätswesen gefordert, vorwiegend in der Planung der Qualitätsprüfung, mit denen Ziele wie Verbesserung der Produktqualität, Senkung von Qualitätskosten, Qualitätsdatenrückführung in die planenden Bereiche, Durchgängigkeit und Aktualität der Daten durch einen integrierten und übergreifenden Informationsverbund erreicht werden können. Auf der Basis dieser Anforderungen wurde ein Programmsystem konzipiert und entwickelt mit dem Ergebnis, daß alle Prüfunterlagen wie z.B. Prüfpläne, Prüfzeichnungen, Stücklisten und Zusammenbauanleitungen für Taster und Spannmittel und NC-Programme für die Koordinatenmeßtechnik durch den Zugriff auf das technologische Produktmodell automatisch am CAD-System generiert werden können.

Die enge Kopplung und die durchgängige Datenhaltung von der Konstruktion über die Prüfplanung bis zur NC-Programmierung für Koordinatenmeßgeräte am CAD-System ermöglichen kurze Planungszeiten bei hohen Planungsqualitäten (Abb. 7.5.).

Abb. 7.5.   Prozeßkette zur Prüfunterlagenerstellung

7.2.1 Verfahren der Prüfplanung

Der Kern eines jeden Qualitätssicherungssystems -ob manuell oder rechnergestützt- ist die Prüfplanung. Sie bekommt unter dem Gesichtspunkt einer effektiven und wirtschaftlichen Qualitätsprüfung zentrale Bedeutung. Die Aufgaben der Prüfplanung sind neben der Prüfplanerstellung mit der Bestimmung der Prüfmerkmale, des Prüfumfangs, des Prüforts und der Auswahl geeigneter Prüfmittel auch die Prüfmitteleinsatzplanung und -überwachung sowie die Prüfprogrammerstellung mit der Meßablaufplanung und der NC-Programmgenerierung.

Die Zielsetzung der Prüfplanung besteht nun darin, den Prüfablauf so festzulegen, daß Prüfkosten und Fehlerkosten ein Kostenminimum bilden. Hierzu sind für den Planer umfangreiche Informationen aus allen Unternehmensbereichen auszuwerten. Insbesondere ist der Prüfumfang so festzulegen, daß die anfallenden Prüfkosten und Durchlaufzeiten soweit gekürzt werden, wie es die Rückmeldungen aus der Fertigung zulassen. Damit paßt sich die Prüfplanung der Prozeßfähigkeit dynamisch an. Dies hat zur Folge, daß Prüfpläne künftig nicht mehr ausschließlich produktorientiert, sondern vor allem fertigungs- und auftragsorientiert zu erstellen sind.

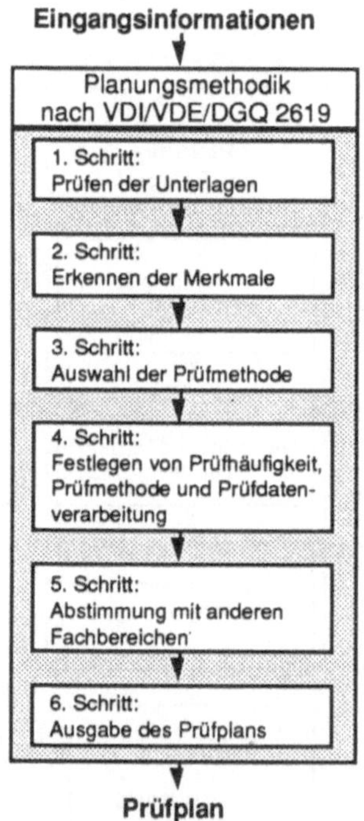

Abb. 7.6. Arbeitsschritte zur Prüfplanerstellung

Die Verfahren zur Prüfplanerstellung beruhen dabei auf den allgemeinen Planungsprinzipien wie der Neuplanung, Anpassungsplanung oder Variantenplanung. Beim Neuplanungsprinzip werden Prüfpläne für jedes neue Werkstück erarbeitet ("maßgeschneidert"). Das Variantenplanungsprinzip greift auf Standardpläne für Teilefamilien zurück, die dann dem einzelnen Werkstück angepaßt werden. Kennzeichen der Anpassungsplanung ist das Kopieren und anschließende Modifizieren eines für den aktuellen Planungsvorgang ähnlichen Prüfplans. Alle Planungsprinzipien erfordern eine Planungssystematik, um den hohen planerischen Aufwand, die Verarbeitung vieler Informationen und Daten in eine methodische Vorgehensweise abzubilden /DUTS-83/, /BLDU-79/.

Auf Basis dieser Forderung entstand die Richtlinie VDI/VDE/DGQ 2619. Sie legt in sechs Arbeitsschritten die Vorgehensweise zur Prüfplanerstellung fest (Abb. 7.6.).

7.2.1.1   Manuelle Prüfplanerstellung

In den Betrieben der Fertigungstechnik werden heute die Prüfpläne gemäß den Arbeitsschritten nach Abbildung 7.6 überwiegend manuell erstellt. Der Prüfplaner beginnt mit einem ausführlichen Studium der Zeichnung. Bei der Auswahl von Werkstückmerkmalen unterscheidet man prinzipiell vier verschiedene Suchmethoden /RELE-85, ZELL-89/:

* Aufteilung der Zeichnungen in Planquadrate,

* Abarbeiten nach Zeichnungseinträgen,

* Abarbeiten nach Zeichnungsansichten und

* Abarbeiten nach Fertigungsfortschritt.

Die Kriterien für das Ermitteln der Prüfnotwendigkeit eines gefundenen Werkstückmerkmals lassen sich ableiten aus:

* Sicherheitsvorschriften,

* Normen und Richtlinien,

* Planungsunterlagen (Zwangsprüfung),

* Unterlagen über die Fertigungssicherheit und Maschinenfähigkeit sowie aus

* Aussagen über Fehlerhäufigkeit, Prüfkosten und Prüfzeit.

Erkennt der Planer, daß ein vorliegendes Prüfmerkmal z.B. der Grundaufgabe "Längenmeßtechnik" entspricht, so werden ihm aus dem Prüfmerkmalkatalog eine Vielzahl von möglichen Prüfmitteln bereitgestellt. Er wählt ein Prüfmittel unter Berücksichtigung von Meßunsicherheit, Meßbereich, technischer Eignung, geometrischer Anwendbarkeit, Prüfkosten und Prüfzeiten aus und legt die Prüfhäufigkeit sowie die Prüfmethode und den Prüfumfang fest. Eine solche Planungssystematik ist zeitraubend, personalintensiv und daher mit hohen Planungskosten verbunden, zumal sich für jedes weitere Prüfmerkmal derselbe Planungsablauf wiederholt. Kommt nun neben der Maßprüfung noch eine Sichtprüfung, Funktionsprüfung oder Materialprüfung hinzu, so scheitert die Planungssystematik an der Fülle der Daten und Informationen, die der Planer zu verarbeiten hat.

Die Güte einer manuellen Prüfplanung läßt sich somit charakterisieren durch:

- die Eindeutigkeit und Vollständigkeit von Eingangsinformationen,

- das Fachwissen des Planers,

- den Umfang von Prüfmittel- und Prüfmerkmalkatalogen,

- die Planungssystematik und deren Reproduzierbarkeit,

- die Unsicherheit bei der Prüfmittel- und -umfangsplanung (Vorsichts-
  prinzip) und

- die hohen Prüfplanerstellungszeiten und -kosten bei komplexen Werk-
  stückgeometrien.

7.2.1.2   Rechnerunterstützte Prüfplanerstellung

Der Rechnereinsatz in der Prüfplanerstellung ermöglicht gegenüber dem manuellen Planungsablauf wesentliche Vereinfachungen. Er unterstützt Tätigkeiten wie

- Bestimmung von Prüfmerkmalen,

- Prüfmittelplanung,

- Ermittlung von Prüfkosten und Prüfzeiten sowie die

- Prüfumfangsplanung.

und bietet die Möglichkeit, die Informationsmenge wesentlich zu erhöhen, sie
in kurzer Zeit abzuarbeiten, zu verdichten und Routine-Entscheidungen zu
treffen.

In /RELE-85/ und /MECK-87/ wurde eine Analyse der Planungstätigkeiten zur
Prüfplanerstellung durchgeführt und ausgewählte CAQ-Systeme miteinander
verglichen. Die Systeme unterscheiden sich im wesentlichen in der Dialogführung und in den Planungstätigkeiten, die das System automatisiert durch-
führt. Jedoch müssen bei allen Systemen die Prüfmerkmale aus einer vorliegenden Zeichnung selbständig ausgewählt und in verschlüsselter Form gemäß einer Klassifizierungstabelle eingegeben werden /BABI-82/, /BAHO-80/,
/BLÄS-78/. Die Entscheidung, ob ein Werkstückmerkmal Prüfmerkmal ist,
trifft der Planer für jedes einzelne Merkmal. Sie hängt von mehreren Kriterien
ab (siehe 7.2.1), die der Planer im Dialog mit dem Rechner berücksichtigt.
Kein Programm wertet die rechnerinterne Bauteilbeschreibung aus, mit der
die Prüfmerkmale automatisch zu erkennen wären. Dabei liegen gerade hier
noch die größten wirtschaftlichen Rationalisierungsressourcen /DGFQ-87/,
/VOGT-88/.

Der Schwerpunkt kommerzieller Systeme liegt bei der Prüfmittelauswahl.
Eine Prüfmittelauswahl mit Dialogunterstützung besitzen fast alle Systeme.
Sie beruht dabei auf einer Kette von Ja/Nein-Entscheidungen, wie z.B.

- Ist die Meßunsicherheit des Prüfmittels kleiner als die Toleranz des Prüfmerkmals?

- Ist der Meßbereich des Prüfmittels größer als das Nennmaß des Prüfmerkmals?

Erfüllen mehrere Prüfmittel die Auswahlkriterien, so wählt der Benutzer im Dialog ein geeignetes aus.

Zusammenfassend kann gesagt werden, daß die Softwarepakete für die Prüfplanerstellung mit der Funktionalität eines Textsystems (Kopieren von Standardprüfplänen, Modifizieren, Einbauen von Textbausteinen, usw.) und eines Dateien- oder Datenbanksystems (Speichern, Suchen, Löschen usw. von Prüfmitteldaten oder Standardplänen) den Planer in seinen Arbeiten zwar unterstützen, jedoch eine integrierte und intelligente Planung mit Softwareschnittstellen zur Konstruktion, Arbeitsplanung oder Fertigung noch nicht beinhalten.

7.2.2 Verfahren der NC-Programmierung für Koordinatenmeßgeräte

Mit dem Einzug rechnergesteuerter Fertigungs- und Montagesysteme zur Verbesserung von Produktivität und Flexibilität bestand für die Qualitätssicherung die Forderung nach einer Integration der Qualitätsprüfung in den automatisierten Produktionsablauf.

Koordinatenmeßgeräte werden für unterschiedliche Anwendungsfälle entwickelt, wobei die Mehrkoordinatenmeßtechnik erst mit der numerischen Steuerung des Meßablaufs ihre heutige Bedeutung erhielt. Die Entwicklung der Meßgeräte läßt sich nach folgenden Automatisierungsstufen gliedern /GEGO-84/:

I.   Geräte mit manueller Tasterführung,

II.   Geräte mit motorisch bewegtem Taster und Regelung des Antast vorganges,

III. Geräte mit rechnergesteuerter Tasterführung und

IV.   Rechnergesteuerte Geräte, integriert in einen übergeordneten Informationsfluß.

Analog der Entwicklung von Programmierverfahren für Fertigungseinrichtungen werden auch für Koordinatenmeßgeräte (Automatisierungsstufe III und IV) verschiedene Verfahren der gerätenahen und gerätefernen Programmierung eingesetzt.

Dabei besteht die Aufgabe, den Meßablauf für die Prüfung der Formelemente eines Werkstücks nach vorgegebenen Maß-, Form- oder Lagetoleranzen in einem für die Steuerung verständlichen Format so zu beschreiben, daß der anschließende Meßvorgang automatisch abläuft.

Dabei unterscheidet man 3 Arten der NC-Programmierung:

- On line-Programmierung (Lernprogrammierung),

- Off line-Programmierung oder geräteferne Programmierung und

- Programmierung mit CAD-Unterstützung.

Eine Gegenüberstellung der wichtigsten Merkmale zeigt Abbildung 7.7.

Traditionell erfolgt die Programmierung im Lernverfahren. Die damit verbundenen Nachteile können jedoch in einem hochautomatisierten Produktionsablauf nicht mehr in Kauf genommmen werden. Vielmehr wird von der NC-Programmierung für Koordinatenmeßgeräte genau das gefordert, was für die Generierung von NC-Programmen für Fertigungseinrichtungen schon lange Stand der Technik ist, nämlich die Erstellung der NC-Programme in der Arbeitsvorbereitung mit Zugriff auf die notwendigen CAD-Datenbestände.

Dies bedeutet für die Prüfprogrammerstellung, daß sowohl die Meßablaufplanung mit der Taster- und Spannmittelkonfigurierung, als auch die kollisionsfreie Verfahrwegsgenerierung für das Kalibrieren (Ermittlung der räumlichen Anordnung der einzelnen Tastkugeln mit Hilfe eines Bestimmungsnormals) und das Messen künftig nicht mehr on line, sondern off line, z.B. in der Arbeitsvorbereitung mit CAD-Unterstützung, durchzuführen ist.

Lernprogrammierung (teach-in)	textuelle Programmierung	Programmierung am CAD-System
Vorteile: * anschauliche Programmierung * kollisionsfreie NC-Programme für komplexe Bauteilgeometrien	**Vorteile:** * Meßgerät und Werkstück werden für die Programmierung nicht benötigt * Rechnerunterstützung * Programmgenerierung bereits in der AV	**Vorteile:** * Hohe Wirtschaftlichkeit durch integrierte Datennutzung * automatische Verfahrweggenerierung und Kollisionsprüfung * geringe Fehlerwahrscheinlichkeit
Nachteile: * für die Programmierung wird das Meßgerät benötigt * hoher Programmieraufwand und hohe Anforderungen an den Bediener * Programmgenerierung erfordert Werkstück	**Nachteile:** * Keine, bzw. geringe graph. Unterstützung ; erfordert gutes räuml. Vorstellungsvermögen * Kollisionen nicht ausschließbar * nur für einfache Bauteilgeometrien	**Nachteile:** * Voraussetzung: Volumensystem, bei Flächensystem entspricht die Programmgenerierung einem "Lernprogrammieren" am CAD-System * Abhängigkeit vom CAD-System

Abb. 7.7. Programmierverfahren für CNC-Koordinatenmeßgeräte

Unabhängig von der Art der Programmierung sind die in Abbildung 7.8 aufgezeigten Arbeitsschritte zur Meßablaufplanung und Programmerstellung durchzuführen.

Die Angaben im Prüfplan und in der technischen Zeichnung enthalten alle erforderlichen Informationen zur Erstellung eines NC-Programms. Mit der

Analyse der Meßaufgabe bestimmt der Programmierer für jedes Prüfmerkmal
(z.B. Abstand einer Fläche zu einer Bohrung) die anzutastenden Formelemente und legt die Verknüpfungsvorschrift für die anschließende Auswertung
fest.

Für umfangreiche und komplizierte Meßaufgaben wächst der Vorbereitungs-
aufwand erheblich an. Der Programmierer muß ständig einen Überblick darüber behalten, welche Formelemente wie miteinander zu verknüpfen sind, wie
die Antastpunktzahl in Abhängigkeit von der Toleranz festzulegen ist und
welche Elemente bereits vermessen sind, um dann über einen Rückruf des
Auswerteergebnisses weitere Vermessungen zu vermeiden.

Zur Meßablaufplanung gehört auch die Konfigurierung einer Spann-
vorrichtung und einer Tasterkombination. Erst jetzt kann mit der eigentlichen
Programmierung und Messung begonnen werden.

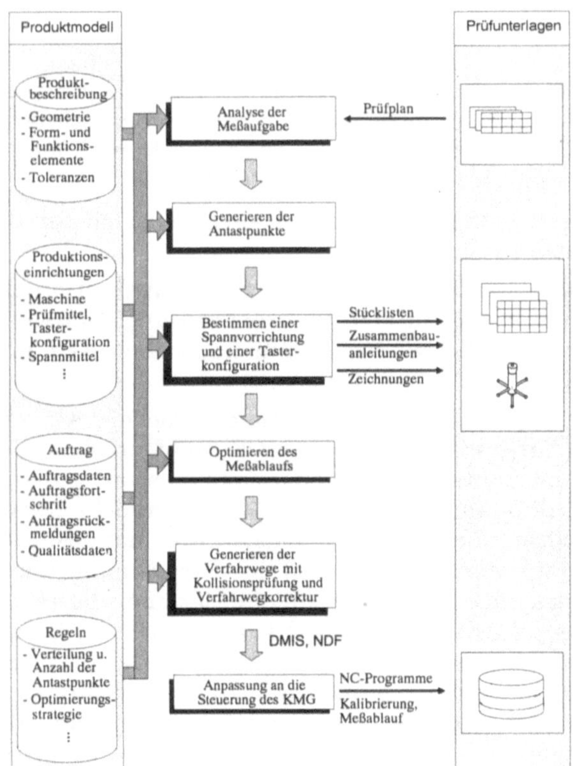

Abb. 7.8. Arbeitsschritte der Meßgeräteprogrammierung

7.2.2.1   On line-Programmierung (Lernprogrammierung)

Bei der Lernprogrammierung (Teach-In) ist die zugrunde liegende Meßaufgabe
an einem Werkstück einmal vollständig durchzuführen (Lernphase). Hierbei

erfolgt der Dialog und die manuelle Steuerung des Koordinatenmeßgerätes
über eine "Teach-In Box". Für jedes Prüfmerkmal sind vom Prüfer die
Formelemente, Toleranzart, Nennmaß und/oder Toleranzwert einzugeben. Der
Verfahrweg wird mit Hilfe des "Steuerknüppels" beschrieben. Die Koordi-
natenwerte der Zwischen- und Antastpunkte werden per Knopfdruck an die
Steuerung übergeben. In der anschließenden Wiederholung (Repetierphase)
kann dann die gelernte Meßaufgabe vollautomatisch durchgeführt werden.
Für die Programmierung wird das Meßgerät benötigt und steht für die
Durchführung anderer Meßvorgänge nicht zur Verfügung. Gerade diese
Unterbrechungen für die Meßvorbereitung und Programmerstellung machen
einen effektiven Einsatz der Koordinatenmeßgeräte in flexiblen
Fertigungssystemen unmöglich, wenn man bedenkt, daß alleine für die
Prüfung der Ebenheit einer Fläche 125 Antastpunkte empfohlen werden
/WECK-87/.

7.2.2.2   Off line-Programmierung

Bei der off line- oder gerätefernen Programmierung erfolgt die satzweise Generierung des NC-Programms nicht auf dem Steuerungsrechner. Die Entwicklung von off line-Programmiersystemen basiert auf problemorientierten oder
geräteherstellerspezifischen Programmiersprachen.

Die Rechnerunterstützung erfolgt dabei ausschließlich für die Programmerstellung, nicht aber für die Meßablaufplanung.

NCMES (Numerical Controlled Measuring and Evaluation System) ist ein
Beispiel für die problemorientierte Programmierung. Sprachaufbau, Ablauf
und Bedienung sind an die NC-Programmiersprachen APT und EXAPT der
Fertigungstechnik angepaßt (Abb. 7.9.).

Die geräteherstellerspezifischen Programmiersprachen, wie z.B. MFT-PROG
(Maschinenfernes Programmiersystem der Firma Carl Zeiss), verwenden die
Sprachelemente und Routinen der Steuer- und Auswertesoftware. Die Funktionalität des Koordinatenmeßgerätes wird dadurch nicht eingeschränkt, und
der Anwender programmiert mit den gleichen Kommandos (dialogorientiert),
wie bei der Lernprogrammierung. Die off line-Programmierung, bei der weder
Meßgerät noch Werkstück benötigt werden, Programme bereits in der Arbeitsvorbereitung erstellt werden können und sowohl der Programmieraufwand als
auch die Meßvorbereitungszeit geringer sind als bei der Lernprogrammierung,
eignet sich im wesentlichen nur für einfache Bauteilgeometrien, denn der
Anwender bekommt keine oder eine sehr unzureichende grafische Unterstützung. Das räumliche Denkvermögen reicht für die Prozeßkontrolle meist
nicht aus, Kollisionen können daher nicht vermieden werden.

EXAPT		NCMES
PARTNO/BEISPIEL 1	Benennung des Teile-programms	PARTNO/BEISPIEL 1
MACHIN/PP1	Name der Maschine und des Postprozessors	MACHIN/UMM 500
TRANS/100,200,50	Aufspannung des Werkstücks	
	Tastereinmessen	TOOLNO/500,6
		CALIB/AUTO, 1
	Ausrichten	ALIGN/SPACE, PL1
		ALIGN/XYPLAN, G1
		ALIGN/ORIGIN, NPKT
P1=POINT/30,10,0	Punktdefinition	
	Kreisdefinition	KR1=CIRCLE/30,10,5
PART/MATERL,6	Werkstoffangabe	
BOHR=DRILL/DIAMET, 10, DEPTH,16	Bearbeitungsdefinitionen	
CLDIST/1	Sicherheitsabstand	SASURF/1
WORK/BOHR	Aufruf zur Bearbeitung	BOHR=MEASEL/KR1, CIR,3,$, ZCONST,-4, IN
CUT/P1	Aufruf der Bearbeitungsstelle	
FINI	Ende des Teileprogramms	FINI

Abb. 7.9. Sprachaufbau von NCMES und EXAPT nach /OHNH-84/, /WOLL-85/

7.2.2.3 Programmierung mit CAD-Unterstützung

Erst eine CAD-Unterstützung ermöglicht eine umfangreiche grafische Pro-
zeßüberwachung und somit die vollständige Erstellung kollisionsfreier NC-
Programme. Wie für die NC-Programmierung von Fertigungseinrichtungen
gibt es auch hier die gleichen Konzepte zur Integration der Programmerstellung mit CAD oder dessen Kopplung zu Programmiersystemen. Es ließen sich
die gleichen Vor- und Nachteile der Kopplung oder der Integration aufzählen,
wie sie von der Fertigung her bekannt sind (vgl. 7.1).

In allen bekannten Systemen dient die grafische Ausgabe bisher lediglich der
visuellen Kontrolle. Nach wie vor werden wesentliche Tätigkeiten, wie die
Festlegung der Meßaufgaben, die Meßablaufplanung mit der Taster- und
Spannmittelkonfigurierung, die Vorgabe von Meßpunkten, die Festlegung von
Verfahr- und Umfahrwegen, nicht vom Rechner unterstützt. Das CAD-System
wird daher als virtuelles Koordinatenmeßgerät zur Lernprogrammierung eingesetzt.

Nachfolgend wird an einem Beispiel aufgezeigt, wie eine durchgängige Prozeßkette von der Konstruktion über die Planung bis zur NC-Programmierung von
Koordinatenmeßgeräten erreicht wird.

7.2.3 GEMINI - Generieren von Meßabläufen in integrierten Produktionssystemen

GEMINI ist ein Programmsystem zur rechnerunterstützten Planung der Qualitätsprüfung mit CAD. GEMINI ermöglicht die Integration der Qualitäts-

sicherung in den rechnergeführten Produktionsablauf. Alle anfallenden Daten
von der Konstruktion über die Planung bis zur Programmierung sind in einer
gemeinsamen Datenbasis enthalten. Die Möglichkeit einer vollständigen
technologischen Produktbeschreibung am CAD-System bietet die Grundlage
für eine automatische Prüfplanung und eine automatische NC-Programmgenerierung für Koordinatenmeßgeräte.

Das Programmsystem ist für Bauteile mit analytischen Oberflächen sowie für
Bauteile mit frei geformten Oberflächen ausgelegt. Durch den modularen
Aufbau von GEMINI können die Programmteile Prüfplanung und Meßgeräteprogrammierung unabhängig voneinander (z.B. in unterschiedlichen Abteilungen oder zu unterschiedlichen Zeiten) ausgeführt, aber auch eine der Teilaufgaben vollständig weggelassen werden.

GEMINI ist in die CAD-Software eingebettet, wobei das Volumenmodell die
Voraussetzung für eine vollständige Produktbeschreibung, automatische Kolli-
sionsbetrachtungen und Umfahrweggenerierungen ist. Die Bauteilmodel-
lierung erfolgt mit Hilfe der CAD-Funktionen oder kann nach Freigabe durch
den Konstrukteur direkt aus der Datenbank der Konstruktionsabteilung übernommen werden.

7.2.3.1   Prüfplanung am CAD-System

Das Programmsystem für die Prüfplanung zeichnet sich dadurch aus, daß über
einen Zugriff auf die tolerierten Formelemente der technologischen Produktbeschreibung und über eine Datenbankschnittstelle auf aktuelle Daten der
Produktion sowie der Prüfmittelverwaltung, eine automatische Prüfplanerstellung am CAD-System ermöglicht wird /WILH-89/.

Die kurze Prüfplanerstellungszeit, verbunden mit einer veränderten Planungssystematik, führt dazu, daß Prüfpläne nun nach dem Neuplanungsprinzip der aktuellen Fertigungssituation angepaßt bzw. effektiv erstellt werden
können. Die Planungsmethodik beinhaltet dabei folgende Arbeitsschritte (vgl.
Abb. 7.10.):

Formulierung einer Prüfaufgabe

Die Prüfaufgabe beinhaltet alle Prüfmerkmale, die am Bauteil zu verifizieren
sind.

Bisherige CAQ-Softwarebausteine sind auf die manuelle Auswahl der Prüfmerkmale angewiesen. Der Prüfer sucht alle Werkstückmerkmale aus der
Zeichnung und entscheidet im einzelnen über die Prüfnotwendigkeit. Ausgewählte Prüfmerkmale werden notiert bzw. verschlüsselt in den Rechner eingegeben. Die daraus resultierenden Probleme sind vielfältig, so werden z.B.
Richtlinien oder Sicherheitsvorschriften global, d.h. werkstückunabhängig,
angewendet und weder Prüfzeiten noch Prüfkosten oder Fertigungsunsicherheiten als Kriterien herangezogen.

Mit dem Aufbau einer Sprache zur Formulierung von Prüfaufgaben, die der
Syntax und der Semantik der natürlichen Sprache gleicht, können nun sehr
einfach die Qualitätsmerkmale nicht nur produkt-, sondern auch produktions-
und auftragsorientiert definiert werden.

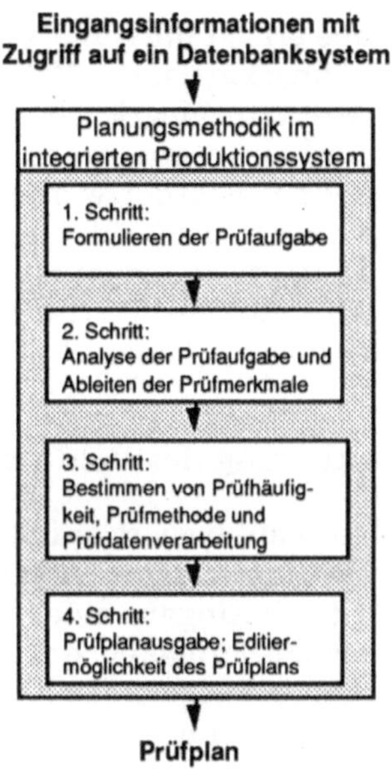

Abb. 7.10. Planungsmethode der CAD-unterstützten Prüfplanerstellung

Die Satzglieder sind Merkmalsumfang, Merkmalstyp, Merkmalsgröße und -to-
leranz. Eine Prüfaufgabe für die Längenmeßtechnik gemäß Abbildung 7.11
lautet z.B.:

- prüfe alle Durchmesser von 0 bis 200 mm, Toleranz kleiner 0,1mm und

- prüfe keine Abstände von 0 bis 100 mm, Toleranz größer 0,2 mm und

- prüfe alle Lagetoleranzen größer 10 mm, Toleranz kleiner 0,1 mm.

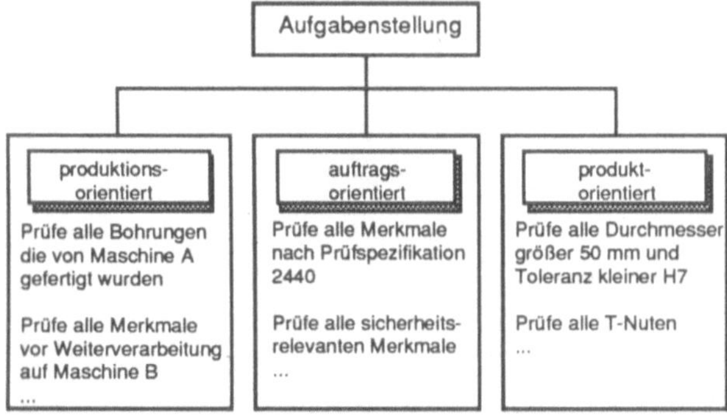

Abb. 7.11. Prüfaufgaben der Längenmeßtechnik

Mehrere Sätze ergänzen gegenseitig den Merkmalsumfang oder schränken ihn ein. Nur die Werkstückmerkmale, die letztendlich alle Bedingungen der Aufgabenstellung erfüllen, werden zu Merkmalen mit Prüfnotwendigkeit.

Analyse der Prüfaufgabe und Ableiten der Prüfmerkmale

Mit der Analyse der Prüfaufgabe erfolgt die Auflösung der Sprachformulierung in Grundmengen möglicher Prüfmerkmale. Die Menge der Merkmale mit Prüfnotwendigkeit wird mit den Werkstückmerkmalen aus dem technologischen Produktmodell abgeglichen. Rechnerintern erfolgt der Abgleich gemäß einer oder mehrerer Wahrheitstabellen. Hierbei werden die Bedingungen einer Wahrheitstabelle durch einen Satz in der Prüfaufgabenstellung repräsentiert. Ein Werkstückmerkmal mit Prüfnotwendigkeit ist erst dann gefunden, wenn es alle Bedingungen einer Wahrheitstabelle erfüllt. Zur einfacheren rechnerinternen Verarbeitung für die anschließende Prüfmittelauswahl werden die Prüfmerkmale codiert.

Prüfmittelauswahl und Festlegung des Prüfumfangs

Die automatische Prüfmittelauswahl basiert auf der Grundlage der in einem Datenbanksystem abgelegten Prüfmitteldaten. Abbildung 7.12 zeigt die Datenstruktur eines Prüfmittels. Mit der Eingabe eines Prüfmittels in das Verwaltungssystem legt der Benutzer die Fähigkeit des Prüfmittels zur Erfassung verschiedener Werkstückmerkmale mit je einer Klassifizierungsnummer fest. Das automatische Auffinden erfolgt zunächst über die Klassifizierungsnummer, dann entscheidet der Meßbereich und die Meßunsicherheit des Prüfmittels (Auswahlkriterien) über dessen prinzipielle Eignung.

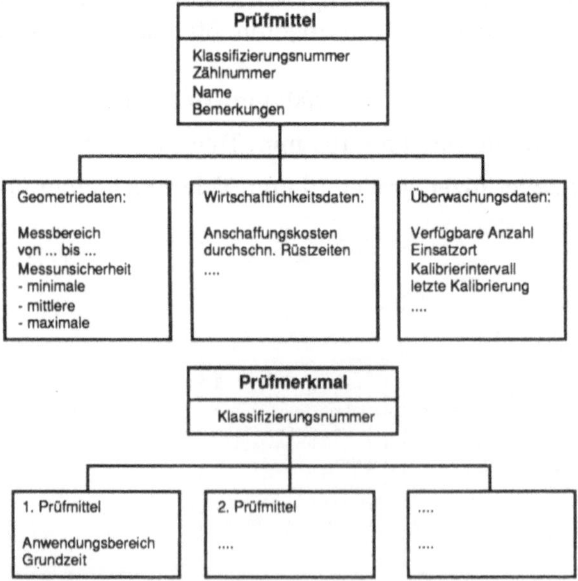

Abb. 7.12. Prüfmitteldatenstruktur

Wenn das Prüfmittel die Auswahlkriterien erfüllt, wird geprüft, ob es für einen Einsatz verplant werden kann. Danach können die benötigte Prüfzeit und die anfallenden Prüfkosten für das Prüfen des Merkmals mit dem ausgewählten Prüfmittel errechnet werden.

In der Regel erfüllen mehrere Prüfmittel die Kriterien Meßunsicherheit und Meßbereich für ein Prüfmerkmal. Die Auswahl "optimaler" Prüfmittel erfolgt nun unter Berücksichtigung aller zu prüfenden Werkstückmerkmale. Die Betrachtung eines einzelnen Merkmals würde zu einem lokalen Optimum führen. Vielmehr muß die Anzahl verschiedener Prüfmittel im Prüfplan in die Auswahl mit einbezogen werden. Der Einsatz gleicher Prüfmittel für verschiedene Prüfmerkmale im Prüfplan reduziert die Kapitalbindung, erhöht den Nutzungsgrad durch eine höhere Auslastung und verringert den Rüstaufwand.

Somit lautet die Optimierungsaufgabe:

- finde den Verfahrweg, der zur kürzesten Prüfzeit führt, oder

- finde die Prüfmittel für die Prüfmerkmalsliste im Prüfplan, die zu insgesamt geringsten Prüfkosten führt.

Zur Erreichung des Optimums wären für alle möglichen Prüfmittelkombinationen die Prüfzeiten bzw. Prüfkosten zu bestimmen. Dies führt jedoch zu langen Rechenzeiten. Eine Kompromißlösung stellt folgende Optimierungsstrategie dar:

1. In einem ersten Durchlauf wird das Prüfmittel mit den geringsten Prüfkosten/Prüfzeiten je Merkmal ermittelt, unabhängig von der Anzahl gleicher Prüfmittel im Prüfplan. Im ungünstigsten Fall werden Prüfmerkmalen verschiedene Prüfmittel zugeordnet.

2. In einem zweiten Durchlauf werden die Prüfmittel so ausgewählt, daß die Anzahl verschiedener Prüfmittel im Prüfplan minimal ist, unabhängig von den anfallenden Kosten oder Zeiten je Prüfmerkmal.

3. Der dritte Durchlauf entspricht einer Kombination aus den beiden ersten. Dabei errechnet sich die Anzahl verschiedener Prüfmittel aus dem arithmetischen Mittel des ersten und zweiten Durchlaufs. Es werden dann für die restlichen Prüfmerkmale jeweils die Prüfmittel mit den geringsten Prüfkosten/Prüfzeiten ermittelt.

Für den Prüfplan mit den geringsten Gesamtprüfkosten/-zeiten aus den drei errechneten Varianten folgt die weitere Ausarbeitung, insbesondere die Festlegung des Prüfumfangs und des Prüforts. Dabei wird der Prüfumfang, ausgehend von einer 100% Prüfung je Merkmal so weit reduziert, wie es die Fertigungsunsicherheiten und Qualitätsergebnisse zulassen ("dynamische Prüfplanerstellung").

Der Benutzer kann diesen automatisch erstellten Prüfplan nachträglich editieren, insbesondere den Prüfort und die Prüfmittelzuordnung. Neben dem Prüfplan wird eine automatisch erstellte Prüfzeichnung mit ausgegeben (Abb. 7.13.).

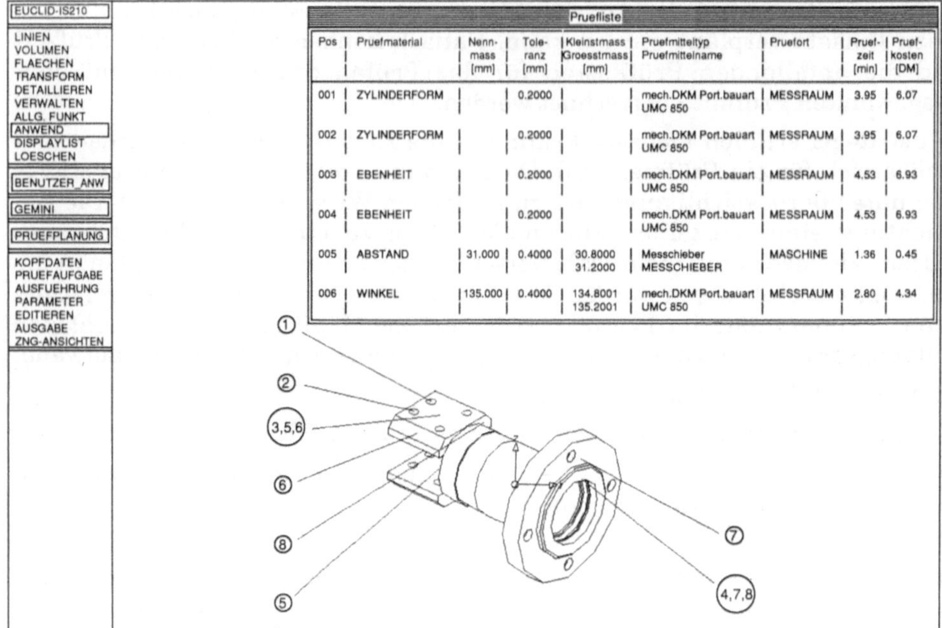

Pos	Pruefmaterial	Nenn-mass [mm]	Tole-ranz [mm]	Kleinstmass Groesstmass [mm]	Pruefmitteltyp Pruefmittelname	Pruefort	Pruef-zeit [min]	Pruef-kosten [DM]
001	ZYLINDERFORM		0.2000		mech.DKM Port.bauart UMC 850	MESSRAUM	3.95	6.07
002	ZYLINDERFORM		0.2000		mech.DKM Port.bauart UMC 850	MESSRAUM	3.95	6.07
003	EBENHEIT		0.2000		mech.DKM Port.bauart UMC 850	MESSRAUM	4.53	6.93
004	EBENHEIT		0.2000		mech.DKM Port.bauart UMC 850	MESSRAUM	4.53	6.93
005	ABSTAND	31.000	0.4000	30.8000 31.2000	Messchieber MESSCHIEBER	MASCHINE	1.36	0.45
006	WINKEL	135.000	0.4000	134.8001 135.2001	mech.DKM Port.bauart UMC 850	MESSRAUM	2.80	4.34

Abb. 7.13. Prüfplan und Prüfzeichnung

7.2.3.2 Meßgeräteprogrammierung am CAD-System

Durch die Anwendung des technologischen Produktmodells und den Einsatz eines CAD-Systems lassen sich nicht nur die Arbeitsschritte zur Meßablaufplanung, sondern auch der Programmierung und Auswertung wesentlich beschleunigen (vgl. Abb. 7.8.).

Der Prüfplan wird in einzelne Prüfaufträge aufgelöst. Alle Prüfmerkmale, die vom Koordinatenmeßgerät zu erfassen sind, werden in einem Prüfauftrag zusammengefaßt.

Als meßtechnologisches Problem bleibt die Generierung von Antastpunkten auf dem Werkstück mit der Festlegung der Lage und der Verteilung sowie die Generierung kollisionsfreier Verfahrwege zu diesen Punkten.

Meßpunktgenerierung

Die Aufgabe der Meßpunktgenerierung besteht nun darin, die Anzahl der Punkte und deren Verteilung auf dem Formelement so festzulegen, daß bei kurzen Meßzeiten das Formelement bestmöglich erfaßt wird und die Auswertealgorithmen sichere und aussagefähige Ergebnisse liefern.

Diesen Optimierungsvorgang löst der Prüfer bei einer manuellen Vermessung mit seiner Erfahrung und mit seinem "Augenmaß". In einer automatischen Meßpunktgenerierung muß dieses algorithmische Wissen in Regeln gefaßt und in den Rechner abgebildet werden.

Die räumliche Bestimmung eines Formelements setzt eine Mindestanzahl von Punkten voraus (Ebene: 3 Punkte, Kugel: 4 Punkte, Zylinder: 5 Punkte, usw.), jedoch führen die Meßunsicherheit des Meßgerätes, die Formabweichung des Werkstücks und die numerischen Fehler bei der rechnerischen Auswertung dazu, daß das Werkstück mit einer erhöhten Punktanzahl zu vermessen und eine Besteinpassung durchzuführen ist.

Das Programmsystem ermöglicht die Ermittlung der Punktzahl nach einer Empfehlung oder nach einer Simulation der Meßaufgabe (Abb. 7.14.) /WILH-89/. Die Simulation legt die Meßpunktanzahl N_i für jedes Element E_i so fest, daß das Meßergebnis im Bereich 1/10 bis 1/5 der geforderten Toleranz des Formelementes liegt.

Die Verteilung der Antastpunkte auf dem Formelement erfolgt in Abhängigkeit von der Punktzahl nach geometrischen Methoden oder durch Bilden eines Netzes mit unregelmäßig verteilten Knotenpunkten (zufallsgesteuerte Variation des Punktes in beiden Koordinatenrichtungen), die den Antastpunkten entsprechen.

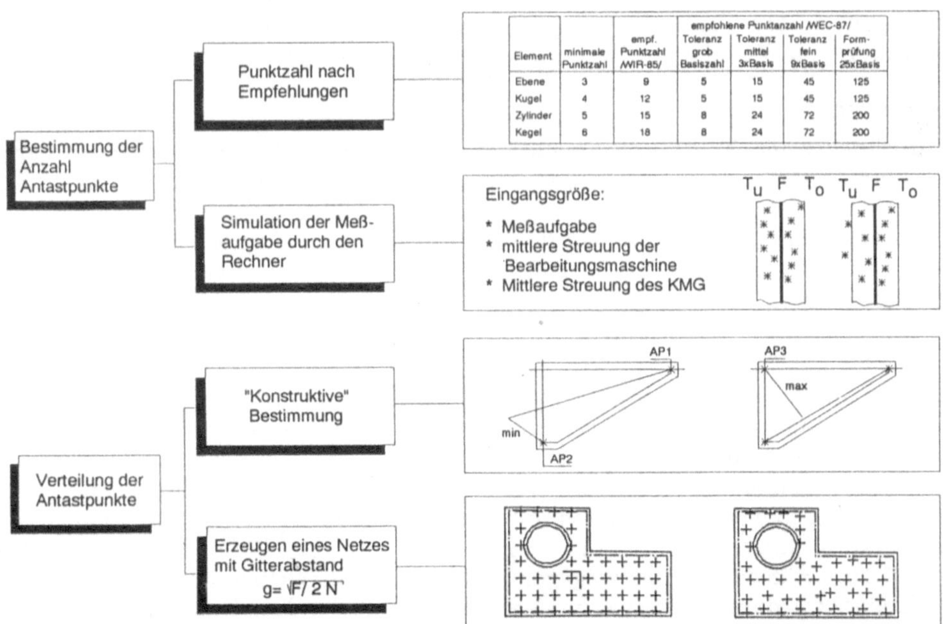

Element	minimale Punktzahl	empf. Punktzahl /WIR-85/	empfohlene Punktanzahl /WEC-87/			
			Toleranz grob Basiszahl	Toleranz mittel 3xBasis	Toleranz fein 9xBasis	Formprüfung 25xBasis
Ebene	3	9	5	15	45	125
Kugel	4	12	5	15	45	125
Zylinder	5	15	8	24	72	200
Kegel	6	18	8	24	72	200

Abb. 7.14. Verfahren der Meßpunktgenerierung

Tasterkonfigurierung

Ein weiterer Arbeitsschritt der Meßablaufplanung ist die Konfigurierung von Tastern. Sie beinhaltet die Auswahl von Tastelementen wie z.B. Würfel, Gelenk, Taststift, Verlängerung usw. und deren Zusammenbau. Dabei werden die Geometriebeschreibung der Tastelemente in der CAD-Datenbasis, die technischen Daten (Anbaupunkte, Gewicht, usw.) und organisatorische Daten (Bestellnummer, Name, usw.) in einer zentralen Datenbank abgelegt. Es können beliebige Tastelemente mit den CAD-Standardfunktionen modelliert und abgespeichert werden. Die Aufgabe der Konfigurierung besteht nun darin, Auswahl und Zusammenbau der Tastelemente so festzulegen, daß alle anzutastenden Meßpunkte am Bauteil kollisionsfrei erreicht werden können. Das Programmsystem unterstützt sowohl eine benutzergeführte Konfigurierung, bei der die Tastelemente am CAD-System interaktiv ausgewählt und zusammengebaut werden als auch eine automatische Konfigurierung. Hierbei erfährt der Benutzer eine intelligente Unterstützung, insbesondere für komplexere Meßaufgaben. Ausgehend von der interaktiven Formulierung möglicher Randbedingungen für die Auswahl und für den Zusammenbau führt das System alle notwendigen Arbeitsschritte der Konfigurierung automatisch durch. Mit der geometrischen Umgebungsanalyse am Bauteil wird eine Lösungsmatrix möglicher Antastrichtungen erzeugt. Ein Auswahlverfahren ermittelt auf dieser Grundlage die optimale Antastrichtung und gewährleistet die Minimierung der Anzahl von Tastelementen und der Taststiftlängen. Eine anschließende Meßsimulation prüft die kollisionsfreie Erreichbarkeit aller Antastpunkte. Liegt eine Kollision mit dem Bauteil vor, so erfolgt auf der Grundlage implementierter Umbauregeln eine neue Tasterkonfiguration. Für einen generierten Taster werden automatisch eine Zusammenbauanleitung, Zeichnung und Stückliste an den Meßtechniker ausgegeben (Abb. 7.15.).

Kalibrieren

Beim Einsatz von Koordinatenmeßgeräten müssen die Taster vor Beginn der Messung kalibriert werden. Das Modul erzeugt hierzu automatisch das NC-Programm für die kollisionsfreien Antastungen an das Kalibrier-Normal. Die Vorgehensweise zur Erzeugung der Verfahrwege an das Kalibrier-Normal unterscheidet sich dabei nicht von der Verfahrwegsgenerierung an das zu prüfende Bauteil.

NC-Programmerstellung

Im Rahmen der Meßgeräteprogrammierung gilt es nun, auf der Grundlage der Meßablaufplanung, die Verfahranweisungen für den Taster festzulegen. Dabei werden die optimalen Verfahrwege zu den Antastpunkten bestimmt und eine analytische Kollisionsbetrachtung zwischen je zwei anzufahrenden Positionen durchgeführt. Liegt eine Kollision mit dem zu prüfenden Bauteil vor, generiert das System automatisch den Umfahrweg zum nächsten Antastpunkt (Abb. 7.16.). Für die Verfahrwegsgenerierungen, -korrekturen und Kollisionsprüfungen werden geometrische Methoden angewendet. Das geometrische Modell der Tasterkonfiguration wird durch eine Flächenhülle mit grober

Detaillierung angenähert, um sowohl die Kollisionsrechnung zu vereinfachen als auch die Rechenzeiten zu verkürzen. Für die Kollisionsuntersuchung wird die mengentheoretische Differenz aus dem Volumen, resultierend aus der Transformation des Tasters zwischen zwei Anfahrpunkten, und dem Volumen des Bauteils gebildet. Wurden sämtliche Verfahrwege im CAD-System erzeugt, erfolgt durch einen Preprozessorlauf das Auslesen der Geometrie- und Technologiedaten sowie der Verfahrbefehle aus der Datenstruktur und die Ausgabe der Steueranweisungen für Koordinatenmeßgeräte im neutralen Datenformat DMIS (**D**imensional **M**easuring **I**nterface **S**pecification).

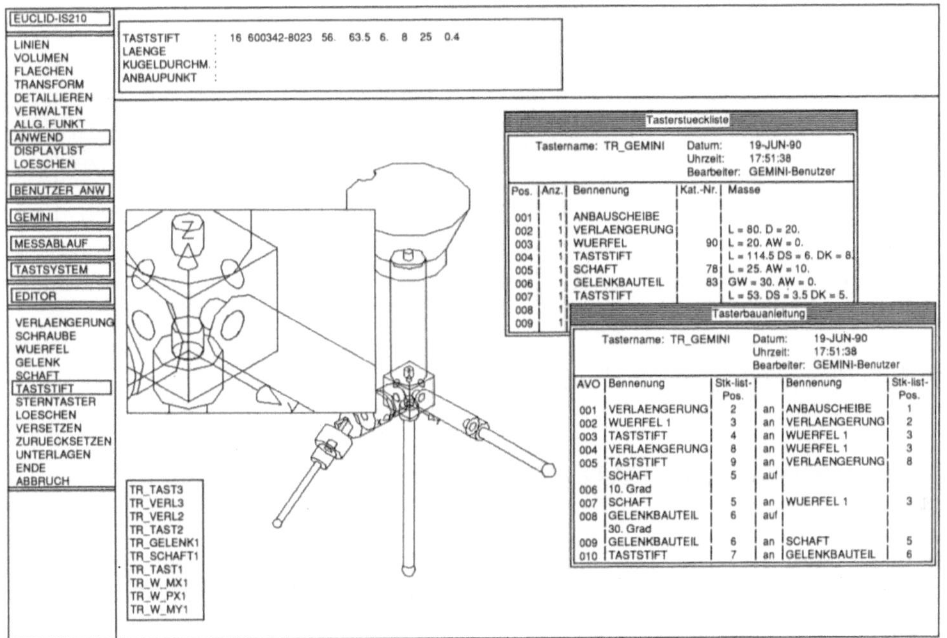

Tasterstueckliste

Tastername: TR_GEMINI		Datum: 19-JUN-90 Uhrzeit: 17:51:38 Bearbeiter: GEMINI-Benutzer	
Pos.	Anz.	Bennenung	Kat.-Nr.	Masse
001	1	ANBAUSCHEIBE		
002	1	VERLAENGERUNG		L = 80. D = 20.
003	1	WUERFEL	90	L = 20. AW = 0.
004	1	TASTSTIFT		L = 114.5 DS = 6. DK = 8.
005	1	SCHAFT	78	L = 25. AW = 10.
006	1	GELENKBAUTEIL	83	GW = 30. AW = 0.
007	1	TASTSTIFT		L = 53. DS = 3.5 DK = 5.
008	1			
009	1			

Tasterbauanleitung

Tastername: TR_GEMINI			Datum: 19-JUN-90 Uhrzeit: 17:51:38 Bearbeiter: GEMINI-Benutzer		
AVO	Bennenung	Stk-list-Pos.		Bennenung	Stk-list-Pos.
001	VERLAENGERUNG	2	an	ANBAUSCHEIBE	1
002	WUERFEL 1	3	an	VERLAENGERUNG	2
003	TASTSTIFT	4	an	WUERFEL 1	3
004	VERLAENGERUNG	8	an	WUERFEL 1	3
005	TASTSTIFT	9	an	VERLAENGERUNG	8
	SCHAFT	5	auf		
006	10. Grad				
007	SCHAFT	5	an	WUERFEL 1	3
008	GELENKBAUTEIL	6	auf		
	30. Grad				
009	GELENKBAUTEIL	6	an	SCHAFT	5
010	TASTSTIFT	7	an	GELENKBAUTEIL	6

Abb. 7.15. Tasterkonfigurierung am CAD-System mit Unterlagenausgabe

Ausgaben

An die Produktion und an die Werkstattsteuerung können übergeben werden:

- Prüfplan mit Prüfzeichnung und Kosten-Zeiten-Kalkulation,

- Aufbauplan, Stückliste und Zeichnung für den Taster- und Spannmittel-zusammenbau,

- NC-Programm für die Messung und Auswertung sowie für die Kalibrierung am Koordinatenmeßgerät und

- Zeichnung der Meßszene.

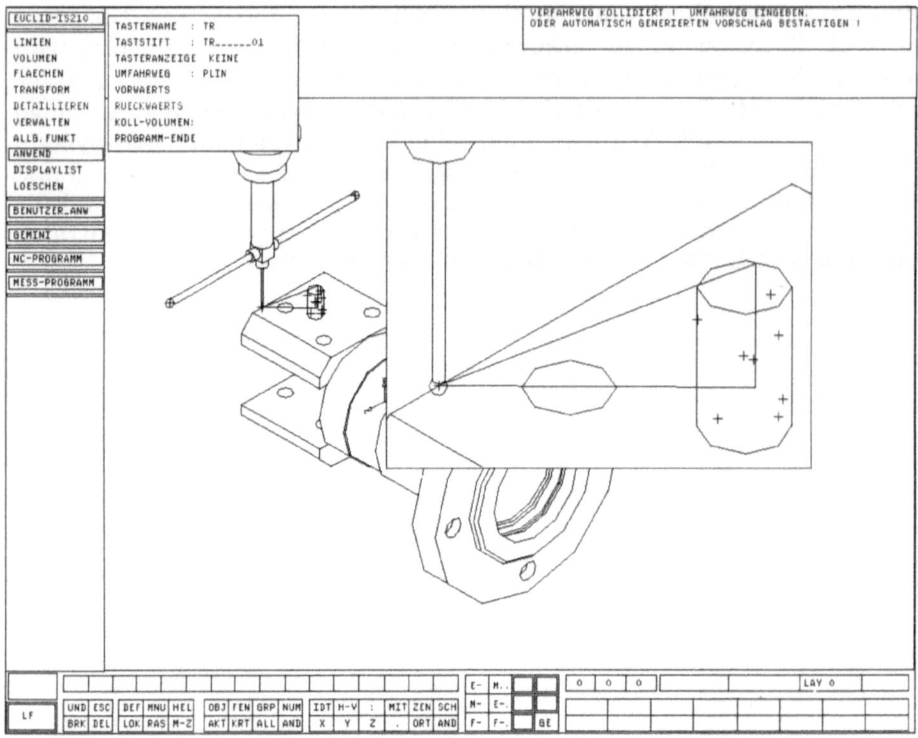

Abb. 7.16. Umfahrweggenerierung bei Kollisionen

7.3 Integration von CAD und Robotik

Der Ausdruck Robotik ist als Oberbegriff zu verstehen, der einerseits
komplexe, aus mehreren Komponenten aufgebaute Robotersysteme und
andererseits fortschrittliche, mit Informatikwerkzeugen realisierte
Programmierverfahren zusammenfaßt. Robotersysteme (siehe Abb. 7.18.)
bestehen aus einem beweglichen Arm, einem in der Umwelt agierenden
Endeffektor, Regelsystemen zur Steuerung individueller Gelenke, Sensoren
zur Erfassung interner und externer Zustände und einer Steuerung, die alle
Funktionen zur Erfüllung der Gesamtfunktion koordiniert.

Auf Grund der Komplexität industriell eingesetzter Robotersysteme begann
die Entwicklung und die Anwendung rechnerunterstützter Planungs- und
Programmierverfahren in der Robotik später als in der NC-Programmierung.
Erst mit steigenden Einsatzzahlen des Industrieroboters, dem wohl
flexibelsten Automatisierungsgerät überhaupt, wurde der Bedarf an
fortschrittlicheren Planungsmethoden deutlich. Sie sollten die am Einsatzort
(in der realen Produktionsumgebung) anzuwendenden manuellen Program-

mierverfahren ('Master-slave'-Prinzip, 'Teach-in'-Verfahren) ablösen, die sich für die meisten Anwendungen sowohl aus wirtschaftlichen als auch aus sicherheitstechnischen Erwägungen als unzulänglich erwiesen. Neuartige Anwendungsbereiche, wie beispielsweise Unterwasser, in der Raumfahrt oder im Bauwesen schließen die Programmierung am Einsatzort sogar völlig aus. Aus diesen Gründen ist die Planung und Programmierung von Robotereinsätzen vom Einsatzort in die rechnerunterstützte Arbeitsvorbereitung zu verlagern. Durch die Nutzung moderner Informatikwerkzeuge stehen hierzu bereits modellbasierte, rechnerunterstützte Planungssysteme zur Verfügung. Sie erlauben, die Planung von Robotereinsätzen in die globale Produktionsplanung einzubeziehen.

Nachfolgend wird die auf der Basis von Informatikwerkzeugen realisierte Planungskette CAD/Robotik beschrieben. Die CAD-Modelle konstruierter Werkstücke und Produktteile sind die Informationsquelle für weitere Planungsschritte. Für Montageanwendungen folgt im Anschluß die Montageplanung. Grafisch-interaktive Robotersimulationssysteme unterstützen dann die Planung des Layouts der Fertigungszelle sowie die Entwicklung und grafische Simulation der Roboterprogramme. Integrierende Komponente ist eine technische Datenbank, die sowohl die CAD-Daten, die Montageplanungsdaten, die Layoutdaten, die entwickelten Roboterprogramme als auch Modelle der Industrieroboter und peripheren Einrichtungen verwaltet. Die modellhafte Beschreibung und die rechnerinterne Darstellung der physikalischen Komponenten einer Fertigungszelle und der abstrakten Planungs- und Prozeßinformationen ist Grundvoraussetzung für die Realisierung der Planungskette CAD/Robotik.

Auf Planungssysteme, die auf der Basis von Planungstechniken der künstlichen Intelligenz aus der Angabe der gewünschten Zielsituation (z.B. zusammengebautes Produkt) automatisch die Roboterprogramme generieren, wird nur am Rande eingegangen. Solche Systeme sind, genauso wie autonome und mit lokaler Planungsintelligenz ausgestattete Robotersysteme, noch im Forschungsstadium.

7.3.1 Planungsablauf in einer Robotik Prozeßkette

Durchgängige, computergestützte Werkzeuge für die Konstruktion, Planung und Fertigung von Produkten werden zukünftig die Fertigungs- und Produktionstechnik stark beeinflussen. Das Zusammenwirken von einzelnen Planungssystemen in einer Prozeßkette soll mit einem Beispiel aus dem Bereich der robotergestützten Montage exemplarisch vorgestellt werden. Bei der gewählten Anwendung wird die Planung und Ausführung einer Roboter "Pick" und "Place" Aufgabe gezeigt. Es handelt sich hierbei um den Transport unterschiedlicher Einzelteile von Lagerpaletten in bestimmte Positionen auf einem Werkstückträger.

Als Planungsaufgaben einer solchen CAD/Robotik Kette sind im wesentlichen die Erstellung der Bauteilbeschreibung, die Aktionsplanung, die Simulation und die anschließende Ausführung zu nennen.

7.3.1.1 Bauteilbeschreibung

Die Konstruktion der Einzelteile mit einem 3-D volumenorientierten CAD-System bildet das erste Glied der Prozeßkette. Die so konstruierten Einzelteile eines Robotergreifers liefern die Ausgangsdaten für die nachfolgenden Planungs- und Programmierprozesse. Die wichtigsten Einzelteile des zu montierenden Robotergreifers sind in Abbildung 7.17 zu sehen.

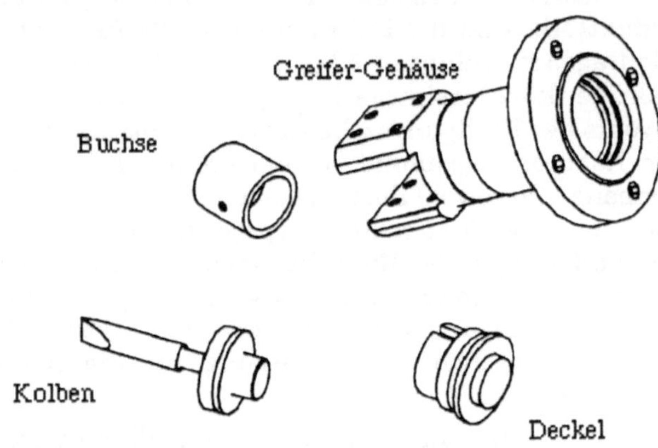

Abb. 7.17. Die Einzelteile des zu montierenden Greifers

7.3.1.2 Aktionsplanung

In der Phase der Aktionsplanung werden, basierend auf den CAD-Produktdaten der Einzelteile, die verschiedenen Teilverrichtungen für deren Montage geplant. Im Detail soll nun die Planung und Ausführung der Entnahme der Einzelteile aus einer Kommissioniereinrichtung und das Ablegen der Einzelteile auf einen Werkstückträger beschrieben werden. Dementsprechend besteht die Aufgabe des Roboters aus dem Transport der Einzelteile von einer Lagerpalette zu einem spezifischen Werkstückträger. Die Transportaufgabe beginnt also mit dem Greifen des Werkstücks, das in einer bestimmten Palette gelagert wird. Anschließend erfolgt der Transport zu einem Werkstückträger. Abschließend wird das Werkstück auf dem Werkstückträger abgelegt und der gesamte Vorgang beginnt mit einem anderen Einzelteil von neuem. Abbildung 7.18 zeigt die wichtigsten Phasen einer solchen Aufgabe.

In Abbildung 7.19 ist das Zellen-Layout zu sehen, das für diese Aufgabe gewählt wurde.

Der Planungsvorgang wird von dem Prolog-basierten /CLME-87/ Werkzeug für die Robotereinsatzplanung RIEP /DUFF-89/ durchgeführt. Für die Planung der vorgebenen "Pick" und "Place" Anwendung besitzt RIEP bereits eine Wissensbasis mit allgemeingültigen Regeln. Neben diesen allgemeinen Regeln können auch spezielle Regeln hinzugefügt werden. Eine solche Regel könnte zum Beispiel beschreiben, daß der Annäherungspunkt an die Greifposition eines bestimmten Teils auf Grund der Länge des Objekts höher gewählt werden muß als normal. Im verwendeten Beispiel wird so die Kollision des Greifers mit dem gegriffenen Werkstück und dem Palettenrand vermieden. Mit RIEP hat der Planer die Möglichkeit die Planung der "Pick" und "Place" Operation bei jedem Planungsschritt zu beeinflussen und die Teilverrichtungen selbst genauer zu spezifizieren. Er kann aber auch die gesamte Operation unter Angabe der Werkstücke und der Zielpositionen automatisch generieren lassen. Das hierzu benötigte Wissen ist in Form von Regeln in der Wissensbasis des Planungssystems abgelegt und ist eine Spezifikation der gesamten "Pick" und "Place" Operation. Eine sehr allgemeine Beschreibung der "Pick" und "Place" Operation mit Hilfe von Prolog Regeln ist im folgenden zu sehen.

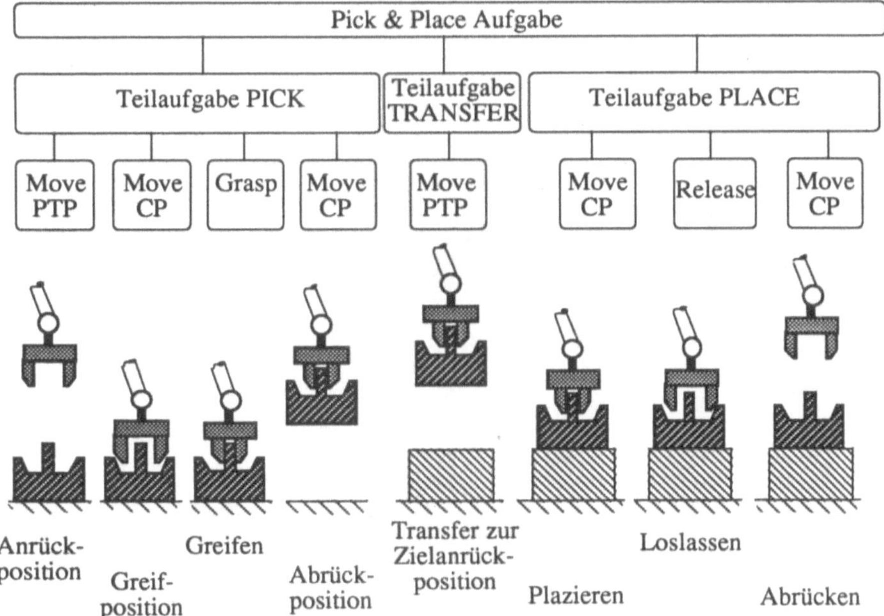

Abb. 7.18. Aufbau einer "Pick" und "Place" Operation

```
pick_and_place(W_STÜCK,ZIEL_FRAME) :-
    pick(W_STÜCK),
    trans(ZIEL_FRAME),
    place(W_STÜCK,ZIEL_FRAME).
```

Die Variablen W_STÜCK für das Werkstück und die Zielposition
ZIEL_FRAME sind die Parameter, die zur Planung mit Hilfe der
pick_and_place Regel benötigt werden. Die *pick_and_place* Regel wird wahr,
wenn die Regeln *pick*, *trans* und *place* erfüllt, also erfolgreich geplant sind.
Hierbei ist zu erkennen, daß zur Planung der *pick* Regel nur das Werkstück
bekannt sein muß und zur Planung des Transfer nur die Zielposition benötigt
wird. Die Regel für das Aufnehmen eines Werkstücks beschreibt das nicht
kontrollierte Anfahren einer Anrückpostion mit einer PTP Bewegung (**Point
To Point**), das Absenken zur Greifposition des Werkstücks mit einer
geradlinigen CP Bewegung (**Continuous Path**), das Greifen des Werkstücks
und das Zurückfahren zur Abrück- bzw. Anrückposition des Werkstücks.

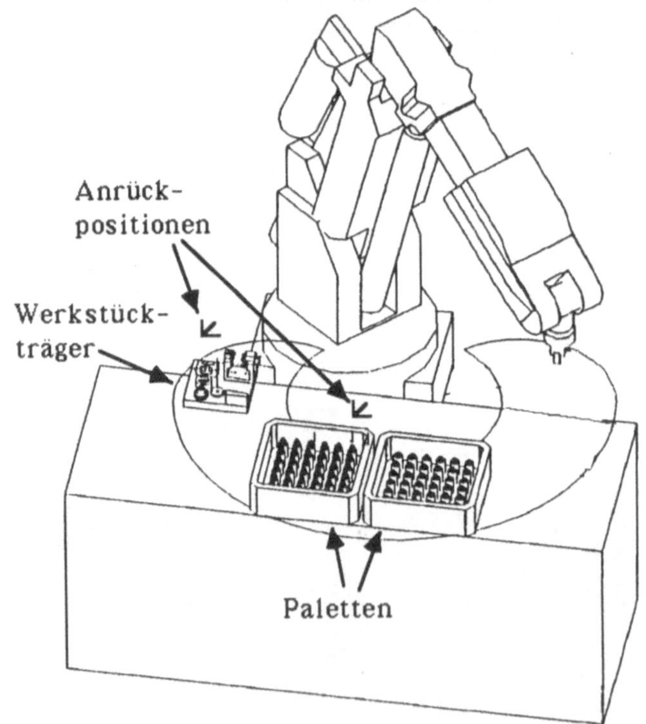

Abb. 7.19. Zellen-Layout für eine "Pick" und "Place" Aufgabe

pick(W_STÜCK) :-

    bewege(anrücken(W_STÜCK),ptp),

    bewege(greife_pos(W_STÜCK),cp),

    greife(W_STÜCK),

    bewege(anrücken(W_STÜCK),cp).

Die Regel *trans* beschreibt eine nicht kontrollierte PTP Bewegung zur Anrückposition der Zielposition ZIEL_FRAME.

trans(ZIEL_FRAME) :-

    bewege(anrücken(ZIEL_FRAME),ptp).

Das abschließende Plazieren des Werkstücks an der Zielposition wird mit Hilfe der *place* Regel beschrieben. Symmetrisch zur *pick* Regel wird das Werkstück mit einer geradlinigen CP Bahn auf die Zielposition abgesenkt und losgelassen. Abschließend fährt der Robotereffektor wieder kontrolliert in eine sichere Abrückposition.

place(W_STÜCK,ZIEL_FRAME) :-

    bewege(ZIEL_FRAME,cp),

    loslassen(W_STÜCK),

    bewege(anrücken(W_STÜCK),cp).

Spezielle Regeln wie *anrücken, bewege, greife* und *loslassen* werden für eine vollständige Beschreibung noch benötigt, hier aber nicht beschrieben.

Im Gegensatz zur algorithmischen Programmiertechnik übernimmt Prolog in einem solchen regelbasierten System die Ablaufkontrolle mit der prologspezifischen Problemlösungsstragie. Dieser Inferenzmechanismus erlaubt die Auflösung und Interpretation der in Frage kommenden Regeln. Änderungen und Erweiterungen der Wissensbasis durch Modifikation oder Hinzufügen von Regeln ist so leicht möglich.

7.3.1.3   Simulation und Ausführung

Der nächste Schritt in der computergestützten Prozeßkette besteht aus der Erzeugung der Roboterverfahrbahnen, der Definition des Zellen-Layouts und dem Test der geplanten Roboteranwendung. Hierzu dient das Robotersimulationssystem ROSI /HORN-86/. ROSI lädt die geplanten Roboterbewegungskommandos der "Pick" und "Place" Operation mit der Beschreibung des Zellen-Layouts aus einer Produktions-Datenbank und simuliert die Aufgabe mit einer grafischen Animation. Vor der grafischen Simulation der roboterunabhängig geplanten Aufgabe muß noch ein geeigneter Manipulator ausgewählt werden. Durch die anschließende grafische Simulation mit ROSI können Kollisionen und ungünstige Anfahrpunkte erkannt und modifiziert werden. Nach der Überprüfung der Gesamtanwendung werden die optimierten Daten für das

Zellen- Layout und die Roboterbewegungskommandos wieder in der
Robotikdatenbank gespeichert.

Im letzten Schritt der Prozeßkette wird die geplante und validierte "Pick" und
"Place" Operation in einer realen Roboterzelle ausgeführt. Hierzu liest ein
off line-Programmiersystem (z.B. ROBOT CP) die optimierten Bewegungs-
bahnen der "Pick" und "Place" Anwendung aus der Robotikdatenbank und
erzeugt ein Steuerprogramm für den ausführenden Manipulator. Nach dem
Laden des Steuerprogramms für den Manipulator müssen vor Ort kleinere
Kalibrierungs- und Justiermaßnahmen am Manipulator durchgeführt werden.
Anschließend kann das Programm vom Roboter ausgeführt werden. Die
Integration (Abb. 7.20.) der verschiedenen Planungssysteme für Roboter-
montageaufgaben zu einer durchgängigen Prozeßkette erfolgte hier über eine
Robotikdatenbank, die alle benötigten Produkt- und Prozeßinformationen
verwaltet.

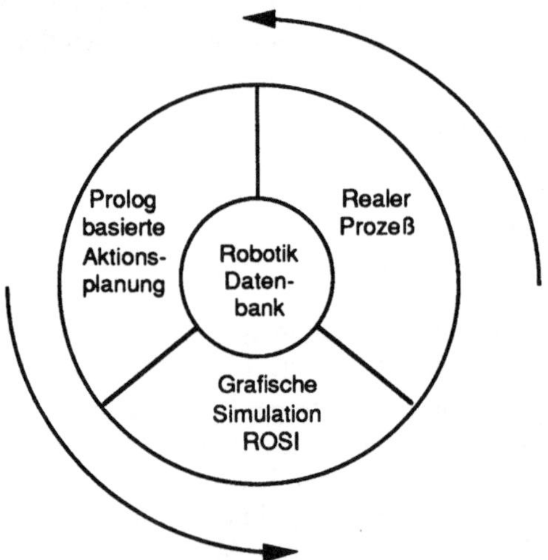

Abb. 7.20.   Integration durch Datenintegration

7.3.2 Modellbildung

Unter einem Modell versteht man im allgemeinen eine Abbildung eines relevanten Ausschnitts der Realität, auch als die Anwendungswelt bezeichnet.

Flexible Fertigungszellen stellen die zu modellierende Anwendungswelt im
Bereich Robotik dar. Da der Industrieroboter im Mittelpunkt der Betrachtungen steht, verwenden wir als Synonym den Begriff der Roboterarbeitszelle
bzw. Roboterzelle. Zur Verdeutlichung zeigt Abbildung 7.21 eine einfache
Roboterzelle, in der ein Roboter zuerst eine Platte (gegriffenes Objekt) auf
einem Basisteil ablegt und diese anschließend durch Einfügen eines Stiftes
fixiert.

Vorraussetzung einer durchgängigen Planungskette ist die Festlegung eines globalen, für Roboterarbeitszellen repräsentativen Modells. Es bildet die Grundlage zur rechnerunterstützten Projektierung und Programmierung von Roboteranwendungen. Dieses globale Modell wird als 'Roboterweltmodell' oder kurz als 'Umwelt'- bzw. 'Weltmodell' bezeichnet. Es stellt quasi eine Schablone zur rechnerinternen Repräsentation von Roboterzellen unterschiedlicher Ausprägungen (z.B. die Roboterzelle in Abb. 7.21.) bereit.

Angelehnt an die Techniken des Datenbankentwurfs (entsprechend Kapitel 4.1.2) wird im folgenden ein Roboterweltmodell skizziert. Primäres Ziel ist die Vorstellung des Anwendungsbereichs (Objekte, Objekteigenschaften, Beziehungen zwischen den Objekten) und die Einführung in die Modellbildung. Die Erfassung der Anforderungen an das Modell bedingt gemäß der ersten Phase des Datenbankentwurfs (Informationsbedarfsanalyse) die Analyse von Roboterzellen.

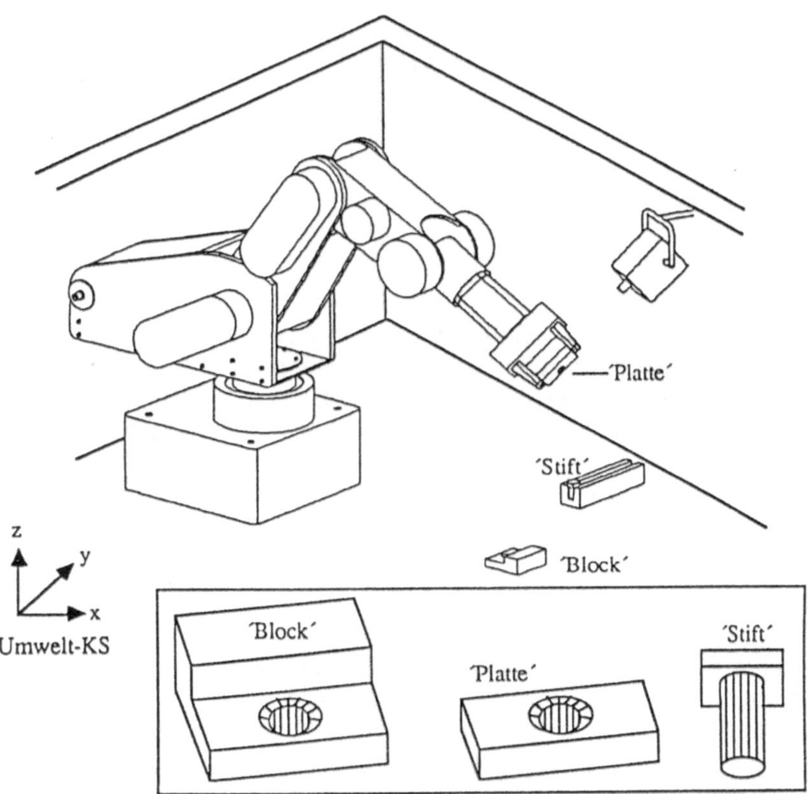

Abb. 7.21. Beispiel einer einfachen Roboterarbeitszelle

7.3.2.1 Analyse von Roboterarbeitszellen

Eine Roboterzelle ist ein räumlicher Ausschnitt einer Produktionsstätte, in der durch den Einsatz von Fertigungsmaschinen, Handhabungsgeräten und sonstigen Hilfseinrichtungen Produktteile und Produkte weitgehend automatisch gefertigt, bearbeitet und montiert werden. Bereits die Betrachtung von Abbildung 7.21 zeigt, daß sich in einer Roboterzelle physikalische Objekte befinden. Durch die geometrische Anordnung der Objekte und der topologischen Beziehungen zwischen Objekten (z.B. gegriffene Platte in Abb. 7.21.) weist eine Roboterzelle zudem eine bestimmte Struktur auf. Neben den Objekten und der Struktur gehören zu einer Roboterzelle auch die erarbeiteten Planungs- und Prozeßinformationen, die nach abgeschlossener Planung die aufgabenspezifischen Bearbeitungs- und Montageabläufe spezifizieren.

Physikalische Objekte in Roboterarbeitszellen

Alle realen Objekte der Roboterzelle besitzen als gemeinsames Merkmal eine geometrische Gestalt und technologische Eigenschaften. Handhabungsobjekte sind die mit den Robotern bzw. Effektoren manipulierten Produkte, Produktteile, Baugruppen oder Werkstücke. Die modellhafte Beschreibung der Handhabungsobjekte erfolgt durch ein Produktmodell.

Als weitere Objekte sind die funktional an den Abläufen in der Zelle beteiligten Betriebsmittel und die passiven Hilfseinrichtungen zu analysieren. Zu unterscheiden sind:

- Die Roboter als Grundgerät (Roboterarm) zum Führen des Endeffektors. Die Beweglichkeit eines Roboters ergibt sich aus seiner spezifischen Kinematik. Sie wird durch die Art und Anzahl der Bewegungsgelenke und die Bewegungsbereiche der Gelenke bestimmt.

  Zur Modellierung der Kinematik wird in jede Bewegungsachse des Roboterarms ein Bewegungskoordinatensystem eingeprägt. Bei Einhaltung bestimmter Konventionen (z.B. z-Achse entspricht der Bewegungsachse des Gelenks) lassen sich jeweils zwei benachbarte Bewegungskoordinatensysteme durch vier Transformationen ineinander überführen. Für jedes Paar benachbarter Gelenke wird mit diesen vier Parametern eine 4x4-Transformationsmatrix generiert. Einer der Parameter verkörpert die Bewegungsvariable, je nach Gelenktyp handelt es sich um die Rotation um die z-Achse (Bewegungsachse) oder die Translation entlang der z-Achse. Die Kette der Transformationsmatrizen stellt den mathematischen Zusammenhang zwischen den kartesischen Koordinaten (Koordinatensystem im TCP, **Tool Center Point**) und den Roboterkoordinaten (Gelenkwerte einzelner Bewegungsgelenke) her. Dieses Verfahren wird nach den Entwicklern als Denavit-Hartenberg Verfahren bezeichnet /DIHU-86/.

- Die Endeffektoren, dazu zählen Greifersysteme unterschiedlicher Komplexität zur Teilemanipulation und Werkzeuge zur technologischen Bearbeitung von Werkstücken (z.B. Schweißen, Lackieren, Schrauben). Die Kinematik mehrgliedriger Greifersysteme wird entsprechend der Roboterkinematik modelliert.

- Die aktive Roboterperipherie, die im wesentlichen Zuführ- und Haltefunktionen leistet (Förderbänder, Schwingförderer, Spannvorrichtungen, Runddrehtische). Auch sie besitzen zu modellierende Bewegungseigenschaften.

- Die passive Roboterperipherie und Hilfseinrichtungen, die keine mechanische Funktionalität aufweisen und im wesentlichen Werkstückspeicher (Magazine, Paletten, Arbeitsstationen) oder bei der Planung zu berücksichtigende Hindernisse (Steuerrechner, Schaltschränke) darstellen.

- Die Sensoren, die an Robotern, Effektoren und der Peripherie anmontiert oder frei in der Zelle installiert sind. Wichtige Daten zur Modellierung von Sensoren sind deren Kenngrößen, die Einsatzbedingungen und Funktionsdaten, um die Meßergebnisse wenigstens angenähert nachbilden zu können.

Die rechnerinterne Repräsentation der oben aufgeführten Betriebsmittel erfolgt durch komponentenspezifische Modelle, die gemeinsam das Betriebsmittelmodell bilden.

Struktur der Roboterzelle

Die Struktur einer Roboterzelle (Layout) resultiert aus der räumlichen Organisation und der Topologie der Zelle auf Grund der Plazierung der Objekte und der Beziehungen zwischen den Objekten. Das Layout einer Roboterzelle unterliegt zeitlichen Modifikationen. Die Repräsentation gehört zu den Aufgaben des Umweltmodells. Hierzu eignen sich folgende Informationen für eine Darstellung:

- Die geometrischen Abmessungen (Breite, Tiefe, Höhe) bzw. die geometrische Begrenzung der Zelle.

- Die Objekte in der Zelle mit Position und Orientierung (Umweltbezug) bezogen auf das Referenz-Koordinatensystem der Zelle (Umwelt-Koordinatensystem).

- Die geometrische und funktionale Beziehung zwischen Werkstücken bzw. Produktteilen, z.B. das Aufeinanderlegen von Teilen oder das Erzeugen von temporären und permanenten Verbindungen mit Verbindungstechniken (Passungen, Verschrauben, Verschweißen).

- Die Ablage und der Transport von Teilen auf der Peripherie.

- Die Zuordnung gegriffener Objekte zum Greifer bis zum Loslassen des Objekts.

- Die Verwaltung der aktuellen Zustände der Betriebsmittel über der Zeit, z.B. die aktuellen Gelenkwerte der Roboter, Effektoren oder die Geschwindigkeit von Zuführeinrichtungen.

- Die Zuordnung von Programmen und roboterspezifischen Trajektorien zu den entsprechenden Robotern.

Zur Spezifikation geometrischer Beziehungen zwischen beliebigen Objekten wird in der Robotik das Framekonzept eingesetzt. Ein Frame kann durch einen 6-dimensionalen Vektor (6 Freiheitsgrade im 3D-Raum) dargestellt werden, der die Position und die Orientierung eines Objekts bezüglich eines Referenz-Koordinatensystems beschreibt. Als Bezugspunkt des Objekts eignet sich das objekteigene lokale Koordinatensystem, auch als Frame-Koordinatensystem bezeichnet. Die Position des Frame-Koordinatensystems wird durch seine Verschiebung entlang der x-, y- und z-Achse des Referenzsystems definiert. Die Orientierung ergibt sich aus den Drehungen α, β, γ um die Koordinatenachsen des Referenzsystems.

Die zwei prinzipiellen Anwendungsformen des Frame-Konzepts in der Robotik werden in Abbildung 7.22 verdeutlicht.

Zum einen beschreibt das Frame die geometrische Anordnung eines Objekts (z.B. Objekt 'Block') bzgl. eines Basisobjekts (z.B. Objekt 'Platte'). Zum anderen ist das Frame die zentrale Datenstruktur zur Roboterprogrammierung. Es erlaubt die kartesische Definition der vom Roboter, genauer vom Referenz-Koordinatensystem im Greiferschwerpunkt (TCP), einzunehmenden Position und Orientierung.

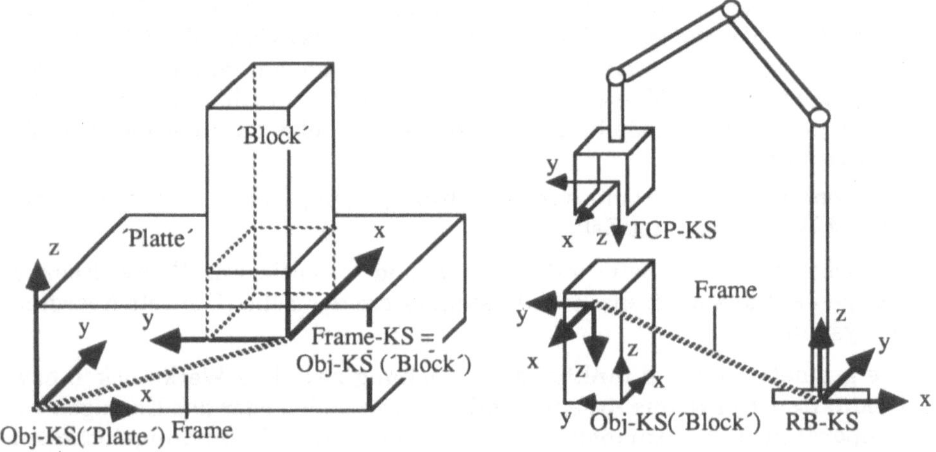

Abb. 7.22.   Anwendungsformen des Frames

Neben dem geometrischen Bezug zwischen zwei Objekten ist auch die physikalische Art der Beziehung von Bedeutung. Das Ablegen eines Objekts auf dem Basisobjekt erzeugt eine einseitige Beziehung. Eine solche Beziehung herrscht in Abbildung 7.23 zwischen den Objekten 'Block' und 'Platte'. Beim Aufnehmen von 'Block' wird das Objekt 'Platte' mitbewegt. Das Anheben von 'Platte' verändert jedoch nicht die räumliche Anordnung von 'Block'.

Eine zweiseitige Beziehung verbindet jedoch die beteiligten Objekte zu einer Objektgruppe, so daß sich eine Änderung der räumlichen Anordnung eines beliebigen Objekts auf die gesamte Objektgruppe auswirkt. Zweiseitige Beziehungen werden durch Verbindungselemente, z.B. Schrauben, Klammern oder Paßstifte, erzeugt. Das Einpressen des Stifts in die Bohrung des Blocks vorausgesetzt, bilden die Objekte 'Block', 'Platte' und 'Stift' in Abbildung 7.23 eine solche Objektgruppe (auf Grund der festen Verbindung zwischen 'Block' und 'Stift'). Das Hochheben von 'Stift' bewirkt dann die Bewegung der gesamten Objektgruppe.

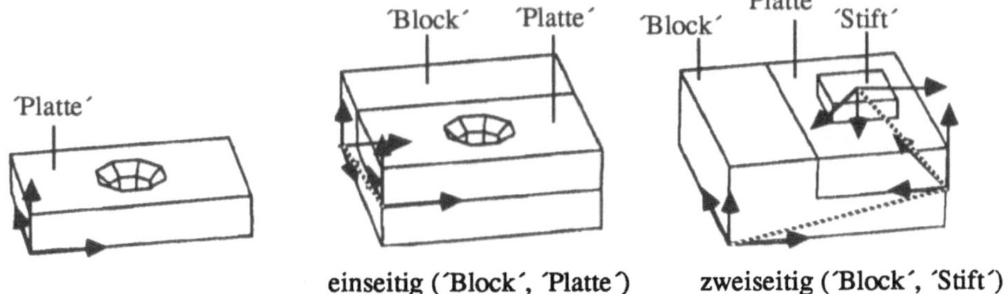

Abb. 7.23.   Topologische Beziehungsarten in einer Roboterzelle

Planungs- und Prozessdaten in der Roboterzelle

Die Modellierung des Layouts einer Roboterzelle erfolgt durch die geometrische Anordnung zweier Objekte und die Angabe der Beziehung zwischen diesen Objekten. Die zwei Objekte, das Frame und die Beziehungsart stellen eine Topologie-Beziehung dar. Diese Planungsdaten spezifizieren das Layout der Roboterzelle.

Ausgehend von der Roboterzelle (Objekte, Layout) sind die Bearbeitungs- und Montageabläufe für die entsprechenden Betriebsmittel zu planen. Für den Bereich der Montage beschreiben die in Kapitel 3.3.2.2 vorgestellten Beschreibungsmodelle die Ergebnisse der Montageplanung. Für die einzelnen Teilverrichtungen ist im weiteren die Detaillierung der zur Montagedurchführung erforderlichen Roboter-, Effektor-, Peripherie- und Sensoroperationen vorzunehmen. Diese Planungsinformation wird für die Entwicklung der Programme zur Robotermontage benötigt und ist somit durch das Weltmodell zu repräsentieren. Desweiteren sind auch die daraus entwickelten Bewegungsdatensätze und expliziten Roboterprogramme in das Modell zu integrieren. Sämtliche aufgeführten Planungs- und Prozessdaten bilden den für die Robotik-Planungskette spezifischen Anteil des Produktionsmodells.

7.3.2.2   Modellierung der Roboterarbeitszelle

Nach der Analyse der durch das Umweltmodell darzustellenden Anwendungswelt erfolgt der Entwurf des konzeptuellen Datenbankschemas entsprechend der zweiten Phase des Datenbankentwurfs (Kapitel 4.1.2). Dieses Schema formalisiert die Anwendungswelt und bildet die Grundlage für die Definition der Datenbank zur rechnerinternen Verwaltung von Roboterzellen. Als

Entwurfsmethode wird das in Kapitel 4.1.2 eingeführte Entity-Relationship Modell benutzt. Nachfolgend werden für einige roboterspezifische Ausschnitte der Anwendungswelt die ER-Diagramme entwickelt. Aus dem Bereich des Produktionsmodells wird das Layout-Schema, das Vorranggraph-Schema und ein Schema zur Beschreibung von Bewegungsdatensätzen vorgestellt. Als Vertreter des Betriebsmittelmodells wird das Schema zur Robotermodellierung entwickelt.

ER-Schema zur Layoutmodellierung

Das Layout einer Montagezelle (Abb. 7.24) wird durch einzelne topologische Beziehungen (Objekte in 'Top_Beziehung') zwischen je zwei Umwelt-Objekten beschrieben. Die Spezifikation der Beziehungsart erfolgt durch ein Attribut des Objekttyps 'Top_Beziehung'. Zur Beschreibung einer Beziehung verweist der Beziehungstyp 'anordnung' auf das Frame (Objekttyp 'Frame') und der Beziehungstyp 'anordnungs_obj' auf das anzuordnende Objekt ('Umwelt_Obj'). Das Basisobjekt für den Frame-Bezug wird über 'basis_obj' referenziert. 'Umwelt_Obj' faßt über die Generalisierungshierarchie 'UO_Typ' alle physikalischen Objekte einer Roboterzelle zusammen.

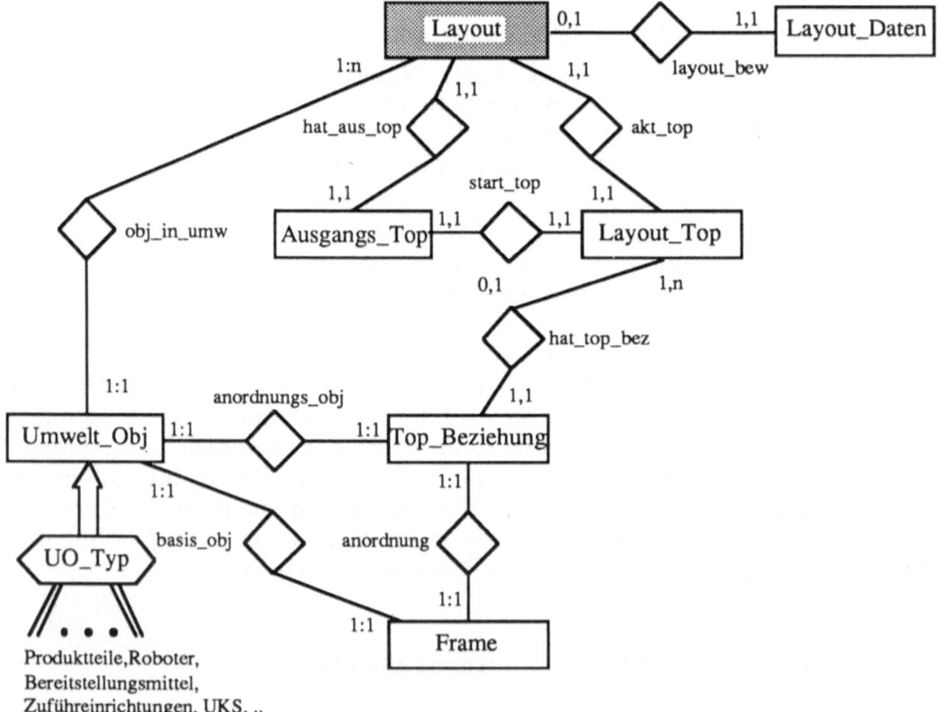

Abb. 7.24.   ER-Schema für die Layoutmodellierung von Roboterzellen

Der Objekttyp 'Layout_Top' verwaltet die zu einem diskreten Zeitpunkt der Planung in der Roboterzelle vorherrschenden Topologiebeziehungen. Über 'hattop_bez' werden die 1,n Topologiebeziehungen zur Repräsentation der gerade aktuellen Topologie referenziert. Die Ausgangs-Topologie einer Layoutvariante ist in 'Ausgangs_Top' enthalten. Sie spezifiziert alle Topologiebeziehungen, die das Ausgangs-Layout der Roboterzelle definieren. Zu Beginn der Planung oder der Simulation eines Roboterprogramms entsprechen sich die Ausgangstopologie und die aktuelle Topologie der Roboterzelle.

Die an einem Layout beteiligten Umwelt-Objekte ('Umw_Objekte') referenziert der Beziehungstyp 'hat_lay_obj'. Umweltobjekte sind u.a. Produktteile, Roboter, Bereitstellungsmittel oder als abstraktes Objekt das Umwelt-Koordinatensystem ('UKS'). Jeder Layoutvariante ist über 'layout_bew' ein Bewertungsdatensatz ('Layout_Daten') zugeordnet. Kennzahlen zur Layoutbewertung (Gesamtverfahrweg, Flächenbedarf, usw.) sind durch Attribute des Objekttyps 'Layout_Daten' erfaßt.

ER-Schema zum Vorranggraph

Das ER-Schema in Abbildung 7.25 erlaubt die Beschreibung von Vorranggraphen mit allen möglichen Reihenfolgen für die Endmontage. Der Vorranggraph zeigt die einzelnen Teilverrichtungen (Objektklasse 'Teilverrichtung'), die über den Beziehungstyp 'tv-graph' entsprechend ihrer direkten Vorgänger- und Nachfolgerverweise miteinander in Beziehung stehen. Die Kardinalität von 'tv_graph' ist vom Typ 0,n:0,m, da jede Teilverrichtung, mit Ausnahme der letzten, Vorgänger einer oder mehrerer Teilverrichtungen sein kann (0,n). Mit Ausnahme der ersten kann jede Teilverrichtung auch Nachfolger einer oder mehrerer Teilverrichtungen sein (0,m). Den Typ der Teilverrichtung erfaßt das Attribut 'TV-Typ', mit dem Wertebereich <Fügen, Handhaben, Prüfen, Spezial>.

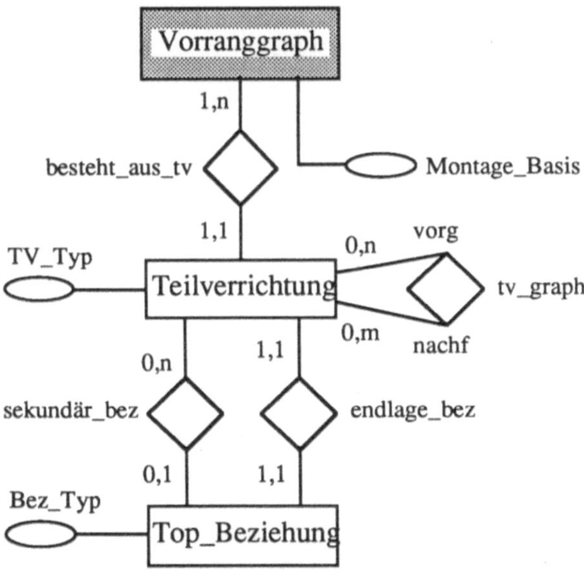

Abb. 7.25   ER-Schema zur Speicherung von Vorranggraphen

Jeder Teilverrichtung, die eine Manipulation eines Produktteils spezifiziert, sind die topologischen Nachbarschaftsbeziehungen zugeordnet, die das manipulierte Produktteil (PT_{akt}) in seiner Endlage mit anderen Teilen des Produkts eingeht. Diese Nachbarschaftsverhältnisse sind im Modell durch den Objekttyp 'Top-Beziehung' erfaßt. Die Endlage von PT_{akt} bezüglich des Basisobjekts referenziert 'endlage_bez'. Auf zusätzliche Beziehungen von PT_{akt} mit benachbarten Teilen im Produkt zeigt 'sekundär_bez'. Im Gegensatz zu genau einer Endlage (1,1) kann es keine oder auch mehrere solcher sekundärer Beziehungen geben (0,n).

Sowohl direkte Nachbarschaftsverhältnisse als auch die Anordnung eines Objekts relativ zu einem Basisobjekt werden als topologische Beziehungen ('Top_Beziehung') dargestellt. Die Modellierung einer Topologiebeziehung zeigt bereits das ER-Schema zum Layout.

ER-Schema des Robotermodells

Das ER-Schema in Abbildung 7.26 ermöglicht die Modellierung von Robotern und Endeffektoren. Dabei wird unterschieden zwischen den typspezifischen Daten, repräsentiert durch das Teilschema mit den Objekttypen 'Rob_Typ', 'Eff_Typ', 'Kin_Kette' und 'Achse', und den Konfigurationsdaten.

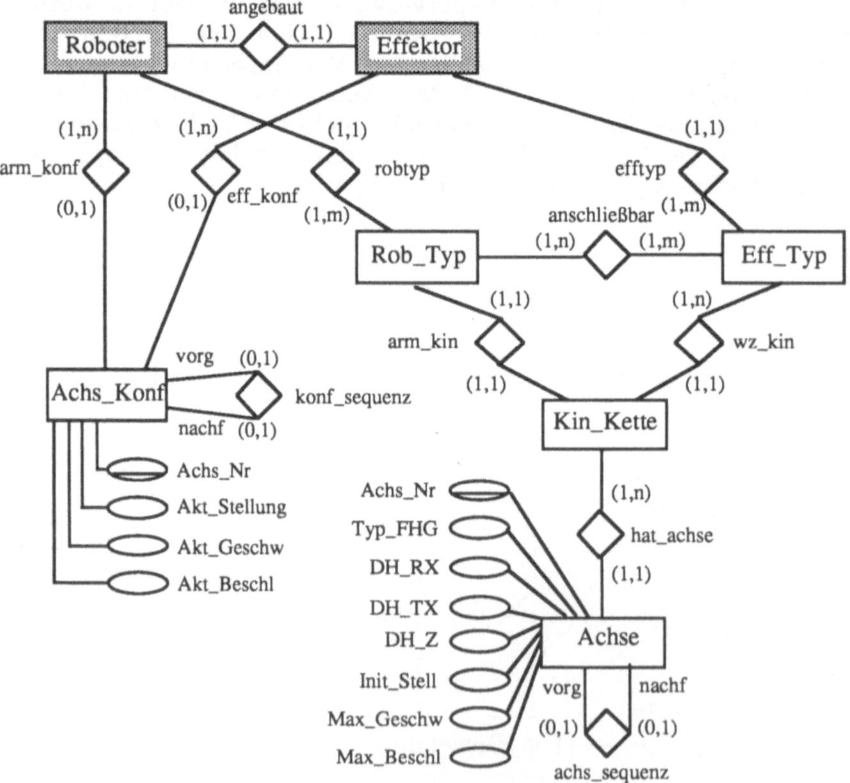

Abb. 7.26.   ER-Schema des Robotermodells

Die typspezifischen Daten beschreiben die Struktur und die Kinematik je
eines Robotertyps, z.B. eines Puma260-Roboters oder eines Effektortyps. Der
Objekttyp 'Kin_Kette' verwaltet hierzu die kinematischen Ketten der Roboter-
und Greifertypen. Der Beziehungstyp 'arm_kin' ordnet 'Rob_Typ' genau eine
(1,1:1,1) kinematische Kette zu, die den Roboterarm modelliert. Für Greifersysteme assoziiert 'wz_kin' für jeden Greiferfinger ein Objekt von 'Kin_Kette'.
Da Greifersysteme mehrere Finger aufweisen, ist die Kardinalität von 'wz_kin'
1,n:1,1.

Die einzelnen Achsen einer kinematischen Kette (assoziiert durch 'hat_achse')
sind Objekte des Objekttyps 'Achse', die über 'achs_sequenz' miteinander in
Beziehung stehen. Attribute des Objekttyps 'Achse' repräsentieren die
typspezifischen Achsdaten. Dabei gibt 'Typ_FHG' den Gelenktyp (Rotation
oder Translation) an. 'DH_RX', 'DH_TX', 'DH_Z' und 'Init_Stell' sind die
Parameter für die Erzeugung der Transformationsmatrix. Im Fall eines Rota-
tionsgelenks steht 'DH_Z' für die Translation entlang der z-Achse. Bewegungsparameter ist dann die Rotation um die z-Achse, für die 'Init_Stell' den Wert
für die Nullstellung der Achse angibt. Für ein Translationsgelenk steht 'DH_Z'
für die Rotation um die z_Achse, und der Bewegungsparameter ist die Translation entlang der z-Achse. Weitere achsspezifische Attribute definieren die
Gelenkanschläge ('Gel_Min', 'Gel_Max') und Maximalwerte für die Gelenkgeschwindigkeit und -beschleunigung ('Max_Geschw', 'Max_Beschl').

Der Beziehungstyp 'ist_anschließbar' ordnet jedem Robotertyp 'Rob_Typ' die
Endeffektoren 'Eff_Typ' zu, die an den Roboter angeflanscht werden können.
Auf Grund der Kardinalität 1,n:1,m sind auch aus der Sicht der Effektortypen
die Roboter bekannt, an die ein spezieller Effektortyp anschließbar ist.

Die Konfigurationsdaten werden durch die Objekttypen 'Roboter', 'Effektor'
und 'Achs_Konf' repräsentiert. Ein Objekt des Typs 'Roboter' spezifiziert ein
Exemplar eines Roboters, der z.B. den Namen Puma260_A erhält. Dabei
handelt es sich um einen Roboter des Typs Puma260. Über den Beziehungstyp
'robtyp' erfolgt der Verweis auf die typspezifischen Daten (für Puma260).
Entsprechend assoziiert der Beziehungstyp 'efftyp' zu dem angebauten
Effektor den zugehörigen Effektortyp. Um zu jeder Achse des Roboter- bzw.
Effektorexemplars die aktuellen Bewegungsdaten zuzuordnen, assoziieren die
Beziehungstypen 'arm_konf' und 'eff_konf' den Objekttyp 'Achs_Konf'. Jedes
Objekt dieses Typs wird durch die aktuellen Gelenkdaten attributiert. Sie
geben die aktuelle Stellung ('Akt_Stellung') des Bewegungsparameters sowie
die aktuelle Gelenkgeschwindigkeit und -beschleunigung ('Akt_Geschw',
'Akt_Beschl') an.

Das vorgestellte Schema erlaubt die redundanzfreie Speicherung von Roboter-
modellen. Kommen in einem Layout zwei Roboter (z.B. Puma260_A und Puma
260_B) eines Typs vor, werden zwei Objekte des Objekttyps 'Roboter' erzeugt.
Beide verweisen auf das gleiche Objekt in 'Rob_Typ'. Die typspezifischen
Daten sind somit nur einmal zu speichern. Lediglich die sich ändernden Parameter der Roboter- und Effektorachsen werden sowohl für den Puma260_A als
auch für den Puma260_B im Umweltmodell erfaßt.

ER-Schema zur Beschreibung von Bewegungsdatensätzen

Als Beispiel für die Prozessmodellierung zeigt das ER-Schema in Abbildung 7.27 die Modellbildung für Bewegungssegmente, die vom Roboter zur Ausführung einer Montageoperation abgefahren werden. Ein konkretes Objekt des Objekttyps 'Bewegung' ist gegebenenfalls zusammen mit weiteren Bewegungssegmenten dem ausführenden Roboter zugeordnet ('bm_operation'). Die kartesischen Randpunkte der Bewegung sind zusammen mit Geschwindigkeits- und Beschleunigungsvorgaben in Objekten des Typs 'Bew_Pkt' abgelegt und durch die Beziehungstypen 'anf_pkt' und 'end_pkt' als Anfangs- bzw. Endpunkt markiert. Attribute des Typs 'Bewegung' geben den Bahntyp, z.B. eine Geraden- oder Kreisbahn und wenn erforderlich weitere Bahnparameter an.

Für die mehrfache Bewegungssimulation empfiehlt sich die Protokollierung der Gelenkwerte, um deren wiederholte Berechnung zu umgehen. Der Beziehungstyp 'gel_daten' stellt die Beziehung zu dem Objekttyp 'Gel_Satz' her, der in einer Liste (Beziehungstyp 'gelenk_seq') zu je einem kartesischen Interpolationspunkt der berechneten Bahn ein Gelenkdatenobjekt verwaltet. Außer den Beziehungen weist 'Gel_Satz' keine weiteren Attribute auf. Die aktuellen Gelenkvariablen für jede bewegliche Achse erfaßt der Objekttyp 'Gel_Var'. Für jeden Gelenksatz existiert in 'Gel_Var' entsprechend der Anzahl beweglicher Achsen eine Sequenz von Objekten, wobei jedes Objekt die aktuelle Gelenkstellung und die aktuelle Geschwindigkeit und Beschleunigung einer Achse enthält.

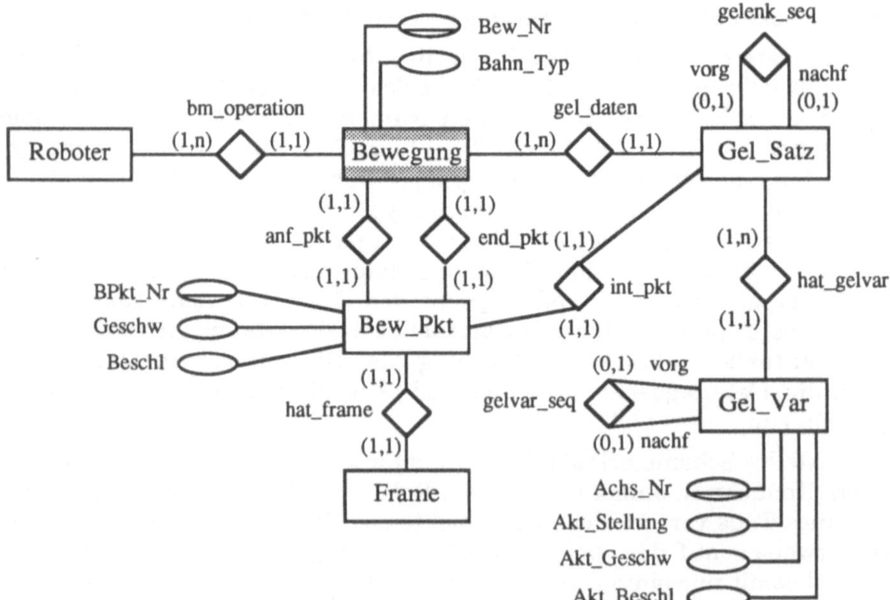

Abb. 7.27.   ER-Schema zur Beschreibung von Bewegungsdatensätzen

7.3.2.3 Implementierung des Roboterweltmodells

Entsprechend der behandelten Schemata sind für sämtliche Teilaspekte des Umweltmodells geeignete ER-Schemata zu entwickeln. Daran schließt sich dann die Konsolidierungsphase an, deren Ziel die Integration aller ER-Diagramme zu einem globalen, konzeptuellen Schema ist. Dieses Schema modelliert die Anwendungswelt Roboterzelle in einer Darstellung, aus der in weiteren Entwurfsschritten ein Datenbankschema abgeleitet werden kann, das die Verwaltung von Roboterzellen mit einem Datenbanksystem ermöglicht. Den Zugriff auf die Produkt-, Betriebsmittel und Produktionsdaten realisieren auf die Anwendungsobjekte spezialisierte Zugriffsfunktionen. Sie erlauben beispielsweise die Generierung eines Layouts, das Lesen einer Roboterbewegung zur grafischen Simulation oder die Speicherung einer festgelegten Montagevorrangfolge.

7.3.3 Funktionale Nachbildung

Die Funktionalität einer robotergestützten Fertigungszelle ergibt sich aus den einzelnen Wirkfunktionen der beteiligten Geräte und aus der durch das Zusammenwirken der Komponenten realisierten Handhabungsaufgabe. Um diese Funktionalität auch im Modell zu erfassen, müssen in einem System zur off line-Programmierung und Simulation entsprechende Softwareroutinen vorhanden sein, die die Funktionen der Roboter und ihrer Endeffektoren möglichst realitätsgetreu nachbilden.

Roboter sind entsprechend ihrer kinematischen Struktur und ihrer mechanischen Auslegung in der Lage, in ihrem Arbeitsraum Bewegungen auszuführen. Bei den Bewegungen müssen technische Randbedingungen wie Gelenkbereiche oder maximal erreichbare Geschwindigkeiten und Beschleunigungen eingehalten werden. Einzelne dieser Größen können vom Anwender programmtechnisch manipuliert werden. Die Bewegungsbahn des Wirkpunkts (TCP) resultiert aus der Ansteuerung der einzelnen Gelenke durch die Robotersteuerung, die entsprechend der auszuführenden Bahn fortlaufend Sollwerte an die Achsregler schickt. Zielstellung und Bahnverlauf des TCP ergeben sich aus der vom Anwender programmierten Roboteroperation.

Vor und während der Ausführung der meist kartesisch vorgegebenen Roboterbewegung fällt eine Reihe von Berechnungen an, auf die im folgenden kurz eingegangen werden soll. Für jede dieser Berechnungen muß eine universelle oder auf den Typ des Roboters zugeschnittene Softwareroutine vorhanden sein. Die Summe dieser algorithmischen Berechnungsfunktionen stellt die Nachbildung der Roboterfunktionen für das Modell dar.

Zunächst kann sich das anzufahrende Zielframe auf ein anderes Koordinatensystem als die Roboterbasis beziehen; in diesem Fall muß eine Koordinatenumrechnung (Frametransformation) vorgenommen werden. Anschließend wird überprüft, ob die vorgegebene Position im Arbeitsraum des Roboters liegt. Aus typspezifischen Kenndaten des Roboters und der Distanz von der aktuellen zur

Zielposition wird die Zeitdauer des Bewegungssegments berechnet. Entsprechend der gewünschten Interpolationsart werden Bahnplanungskoeffizienten ermittelt, die den genauen Verlauf der Bewegungsbahn vom Anfangs- zum Zielpunkt durch eine Funktion über der Zeit beschreiben.

Während der Bewegungsausführung, die durch eine zeitliche Interpolation in einem äquidistanten Zeitraster erfolgt, müssen die folgenden Berechnungsschritte durchlaufen werden:

- Berechnung des nächsten Interpolationspunkts durch Einsetzen der aktuellen Interpolationszeit in die Koeffizienten der Bahnplanung und

- Test der Erreichbarkeit des Interpolationspunkts.

- Berechnung der Robotergelenkwinkel mit Hilfe der sogenannten inversen Koordinatentransformation. Diese Transformation ist eine komplexe zeitintensive Routine, die den typspezifischen Aufbau des Roboters berücksichtigt und aus der kartesischen TCP-Vorgabe Stellwerte für die Robotergelenke berechnet.

- Überprüfung von Gelenkgeschwindigkeiten und -beschleunigungen.

Zur Simulation des Roboters zählt auch die softwaretechnische Nachbildung der Endeffektorfunktion. Im Fall eines Greifers ist die Handhabung der Werkstücke (Greifen, Transferbewegung, Fügen bzw. Ablegen) zu simulieren; im Fall eines Werkzeugs die Bearbeitung des Werkstücks (Farbauftrag, spanende Bearbeitung, Schweißen). Die Simulation eines Greifers ist sicher einfacher zu bewerkstelligen als diejenige eines Werkzeugs, da im ersten Fall lediglich Finger- und Objektbewegungen, im zweiten Fall aber eine Modifikation der Objektstruktur (Veränderung von Geometrie bzw. Objektattributen) zu simulieren sind.

Oft sind neben Robotern und ihren Endeffektoren noch andere aktive Komponenten am Fertigungsprozeß beteiligt. Zu diesen Komponenten zählen periphere Geräte wie Förderbänder, Drehtische, Fahrwagen usw, sowie die in der Fertigungszelle verwendeten Sensoren. Das funktionale Verhalten dieser Komponenten muß zur Beschreibung und Nachbildung der Fertigungsaufgabe im Modell ebenfalls verfügbar sein, d.h. analog zu den Manipulatorfunktionen müssen Softwareroutinen für die Bewegungs- und Meßfunktionen dieser Komponenten bereitgestellt werden.

Periphere Geräte stellen der Roboterstation die Werkstücke zur Handhabung bereit; in der Regel sind es einfache Kinematiken mit einem bis drei Freiheitsgraden und gegebenenfalls Pufferzonen mit einer bestimmten Kapazität. Die Simulation der Roboter-Peripherie ist infolgedessen relativ einfach.

Die folgende Abbildung (Abb. 7.28.) zeigt das Zeitdiagramm einer PTP-Bahn, sowie eine aus mehreren Segmenten zusammengesetzte Bewegungsbahn des Stanford-Manipulators.

Sensoren messen binäre Zustände, Abstände, Kräfte und Momente oder identifizieren Objekte. Eine Simulation dieser Funktionen setzt voraus, daß das zugrundeliegende physikalische Phänomen im Modell berücksichtigt ist.

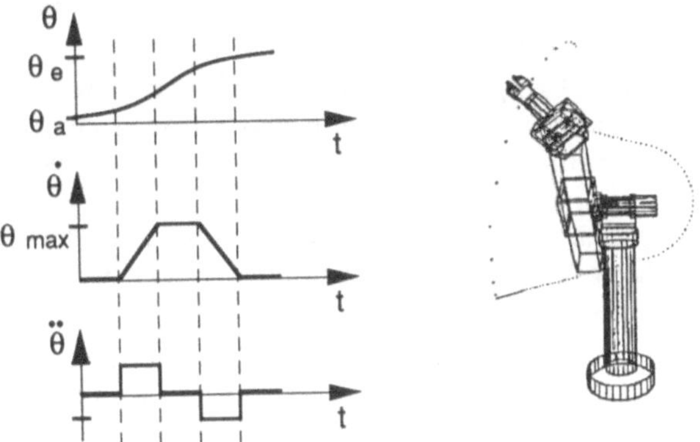

Abb. 7.28.   Zeitdiagramm einer PTP-Bahn

Zur Erfassung von Kräften und Momenten muß infolgedessen die Dynamik in der Roboterstation mit Gewichtskräften, Reibungskoeffizienten usw. modelliert sein, was mit großem Aufwand verbunden ist. Die Messung von binären Zuständen oder Abständen beruht auf geometrischen Relationen in der Roboterzelle. Da auf Grund der Integration der Robotik-Anwendung in die CAD/CAM-Prozeßkette geometrische Modelle der Objekte vorliegen, ist eine Simulation dieser Sensortypen ohne größere Modellerweiterungen durch geometrische Algorithmen durchführbar.

7.3.4 Off line-Programmierung und Simulation

Während die on line-Programmierung in der realen Arbeitsumgebung mit Robotern, Zuführeinrichtungen und Handhabungsobjekten durchgeführt wird, bedeutet off line-Programmierung eine zumindest teilweise Durchführung der Programmentwicklung auf Basis eines (rechnerinternen) Modells. Auf dem Modell als Nachbildung der Roboterarbeitszelle wird unter Verwendung der Gerätesimulatoren die konzipierte Anwendung programmiert, simuliert und grafisch visualisiert. Die hierdurch erreichten Ziele sind eine Reduzierung der Produktionsausfallzeiten durch die Programmierung außerhalb der Produktionsumgebung, eine Erhöhung der Sicherheit für Personal und Geräteausstattung sowie ein erhöhter Programmierkomfort durch eine automatische Generierung von Programmteilen oder Programmparametern.

Zur off line-Definition des die Aufgabe lösenden Programms benötigt der Entwickler eine Sprache und ein Eingabemedium. Die Programmierung kann auf explizitem Niveau mit einer Roboterprogrammiersprache, auf implizitem Niveau unter Verwendung eines Simulationssystems mit umfangreicherem Modell oder durch automatische Planungssysteme erfolgen.

Bei der expliziten Programmierung muß die genaue Abfolge der Befehle sowie alle erforderlichen Parameter wie Abstände, Anfahrpositionen, Greiferorientierungen von Hand spezifiziert werden. Dieser Umstand erfordert vom

Programmierer genaue Kenntnisse über die handzuhabenden Teile; daher ist diese Methode fehleranfällig und zeitaufwendig.

Die Grundidee der impliziten Programmierung ist eine für den Benutzer einfach handzuhabende und stark aufgabenorientierte Sprache zur Aufgabenbeschreibung. Numerische Parameter der Programmbefehle sind als Attribute der Objekte im Umweltmodell abgelegt. Einen impliziten Befehl löst das Laufzeitsystem selbständig in eine detaillierte, dem expliziten Sprachniveau äquivalente Anweisungsfolge auf. Natürlich muß das Umweltmodell für eine implizite Programmierung erheblich umfangreicher sein.

Automatische Planungssysteme generieren aus einer funktionalen Aufgabenbeschreibung selbsttätig das zur Ausführung benötigte Ablaufprogramm. Solche Systeme sind sehr komplex; sie müssen z.B. selbständig kollisionsfreie Verfahrbahnen berechnen, Montagereihenfolgen berücksichtigen, Greifsequenzen planen usw. Auf Grund dieser Anforderungen existieren noch keine marktgängigen ausgetesteten Systeme; sie sind Gegenstand aktueller Forschungsarbeiten.

Als Sprache zur Aktionsdefinition durch den Benutzer können eine universelle, virtuelle "high level"-Programmiersprache (AL) oder aber direkt die zu den eingesetzten Robotersteuerungen verfügbaren Robotersprachen (VAL, RCM) eingesetzt werden. Eine universelle high-level Simulationssprache enthält Möglichkeiten zur Programmstrukturierung, Ablaufkontrolle, Unterprogrammtechnik, Definition problemorientierter Datentypen und erlaubt dadurch eine übersichtliche Formulierung größerer Programme. Andererseits muß das generierte Programm durch Postprozessoren auf die jeweils auf dem physikalischen Robotersystem verfügbare Sprache umgesetzt werden. Diese Umsetzung entfällt bei der zweiten Lösung, bei der der Roboterprogrammierer das Anwendungsprogramm außerdem direkt in der ihm vertrauten Sprache formulieren kann.

Das off line generierte Programm wird auf dem Modell durch Simulation ausgeführt. Die definierten Aktionen werden durch Interpolation auf der Basis eines Zeittakts ausgeführt. In jedem Schritt des Interpolationstakts wird mit Hilfe der Simulationsroutinen die Funktion der angesprochenen Komponente auf dem Modell ausgeführt. Die Bewegungen werden mit Hilfe des geometrischen Modells und der berechneten Bewegungsinformation grafisch visualisiert. Je nach Leistungsfähigkeit der verwendeten Workstation kann eine Animation der Grafikszene im Sekundentakt bis hin zur Echtzeit erreicht werden.

Durch die Programmausführung mit grafischer Simulation wird das Programm Schritt für Schritt getestet. Der Simulationslauf kann dadurch als Werkzeug zur Validierung neuer Anwendungsprogramme herangezogen werden.

Die folgende Abbildung 7.29 zeigt einen Ausschnitt aus einer programmierten Roboteranwendung "Greifen eines Werkstücks vom Fließband mit dem Stanford-Manipulator".

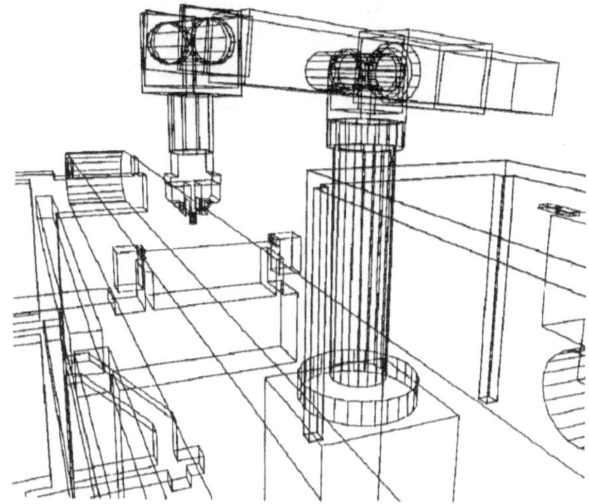

Abb. 7.29.   Greifen eines Werkstücks vom Fließband mit dem Stanford-Manipulator

7.3.5 Fallbeispiel - ROSI : Entnahme von Werkstücken aus einem Umlaufkommissionierspeicher

Bei der zu programmierenden und zu simulierenden Handhabungsaufgabe handelt es sich um eine "Pick" und "Place" Operation zur Bestückung eines Werkstückträgers mit Werkstücken. Bei der schon im Abschnitt 7.3.1 beschriebenen Aufgabe sollen die Werkstücke (Abb. 7.17.) aus einem Umlaufkommissionierspeicher entnommen und in einen geeigneten Werkstückträger abgelegt werden. Die benötigten Einzelteile werden in verschiedene Paletten abgelegt und im Umlaufkommissionierspeicher gespeichert. Die hierzu benötigten Paletten mit den Werkstücken (Abb. 7.30.) werden dann über eine Rollenbahn in den Arbeitsbereich des Manipulators befördert. Die Werkstücke können nun vom Manipulator von der fixierten Palette gegriffen und an der passenden Position auf den Werkstückträger abgelegt werden.

Für den Transport der Werkstücke wurde ein Roboter der SCARA Bauart gewählt, der über 4 Achsen verfügt und damit nur 4 statt 6 Freiheitsgrade besitzt. Roboter der SCARA Klasse zeichnen sich durch zwei parallele Achsen aus. Für die zu lösende Aufgabe sind die 4 Freiheitsgrade ausreichend, und die Positioniergenauigkeit ist bei dieser Art von Robotern im allgemeinen höher. Die Anordnung der verschiedenen Komponenten in der Arbeitszelle für diese Handhabungsaufgabe ist in Abbildung 7.31 dargestellt. Die Art der Repräsentation der Arbeitszelle in den Abbildungen 7.30 und 7.31 entspricht dem, was der Programmierer am grafischen Programmiersystem sehen kann.

Für die Programmierung der Handhabungsaufgabe mit einem grafischen Roboter off line-Programmierssystem wie ROSI wird ein geometrisches Modell

aller beteiligten Komponenten benötigt. Bei dieser Handhabungsaufgabe lagen
die Geometriebeschreibungen der Werkstücke schon vor und konnten direkt
benutzt werden. Andere Komponenten wie der Werkstückträger, die Paletten
und diverse Hilfsobjekte mußten nachträglich mit einem CAD System
konstruiert werden.

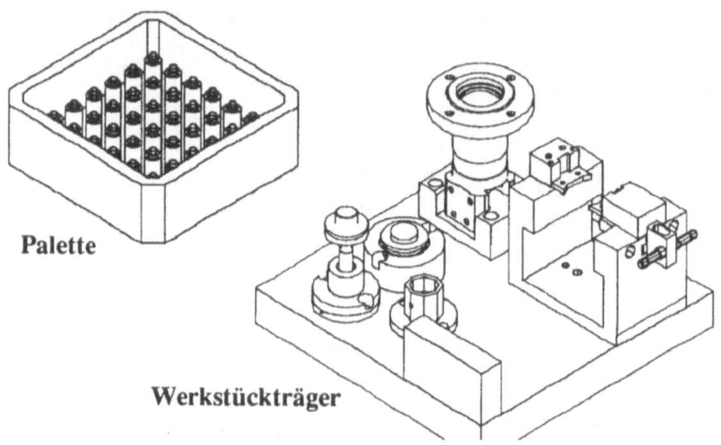

Abb. 7.30.   Palette, Werkstückträger mit Werkstücken

Vor der Programmierung der eigentlichen Anwendung muß dem grafischen
Simulationssystem die Anordnung der Objekte in der Arbeitszelle bekannt
gemacht werden. Dies geschieht bei ROSI in einem Modelliermodus mit den
folgenden Kommandos :

```
MOU Greifer_Zelle              4000 4000 3500
      EBU SR800_A              1000.00 600.00 965.00 0.00 0.00 100.00 KART
      EBU WT1                  1500.00 1110.00 1050.00 0.00 0.00 90.00 KART
      EBU PALETTE2             790.00 1400.00 955.00 0.00 0.00 0.00 KART
      EBU PALETTE1             1210.00 1400.00 955.00 0.00 0.00 0.00 KART
      EBU GREIFER_BUCHSE       1082.50 1272.50 1049.50 0.00 0.00 0.00 KART
      EBU GREIFER_DECKEL       662.50 1272.50 1035.00 0.00 0.00 170.00 KART
STM
```

Mit dem Kommando MOU (**MO**delliere **U**mwelt) wird eine neue Arbeitszelle
mit ihrer Ausdehnung in den 3 Raumrichtungen definiert und grafisch
angezeigt. Hier wurde eine Zelle mit einer Grundfläche von 4 Meter x 4 Meter
und einer Höhe von 3.5 Meter definiert. In diese Zelle werden dann alle
benötigten Komponenten mit dem Kommando EBU (**Ein**B**auen in **U**mwelt)
eingebaut und an den entsprechenden Postionen in der Zelle visualisiert. Beim
Kommando EBU wird mit den ersten drei Parametern die Position der
Zellkomponente beschrieben, die hinteren drei Parameter beschreiben die
Drehung der Komponente um die Koordinatenachsen. Beim Manipulator mit
dem internen Namen SR800_A kann man sehen, daß er um 100° Grad um die
Z-Achse gedreht wurde. Die Differenz von 10° Grad zum Unterbau, der um 90°

Grad gedreht wurde, ist in Abbildung 7.31 deutlich zu erkennen. Die Verdrehung wurde notwendig, um den Arbeitsbereich des Manipulators mit allen benötigten Anfahrpositionen zur Deckung zu bringen.

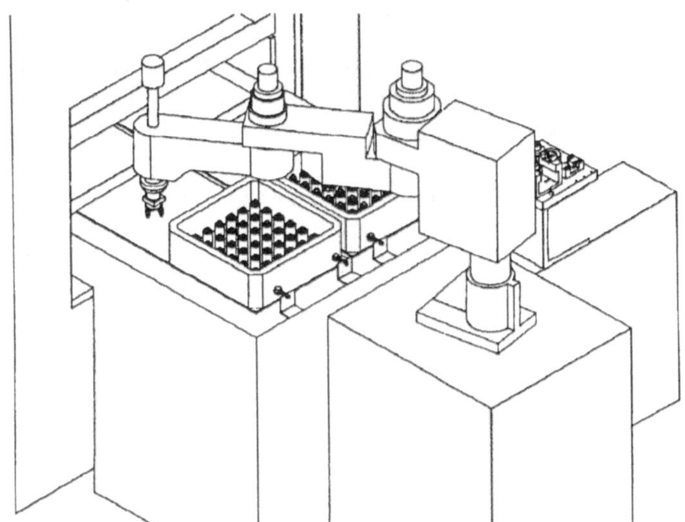

Abb. 7.31. Die Arbeitszelle der "Pick" und "Place" Anwendung

Nach Abschluß der Umweltmodellierung kann der Manipulator SR800_A programmiert werden. Hierzu wechselt man in den Programmiermodus und beschreibt die Aufgabe mit einer Befehlssequenz. Die folgende Programmsequenz dient dem Transport des Werkstücks Deckel von der Lagerpalette zum Werkstückträger.

```
SRO SR800_A
1      BFW -127.50 -127.50 180.00 180 0 0 KART PALETTE2 PTP
2      BFW -127.50 -127.50 99.00 180 0 0 KART PALETTE2 CP
3      EFX/W GREIFER_DECKEL
4      BFW -127.50 -127.50 180.00 180 0 0 KART PALETTE2 CP
5      BFW -95.00 -175.50 80.00 180 0 0 KART WT1  PTP
6      BFW -95.00 -175.50 25.00 180 0 0 KART WT1  CP
7      EFX 48
8      BFW -95.00 -175.50 102.00 180 0 0 KART WT1 CP
```

Da mehrere Manipulatoren in der Handhabungszelle vorkommen können, wird der zu programmierende Manipulator mit dem Befehl SRO ausgewählt. Bei der nun folgenden Programmierung wird der Befehl BFW benutzt. Er erlaubt Positionen anzufahren, die relativ zu anderen Komponenten der Arbeitszelle definiert sind.

Die erste Bewegung führt auf einer nicht kontrollierten PTP Bahn zu einer Anrückposition über der Palette. Anschließend bewegt sich der Effektor des Manipulators auf einer geradlinigen CP Bahn (Befehl 2) zur Greifposition des

Deckels. Mit dem Kommando EFX wird der Effektor geschlossen (Befehl 3) und darauf wieder zur Anrückposition zurückbewegt (Befehl 4). Von der Abrückposition über der Palette erfolgt der Transfer des Werkstücks Deckel mit einer PTP Bahn zur Anrückposition über dem Werkstückträger WT1 (Befehl 5). Der Effektor wird dann langsam mit einer geradlinigen CP Bahn in die Zielposition abgesenkt (Befehl 6). Dann wird der Effektor mit dem Kommando EFX 48 auf 48 Millimeter geöffnet, und das Werkstück wird losgelassen (Befehl 7). Nach dem Zurückfahren in eine kollisionssichere Abrückposition über dem Werkstückträger (Befehl 8) ist der Manipulator für die nächste Aufgabe bereit.

Dieses Programm ist in einer neutralen Sprache geschrieben und kann nach der Simulation in die Zielsprache des Manipulators übersetzt werden. Bei dem verwendeten BOSCH SR800 Roboter muß das neutrale ROSI Programm in die Programmiersprache BAPS übersetzt werden, um anschließend den realen Roboter steuern zu können.

7.4 Literatur zu Kapitel 7

/AMRA-89/   Ammon, R.; Raether, C.: Neue Systeme für Werkstattorientierte Programmierverfahren - Teil 7: Evaluation der WOP-Systeme; in: Werkstattorientierte Programmierverfahren (WOP); KfK-PFT 138; Dezember 1989.

/BABI-82/   Babic, H.: Beitrag zur systematischen Planung der Qualitätsprüfung bei Klein- und Mittelserienfertigung; Dissertation an der Universität Stuttgart; Springer Verlag, 1982.

/BAHO-80/   Baberg, T.; Holz, B.; Loersch, U.: Rechnerunterstützte Prüfplanerstellung; in: VDI-Z 122; Nr. 22, 1980.

/BLÄS-78/   Bläsing, P.: Die rechnerunterstützte Prüfplanung- Ein Beitrag zur Rationalisierung im Qualitätswesen; Dissertation an der Universität Stuttgart; Krauskopf Verlag; Mainz, 1978.

/BLDU-79/   Bläsing, J.P.; Dutschke, W.: Manuelle und rechnerunterstützte Prüfplanung in der Fertigung; in: Wt-Z. ind. Fertigung 69; Nr. 5; ff 295 - 299, 1979.

/BRÖD-88/   Brödner, P.: Neue Generation werkstattgerechter Programmiersysteme; in: Technische Rundschau 35/88; ff 20-35, 1988.

/CLME-87/   Clocksin, W.F.; Mellish, C.S: Programming in Prolog; 3.Edition; Springer Verlag, 1987.

/DGFQ-87/   Arbeitskreis "Rechnereinsatz in der Qualitätssicherung": Rechnerunterstützung in der Qualitätssicherung (CAQ); Deutsche Gesellschaft für Qualität e.V. (DGQ), 1987.

/DIHU-86/   Dillmann, R.; Huck, M.: A Software System for the Simulation of Robot Based Manufacturing Processes; Robotics; Vol.2, Nr.1; North Holland; Amsterdam, March 1986.

/DUFF-89/   Duffau, B.: Planning and Interactive Off line Robot Programming Applications in the Automotive Industry; ISATA 1989; Band 3; ff 1955; Wiesbaden, 6.-10.Nov.1989.

/DUTS-83/   Dutschke, W.: Prüfplanung, Einführung in eine Richtlinie; in: VDI-Z 125; Nr. 10 - Mai(II); ff 389 - 391, 1983.

/EVCO-88/   Eversheim, W.; Cobanoglu, M.; Luszek, G.: Stand, Entwicklungstendenzen und Schnittstellen von CAP-Systemen; Baustein für die Integration; in: Industrie-Anzeiger 85; ff 33-37, 1988.

/GEGO-84/   Georgi, B.; Goch, G.; Schwartz, M.; Weckenmann, A.: Datenverarbeitung in der Koordinatenmeßtechnik; in: Warnecke H.J.; Dutschke W.: Taschenbuch Fertigungsmeßtechnik; Berlin, Heidelberg, New York, Tokio, 1984.

/HEHE-83/   Hellwig, U.; Hellwig, H.-E.; Paulus, M.: Die Kopplung von CAD und CAM; in VDI-Z 125; Nr. 10; ff 355-360, 1983.

/HORN-86/   Hornung, B.: Ein benutzerorientiertes Verfahren zu Erstellung von Roboterbewegungsprogrammen mit graphischer Visualisierung; in: VDI Berichte Nr. 598, 1986.

/IGES-86/   N.N.: Initial Graphics Exchange SpecificationVersion 3.0; NBS; USA; Januar 1986.

/KIEF-87/   Kief, H.B.: NC/CNC-Handbuch; NC-Handbuch-Verlag; Michelstadt, 1987.

/LÖSE-88/   Löffler, L.; Selinger, Th.; Zimmer, J.: Neue Systeme für werkstattorientierte Programmierverfahren; in: wt Werkstattstechnik 78; ff 24-26, 1988.

/MARO-89/   Martin, H.; Rose, H.: Computergestützte erfahrungsgeleitete Arbeit in der Produktion (CeA); Grundsatzpapier vom gleichnamigen Forschungsverbund; Gesamthochschule Kassel, Univerisität, 1989.

/MECK-87/   Mecklenburg-Weiss, R.: Systemkonzept zur anwenderneutralen Prüfplanerstellung auf einem Kleinrechner; Dissertation RWTH Aachen, 1987.

/NUBE-87/   Nuber, Ch.: EDV-Einsatz und computergestützte Integration in Fertigung und Verwaltung von Industriebetrieben; Forschungsbericht; ISF; München, 1987.

/OHNH-84/   Ohnheiser, R.: Integrierte Erstellung numerischer Steuerdaten für flexible Fertigungssysteme; Dissertation an der Universität Stuttgart, 1984.

/RELE-85/   Reles, T.: Rechnerunterstützte Auswahl von Prüfmerkmalen im Rahmen der Prüfplanung für die mechanische Fertigung; Dissertation RWTH Aachen, 1985.

/SELI-87/   Selinger, Th.: Teilautomatisierte werkstattnahe NC-Programmerstellung im Umfeld einer integrierten Informationsverarbeitung; Dissertation an der Universität Karlsruhe, 1987.

/STAI-84/   Staiger, G.: Grafisch-interaktive NC-Programmierung von Drehteilen im Werkstattbereich; Dissertation an der Universität Karlsruhe, 1984.

/TÖRU-89/   Tönshoff, H.K.; Rudolph, F.N.: Neue Ansätze zum Zusammenwirken von Konstruktion und Fertigung in der flexiblen Produktion; in: ZwF 84; Nr. 5; ff 253-257, 1985.

/VOGT-88/   Vogt, H.P.: Marktübersicht CAQ-Systeme; in QZ (33); Heft 4, 1988.

/WAME-87/   Warnecke, G.; Mertens, P.: CAD/CAM-Kopplung unter Einbeziehung der Technologieplanung; in: VDI-Z 129; Nr. 5; ff 48-51, 1987.

/WECK-87/   Weckenmann, A.: Beitrag zur Diskussion um ein Konzept für DIN 32880; Interner Bericht der Universität der Bundeswehr; Hamburg, 1987.

/WILH-89/   Wilhelm, M.C.: Rechnerunterstützte Prüfplanung im Informationsverbund moderner Produktionssysteme; Dissertation an der Universität Karlsruhe, 1989.

/WOLL-85/   Wollersheim, H.R.: Graphisch unterstützte NC-Programmierung von Meßgeräten; in: Industrie Anzeiger Nr. 35/36; Mai 1985.

/ZELL-89/   Zeller, P.: Organisation und Rationalisierung der Prüfplanerstellung; VDI-Seminar Prüfplanung; RWTH Aachen, 1989.

8 Nachwort

Die CAD/CAM-Technologie entwickelt sich in den verschiedenen Disziplinen
der Ingenieurwissenschaften immer stärker zu einer Technologie, die die Produktentwicklung, -herstellung, -wartung und -pflege über alle Phasen des Produktlebenszyklus hinweg, unterstützt. Bezeichnend und den behandelten Disziplinen (Maschinenbau, Elektronik, Architektur und Bauwesen) gemeinsam
ist eine methodische Vorgehensweise bei der Produktentwicklung, -konstruktion und der Planung der Produktherstellung. Ebenso hat sich gezeigt, daß
bereits in den Phasen der Produktentwicklung und -konstruktion der Einfluß
der Herstellungsverfahren prägend wirkt. Neue Herstellungsverfahren erfordern dabei neue Entwicklungs- und Konstruktionsansätze. Ebenso fordern
neue Produktentwicklungen und -konstruktionen neue Herstellungsverfahren.
Diese Interdependenzen sind bezeichnend für die rechnerunterstützte Produktentwicklung und -konstruktion in diesen ingenieurwissenschaftlichen
Disziplinen.

Ein weiterer Aspekt, der künftige Forschungs- und Entwicklungskonzepte im
Bereich der CAD/CAM-Technologie beeinflussen wird, resultiert aus dem
interdisziplinären Charakter dieser Technologie. Daraus ergibt sich die Forderung, daß künftige CAD/CAM-Systeme in der Lage sein müssen, die
Produktentwicklung mit ihren verschiedenen disziplinbezogenen Bausteinen
ganzheitlich durchzuführen. Produkte bestehen schon heute meist aus Bausteinen der Elektronik und des Maschinenbaus oder anderen Bausteinkombinationen verschiedener ingenieurwissenschaftlicher Disziplinen.

Voraussetzung für die Erforschung und Entwicklung derartiger Systeme ist
die Verfügbarkeit von Fachleuten, die interdisziplinär ausgebildet sind und
ein gemeinsames terminologisches Verständnis über die CAD/CAM-Technologie einerseits und deren fachspezifische Ausprägungen andererseits besitzen.
Dabei müssen sie auch Kenntnisse über den Produktlebenszyklus haben.

Durch diese neuen Ansätze der rechnerunterstützten Produktentwicklung und
-konstruktion,

- unter Berücksichtigung des Produktlebenszyklus und

- unter Berücksichtigung des ganzheitlichen disziplinenübergreifenden Entwicklungs- und Konstruktionsansatzes sowie

- unter Berücksichtigung der Integration der verschiedenen rechnerunterstützten Verfahren

werden neue Innovations- und Rationalisierungspotentiale erschließbar. Der
Einsatz von Rechnersystemen hierzu wird allerdings unverzichtbar werden.
Mit dem Einbetten wissensbasierter Methoden in CAD/CAM-Systeme werden

diese auch in stärkerem Maße die künftige Produktinnovation und Effizienz der Produktentstehung prägen. Dies bedeutet, daß die Leistungsfähigkeit der eingesetzten CAD/CAM-Systeme für die Innovation und Effizienz der Produktentstehung immer mehr zu einer bestimmenden Einflußgröße wird. Daneben wird auch deutlich, daß sich aus der Verfügbarkeit und dem Beherrschen der Technologie eine Stärkung der Wettbewerbsfähigkeit und ein gewisser Schutz der Produktinnovation ergibt.

Autorenliste

Dr.-Ing. Josef Gauchel
Institut für Baugestaltung
(Prof. F. Haller)
Fakultät für Architektur

Prof. Dr.-Ing. Raimar Scherer
Institut für Massivbau und Baustofftechnologie
(Prof. Dr.-Ing. J. Eibl)
Fakultät für Bauingenieur- und Vermessungswesen

Prof. Dr.-Ing./Tokyo Thomas Bock
Institut für Maschinenwesen im Baubetrieb
(Prof. Dr.-Ing. F. Gehbauer)
Fakultät für Bauingenieur- und Vermessungswesen

Prof. Dr.-Ing. Rüdiger Dillmann
Dr. rer. nat. Bernhard Hornung
Dr. rer. nat. Martin Huck
Dipl. Inform. Stefan Schneider
Dipl. Inform. Albrecht Swietlik
Institut für Prozeßrechentechnik und Robotik
(Prof. Dr.-Ing. U. Rembold, Prof. Dr.-Ing. R. Dillmann)
Fakultät für Informatik

Dipl. Inform. Pablo Castro
Dipl. Inform. Wolfgang Eppler
Institut für Rechnerentwurf und Fehlertoleranz
(Prof. Dr.-Ing. D. Schmid)
Fakultät für Informatik

Dr.-Ing. Reiner Anderl
Dipl.-Ing. Wolfgang Schellhammer
Dipl.-Ing. Bruno Schilli

Institut für Rechneranwendung in Planung und Konstruktion
(Prof. Dr.-Ing. Dr. h.c. H. Grabowski)
Fakultät für Maschinenbau

Dipl.-Ing. Klaus Bös
Dipl.-Ing. Manfred Rohr

Institut für Werkzeugmaschinen und Betriebstechnik
(Prof. Dr.-Ing. H. Weule)
Fakultät für Maschinenbau

Universität Karlsruhe

Postfach 6980

Kaiserstraße 12
D-7500 Karlsruhe 1

R. Dillmann, M. Huck

Informationsverarbeitung in der Robotik

1990. Etwa 370 S. 185 Abb.
Brosch. DM 54,–
ISBN 3-540-53036-3

In die **Robotik** fließen Beiträge zahlreicher Wissensgebiete aus Maschinenbau, Elektrotechnik und Informatik ein. In diesem Buch steht die Informationsverarbeitung im Vordergrund: Roboter in einer realen Umwelt sollen gestellte Aufgaben selbständig und korrekt ausführen sowie angemessen auf unvorhergesehene Ereignisse reagieren; dazu ist die Modellierung der realen Einsatzumgebung und eines intelligenten Systemverhaltens sowie kognitive und motirische Fähigkeiten erforderlich.

Methoden der Künstlichen Intelligenz werden eingesetzt, um Signale – über Sensoren aus der physikalischen Umwelt gewonnen – zu verarbeiten bzw. zu interpretieren und somit Wirkzusammenhänge zwischen Aktion und Reaktion herzustellen.

Das Buch stellt aus Sicht der Informationsverarbeitung Modelle, Steuerungsund Sensorkonzepte sowie Programmmierverfahren vor und weist auf Anwendungsmöglichkeiten und zukünftige Entwicklungen hin. Es wendet sich daher nicht nur an Studenten während der Ausbildung, sondern auch an den Praktiker, der sich mit den neuen Entwicklungen vertraut machen will.

R. Dillmann

Lernende Roboter

Aspekte maschinellen Lernens

1988. VI, 145 S. 45 Abb. (Fachberichte Messen, Steuern, Regeln, Bd. 15)
Brosch. DM 38,– ISBN 3-540-19079-1

Inhaltsübersicht: Einleitung. – Hypothetisches Modell der Lernstrukturen bei höheren Lebewesen. – Grundstruktur von lernenden Systemen. – Klassifikation von Lernverfahren. – Mechanisches Lernen ohne Transformationsprozesse. – Lernen aus Beispielen (induktives Lernen). – Lernen in Regelungssystemen. – Lernende Automatenmodelle. – Lernen durch Analogien. – Lernen durch Erfahrung. – Konzept eines hierarchischen Robotersystems mit Lernfähigkeit. – Schlußbemerkung. – Literaturverzeichnis.

Das Buch behandelt Methoden und Lernstrategien der Künstlichen Intelligenz (KI) im Hinblick auf deren Anwendung in der Robotik.

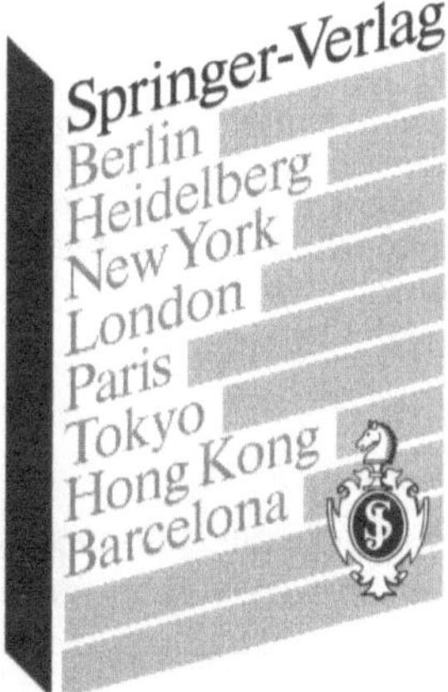